数 值 分 析

主 编 曾繁慧 胡行华

北京理工大学出版社
BEIJING INSTITUTE OF TECHNOLOGY PRESS

内容简介

本书介绍了科学和工程实际中常用的数值计算方法及其相关的理论，内容包括绪论、线性方程组的直接解法、线性方程组的迭代解法、非线性方程（组）的数值解法、插值法、函数逼近、数值积分与数值微分、常微分方程数值解法、矩阵特征问题的数值计算。每章都有相关的 Matlab 应用函数、主要数值方法的 Matlab 程序，并配有应用例题、数值计算习题和实验题。为便于自学，数值计算习题附有答案。每个知识点配以教学慕课视频，以及主要知识内容的导读、数值实验及程序演示、重点与难点解析、融入课程思政元素的数学家素材小视频，读者可以扫二维码获取相应知识信息。

本书注重实际应用和科学计算能力的训练，融入数字化素材与课程思政元素，由案例引入数值计算方法，起点低，跨度较大。本书可作为理工科大学各专业以及研究生的“数值分析”课程教材，并可供从事科学与工程计算的科技工作者参考。

图书在版编目（CIP）数据

数值分析 / 曾繁慧，胡行华主编. — 北京 ：北京理工大学出版社，2021.8

ISBN 978 - 7 - 5763 - 0229 - 5

Ⅰ. ①数… Ⅱ. ①曾… ②胡… Ⅲ. ①数值分析 Ⅳ. ①O241

中国版本图书馆 CIP 数据核字（2021）第 172977 号

出版发行 / 北京理工大学出版社有限责任公司
社　　址 / 北京市海淀区中关村南大街 5 号
邮　　编 / 100081
电　　话 /（010）68914775（总编室）
（010）82562903（教材售后服务热线）
（010）68944723（其他图书服务热线）
网　　址 / http：//www. bitpress. com. cn
经　　销 / 全国各地新华书店
印　　刷 / 河北盛世彩捷印刷有限公司
开　　本 / 787 毫米 × 1092 毫米　1/16
印　　张 / 21.5
字　　数 / 502 千字
版　　次 / 2021 年 8 月第 1 版　2021 年 8 月第 1 次印刷
定　　价 / 59.00 元

责任编辑 / 朱　婧
文案编辑 / 李　硕
责任校对 / 刘亚男
责任印制 / 李志强

前言 PREFACE

本书主编主持的“数值分析”是国家首批一流本科课程、辽宁省精品课、辽宁省一流本科课程、“学习强国”学习平台慕课，于“学堂在线”平台面向全国高校开放，此次编写本书旨在为该课程提供持续建设。

大数据、人工智能时代的到来对人才培养提出了新的要求，中国亟需一大批兼具家国情怀、通识根基、创新思维和实践技能的高水平人才，守正创新成为当下高等教育的历史使命，应用数值计算方法求解数学问题已成为数学学科的重要内容。“数值分析”是研究各种数学问题求解的数值计算理论及其方法的一门课程。在理工科数学类科目教学体系中，“数值分析”起着承上启下的作用。承上是使微积分、代数与几何、随机数学中的原理得以应用，方法得以实现，启下是为后续课程中数学问题的建模和求解提供思路，激发学生进一步学习数学、应用数学的意识和能力，是高等理工科院校的重要基础课程，同时其也能够培养学生的创新思维、创新能力。

“数值分析”是高等院校数学类、力学及计算机等专业的一门主要基础课程，也是理工科各专业本科及研究生的数学基础课程。“数值分析”是数学建模与数学实验之间的桥梁与媒介，本书编写的目的是促使读者掌握用数值计算方法处理各种数学问题的基本理论与技术；通过数学软件平台与程序设计的实验环节提高读者的科学计算与数值计算能力，为读者使用计算机解决科学与工程中的实际问题打下良好的理论基础和扎实的应用基础。在信息技术高速发展的时代，掌握这种能力是至关重要的。

为适应大数据时代信息技术发展的需要和建设创新型国家的需要，培养实践能力强、具备科学研究素质的应用创新型人才具有十分重要的战略意义。与国内同类教材相比，本书设计为数字化教材，具有新时代的气息，每个知识点配以教学慕课视频，以及主要知识内容的导读、数值实验及程序演示、重点与难点解析、融入课程思政元素的数学家素材小视频，读者可以扫描二维码获取相应知识信息。本书在介绍数值计算理论的基础上更加注重实际应用和科学计算能力的训练；融入课程思政元素，每章由简单的工程应用案例引入，然后由浅入深地介绍实用的数值方法，并配有相关的 Matlab 工具箱函数，编写了各种数值算法的函数程序，利用这些函数可以方便、快捷地求解工程实际中的复杂问题。每章在数值计算习题后都配有实验题，这些实验题需要借助于计算机，利用本书介绍的 Matlab 函数及程序来完成。认真准备与完成实验对读者掌握该章数值计算基本理论非常重要，可作为考查其掌握知识的依据。通过本书实验习题环节，使读者能够熟练运用计算机与数值计算软件、掌握各种数值计算算法、学会对数值结果进行分析。通过本书的学习，可以促进读者学习如何提出问题和解决问题，提高读者自身动手能力和独立思考能力，有效培养读者面向工程实际问题的算法设计与实现能力，进而培养读者成为具备科学计算能力、拥有科学研究素质的创新人才。作为教材，本书尽可能保证全书的系统性，既讲述数值方法的原理，又给出了算法公式的推导和描述。为适应各专业的需要，本书利用简单的应用案例引入数值计算方法，内容按低起点、大跨度的原则选取。为便于自学，数值计算习题附有答案。本书可作为理工科大学各专业的“数值分析”课程教材，并可供从事科学与工程计算的科技工作者参考。

本书介绍了科学和工程实际中常用的数值计算方法及其相关的理论，内容包括绪论、线性方程组的直接解法、线性方程组的迭代解法、非线性方程（组）的数值解法、插值法、函数逼近、数值积分与数值微分、常微分方程数值解法、矩阵特征问题的数值计算。

本书由曾繁慧教授统稿，编写工作安排为：第 1、2、3 章由曾繁慧编写，第 4、5、6 章由胡行华编写，第 7、8、9 章由任思行编写。数字化素材编制工作安排为：曾繁慧主持慕课制作，第 6 章由胡行华录制，第 7 章由刘威录制，其余各章均由曾繁慧录制；知识导读、程序及数值实验、数学家思政素材等小视频由胡行华制作完成；任思行负责全书的校对工作。本书也借鉴了许多作者的成果，在此向他们一并表示衷心的感谢。

由于作者水平有限，在内容的取材、结构的编排以及叙述方式上难免有不当之处，敬请读者和专家指正。

编者

2021 年 3 月

目 录 CONTENTS

第1章 绪论

1.1 概述

MOOC 1.1 概述

课程简介

数值分析（Numerical Analysis）是研究分析用计算机求解各种数学问题的数值计算方法及其理论的学科，它是计算数学的一个主要部分，计算数学是数学的一个分支．数学学科研究内容十分广泛，本书只涉及工程和科学实验中常见的数学问题，如线性方程组、非线性方程（组）、函数的插值与逼近、微积分、常微分方程、矩阵的特征值问题等，是其他数学问题的基础．

众所周知，无论是自然科学、社会科学还是其他学科，其研究领域都大量涉及数学问题的求解，其解包括解析解和数值解．解析解固然很重要，但不是任何时候都能获得的，即使能得到解析解，有时也不一定实用．例如定积分 $I = \int_a^b e^{-x^2} dx$，其中的被积函数 $f(x) = e^{-x^2}$ 没有有限形式的原函数 $F(x)$，因此不能用牛顿－莱布尼茨公式 $I = F(b) - F(a)$ 求积分值．又如，工程中常用的常微分方程模型 $y' = f(x, y)$，$y(x_0) = y_0$ 也没有有限形式的解析解，而从应用的角度看能得到数值解也就够了．至于一般的非线性方程（组）、线性方程组和矩阵的特征值等问题，几乎无法用解析方法求解．由此可见，数值方法是不可或缺的途径和手段．特别是计算机高度发展的今天，应用数值方法，不仅可以求解常规的数学问题，而且可以求解大规模的复杂数学问题．

数值分析是一门内容丰富、研究方法深刻、有自身理论体系的课程，其特点如下：

（1）建立在严格的数学理论基础上，是一门实用性很强的课程；

（2）面向计算机，根据计算机特点提供实际可行且计算复杂性好的有效算法；

（3）具有可靠的理论分析与数值试验，以保证算法的计算结果达到要求的精度，验证一个算法是行之有效的．

根据数值分析课程的特点，学习时首先要注意掌握方法的基本原理和思想，要注意方法处理的技巧及其与计算机的结合，要重视误差分析、收敛性及稳定性的基本理论；其次，要通过实际问题的解决，学习使用各种数值方法；为了掌握课程内容，还应进行一定数量的理论分析和计算练习，以及完成结合数学软件 Matlab 的实验题．由于本课程包括了微积分、线性代数、常微分方程的数值方法，这就要求读者必须掌握这几门课的基本内容，才能学好这门课程．

本章导读

1.2 数值计算的误差

1.2.1 误差的来源

应用数学方法研究工程或科学问题，一般只能得到问题的近似解. 误差的产生主要有以下几方面.

1）***模型误差***

用计算机解决科学计算问题首先要建立数学模型，它是对被描述的实际问题进行抽象、简化而得到的，因而是近似的. 将模型与实际问题之间出现的误差称为模型误差.

2）***观测误差（测量误差）***

建模时，实验、量测等数据误差称为观测误差.

3）***方法误差（截断误差）***

由于计算机本身的特性，要求算法必须在有限步内完成，这就要求把数学模型用数值分析方法导出一个计算公式来近似，由此而产生的误差称为方法误差.

由 Taylor（泰勒）公式求 e^x 的近似值，由于

$$e^x = 1 + x + \frac{x^2}{2} + \cdots + \frac{x^n}{n!} + \frac{e^{\theta x}}{(n+1)!}x^{n+1}$$

取 n 项近似则有 $e^x \approx 1 + x + \frac{x^2}{2} + \cdots + \frac{x^n}{n!}$，方法误差为$\frac{e^{\theta x}}{(n+1)!}x^{n+1}$.

4）***舍入误差***

由于计算机字长有限，参加运算的数据只能截取有限位，由此而产生的误差称为舍入误差.

用 0.333 3 近似代替 1/3，产生的误差为

$$1/3 - 0.333\,3 = 0.000\,033\cdots$$

注 在数值分析中，主要关心方法误差和舍入误差.

1.2.2 误差的概念

MOOC 1.2.2 误差的概念

精确值是指理论意义上的一个客观量. 设 x^* 为精确值，a 为 x^* 的一个近似数.

1）***绝对误差***

定义 1 称 $E(a) = x^* - a$ 为近似数 a 的**绝对误差**，简称为**误差**.

如果 $|E(a)| \leqslant \delta$，则称 δ 为近似数 a 的**绝对误差限**，简称为**误差限**.

若测量光速误差为4 km/s，运动员的跑速误差为0.01 km/s. 从数量大小上看，后者误差小.

但是，0.01 km/s = 10 m/s，已经接近运动员的真实跑速. 二者比较可知，光速的测量更准确.

一般来说，绝对误差（或误差限）的大小不能充分说明近似数的精确程度.

2）*相对误差*

定义2 称 $E_r(a)=(x^*-a)/x^*$ 为近似数 a 的**相对误差**.

如果 $|E_r(a)|\leqslant\delta_r$，则称 δ_r 为近似数 a 的**相对误差限**.

实际运算时，由于精确值总是不知道的，通常取 $E_r(a)=(x^*-a)/a,\delta_r=\delta/|a|$.

$a=3.14$ 是 π 的近似值，则误差 $|E(a)|=|\pi-3.14|<0.002$，误差限 $\delta\approx0.002$. 相对误差 $|E_r(a)|\leqslant\dfrac{0.002}{\pi}\approx\dfrac{0.002}{3.14}\approx6.369\times10^{-4}$，相对误差限 $\delta_r\approx6.369\times10^{-4}$.

3）*有效数字*

当精确值 x^* 有多位数时，常常按四舍五入的原则得到前几位近似值. 如 $\pi=3.141\,592\,65\cdots$，取3位有效数字，则 $a=3.14$，$|E(a)|\leqslant0.002$；取5位有效数字，则 $a=3.141\,6$，$|E(a)|\leqslant0.000\,008$.

它们的误差都不超过末位数字的半个单位，即

$$|E(3.14)|=|\pi-3.14|\leqslant\frac{1}{2}\times10^{-2},\quad |E(3.141\,6)|=|\pi-3.141\,6|\leqslant\frac{1}{2}\times10^{-4}$$

一般地，经过四舍五入后得到的近似数，从第一位非零数开始直到最末位，有几位就称该近似数有几位有效数字.

定义3 设 x^* 的近似值 a 可表示为

$$a=\pm10^m\times0.a_1a_2\cdots a_n$$

式中，a_1 是1～9中的一个整数，a_2，…，a_n 为0～9中的任意整数，m 为整数，若使

$$|E(a)|=|x^*-a|\leqslant\frac{1}{2}\times10^{m-n}$$

成立，则称 a 近似 x^* 有 n 位**有效数字**.

设 $x^*=0.002\,567$，$a=0.002\,56=10^{-2}\times0.256$，则

$$|x^*-a|\leqslant0.000\,05=\frac{1}{2}\times10^{-4}$$

因为 $m=-2$，所以 $n=2$，即 a 有2位有效数字.

设 $x^*=9.000\,3$，则 $a=9.000$ 具有4位有效数字.

注 近似数的有效数字不但给出了近似值的大小，而且还指出其绝对误差限.

4）*有效数字与相对误差的关系*

近似值的有效数字与相对误差密切相关. 粗略地说，有效数字的位数是 n，则相当于相对误差约为 10^{-n}，反之亦然.

确切地说，有如下两个定理.

定理 1 设 x^* 的近似数为 $a=\pm 10^m\times 0.a_1a_2\cdots a_n$，其中 $a_1\neq 0$，如果 a 具有 n 位有效数字，则 a 的相对误差限为

$$\delta_r=\frac{1}{2a_1}\cdot 10^{-(n-1)}=\frac{5}{a_1}\cdot 10^{-n}$$

证明 显然有

$$0.a_1\times 10^m\leqslant |a|<(0.a_1+0.1)\times 10^m \text{ 或 } a_1\times 10^{m-1}\leqslant |a|<(a_1+1)\times 10^{m-1},$$

于是，a 的相对误差为

$$|E_r(a)|=\left|\frac{x^*-a}{a}\right|\leqslant \frac{1}{2}\times 10^{m-n}\cdot\frac{1}{a_1\times 10^{m-1}}=\frac{1}{2a_1}\cdot 10^{-(n-1)}=\frac{5}{a_1}\cdot 10^{-n}$$

相对误差限约为 $\delta_r=\frac{1}{2a_1}\cdot 10^{-(n-1)}=\frac{5}{a_1}\cdot 10^{-n}$.

注 如果 a 的有效数字位数越多，则 a 的相对误差就越小.

反过来，可以从近似数 a 的相对误差限来估计 a 有效数字的位数.

定理 2 设 x^* 的近似数为 $a=\pm(0.a_1a_2\cdots a_n)\times 10^m\,(a_1\neq 0)$，如果 a 的相对误差满足 $|E_r(a)|=\left|\frac{x^*-a}{a}\right|\leqslant\frac{1}{2(a_1+1)}\times 10^{-(n-1)}=\frac{5}{(a_1+1)}\times 10^{-n}$，则 a 至少具有 n 位有效数字.

证明 由于

$$|x^*-a|=|a|\left|\frac{x^*-a}{a}\right|\leqslant (a_1+1)\times 10^{m-1}\cdot\frac{1}{2(a_1+1)}\times 10^{-(n-1)}\leqslant\frac{1}{2}\times 10^{m-n}$$

故 a 至少具有 n 位有效数字.

推论 设 $a=\pm(0.a_1a_2\cdots a_n)\times 10^m\,(a_1\neq 0)$，如果 a 的相对误差满足

$$|E_r(a)|=\left|\frac{x^*-a}{a}\right|\leqslant\frac{1}{2}\times 10^{-n}$$

则 a 至少具有 n 位有效数字.

证明 由于

$$|x^*-a|=|a|\left|\frac{x^*-a}{a}\right|\leqslant (a_1+1)\times 10^{m-1}\times\frac{1}{2}\times 10^{-n}=\frac{(a_1+1)}{10}\times\frac{1}{2}\times 10^{m-n}\leqslant\frac{1}{2}\times 10^{m-n}$$

故 a 至少具有 n 位有效数字.

1.2.3 函数值的误差估计

MOOC 1.2.3 函数值的误差估计

设 a、b 分别为精确值 x、y 的近似值；δa、δb 分别为 a、b 的误差限. 对于一元函数 $f(x)$ 和二元函数 $f(x,y)$，讨论其近似值 $f(a)$ 和 $f(a,b)$ 的误差估计问题. 分析方法采用一阶 Taylor 展开，变量更多的函数与此类同.

1) 一元函数 $f(x)$ 的误差估计

$f(a)$ 为 $f(x)$ 的近似函数值. 设函数 $f(x)$ 在 a 的邻域上连续可微，由一阶近似

Taylor 展开：

$$f(x) \approx f(a) + f'(a)(x-a)$$

得

$$|f(x) - f(a)| \approx |f'(a)(x-a)| \leqslant |f'(a)|\delta a$$

则近似函数值$f(a)$的误差限、相对误差限估计式为

$$\begin{cases} \delta f(a) \approx |f'(a)|\delta a \\ \delta_r f(a) = \dfrac{\delta f(a)}{|f(a)|} \approx \left|\dfrac{f'(a)}{f(a)}\right|\delta a \end{cases}$$

2）二元函数$f(x,y)$的误差估计

$f(a,b)$为$f(x,y)$的近似函数值. 设函数$f(x,y)$在(a,b)的邻域上连续可微，由一阶近似Taylor 展开：

$$f(x,y) \approx f(a,b) + \frac{\partial f(a,b)}{\partial x}(x-a) + \frac{\partial f(a,b)}{\partial y}(y-b)$$

得

$$|f(x,y) - f(a,b)| \approx \left|\frac{\partial f(a,b)}{\partial x}(x-a) + \frac{\partial f(a,b)}{\partial y}(y-b)\right| \leqslant \left|\frac{\partial f(a,b)}{\partial x}\right|\delta a + \left|\frac{\partial f(a,b)}{\partial y}\right|\delta b$$

则近似函数值$f(a,\ b)$的误差限、相对误差限估计式为

$$\begin{cases} \delta f(a,b) \approx \left|\dfrac{\partial f(a,b)}{\partial x}\right|\delta a + \left|\dfrac{\partial f(a,b)}{\partial y}\right|\delta b \\ \delta_r f(a,b) = \dfrac{\delta f(a,b)}{|f(a,b)|} \end{cases}$$

3）简单算术运算的误差限和相对误差限

用计算机进行数值运算时，由于所有的函数都必须化成算术运算，因此在函数值的误差分析中最基本的是算术运算. 根据二元函数的误差估计，两个数的加、减、乘、除算术运算得到的误差限和相对误差限分别为

$$\delta(a \pm b) \approx \delta a + \delta b,\ \delta_r(a \pm b) \approx \frac{\delta a + \delta b}{|a \pm b|}$$

$$\delta(ab) \approx |b|\delta a + |a|\delta b,\ \delta_r(ab) \approx \frac{\delta a}{|a|} + \frac{\delta b}{|b|} = \delta_r a + \delta_r b$$

$$\delta\left(\frac{a}{b}\right) \approx \frac{1}{|b|}\delta a + \left|\frac{a}{b^2}\right|\delta b,\ \delta_r\left(\frac{a}{b}\right) \approx \frac{\delta a}{|a|} + \frac{\delta b}{|b|} = \delta_r a + \delta_r b$$

注 在作加减运算时，应尽量避免接近的两个数相减，否则会使相对误差增大，导致有效数字损失. 显然，加减运算结果的精度不会比原始数据高. 在作乘除运算时，计算结果的相对误差是原始数据的相对误差之和，因此，计算结果的精度也不会比原始数据高. 由于高精度数据的运算需要更多的时间和空间，所以应避免用高精度数据和低精度数据作混合运算，否则是不经济的.

MOOC 1.3
误差定性分析

1.3 误差定性分析与避免误差危害

数值运算中的误差分析是个很重要而复杂的问题，上节讨论了不精确数据运算结果的误差限，其只适用于简单情形，然而一个工程或科学计算问题往往要运算千万次，由于每步运算都有误差，所以每步都作误差分析是不可能的，也不科学. 采用有效的方法对误差作出定量估计是很难的. 为了确保数值计算结果的正确性，首先需对数值计算问题作定性分析，为此本节讨论以下 3 个问题.

1.3.1 算法的数值稳定性

用一个算法进行计算，如果初始数据误差（由舍入误差造成的）在计算中传播使计算结果误差增长很快，则称该算法是数值不稳定的，否则称其是数值稳定的.

例 1-1 计算积分 $E_n = \int_0^1 \frac{x^n}{x+10}\mathrm{d}x, n = 0,1,\cdots,8$.

解 由

$$E_n + 10E_{n-1} = \int_0^1 \frac{x^n + 10x^{n-1}}{x+10}\mathrm{d}x = \int_0^1 x^{n-1}\mathrm{d}x = \frac{1}{n}$$

可得 2 个递推算法.

算法 1：$E_n = \frac{1}{n} - 10E_{n-1}$，$n = 1,2,\cdots,8$.

算法 2：$E_{n-1} = \frac{1}{10}\left(\frac{1}{n} - E_n\right)$，$n = 8,7,\cdots,1$.

利用 Matlab 的库函数 quad 计算数值积分，得到算法 1 的初值 $E_0 = 0.095\ 310\ 179\cdots$，算法 2 的初值 $E_8 = 0.010\ 194\ 390\cdots$，利用 Matlab 程序递推计算，结果如表 1-1 所示.

表 1-1 算法计算值与精确值比较

n	E_n（算法 1）	E_n（算法 2）	E_n^*（精确值）
0	0.095 31	0.095 3	0.095 310 18
1	0.046 9	0.046 9	0.046 898 20
2	0.031 0	0.031 0	0.031 017 98
3	0.023 3	0.023 2	0.023 153 53
4	0.016 7	0.018 5	0.018 464 71
5	0.033 3	0.015 4	0.015 352 90
6	−0.166 7	0.013 1	0.013 137 66
7	1.809 5	0.011 5	0.011 480 56
8	−17.970 2	0.010 2	0.010 194 39

算法 1 的 Matlab 计算程序如下：

```
E0 =0.09531; % 算法 1 的初值
E(1) =1 -10 * E0;
for n =2:8
  E(n) =1/n -10 * E(n -1);% 递推计算
end
E
% 利用 Matlab 的 quad 计算积分值 E8
E8 =quad('x.^8./(x +10)',0,1)
```

算法 2 的计算程序省略.

由表 1 - 1 可知，算法 1 是不稳定的，算法 2 是稳定的.

由于串行运算的舍入误差是逐步传递的，所以可用“向后误差”分析方法，即把舍入误差的影响看成是初值误差即输入数据误差的传播．因此，有下述定义.

定义 4　对于某个算法，若输入数据的误差在计算过程中迅速增长而得不到控制，则称该算法是**数值不稳定**的，否则称其是**数值稳定**的.

对于例 1 - 1，设 E_n^* 为 E_n 的精确值，当仅考虑初值有误差时，对于算法 1，由

$$E_n^* = \frac{1}{n} - 10E_{n-1}^*,\ E_n = \frac{1}{n} - 10E_{n-1}$$

可知误差 $\varepsilon_n = E_n^* - E_n$ 满足

$$\varepsilon_n = -10\varepsilon_{n-1} = (-10)^n\varepsilon_0,\ n=1,2,\cdots$$

因此算法 1 是不稳定的.

对于算法 2，同理可知误差 $\varepsilon_i = E_i^* - E_i$ 满足

$$\varepsilon_{i-1} = -\frac{1}{10}\varepsilon_i,\ i=n,n-1,\cdots,1$$

所以 $\varepsilon_0 = \left(-\frac{1}{10}\right)^n \varepsilon_n$，因此算法 2 是稳定的.

蝴蝶效应　什么是蝴蝶效应？先从美国麻省理工学院气象学家爱德华·洛伦兹（Lorenz，混沌学创始人）的发现谈起．1961 年冬天，为了预报天气，洛伦兹用计算机求解仿真地球大气的 13 个方程式．为了更细致地考察结果，他把一个中间解取出，提高精度后再送回．而当他喝了杯咖啡后回来再看时竟大吃一惊：本来很小的差异，结果却偏离了十万八千里！计算机没有毛病，于是，洛伦兹认定，他发现了新的现象：“对初值的极端不稳定性”.

混沌之父
Lorenz 简介

这个发现非同小可，以致科学家都不理解，几家科学杂志也都拒登他的文章，认为“违背常理”：相近的初值代入确定的方程，结果也应相近才对，怎么能大大远离呢！差之毫厘，谬以千里.

18 年后，洛伦兹在华盛顿的美国科学促进会的一次讲演中提出：在大气运动过程中，即使各种误差和不确定性很小，也有可能在过程中将结果积累起来，经过逐级放大，形成巨

大的大气运动. 接着，他举出了一个后来闻名于世的例子：一只蝴蝶在巴西扇动翅膀，有可能会在美国的得克萨斯州引起一场龙卷风. 他的演讲和结论给人们留下了极其深刻的印象. 从此以后，所谓“蝴蝶效应”之说就不胫而走，名声远扬了.

1.3.2 病态数学问题与条件数

Lorenz 现象程序实现示例

上面讨论的数值稳定性是对算法而言的，这里的病态则是数学问题即数学模型本身的性质，与算法无关. 所谓**病态数学问题**是指这样的问题：当输入数据（如参数、初值等）有微小摄动时，会引起解的大扰动；相反的问题为良态数学问题. 因为实现算法时总有舍入误差，所以对于病态数学问题，用任何算法求数值解都是不稳定的. 但是，良态数学问题的算法未必是数值稳定的.

病态和良态是相对的，界限比较模糊，病态越严重，对算法稳定性的影响越大. 通常用**条件数**来衡量问题的病态程度，条件数越大病态可能越严重. 不同数学问题的条件数的定义是不同的. 这里举 1 个简单的例子.

函数求值问题 $y=f(x)$ 的条件数定义为

$$C(x)=\operatorname{cond}(f(x))=\frac{|xf'(x)|}{|f(x)|}$$

这是因为

$$\delta_{\mathrm{r}} f(a)=\frac{|f(x)-f(a)|}{|f(x)|}\approx\frac{|f'(x)(x-a)|}{|f(x)|}=\frac{|xf'(x)|}{|f(x)|}\cdot\frac{|x-a|}{|x|}=\operatorname{cond}(f(x))\cdot\delta_{\mathrm{r}} a$$

若取对数函数 $y=\ln(x)$，则其条件数为 $C(x)=1/|\ln(x)|$，其值与 x 有关. 如

$$C(0.1)\approx0.43,C(0.9)\approx0.95,C(0.99)\approx99.5,C(1.01)\approx100.5,$$
$$C(10)\approx0.43,C(100)\approx0.22$$

可见，x 越接近 1，条件数越大，从而求对数函数值的相对误差越大.

1.3.3 避免误差危害的若干原则

数值计算中首先要分清问题是否病态和算法是否数值稳定，计算时还应尽量避免误差危害，防止有效数字的损失，下面给出若干原则.

1）**避免两相近的数相减**

在数值计算中两相近数相减有效数字会严重损失.

例 1-2 计算 $1-\cos 2°$（用 4 位有效数字表示三角函数值）.

解

$$1-\cos 2°\approx1-0.9994=0.0006$$

具有 4 位有效数字的近似数 0.999 4 经过运算后，只有 1 位有效数字.

例 1-2 说明必须尽量避免出现这类运算，最好是改变计算方法，防止这种现象产生. 对于例 1-2，若利用三角恒等式 $1-\cos x=2\sin^2\frac{x}{2}$ 进行公式变换，则

$$1-\cos 2° = 2\sin^2 1° = 0.000\,613$$

具有3位有效数字.

也可将 $\cos x$ 展开成 Taylor 级数后，按

$$1-\cos x = \frac{x^2}{2!} - \frac{x^4}{4!} + \cdots$$

来进行计算. 这2种算法都避开了2个相近数相减的不利情况.

又如，当 x 很大时，有

$$\sqrt{x+1} - \sqrt{x} = \frac{1}{\sqrt{x+1} + \sqrt{x}}$$

用右边算式代替左端，可减少有效数字的损失.

如果无法改变算式，则采用增加有效位数的方法进行运算；在计算机上则采用双倍字长的高精度运算.

2）注意简化计算步骤，减少运算次数

同样一个计算问题，如果能减少运算次数，不但可节省计算机的计算时间，还能减少舍入误差. 这是数值计算必须遵从的原则，也是“数值分析”要研究的重要内容.

计算多项式 $P_n(x) = a_n x^n + a_{n-1} x^{n-1} + \cdots + a_1 x + a_0$ 的值时，若直接计算 $a_k x^k$ 再逐项相加，共需作

$$n + (n-1) + \cdots + 2 + 1 = \frac{n(n+1)}{2}$$

次乘法和 n 次加法.

若采用秦九韶算法

$$P_n(x) = (\cdots(a_n x + a_{n-1})x + \cdots + a_1)x + a_0$$

则只要 n 次乘法和 n 次加法就可算出 $P_n(x)$ 的值.

思考 秦九韶算法为什么减少了运算次数?

这是因为秦九韶算法避免了重复计算.

对于4次代数多项式 $P(x) = 2x^4 + 4x^3 - 6x^2 + 5x - 1$，计算 $x=2$ 时的多项式值 $P(2)$. 秦九韶算法的 Matlab 计算程序如下：

```
a=[-1 5 -6 4 2];   % 4 次多项式的系数
x=2;n=length(a);P=a(n);
for k=n-1:-1:1
  P=P*x+a(k);     % 秦九韶算法的递推计算
end
P                 % 输出多项式的值
```

Matlab 内嵌多项式值的计算函数为 polyval，下面数组 a 的元素为多项式的系数，由高次幂至低次幂排列. 利用 Matlab 函数计算多项式值：

```
a=[2 4 -6 5 -1];P=polyval(a,2)
```

秦九韶算法 秦九韶算法是我国宋代的一位数学家秦九韶提出的. 国外文献通常称这种算法为霍纳算法，其实霍纳的工作比秦九韶晚了5个多世纪.

秦九韶（1202—1261），字道古，四川安岳人，中国南宋数学家，1247年写成《数书九章》.

例1-3 用克莱姆法则求解线性方程组 $\boldsymbol{Ax}=\boldsymbol{b}$.

解 用克莱姆法则求解 n 阶线性方程组，当 $n=20$ 时，需要计算21个20阶行列式. 按行列式定义计算，每个行列式需要计算 $(20-1)\times 20!$ 次乘法，如果加减运算的计算次数忽略不计，则总的计算量约为 $21\times 19\times 20!$. 假设计算机每秒可作1亿次乘除运算，则求解这样一个线性方程组需用的时间是多少？

利用Matlab程序计算如下：

```
n=1:20;
zjl=21*19*prod(n);        % 总计算量
ms=zjl/100000000;         % 占用CPU的时间,s
ns=ms/60/60/24/365        % 转换为年数
```

程序运行，得到需用的时间约为307 816年.

天啊，30多万年的时间！

如果改用第2章的高斯消去法只需2 000多次乘除运算，并且 n 越大2种算法的计算量差别越大. 这说明将一个数学模型转化为计算机程序时，对算法的研究十分重要.

注 一个算法的计算代价就是完成计算需要支付的金额. 算法由算术运算组成，用计算机来实现. 计算机计费的主要依据：一是使用中央处理器（CPU）的时间，主要由算术运算的次数决定；二是占用存储器的空间，主要由使用数据的数量决定.

算法的计算代价称为**算法的复杂度**，其中，算法的计算量称为**时间复杂度**；算法需占用存储空间的量度称为**空间复杂度**.

3）要避免用绝对值很小的数作除数

避免用绝对值较小数作除数的方程组示例

用绝对值很小的数作除数，舍入误差会增大，甚至会在计算机中造成“溢出”错误. 如计算 $\frac{x}{y}$，若 $0<|y|\ll|x|$，则可能对计算结果带来严重影响，使数值不稳定，应尽量避免.

又如，计算 $\frac{1}{\sqrt{x+1}-\sqrt{x}}$，当 $x\gg 0$ 时，分母的绝对值很小，此算法是数值不稳定的.

4）两数相加要防止大数“吃”掉小数

在数值运算中参加运算的数有时数量级相差很大，而计算机位数有限，如不注意运算次序就可能出现大数“吃掉”小数的现象，影响计算结果的可靠性.

例如，在5位十进制计算机上，计算 $12\ 346+0.6+0.6-12\ 345$.

将运算的数写成规格化形式，在计算机内运算时要对阶，因此

$$
\begin{aligned}
&12\,346+0.6+0.6-12\,345\\
&=0.123\,46\times10^5+0.000\,006\times10^5+0.000\,006\times10^5-0.123\,45\times10^5\\
&=0.123\,46\times10^5-0.123\,45\times10^5\\
&=1
\end{aligned}
$$

结果显然不可靠，这是由于运算中出现了大数12 346“吃掉”小数0.6.

因此，应合理安排运算顺序，防止参与运算的数在数量级相差悬殊时，大数“淹没”小数的现象发生. 多个数相加时，最好从其中绝对值最小的数到绝对值最大的数依次相加；多个数相乘时，最好从其中有效位数最多的数到有效位数最少的数依次相乘.

评 注

本章1.1节简要地介绍了数值分析的研究对象，是计算数学的主要部分，关于计算数学介绍可参考《中国大百科全书·数学》中的有关条目. 1.2节、1.3节介绍了误差的基本概念与误差分析的若干原则，数值计算中的舍入误差是一个困难而复杂的问题，目前尚无真正有效的定量估计方法，因此在本书中更着重对误差的定性分析，即对每个具体算法只要是数值稳定的，就不必再作舍入误差估计，至于方法的截断误差将结合不同问题的具体算法进行讨论.

习 题

1. 将下列各数舍入至4位有效数字：

$x_1=2.147\,83$；$x_2=3.147\,44$；$x_3=3.271\,000$；$x_4=0.000\,678\,135$.

2. 下列各数都是经过四舍五入得到的近似数，即误差限不超过最后一位的半个单位，指出它们有几位有效数字：

$x_1=2.361\,4$；$x_2=5.103\,28$；$x_3=0.043\,61$；$x_4=45.712\,0$；$x_5=53\times10^3$；$x_6=0.006\,4$.

3. 若 $a=5231.86$ 是 x 的具有6位有效数字的近似值，求 a 的绝对误差限.

4. 已知近似数 a 有3位有效数字，试求其相对误差限.

5. 为使 $\sqrt{65}$ 的近似值的相对误差小于0.1%，问查开方表时，要取几位有效数字？

6. 计算 $\cos 0.4$，问要取几位有效数字才能保证相对误差限不大于0.01%.

7. 求下列各近似数的误差限：

（1）$x_1+x_2+x_3$；（2）x_1x_2；（3）x_1/x_2. 其中 x_1，x_2，x_3 均为本章习题中第2题所给的数.

8. 设 $x>0$，x 的相对误差为1%.（1）求 $\ln x$ 的误差；（2）求 x^n 的相对误差.

9. 对于序列 $y_n=\int_0^1\frac{x^n}{x+100}\mathrm{d}x$，$n=0,1,\cdots$，试构造2种递推算法计算 y_{10}，在构造的算法中，哪一种是稳定的，说明理由.

10. 序列$\{x_n\}$满足递推关系$x_n=2x_{n-1}+5$ $(n=1,2,\cdots)$. 若$x_0=\sqrt{3}\approx1.7$（2位有效数字），计算到x_{11}时误差有多大？这个计算过程稳定吗？

11. 求$x=1-\cos 2°$的近似值计算过程保留4位有效数字，采用下面等式计算：

（1）$1-\cos 2°$；（2）$2\sin^2 1°$.

哪一个结果较好？

12. 求方程$x^2-56x+1=0$的两个根，使它至少具有4位有效数字（$\sqrt{783}\approx27.982$）.

13. 当x接近于0时，怎样计算$\dfrac{1-\cos x}{\sin x}$，以及当x充分大时，怎样计算$\sqrt{1+x}-\sqrt{x}$，才会使其结果的有效数字不会严重损失.

14. 计算$f=(\sqrt{2}-1)^6$，取$\sqrt{2}\approx1.4$，利用下列等式计算，哪一个得到的结果最好？

（1）$\dfrac{1}{(\sqrt{2}+1)^6}$；（2）$(99-70\sqrt{2})$；（3）$(3-2\sqrt{2})^3$；（4）$\dfrac{1}{(3+2\sqrt{2})^3}$.

实 验 题

实验目的：误差传播与算法的数值稳定性.

实验内容：考虑一个简单的由积分定义的序列$I_n=\mathrm{e}^{-1}\int_0^1 x^n\mathrm{e}^x\mathrm{d}x$ $(n=0,1,\cdots)$，利用分部积分可得$I_0=1-\dfrac{1}{\mathrm{e}}$，$I_n=1-nI_{n-1}$. 因此有算法1：$\begin{cases}I_0=0.632\,1\\ I_n=1-nI_{n-1}\end{cases}$ $(n=1,2,\cdots)$与算法2：$\begin{cases}I_n=0.091\,6\\ I_{n-1}=\dfrac{1}{n}(1-I_n)\end{cases}$ $(n=9,8,\cdots,1)$. 用数值对比说明舍入误差与算法数值稳定性的关系.

第2章 线性方程组的直接解法

2.1 引言

本章导读

2.1.1 引例

输电网络：一种大型输电网络可简化为电路，如图2-1所示，其中R_1，R_2，…，R_n表示负载电阻，r_1，r_2，…，r_n表示线路内阻，设电源电压为V. 列出求各负载上电流I_1，I_2，…，I_n的方程.

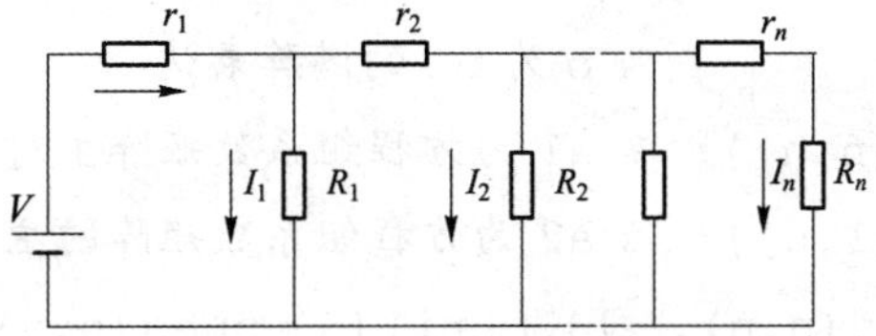

图2-1 输电网络简化电路

问题分析：记r_1，…，r_n上的电流为i_1，…，i_n，根据电路中电流、电压的关系可以列出

$$\begin{cases} r_1 i_1 + R_1 I_1 = V \\ r_2 i_2 + R_2 I_2 = R_1 I_1 \\ \quad\vdots \\ r_n i_n + R_n I_n = R_{n-1} I_{n-1} \end{cases} \text{和} \begin{cases} I_1 + i_2 = i_1 \\ I_2 + i_3 = i_2 \\ \quad\vdots \\ I_{n-1} + i_n = i_{n-1} \\ I_n = i_n \end{cases}$$

消去i_1，i_2，…，i_n得到

$$\begin{cases} (R_1 + r_1) I_1 + r_1 I_2 + \cdots + r_1 I_n = V \\ -R_1 I_1 + (R_2 + r_2) I_2 + \cdots + r_2 I_n = 0 \\ \quad\vdots \\ -R_{n-1} I_{n-1} + (R_n + r_n) I_n = 0 \end{cases} \tag{2-1}$$

记

$$
\boldsymbol{R}=\begin{pmatrix} R_1+r_1 & r_1 & r_1 & \cdots & r_1 \\ -R_1 & R_2+r_2 & r_2 & \cdots & r_2 \\ 0 & -R_2 & R_3+r_3 & \cdots & r_3 \\ \vdots & \vdots & \vdots & & \\ 0 & 0 & 0 & \cdots & R_n+r_n \end{pmatrix}
$$

$$
\boldsymbol{I}=(I_1,I_2,\cdots,I_n)^{\mathrm{T}},\boldsymbol{E}=(V,0,\cdots,0)^{\mathrm{T}}
$$

则式（2-1）表示为

$$
\boldsymbol{RI}=\boldsymbol{E}. \tag{2-2}
$$

式（2-1）或式（2-2）即为求解电流 I_1，I_2，$\cdots$，I_n 的方程.

设 $R_1=R_2=\cdots=R_n=R$，$r_1=r_2=\cdots=r_n=r$，在 $r=1$，$R=6$，$V=18$，$n=10$ 的情况下求 I_1，I_2，$\cdots$，I_n 及总电流 I_0. 显然，当方程组阶数 n 较大时，必须利用数值解法求解，进而可以讨论 $n\to\infty$ 的情况.

将已知条件输入，编写如下计算程序，并注意到总电流 I_0 为各负载上电流之和：

```
r=1;R=6;v=18;n=10;          % 各变量赋值
b1=sparse(1,1,v,n,1);       % b1 为利用稀疏矩阵生成的方程组右端项
b=full(b1);                 % b 为 b1 的满阵表达
a1=triu(r*ones(n,n));       % a1 为方程组系数矩阵主对角线上方的上三角阵
a2=diag(R*ones(1,n));       % a2 为方程组系数矩阵的主对角线
a3=-tril(R*ones(n,n),-1)+tril(R*ones(n,n),-2);
                            % a3 为方程组系数矩阵主对角线下方的下三角阵
a=a1+a2+a3;                 % a 为方程组系数矩阵
I=a\b;  % 利用 Matlab 的"\"解线性方程组,得各负载上电流 I
I0=sum(I)                   % 计算总电流 I0
```

程序运行得到 10 个负载上的电流分别为：$I=2.000\ 5$，$1.334\ 4$，$0.890\ 7$，$0.595\ 5$，$0.399\ 5$，$0.270\ 2$，$0.185\ 8$，$0.132\ 4$，$0.101\ 1$，0.086. 总电流为 $I_0=5.997$.

n 个未知量的线性方程组的求解问题，是在自然科学和社会科学各个领域中常常遇到的问题. 许多科学和工程技术问题，都归结为求解线性方程组. 例如，电学中的网络问题，实验数据的曲线、曲面拟合问题，用差分法解微分方程边值问题，用有限元法解结构力学问题，解非线性方程组等都涉及求解线性方程组，而这些方程组的系数矩阵大致分为 2 种，一种是低阶稠密矩阵（例如，阶数不超过 150），另一种是大型稀疏矩阵（即矩阵阶数高且零元素较多）.

关于线性方程组的数值解法一般有 2 类.

（1）直接法：就是不计舍入误差，经过有限步四则运算，求出方程组精确解的方法. 例如：高斯消去法、列主元消去法、LU 分解法、平方根法、追赶法等. 但实际计算中由于舍入误差的存在和影响，这种方法也只能求得线性方程组的近似解. 这类方法是解低阶稠密矩阵方程组及某些大型稀疏方程组（如大型带状方程组）的有效方法.

(2) 迭代法：是指从某一猜测值出发，按某种手续构造求近似解的序列，逐步逼近方程组的精确解. 例如：雅可比迭代法、高斯-赛德尔迭代法、逐次超松弛迭代法等. 迭代法具有需要计算机的存贮单元较少、程序设计简单、原始系数矩阵在计算过程中始终不变等优点，但存在收敛性及收敛速度问题. 迭代法是解大型稀疏方程组（尤其是由微分方程离散后得到的大型方程组）的重要方法.

2.1.2 预备知识

1）向量和矩阵

用$\mathbf{R}^{m\times n}$表示全部$m\times n$实矩阵的向量空间，$\mathbf{C}^{m\times n}$表示全部$m\times n$复矩阵的向量空间. 实数排成矩形表，称为m行n列矩阵，即

$$\boldsymbol{A}\in\mathbf{R}^{m\times n}\Leftrightarrow\boldsymbol{A}=(a_{ij})=\begin{pmatrix}a_{11}&a_{12}&\cdots&a_{1n}\\a_{21}&a_{22}&\cdots&a_{2n}\\\vdots&\vdots&&\vdots\\a_{m1}&a_{m2}&\cdots&a_{mn}\end{pmatrix}$$

$$\boldsymbol{A}=(\boldsymbol{a}_1\ \boldsymbol{a}_2\cdots\boldsymbol{a}_n)\text{或}\boldsymbol{A}=\begin{pmatrix}\boldsymbol{b}_1^{\mathrm{T}}\\\vdots\\\boldsymbol{b}_m^{\mathrm{T}}\end{pmatrix}$$

式中，$\boldsymbol{a}_i$为$\boldsymbol{A}$的第i列，$\boldsymbol{b}_i^{\mathrm{T}}$为$\boldsymbol{A}$的第$i$行.

n维列向量可表示为

$$\boldsymbol{x}\in\mathbf{R}^n\Leftrightarrow\boldsymbol{x}=\begin{pmatrix}x_1\\x_2\\\vdots\\x_n\end{pmatrix}$$

矩阵的基本运算如下.

①矩阵加法：$\boldsymbol{C}=\boldsymbol{A}+\boldsymbol{B}$，$c_{ij}=a_{ij}+b_{ij}$（$\boldsymbol{A}\in\mathbf{R}^{m\times n}$，$\boldsymbol{B}\in\mathbf{R}^{m\times n}$，$\boldsymbol{C}\in\mathbf{R}^{m\times n}$）.

②矩阵与标量的乘法：$\boldsymbol{C}=a\boldsymbol{A}$，$c_{ij}=aa_{ij}$.

③矩阵与矩阵乘法：$\boldsymbol{C}=\boldsymbol{AB}$，$c_{ij}=\sum\limits_{k=1}^{n}a_{ik}b_{kj}$（$\boldsymbol{A}\in\mathbf{R}^{m\times n}$，$\boldsymbol{B}\in\mathbf{R}^{n\times p}$，$\boldsymbol{C}\in\mathbf{R}^{m\times p}$）.

④转置矩阵：$\boldsymbol{A}\in\mathbf{R}^{m\times n}$，$\boldsymbol{C}=\boldsymbol{A}^{\mathrm{T}}$，$c_{ij}=a_{ji}$.

⑤单位矩阵：$\boldsymbol{I}=(\boldsymbol{e}_1\ \boldsymbol{e}_2\cdots\boldsymbol{e}_n)\in\mathbf{R}^{n\times n}$，其中$\boldsymbol{e}_k=(\overbrace{0,\cdots,0}^{k-1\text{个}0},1,0,\cdots,0)^{\mathrm{T}}$，$k=1,2,\cdots,n$.

⑥非奇异矩阵：设$\boldsymbol{A}\in\mathbf{R}^{n\times n}$，$\boldsymbol{B}\in\mathbf{R}^{n\times n}$，如果$\boldsymbol{AB}=\boldsymbol{BA}=\boldsymbol{I}$，则称$\boldsymbol{B}$是$\boldsymbol{A}$的逆矩阵，记为$\boldsymbol{A}^{-1}$，且$(\boldsymbol{A}^{-1})^{\mathrm{T}}=(\boldsymbol{A}^{\mathrm{T}})^{-1}$. 如果$\boldsymbol{A}^{-1}$存在，则称$\boldsymbol{A}$为非奇异矩阵. 如果$\boldsymbol{A}$，$\boldsymbol{B}\in\mathbf{R}^{n\times n}$均为非奇异矩阵，则$(\boldsymbol{AB})^{-1}=\boldsymbol{B}^{-1}\boldsymbol{A}^{-1}$.

⑦矩阵的行列式：设 $\boldsymbol{A}\in\mathbf{R}^{n\times n}$，则 $\boldsymbol{A}$ 的行列式可按任一行（或列）展开，即

$$\det(\boldsymbol{A}) = \sum_{j=1}^{n} a_{ij}A_{ij} \qquad (i = 1,2,\cdots,n)$$

式中，A_{ij}为 a_{ij}的代数余子式，$A_{ij}=(-1)^{i+j}M_{ij}$，M_{ij}为元素 a_{ij}的余子式.

行列式性质如下.

① $\det(\boldsymbol{AB})=\det(\boldsymbol{A})\det(\boldsymbol{B})$，$\boldsymbol{A}$，$\boldsymbol{B}\in\mathbf{R}^{n\times n}$.

② $\det(\boldsymbol{A}^{\mathrm{T}})=\det(\boldsymbol{A})$，$\boldsymbol{A}\in\mathbf{R}^{n\times n}$.

③ $\det(c\boldsymbol{A})=c^{n}\det(\boldsymbol{A})$，$c\in\mathbf{R}$，$\boldsymbol{A}\in\mathbf{R}^{n\times n}$.

④ $\det(\boldsymbol{A})\neq 0\Leftrightarrow\boldsymbol{A}$ 是非奇异矩阵.

2）特殊矩阵

设 $\boldsymbol{A}=(a_{ij})_{n\times n}\in\mathbf{R}^{n\times n}$.

①对角矩阵：当 $i\neq j$ 时，$a_{ij}=0$.

②三对角矩阵：当$|i-j|>1$ 时，$a_{ij}=0$.

③上三角矩阵：当 $i>j$ 时，$a_{ij}=0$.

④上海森伯格（Hessenberg）阵：当 $i>j+1$ 时，$a_{ij}=0$.

⑤对称矩阵：$\boldsymbol{A}^{\mathrm{T}}=\boldsymbol{A}$.

⑥埃尔米特（Hermite）矩阵：设 $\boldsymbol{A}\in\mathbf{C}^{n\times n}$为埃尔米特矩阵，则 $\boldsymbol{A}^{\mathrm{H}}=\boldsymbol{A}$（$\boldsymbol{A}^{\mathrm{H}}=\overline{\boldsymbol{A}}^{\mathrm{T}}$，即为 $\boldsymbol{A}$ 的共轭转置矩阵）.

⑦对称正定矩阵：如果

a. $\boldsymbol{A}^{\mathrm{T}}=\boldsymbol{A}$；

b. 对任意非零向量 $\boldsymbol{x}\in\mathbf{R}^{n}$，$(\boldsymbol{Ax},\boldsymbol{x})=\boldsymbol{x}^{\mathrm{T}}\boldsymbol{Ax}>0$.

⑧正交矩阵：$\boldsymbol{A}^{-1}=\boldsymbol{A}^{\mathrm{T}}$；酉矩阵：设 $\boldsymbol{A}\in\mathbf{C}^{n\times n}$为酉矩阵，则 $\boldsymbol{A}^{-1}=\boldsymbol{A}^{\mathrm{H}}$.

⑨对称正定矩阵：设 $\boldsymbol{A}\in\mathbf{R}^{n\times n}$为对称正定矩阵，则

a. $\boldsymbol{A}$ 为非奇异矩阵，且 $\boldsymbol{A}^{-1}$亦是对称正定阵.

b. 记 $\boldsymbol{A}_k$ 为 $\boldsymbol{A}$ 的主子阵，则 $\boldsymbol{A}_k(k=1,2,\cdots,n)$ 亦是对称正定矩阵，其中

$$\boldsymbol{A}_k=\begin{pmatrix} a_{11} & \cdots & a_{1k} \\ \vdots & & \vdots \\ a_{k1} & \cdots & a_{kk} \end{pmatrix} \quad (k=1,2,\cdots,n)$$

c. $\boldsymbol{A}$ 的特征值 $\lambda_i>0$（$i=1,2,\cdots,n$）.

d. $\boldsymbol{A}$ 的顺序主子式都大于零，即 $\det(\boldsymbol{A}_k)>0(k=1,2,\cdots,n)$.

⑩严格对角占优矩阵：矩阵 $\boldsymbol{A}=(a_{ij})_{n\times n}$，

若 $\boldsymbol{A}$ 按行严格对角占优势，则 $|a_{ii}|>\sum\limits_{\substack{j=1\\j\neq i}}^{n}|a_{ij}| \quad (i=1,2,\cdots,n)$；

若 $\boldsymbol{A}$ 按列严格对角占优势，则 $|a_{ii}|>\sum\limits_{\substack{j=1\\j\neq i}}^{n}|a_{ji}| \quad (i=1,2,\cdots,n)$；

当 $\boldsymbol{A}$ 按行或列之一严格对角占优势时，就称 $\boldsymbol{A}$ 为严格对角占优矩阵.

3）**初等矩阵**

初等矩阵是一种形式十分简单的矩阵，它由单位矩阵减去一个秩最多为1的矩阵而得到. 初等矩阵在解方程组、求矩阵特征值等问题中起着主要作用.

设 $\boldsymbol{u}=(u_1,\ u_2,\ \cdots,\ u_n)^{\mathrm{T}}\in\mathbf{R}^n$，$\boldsymbol{v}=(v_1,\ v_2,\ \cdots,\ v_n)^{\mathrm{T}}\in\mathbf{R}^n$，$\sigma$ 为数，称矩阵

$$\boldsymbol{E}(\boldsymbol{u},\boldsymbol{v},\sigma)=\boldsymbol{I}-\sigma\boldsymbol{u}\boldsymbol{v}^{\mathrm{T}}$$

为**初等矩阵**. 即

$$\boldsymbol{E}(\boldsymbol{u},\boldsymbol{v},\sigma)=\boldsymbol{I}-\sigma\boldsymbol{u}\boldsymbol{v}^{\mathrm{T}}=\begin{pmatrix}1-\sigma u_1v_1 & -\sigma u_1v_2 & \cdots & -\sigma u_1v_n\\ -\sigma u_2v_1 & 1-\sigma u_2v_2 & \cdots & -\sigma u_2v_n\\ \vdots & \vdots & & \vdots\\ -\sigma u_nv_1 & -\sigma u_nv_2 & \cdots & 1-\sigma u_nv_n\end{pmatrix}$$

注 初等矩阵容易求逆：若 $\boldsymbol{E}(\boldsymbol{u},\boldsymbol{v},\sigma)=\boldsymbol{I}-\sigma\boldsymbol{u}\boldsymbol{v}^{\mathrm{T}}$，则

$$\boldsymbol{E}^{-1}(\boldsymbol{u},\boldsymbol{v},\sigma)=\boldsymbol{E}(\boldsymbol{u},\boldsymbol{v},\alpha)=\boldsymbol{I}-\alpha\boldsymbol{u}\boldsymbol{v}^{\mathrm{T}},\alpha=\sigma/(\sigma\boldsymbol{v}^{\mathrm{T}}\boldsymbol{u}-1)$$

事实上，考查

$$\boldsymbol{E}(\boldsymbol{u},\boldsymbol{v},\sigma)\boldsymbol{E}(\boldsymbol{u},\boldsymbol{v},\alpha)=(\boldsymbol{I}-\sigma\boldsymbol{u}\boldsymbol{v}^{\mathrm{T}})(\boldsymbol{I}-\alpha\boldsymbol{u}\boldsymbol{v}^{\mathrm{T}})=\boldsymbol{I}-((\sigma+\alpha)-\sigma\alpha\boldsymbol{v}^{\mathrm{T}}\boldsymbol{u})\boldsymbol{u}\boldsymbol{v}^{\mathrm{T}}$$

选取 α 使 $\sigma+\alpha-\sigma\alpha\boldsymbol{v}^{\mathrm{T}}\boldsymbol{u}=0$，即选取 $\alpha=\sigma/(\sigma\boldsymbol{v}^{\mathrm{T}}\boldsymbol{u}-1)$（当 $\sigma\boldsymbol{v}^{\mathrm{T}}\boldsymbol{u}\neq1$ 时）.

所以 $\boldsymbol{E}^{-1}(\boldsymbol{u},\boldsymbol{v},\sigma)=\boldsymbol{E}(\boldsymbol{u},\boldsymbol{v},\alpha)=\boldsymbol{I}-\alpha\boldsymbol{u}\boldsymbol{v}^{\mathrm{T}}$.

（1）初等下三角矩阵（高斯变换）.

取 $\boldsymbol{u}=\boldsymbol{l}_k=\begin{pmatrix}0\\ \vdots\\ 0\\ m_{k+1}\\ \vdots\\ m_n\end{pmatrix}$，$\boldsymbol{v}=\boldsymbol{e}_k=\begin{pmatrix}0\\ \vdots\\ 1\\ 0\\ \vdots\\ 0\end{pmatrix}k$，$\sigma=1$，称 $\boldsymbol{E}(\boldsymbol{l}_k,\boldsymbol{e}_k,1)=\boldsymbol{I}-\boldsymbol{l}_k\boldsymbol{e}_k^{\mathrm{T}}\equiv\boldsymbol{L}_k(\boldsymbol{l}_k)$ 为指标为 k 的**初等下三角矩阵**. 显然，有

$$\boldsymbol{L}_k=\begin{pmatrix}1 &&&&\\ &\ddots&&&\\ &&1&&\\ &&-m_{k+1}&1&\\ &&\vdots&&\ddots\\ &&-m_n&&&1\end{pmatrix},\quad \boldsymbol{L}_k^{-1}=\begin{pmatrix}1 &&&&\\ &\ddots&&&\\ &&1&&\\ &&m_{k+1}&1&\\ &&\vdots&&\ddots\\ &&m_n&&&1\end{pmatrix}=\boldsymbol{I}+\boldsymbol{l}_k\boldsymbol{e}_k^{\mathrm{T}}$$

注 初等下三角矩阵在解方程组的直接法中起着重要作用.

（2）初等置换矩阵.

取 $\boldsymbol{u}=\boldsymbol{v}=\boldsymbol{e}_i-\boldsymbol{e}_j$，$\sigma=1$ 时，称

$$\boldsymbol{E}(\boldsymbol{e}_i-\boldsymbol{e}_j,\boldsymbol{e}_i-\boldsymbol{e}_j,1)=\boldsymbol{I}-(\boldsymbol{e}_i-\boldsymbol{e}_j)(\boldsymbol{e}_i-\boldsymbol{e}_j)^{\mathrm{T}}\equiv\boldsymbol{I}_{i,j}$$

为**初等置换矩阵**. 显然，有

$$\boldsymbol{I}_{i,j}=\begin{pmatrix}1 & & \vdots & & \vdots & & \\ & \ddots & & & & & \\ \cdots & \cdots & 0 & \cdots & 1 & \cdots & \cdots \\ & & \vdots & \ddots & \vdots & & \\ \cdots & \cdots & 1 & \cdots & 0 & \cdots & \cdots \\ & & & & & \ddots & \\ & & \vdots & & \vdots & & 1\end{pmatrix}\begin{matrix} \\ \\ i \\ \\ j \\ \\ \\ \end{matrix}$$
$$\qquad\qquad\qquad i \qquad\quad j$$

初等置换矩阵 $\boldsymbol{I}_{ij}$ 是单位矩阵交换第 i 行与第 j 行（或交换第 i 列与第 j 列）得到的矩阵.

初等置换矩阵的性质：设 $\boldsymbol{I}_{ij}=\boldsymbol{I}-(\boldsymbol{e}_i-\boldsymbol{e}_j)(\boldsymbol{e}_i-\boldsymbol{e}_j)^{\mathrm{T}}$，则

①$\boldsymbol{I}_{ij}$ 是正交矩阵，即 $\boldsymbol{I}_{ij}^{-1}=\boldsymbol{I}_{ij}^{\mathrm{T}}$，$\boldsymbol{I}_{ij}$ 是对称矩阵，即 $\boldsymbol{I}_{ij}^{\mathrm{T}}=\boldsymbol{I}_{ij}$；

②$\det(\boldsymbol{I}_{ij})=-1$；

③$\boldsymbol{I}_{ij}\boldsymbol{A}$：用 $\boldsymbol{I}_{ij}$ 左乘于 $\boldsymbol{A}$，相当于交换 $\boldsymbol{A}$ 的第 i 行与第 j 行元素；

④$\boldsymbol{A}\boldsymbol{I}_{ij}$：用 $\boldsymbol{I}_{ij}$ 右乘于 $\boldsymbol{A}$，相当于交换 $\boldsymbol{A}$ 的第 i 列与第 j 列元素.

4）方程组唯一解的等价命题

定理 1 设 $\boldsymbol{A}\in\mathbf{R}^{n\times n}$，则下述命题等价：

（1）对任意 $\boldsymbol{b}\in\mathbf{R}^n$，方程组 $\boldsymbol{A}\boldsymbol{x}=\boldsymbol{b}$ 有唯一解；

（2）齐次方程组 $\boldsymbol{A}\boldsymbol{x}=\mathbf{0}$ 只有唯一零解 $\boldsymbol{x}=\mathbf{0}$；

（3）$\det(\boldsymbol{A})\neq 0$；

（4）$\boldsymbol{A}^{-1}$ 存在；

（5）$\boldsymbol{A}$ 的秩 $r(\boldsymbol{A})=n$.

2.2 高斯消去法

MOOC 2.2
高斯消去法

高斯消去法（消去法）是一个古老的求解线性方程组的方法（早在公元前 250 年中国就掌握了解方程组的消去法），它是以初等行变换为基础，整理而成的计算机算法. 由它改进和变形得到的高斯选主元素消去法及三角分解法，仍然是目前计算机上常用的解低阶稠密矩阵的线性方程组的有效方法.

首先举一个简单的例子来说明消去法的基本思想.

例 2-1 用消去法解方程组

$$\begin{cases}4x_1-9x_2+2x_3=5\\2x_1-4x_2+6x_3=3\\-x_1+x_2-3x_3=-4\end{cases}$$

解 方程组的增广矩阵是

$$(\boldsymbol{A},\boldsymbol{b})=\begin{pmatrix}4&-9&2&5\\2&-4&6&3\\-1&1&-3&-4\end{pmatrix}$$

消元计算

$$(\boldsymbol{A},\boldsymbol{b})\xrightarrow[r_3-\frac{-1}{4}r_1]{r_2-\frac{2}{4}r_1}\begin{pmatrix}4&-9&2&5\\0&0.5&5&0.5\\0&-1.25&-2.5&-2.75\end{pmatrix}\xrightarrow{r_3-\frac{-1.25}{0.5}r_2}\begin{pmatrix}4&-9&2&5\\0&0.5&5&0.5\\0&0&10&-1.5\end{pmatrix}$$

回代求解：

$$x_3=-1.5/10=-0.15,x_2=[0.5-5\times(-0.15)]/0.5=2.5,$$

$$x_1=(5+9\times2.5+2\times0.15)/4=6.95$$

由例 2-1 可以看出，用消去法解方程组的基本思想就是用初等行变换将原方程组系数矩阵化为简单形式（上三角矩阵、单位矩阵等），从而将求解原方程组的问题转化为求解简单方程组的问题. 或者说，对系数矩阵 $\boldsymbol{A}$ 施行一些左变换（用一些简单矩阵）将其约化为上三角矩阵.

高斯消去法的基本思想：用初等行变换化一般的方程组为上三角方程组，然后回代求解.

高斯消去法的步骤：先消元计算，再回代求解. 下面讨论求解一般线性方程组的高斯消去法.

2.2.1 高斯消去法的算法公式

设 n 阶线性方程组为

$$\boldsymbol{Ax}=\boldsymbol{b} \tag{2-3}$$

式中，系数矩阵 $\boldsymbol{A}$（n 阶非奇异矩阵）和右端列向量 $\boldsymbol{b}$ 分别为

$$\boldsymbol{A}=\begin{pmatrix}a_{11}&a_{12}&\cdots&a_{1n}\\a_{21}&a_{22}&\cdots&a_{2n}\\\vdots&\vdots&&\vdots\\a_{n1}&a_{n2}&\cdots&a_{nn}\end{pmatrix},\ \boldsymbol{b}=\begin{pmatrix}b_1\\b_2\\\vdots\\b_n\end{pmatrix}$$

1） **高斯回代过程**

在 n 阶线性方程组中，上三角形式是比较简单的形式，首先讨论上三角方程组的回代求解

$$\begin{cases} u_{11}x_1 + u_{12}x_2 + \cdots + u_{1n}x_n = b_1 \\ \qquad u_{22}x_2 + \cdots + u_{2n}x_n = b_2 \\ \qquad \qquad \vdots \\ \qquad \qquad u_{nn}x_n = b_n \end{cases} \tag{2-4}$$

假设 $u_{ii} \neq 0 (i=1,2,\cdots,n)$，则回代解得

$$\begin{cases} x_n = b_n / u_{nn} \\ x_i = \left(b_i - \sum\limits_{j=i+1}^{n} u_{ij}x_j \right) \Big/ u_{ii}, \quad i = n-1, n-2, \cdots, 2, 1 \end{cases} \tag{2-5}$$

2） **高斯消元过程（即初等行变换）**

记式（2-3）为

$$\begin{cases} a_{11}^{(1)}x_1 + a_{12}^{(1)}x_2 + \cdots + a_{1n}^{(1)}x_n = b_1^{(1)} \\ a_{21}^{(1)}x_1 + a_{22}^{(1)}x_2 + \cdots + a_{2n}^{(1)}x_n = b_2^{(1)} \\ \qquad \vdots \\ a_{n1}^{(1)}x_1 + a_{n2}^{(1)}x_2 + \cdots + a_{nn}^{(1)}x_n = b_n^{(1)} \end{cases}$$

对应的增广矩阵为

$$(\boldsymbol{A}^{(1)}, \boldsymbol{b}^{(1)}) = \begin{pmatrix} a_{11}^{(1)} & a_{12}^{(1)} & \cdots & a_{1n}^{(1)} & b_1^{(1)} \\ a_{21}^{(1)} & a_{22}^{(1)} & \cdots & a_{2n}^{(1)} & b_2^{(1)} \\ \vdots & \vdots & & \vdots & \vdots \\ a_{n1}^{(1)} & a_{n2}^{(1)} & \cdots & a_{nn}^{(1)} & b_n^{(1)} \end{pmatrix}$$

第 1 步消元：若 $a_{11}^{(1)} \neq 0$，则利用**主元素**（即为消元过程中的主对角线元素）$a_{11}^{(1)}$ 消去下面的 $a_{i1}^{(1)}$，$i=2,3,\cdots,n$. 取消元因子 $l_{i1} = a_{i1}^{(1)} / a_{11}^{(1)}$，$i=2,3,\cdots,n$，消元计算得到

$$(\boldsymbol{A}^{(2)}, \boldsymbol{b}^{(2)}) = \begin{pmatrix} a_{11}^{(1)} & a_{12}^{(1)} & \cdots & a_{1n}^{(1)} & b_1^{(1)} \\ 0 & a_{22}^{(2)} & \cdots & a_{2n}^{(2)} & b_2^{(2)} \\ \vdots & \vdots & & \vdots & \vdots \\ 0 & a_{n2}^{(2)} & \cdots & a_{nn}^{(2)} & b_n^{(2)} \end{pmatrix}$$

式中,

$$a_{ij}^{(2)}=a_{ij}^{(1)}-l_{i1}a_{1j}^{(1)},\ i,j=2,3,\cdots,n$$
$$b_{i}^{(2)}=b_{i}^{(1)}-l_{i1}b_{1}^{(1)},\ i=2,3,\cdots,n$$

第 2 步消元：若 $a_{22}^{(2)}\neq 0$，用第 i 行减去第二行的 $l_{i2}=a_{i2}^{(2)}/a_{22}^{(2)}$ $(i=3,4,\cdots,n)$ 倍，得

$$(\boldsymbol{A}^{(3)},\boldsymbol{b}^{(3)})=\begin{pmatrix} a_{11}^{(1)} & a_{12}^{(1)} & a_{13}^{(1)} & \cdots & a_{1n}^{(1)} & b_{1}^{(1)} \\ 0 & a_{22}^{(2)} & a_{23}^{(2)} & \cdots & a_{2n}^{(2)} & b_{2}^{(2)} \\ 0 & 0 & a_{33}^{(3)} & \cdots & a_{3n}^{(3)} & b_{3}^{(3)} \\ \vdots & \vdots & \vdots & & \vdots & \vdots \\ 0 & 0 & a_{n3}^{(3)} & \cdots & a_{nn}^{(3)} & b_{n}^{(3)} \end{pmatrix}$$

式中，$a_{ij}^{(3)}=a_{ij}^{(2)}-l_{i2}a_{2j}^{(2)}$，$b_{i}^{(3)}=b_{i}^{(2)}-l_{i2}b_{2}^{(2)}$，$i,j=3,4,\cdots,n.$

第 k 步消元 $(k=1,2,\cdots,n-1)$：继续上述消元过程，假设第 1 步至第 $k-1$ 步计算已经完成，得到

$$(\boldsymbol{A}^{(k)},\boldsymbol{b}^{(k)})=\begin{pmatrix} a_{11}^{(1)} & a_{12}^{(1)} & \cdots & a_{1k}^{(1)} & \cdots & a_{1n}^{(1)} & b_{1}^{(1)} \\ & a_{22}^{(2)} & \cdots & a_{2k}^{(2)} & \cdots & a_{2n}^{(2)} & b_{2}^{(2)} \\ & & \ddots & \vdots & & \vdots & \vdots \\ & & & a_{kk}^{(k)} & \cdots & a_{kn}^{(k)} & b_{k}^{(k)} \\ & & & \vdots & & \vdots & \vdots \\ & & & a_{nk}^{(k)} & \cdots & a_{nn}^{(k)} & b_{n}^{(k)} \end{pmatrix}$$

若 $a_{kk}^{(k)}\neq 0$，用第 i 行减去第 k 行的 $l_{ik}=a_{ik}^{(k)}/a_{kk}^{(k)}$ $(i=k+1,k+2,\cdots,n)$ 倍，得

$$(\boldsymbol{A}^{(k+1)},\boldsymbol{b}^{(k+1)})=\begin{pmatrix} a_{11}^{(1)} & a_{12}^{(1)} & \cdots & a_{1k}^{(1)} & a_{1k+1}^{(1)} & \cdots & a_{1n}^{(1)} & b_{1}^{(1)} \\ & a_{22}^{(2)} & \cdots & a_{2k}^{(2)} & a_{2k+1}^{(2)} & \cdots & a_{2n}^{(2)} & b_{2}^{(2)} \\ & & \ddots & \vdots & \vdots & & \vdots & \vdots \\ & & & a_{kk}^{(k)} & a_{kk+1}^{(k)} & \cdots & a_{kn}^{(k)} & b_{k}^{(k)} \\ & & & & a_{k+1k+1}^{(k+1)} & \cdots & a_{k+1n}^{(k+1)} & b_{k+1}^{(k+1)} \\ & & & & \vdots & & \vdots & \vdots \\ & & & & a_{nk+1}^{(k+1)} & \cdots & a_{nn}^{(k+1)} & b_{n}^{(k+1)} \end{pmatrix}$$

式中,

$$\begin{cases} a_{ij}^{(k+1)}=a_{ij}^{(k)}-l_{ik}a_{kj}^{(k)} \\ b_{i}^{(k+1)}=b_{i}^{(k)}-l_{ik}b_{k}^{(k)} \end{cases}\quad (i,j=k+1,k+2,\cdots,n) \tag{2-6}$$

继续上述消元过程，最后得到上三角形式

$$
(\boldsymbol{A}^{(n)},\boldsymbol{b}^{(n)})=\begin{pmatrix} a_{11}^{(1)} & a_{12}^{(1)} & \cdots & a_{1n}^{(1)} & b_1^{(1)} \\ & a_{22}^{(2)} & \cdots & a_{2n}^{(2)} & b_2^{(2)} \\ & & \ddots & \vdots & \vdots \\ & & & a_{nn}^{(n)} & b_n^{(n)} \end{pmatrix}
$$

n 阶线性方程组消元过程可描述为经过 $n-1$ 步消元化成上三角方程组：

$$
(\boldsymbol{A}^{(1)},\boldsymbol{b}^{(1)})\xrightarrow{k=1}(\boldsymbol{A}^{(2)},\boldsymbol{b}^{(2)})\xrightarrow{k=2}\cdots\to(\boldsymbol{A}^{(k)},\boldsymbol{b}^{(k)})\to\cdots\xrightarrow{k=n-1}(\boldsymbol{A}^{(n)},\boldsymbol{b}^{(n)})\text{（上三角形式）}
$$

3） 高斯消去法的算法公式

总结上述消元与回代过程，得到高斯消去法的算法公式如下.

消元公式：对 $k=1,2,\cdots,n-1$，若 $a_{kk}^{(k)}\neq0$，取消元因子 $l_{ik}=a_{ik}^{(k)}/a_{kk}^{(k)}$，则

$$
\begin{cases} a_{ij}^{(k+1)}=a_{ij}^{(k)}-l_{ik}a_{kj}^{(k)} \\ b_i^{(k+1)}=b_i^{(k)}-l_{ik}b_k^{(k)} \end{cases}\quad(i,j=k+1,k+2,\cdots,n)
$$

回代公式：若 $a_{nn}^{(n)}\neq0$，则

$$
\begin{cases} x_n=b_n^{(n)}/a_{nn}^{(n)} \\ x_i=\left(b_i^{(i)}-\sum\limits_{j=i+1}^{n}a_{ij}^{(i)}x_j\right)\Big/a_{ii}^{(i)} \end{cases}\quad(i=n-1,n-2,\cdots,2,1)
$$

2.2.2 高斯消去法的可行性与运算量

1） 高斯消去法的可行性

根据高斯消去法可知，算法得以实现的前提条件为 $a_{11}^{(1)}\neq0$，$a_{22}^{(2)}\neq0$，…，$a_{nn}^{(n)}\neq0$，即满足以下任一个条件：

① $a_{11}^{(1)}a_{22}^{(2)}\cdots a_{nn}^{(n)}\neq0$；

② $a_{11}\neq0,\ \begin{vmatrix} a_{11} & a_{12} \\ a_{21} & a_{22} \end{vmatrix}\neq0,\cdots,D_k=\begin{vmatrix} a_{11} & a_{12} & \cdots & a_{1k} \\ a_{21} & a_{22} & \cdots & a_{2k} \\ \vdots & \vdots & & \vdots \\ a_{k1} & a_{k2} & \cdots & a_{kk} \end{vmatrix}\neq0,\cdots,|\boldsymbol{A}|\neq0$

这是因为

$$
D_k=\begin{vmatrix} a_{11} & a_{12} & \cdots & a_{1k} \\ a_{21} & a_{22} & \cdots & a_{2k} \\ \vdots & \vdots & & \vdots \\ a_{k1} & a_{k2} & \cdots & a_{kk} \end{vmatrix}\xlongequal{\text{初等行变换}}\begin{vmatrix} a_{11}^{(1)} & a_{12}^{(1)} & \cdots & a_{1k}^{(1)} \\ & a_{22}^{(2)} & \cdots & a_{2n}^{(2)} \\ & & \ddots & \vdots \\ & & & a_{kk}^{(k)} \end{vmatrix}
$$

令 $k=1,2,\cdots,n$，若 $D_k\neq0$，则有 $a_{ii}^{(i)}\neq0,i=1,2,\cdots,k$.

需要指出的是，当线性方程组的系数矩阵 $\boldsymbol{A}$ 为实对称正定矩阵时，在进行高斯消元过程中总能保证 $a_{kk}^{(k)}\neq0$（$k=1,2,\cdots,n$），因此可以直接使用高斯消去法求解.

设矩阵 $\boldsymbol{A}$、$\boldsymbol{B}$、$\boldsymbol{C}$，其中 $\boldsymbol{A}$ 为实对称正定矩阵，$\boldsymbol{B}$ 为严格对角占优矩阵，请考虑它们所对应的线性方程组，高斯消去法是否可行？

$$\boldsymbol{A}=\begin{pmatrix}4&1&2\\1&5&3\\2&3&6\end{pmatrix},\ \boldsymbol{B}=\begin{pmatrix}10&3&1\\2&-10&3\\1&3&10\end{pmatrix},\ \boldsymbol{C}=\begin{pmatrix}0&1&2\\5&3&-1\\1&6&4\end{pmatrix}$$

2）**高斯消去法的运算量**

分析高斯消去法可知，第 k（$k=1,2,\cdots,n-1$）步消元中，消元因子需要作 $n-k$ 次除法运算，消元需作 $(n-k)^2$ 次乘法运算，右端项 $b^{(k)}$ 需作 $n-k$ 次乘法运算. 于是完成全部消元计算的乘法总运算量为：$\sum\limits_{k=1}^{n-1}[(n-k+1)\times(n-k)]=\dfrac{1}{3}n(n^2-1)$，除法总运算量为：$\sum\limits_{k=1}^{n-1}(n-k)=\dfrac{n}{2}(n-1)$.

回代过程乘除法总运算量为：$1+2+\cdots+n=\dfrac{n}{2}(n+1)$.

因此，高斯消去法解 n 阶线性方程组的乘除法总运算量为

$$\frac{1}{3}n(n^2-1)+\frac{n}{2}(n-1)+\frac{n}{2}(n+1)=\frac{1}{3}(n^3+3n^2-n)\approx\frac{n^3}{3}\quad（当 n 较大时）$$

对比第1章例1-3，用克莱姆法则解方程组的运算量约为（$n+1$）（$n-1$）$n!$. 当 $n=20$ 时，高斯消去法的运算量为3 060，克莱姆法则的运算量为 9.7×10^{20}. 假设计算工作是在每秒作1亿次乘除运算的计算机上进行的，那么高斯消去法解20阶方程组约需要0.000 03 s，而克莱姆法则大约需要307 816 年才能完成. 由此可知克莱姆法则完全不适合在计算机上求解高维方程组.

例2-2 利用高斯消去法解方程组 $\begin{cases}4x_1-9x_2+2x_3=5\\2x_1-4x_2+6x_3=3\\-x_1+x_2-3x_3=-4\end{cases}$

解 （1）消元计算

$$(\boldsymbol{A},\boldsymbol{b})=\begin{pmatrix}4&-9&2&5\\2&-4&6&3\\-1&1&-3&-4\end{pmatrix}\xrightarrow[l_{21}=\frac{2}{4},l_{31}=-\frac{1}{4}]{\text{第一步消元}}\begin{pmatrix}4&-9&2&5\\0&0.5&5&0.5\\0&-1.25&-2.5&-2.75\end{pmatrix}$$

$$\xrightarrow[l_{32}=\frac{-1.25}{0.5}=-2.5]{\text{第二步消元}}\begin{pmatrix}4&-9&2&5\\0&0.5&5&0.5\\0&0&10&-1.5\end{pmatrix}$$

（2）回代求解，得

$$x_3=-1.5/10=-0.15，\ x_2=[0.5-5\times(-0.15)]/0.5=2.5，$$

$$x_1=(5+9\times2.5+2\times0.15)/4=6.95$$

例 2-3 利用高斯消去法解方程组

$$\begin{cases} x_1+4x_2+7x_3=1 \\ 2x_1+5x_2+8x_3=1 \\ 3x_1+6x_2+11x_3=1 \end{cases}$$

解 （1）消元计算

$$(\boldsymbol{A},\boldsymbol{b})=\begin{pmatrix} 1 & 4 & 7 & 1 \\ 2 & 5 & 8 & 1 \\ 3 & 6 & 11 & 1 \end{pmatrix}\xrightarrow[l_{21}=2,l_{31}=3]{\text{第一步消元}}\begin{pmatrix} 1 & 4 & 7 & 1 \\ 0 & -3 & -6 & -1 \\ 0 & -6 & -10 & -2 \end{pmatrix}\xrightarrow[l_{32}=\frac{-6}{-3}=2]{\text{第二步消元}}\begin{bmatrix} 1 & 4 & 7 & 1 \\ 0 & -3 & -6 & -11 \\ 0 & 0 & 2 & 0 \end{bmatrix}$$

（2）回代求解，得 $\boldsymbol{x}=\left(-\frac{1}{3},\ \frac{1}{3},\ 0\right)^{\mathrm{T}}$.

2.2.3 高斯变换约化

总结高斯消元过程，可以得到下述定理.

定理 2 （用高斯变换约化）设 $\boldsymbol{A}\in\mathbf{R}^{n\times n}$，则

（1）如果 $a_{kk}^{(k)}\neq0$（$k=1,2,\cdots,n$），则可以对 $\boldsymbol{A}$ 实施高斯消元法化为上三角矩阵，即存在初等下三角矩阵 $\boldsymbol{L}_1,\boldsymbol{L}_2,\cdots,\boldsymbol{L}_{n-1}$，使 $\boldsymbol{L}_{n-1}\cdots\boldsymbol{L}_2\boldsymbol{L}_1\boldsymbol{A}=\boldsymbol{U}$，其中 $\boldsymbol{U}$ 为上三角矩阵.

（2）如果 $\boldsymbol{A}$ 为非奇异矩阵，则可通过初等行变换的高斯消去法，将 $\boldsymbol{A}$ 化为上三角矩阵.

证明 因为
$$\boldsymbol{L}_k\boldsymbol{A}^{(k)}=\begin{pmatrix} 1 & & & & & \\ & \ddots & & & & \\ & & 1 & & & \\ & & -l_{k+1k} & 1 & & \\ & & \vdots & & \ddots & \\ & & -l_{nk} & & 0 & 1 \end{pmatrix}\begin{pmatrix} a_{11}^{(1)} & & a_{1k}^{(1)} & \cdots & a_{1n}^{(1)} \\ & \ddots & & & \\ & & a_{kk}^{(k)} & \cdots & a_{kn}^{(k)} \\ & & \vdots & \ddots & \vdots \\ & & a_{nk}^{(k)} & \cdots & a_{nn}^{(k)} \end{pmatrix}$$

$$=\begin{pmatrix} a_{11}^{(1)} & & a_{1k}^{(1)} & & \cdots & a_{1n}^{(1)} \\ & \ddots & & & & \\ & & a_{kk}^{(k)} & a_{k,k+1}^{(k)} & \cdots & a_{k,n}^{(k)} \\ & & 0 & a_{k+1,k+1}^{(k+1)} & \cdots & a_{k+1,n}^{(k+1)} \\ & & \vdots & \vdots & \ddots & \vdots \\ & & 0 & a_{n,k+1}^{(k+1)} & \cdots & a_{n,n}^{(k+1)} \end{pmatrix}=A^{(k+1)}$$

令 $k=1,2,\cdots,n-1$，则有 $\boldsymbol{L}_{n-1}\cdots\boldsymbol{L}_2\boldsymbol{L}_1\boldsymbol{A}=\boldsymbol{U}$（$\boldsymbol{U}$ 为上三角矩阵）. 因此，结论（1）与（2）得证.

定理 3 （用高斯变换约化）设 $\boldsymbol{A}\in\mathbf{R}^{m\times n}$（$m>1$），如果 $a_{kk}^{(k)}\neq0$（$k=1,2,\cdots,m$），则可以运用高斯消元法，即存在初等下三角矩阵 $\boldsymbol{L}_1,\boldsymbol{L}_2,\cdots,\boldsymbol{L}_{m-1}$，使 $\boldsymbol{L}_{m-1}\cdots\boldsymbol{L}_2\boldsymbol{L}_1\boldsymbol{A}=\boldsymbol{U}$，其中 $\boldsymbol{U}$ 为阶梯形矩阵.

因为

$$A=\begin{pmatrix} a_{11} & a_{12} & \cdots & a_{1n} \\ a_{21} & a_{22} & \cdots & a_{21} \\ \vdots & \vdots & & \vdots \\ a_{m1} & a_{m2} & \cdots & a_{mn} \end{pmatrix} \xrightarrow{\text{行变换}} \begin{pmatrix} a_{11}^{(1)} & a_{12}^{(1)} & \cdots & a_{1m}^{(1)} & \cdots & a_{1n}^{(1)} \\ & a_{22}^{(2)} & \cdots & a_{2m}^{(2)} & \cdots & a_{2n}^{(2)} \\ & & \ddots & \vdots & & \vdots \\ & & & a_{mm}^{(m)} & \cdots & a_{mn}^{(m)} \end{pmatrix}$$

所以结论是显然的.

高斯消去法的 Matlab 程序（Gauss. m）如下：

```
function [x,det,index] = Gauss (A,b)
% 求线性方程组的高斯消去法,其中,
% A 为方程组的系数矩阵;
% b 为方程组的右端项;
% x 为方程组的解;
% det 为系数矩阵 A 的行列式的值;
% index 为指标变量,index =0 表示计算失败,index =1 表示计算成功.
[n,m] = size(A);nb = length(b);
% 当方程组行与列的维数不相等时,停止计算,并输出出错信息.
if n ~ =m
    error('The rows and columns of matrix A must be equal! ');
    return;
end
% 当方程组与右端项的维数不匹配时,停止计算,并输出出错信息.
if m ~ =nb
    error('The columns of A must be equal the length of b! ');
    return;
end
% 开始计算,先赋初值
index =1;det =1;x = zeros(n,1);
for k =1:n -1
    % 消元过程
    for i =k +1:n
        m =A(i,k)/A(k,k);
        for j =k +1:n
            A(i,j) =A(i,j) -m*A(k,j);
        end
        b(i) =b(i) -m*b(k);
    end
    det =det*A(k,k);
end
```

```
det = det * A(n,n);
% 回代过程
if abs(A(n,n)) <1e -10
    index =0;return;
end
for k =n: -1:1
    for j =k +1:n
        b(k) =b(k) -A(k,j) * x(j);
    end
    x(k) =b(k)/A(k,k);
end
```

调用函数 Gauss 解例 2－3. 输入

```
A =[1 4 7;2 5 8;3 6 11];b =[1 1 1]';[x,det,index] =Gauss(A,b)
```

得到

```
x =   -0.3333  det = -6  index =1
       0.3333
       0
```

计算成功.

2.3 高斯主元素消去法

高斯消去法不足之处示例

MOOC 2.3 高斯主元素消去法

用高斯消去法解 $\boldsymbol{Ax}=\boldsymbol{b}$，其中 $\boldsymbol{A}$ 为非奇异矩阵，可能出现 $a_{kk}^{(k)}=0$ 的情况，这时必须进行带行交换的高斯消去法．但在实际计算中当 $a_{kk}^{(k)}\neq 0$ 但其绝对值很小时，用 $a_{kk}^{(k)}$ 作除数，会导致中间结果矩阵 $\boldsymbol{A}^{(k)}$ 元素数量级严重增长和舍入误差的扩散，使得最后的计算结果不可靠（即算法数值不稳定）．本节讨论高斯主元素消去法．

例 2－4　用高斯消去法解方程组

$$\begin{cases}0.0120x_1+1.00x_2+2.00x_3=1.00\\ 1.00x_1+2.63x_2+5.24x_3=2.00\\ -2.00x_1+1.04x_2+4.57x_3=3.00\end{cases}$$

解　方程组的精确解舍入到 3 位有效数字为：$\boldsymbol{x}^*=(-0.645,\ 0.476,\ 0.266)^{\mathrm{T}}$.

利用高斯消去法求解（用具有舍入的 3 位浮点数进行计算），得

$$(\boldsymbol{A},\boldsymbol{b})=\begin{pmatrix}0.0120 & 1.00 & 2.00 & 1.00\\ 1.00 & 2.63 & 5.24 & 2.00\\ -2.00 & 1.04 & 4.57 & 3.00\end{pmatrix}\xrightarrow[l_{31}=-167]{l_{21}=83.3}\begin{pmatrix}0.0120 & 1.00 & 2.00 & 1.00\\ 0 & -80.7 & -162 & -81.3\\ 0 & -166 & -329 & -164\end{pmatrix}$$

$$\xrightarrow{l_{32}=2.06}\begin{pmatrix}0.0120 & 1.00 & 2.00 & 1.00\\ 0 & -80.7 & -162 & -81.3\\ 0 & 0 & 5.00 & 3.00\end{pmatrix}$$

解出 $\boldsymbol{x} \approx (-0.250, -0.197, 0.600)^{\mathrm{T}}$. 与精确解比较,这是一个很坏的结果.

例 2-4 计算失败的原因,是用了一个绝对值较小的数(小主元素)作除数,使消元的乘数较大,引起中间结果数量级严重增长,再舍入就使得最后的计算结果不可靠.

注 (1)设 $\boldsymbol{A}\boldsymbol{x}=\boldsymbol{b}$,其中 $\boldsymbol{A}$ 为 n 阶非奇异矩阵,可以应用高斯消去法求解.

(2)消元过程中 $l_{ik}=a_{ik}^{(k)}/a_{kk}^{(k)}$,即使 $a_{kk}^{(k)} \neq 0$,用小主元素作除数也会导致中间结果数量级严重增长和舍入误差的累积、扩大,最后使得计算结果不可靠.

(3)应避免采用小主元素 $a_{kk}^{(k)}$;对于一般的系数矩阵,最好保持乘数 $|l_{ik}| \leqslant 1$,因此,在高斯消去法中应引进选主元素技巧,以便减少计算过程中舍入误差对求解的影响.

2.3.1 列主元素消去法

列主元素消去法的基本思想:在每一步消元之前,选列主元素(绝对值最大的元素),使乘数 $|l_{ik}| \leqslant 1$.

列主元素消去法的步骤如下. 设已经完成第 $1 \sim k-1$ 步的按列选主元素、交换两行、消元计算,得

$$(\boldsymbol{A}^{(k)},\boldsymbol{b}^{(k)}) = \begin{pmatrix} a_{11}^{(1)} & a_{12}^{(1)} & \cdots & a_{1k}^{(1)} & \cdots & a_{1n}^{(1)} & b_1^{(1)} \\ & a_{22}^{(2)} & \cdots & a_{2k}^{(2)} & \cdots & a_{2n}^{(2)} & b_2^{(2)} \\ & & \ddots & \vdots & & \vdots & \vdots \\ & & & \boxed{\begin{matrix} a_{kk}^{(k)} \\ \vdots \\ a_{nk}^{(k)} \end{matrix}} & \cdots & \begin{matrix} a_{kn}^{(k)} \\ \vdots \\ a_{nn}^{(k)} \end{matrix} & \begin{matrix} b_k^{(k)} \\ \vdots \\ b_n^{(k)} \end{matrix} \end{pmatrix}.$$

方框表示选主元素的范围.

第 k 步 $(k=1,2,\cdots,n-1)$ 计算如下:

(1)选列主元素,即确定 i_0 使 $|a_{i_0k}^{(k)}| = \max\limits_{k \leqslant i \leqslant n} |a_{ik}^{(k)}|$;

(2)如果 $|a_{i_0k}^{(k)}| \to 0$,则方程组解不唯一或 $\boldsymbol{A}$ 接近奇异矩阵,停止运算;

(3)如果 $i_0 \neq k$,则交换 $[A, b]$ 第 i_0 行与第 k 行元素;

(4)消元计算

$$\begin{cases} a_{ij}^{(k+1)} = a_{ij}^{(k)} - l_{ik}a_{kj}^{(k)} \\ b_i^{(k+1)} = b_i^{(k)} - l_{ik}b_k^{(k)} \end{cases}, \; l_{ik}=a_{ik}^{(k)}/a_{kk}^{(k)} \qquad (i,j=k+1,k+2,\cdots,n)$$

(5)回代计算

$$\begin{cases} x_n = b_n/a_{nn} \\ x_i = \left(b_i - \sum\limits_{j=i+1}^n a_{ij}x_j\right)\bigg/ a_{ii} \end{cases} \qquad (i=n-1,n-2,\cdots,2,1)$$

列主元消
去法程序
实现示例

例如，用列主元素消去法解例2-4，则有

$$(\boldsymbol{A},\boldsymbol{b})=\begin{pmatrix}\boxed{0.0120} & 1.00 & 2.00 & 1.00\\ \boxed{1.00} & 2.63 & 5.24 & 2.00\\ \boxed{-2.00} & 1.04 & 4.57 & 3.00\end{pmatrix}\xrightarrow[\text{并换行}]{\text{选主元素}-2.00}\begin{pmatrix}-2.00 & 1.04 & 4.57 & 3.00\\ 1.00 & 2.63 & 5.24 & 2.00\\ 0.0120 & 1.00 & 2.00 & 1.00\end{pmatrix}$$

$$\xrightarrow[l_{31}=-0.006]{l_{21}=-0.500}\begin{pmatrix}-2.00 & 1.04 & 4.57 & 3.00\\ 0 & \boxed{3.15} & 7.53 & 3.50\\ 0 & \boxed{1.01} & 2.03 & 1.02\end{pmatrix}\xrightarrow[l_{32}=0.321]{\text{选主元素 }3.15}\begin{pmatrix}-2.00 & 1.04 & 4.57 & 3.00\\ 0 & 3.15 & 7.53 & 3.50\\ 0 & 0 & -0.390 & -0.100\end{pmatrix}$$

回代求解，得：$\boldsymbol{x}\approx(-0.655, 0.498, 0.256)^{\mathrm{T}}$. 对于用具有舍入的3位浮点数进行运算，这是一个很好的计算结果.

2.3.2 行主元素消去法

行主元素消去法就是每次选主元（主元素）时，仅依次按行选取绝对值最大的元素作为主元素，且仅交换两列，再进行消元计算.

假设已经完成第 $1\sim k-1$ 步运算，得到

$$(\boldsymbol{A}^{(k)},\boldsymbol{b}^{(k)})=\begin{pmatrix}a_{11}^{(1)} & a_{12}^{(1)} & \cdots & a_{1k}^{(1)} & \cdots & a_{1n}^{(1)} & b_1^{(1)}\\ & a_{22}^{(2)} & \cdots & a_{2k}^{(2)} & \cdots & a_{2n}^{(2)} & b_2^{(2)}\\ & & \ddots & & & & \vdots\\ & & & \boxed{a_{kk}^{(k)} \quad \cdots \quad a_{kn}^{(k)}} & & & b_k^{(k)}\\ & & & \vdots & & \vdots & \vdots\\ & & & a_{nk}^{(k)} & \cdots & a_{nn}^{(k)} & b_n^{(k)}\end{pmatrix}$$

第 k 步计算选主元素的范围为 $i=k$，$k\leqslant j\leqslant n$，选行主元素就是在第 k 行确定 j_0 使 $|a_{k,j_0}^{(k)}|=\max\limits_{k\leqslant j\leqslant n}|a_{kj}^{(k)}|$. 具体算法步骤省略.

2.3.3 完全主元素消去法

完全主元素消去法就是每次选主元时，依次按行、列选取绝对值最大的元素作为主元素，然后交换两行、两列，再进行消元计算.

完全主元素消去法的步骤如下. 设已经完成第 $1\sim k-1$ 步的选主元、交换行和列、消元计算，得

$$(\boldsymbol{A}^{(k)},\boldsymbol{b}^{(k)})=\begin{pmatrix}a_{11}^{(1)} & a_{12}^{(1)} & \cdots & a_{1k}^{(1)} & \cdots & a_{1n}^{(1)} & b_1^{(1)}\\ & a_{22}^{(2)} & \cdots & a_{2k}^{(2)} & \cdots & a_{2n}^{(2)} & b_2^{(2)}\\ & & \ddots & & & & \vdots\\ & & & a_{kk}^{(k)} & \cdots & a_{kn}^{(k)} & b_k^{(k)}\\ & & & \vdots & & \vdots & \vdots\\ & & & a_{nk}^{(k)} & \cdots & a_{nn}^{(k)} & b_n^{(k)}\end{pmatrix}.$$

第 k 步计算选主元素的范围为 $k\leqslant i, j\leqslant n$，即确定 i_0，j_0，使 $|a_{i_0,j_0}^{(k)}| = \max\limits_{k\leqslant i,j\leqslant n} |a_{ij}^{(k)}|$.

第 k 步（$k=1, 2, \cdots, n-1$）计算如下：

（1）选主元素，即确定 i_0，j_0，使 $|a_{i_0,j_0}^{(k)}| = \max\limits_{k\leqslant i,j\leqslant n} |a_{ij}^{(k)}|$；

（2）如果 $|a_{i_0,j_0}^{(k)}|\to 0$，则方程组的解不唯一或 $\boldsymbol{A}$ 接近奇异矩阵，停止运算；

（3）如果 $i_0\neq k$，则交换（$\boldsymbol{A}^{(k)}$，$\boldsymbol{b}^{(k)}$）第 i_0 行与第 k 行元素，如果 $j_0\neq k$，则交换（$\boldsymbol{A}^{(k)}$，$\boldsymbol{b}^{(k)}$）第 j_0 列与第 k 列元素；

（4）消元计算：

$$\begin{cases} a_{ij}^{(k+1)} = a_{ij}^{(k)} - l_{ik}a_{kj}^{(k)}, l_{ik} = a_{ik}^{(k)}/a_{kk}^{(k)} \\ b_i^{(k+1)} = b_i^{(k)} - l_{ik}b_k^{(k)} \end{cases} \quad (i,j=k+1,k+2,\cdots,n)$$

（5）回代求解.

注 完全主元素消去法是解低阶稠密矩阵方程组的有效方法，但在选主元素时要花费较多的计算机时间；行主元素消去法与列主元素消去法运算量大体相同. 实际计算时，用列主元素消去法即可满足一定的精度要求.

对于同一数值问题，用不同的计算方法，所得结果的精度可能大不一样. 对于一个算法来说，如果计算过程中舍入误差能得到控制，对计算结果影响较小，则称此算法是数值稳定的；否则，如果计算过程中舍入误差增长迅速，计算结果受舍入误差影响较大，则称此算法为数值不稳定的. 因此，解数值问题时，应选择和使用数值稳定的算法，如果使用数值不稳定的算法，就可能导致计算失败.

列主元素消去法的 Matlab 程序（Gauss_col. m）如下：

```
function [x,det,index] = Gauss_col(A,b)
% 求线性方程组的列主元消去法,其中,
% A 为方程组的系数矩阵;
% b 为方程组的右端项;
% x 为方程组的解;
% det 为系数矩阵 A 的行列式的值;
% index 为指标变量,index =0 表示计算失败,index =1 表示计算成功.
[n,m] = size(A);nb = length(b);
% 当方程组行与列的维数不相等时,停止计算,并输出出错信息.
if n ~ =m
    error('The rows and columns of matrix A must be equal! ');
    return;
end
% 当方程组与右端项的维数不匹配时,停止计算,并输出出错信息.
if m ~ =nb
    error('The columns of A must be equal the length of b! ');
    return;
```

```
end
% 开始计算,先赋初值
index =1;det =1;x = zeros(n,1);
for k =1:n -1
    % 选主元
    a_max =0;
    for i =k:n
        if abs(A(i,k)) >a_max
            a_max =abs(A(i,k));r =i;
        end
    end
    if a_max <1e -10
        index =0;return;
    end
    % 交换两行
    if r >k
        for j =k:n
            z =A(k,j);A(k,j) =A(r,j);A(r,j) =z;
        end
        z =b(k);b(k) =b(r);b(r) =z;det = -det;
    end
    % 消元过程
    for i =k +1:n
        m =A(i,k)/A(k,k);
        for j =k +1:n
            A(i,j) =A(i,j) -m * A(k,j);
        end
        b(i) =b(i) -m * b(k);
    end
    det =det * A(k,k);
end
det =det * A(n,n);
% 回代过程
if abs(A(n,n)) <1e -10
    index =0;return;
end
for k =n: -1:1
```

```
    for j=k+1:n
        b(k)=b(k)-A(k,j)*x(j);
    end
    x(k)=b(k)/A(k,k);
end
```

调用函数 Gauss_col 解方程组

$$\begin{cases} x_1+2x_2+3x_3=1 \\ 4x_1+5x_2+6x_3=1 \\ 7x_1+8x_2 \qquad =1 \end{cases}$$

输入

```
A=[1 2 3;4 5 6;7 8 0];b=[1 1 1]';[x,det,index]=Gauss_col(A,b)
```

得到

```
x= -1.0000  det=27.0000  index=1
    1.0000
   -0.0000
```

计算成功.

2.3.4 列主元素高斯-约当消去法

高斯消去法解方程组自始至终仅仅是对 $A^{(k)}$ 的第 k 行对角线下方的元素进行消元计算. 现在考虑一个修正方法，即消元计算对 $A^{(k)}$ 的第 k 行对角线上方、下方的元素都进行消元计算，最后不需要回代即可求得方程组的解. 这就是高斯-约当消去法（Gauss-Jordan Method）. 再引进按列选主元，就是列主元素高斯-约当消去法.

列主元素高斯-约当消去法的步骤如下，设已经完成第 $1\sim k-1$ 步，得

$$(\boldsymbol{A}^{(k)},\boldsymbol{b}^{(k)})=\begin{pmatrix} 1 & & & a_{1k}^{(k)} & \cdots & a_{1n}^{(k)} & b_1^{(k)} \\ & \ddots & & \vdots & & \vdots & \vdots \\ & & 1 & a_{k-1,k}^{(k)} & \cdots & a_{k-1,n}^{(k)} & b_{k-1}^{(k)} \\ & & & a_{kk}^{(k)} & \cdots & a_{kn}^{(k)} & b_k^{(k)} \\ & & & \vdots & & \vdots & \vdots \\ & & & a_{nk}^{(k)} & \cdots & a_{nn}^{(k)} & b_n^{(k)} \end{pmatrix}$$

设 $a_{kk}^{(k)}\neq 0$，第 k 步（$k=1$，2，…，n）计算过程如下：

（1）按列选主元，即确定 i_0 使 $|a_{i_0,k}^{(k)}|=\max\limits_{k\leq i\leq n}|a_{ik}^{(k)}|$；

（2）如果 $|a_{i_0,k}^{(k)}|\to 0$，则方程组的解不唯一或 $\boldsymbol{A}$ 接近奇异矩阵，停止运算；

（3）如果 $i_0\neq k$，则交换（$\boldsymbol{A}^{(k)}$，$\boldsymbol{b}^{(k)}$）第 i_0 行与第 k 行元素；

（4）消元计算，当 $i=k$ 时，有

$$\begin{cases} a_{kj}^{(k+1)}=a_{kj}^{(k)}/a_{kk}^{(k)} \\ b_k^{(k+1)}=b_k^{(k)}/a_{kk}^{(k)} \end{cases} \qquad (j=k+1,k+2,\cdots,n)$$

当 $i \neq k$ 时，有

$$\begin{cases} a_{ij}^{(k+1)} = a_{ij}^{(k)} - a_{ik}^{(k)} a_{kj}^{(k+1)} \\ b_i^{(k+1)} = b_i^{(k)} - a_{ik}^{(k)} b_k^{(k)} \end{cases} \qquad (j = k+1, k+2, \cdots, n; i = 1, 2, \cdots, n)$$

上述过程完成后，则有

$$(\boldsymbol{A}, \boldsymbol{b}) \to (\boldsymbol{A}^{(n+1)}, \boldsymbol{b}^{(n+1)}) = \begin{pmatrix} 1 & & & b_1^{(n+1)} \\ & 1 & & b_2^{(n+1)} \\ & & \ddots & \vdots \\ & & 1 & b_n^{(n+1)} \end{pmatrix}$$

因此，得解为 $\boldsymbol{x} = (b_1^{(n+1)}, b_2^{(n+1)}, \cdots, b_n^{(n+1)})^{\mathrm{T}}$.

例 2-5 用列主元素高斯-约当消去法解方程组

$$\begin{cases} x_1 + 2x_2 + 3x_3 = 1 \\ 2x_1 + 4x_2 + 5x_3 = 0 \\ 3x_1 + 5x_2 + 6x_3 = 0 \end{cases}$$

解 $$(\boldsymbol{A}, \boldsymbol{b}) = \left(\begin{array}{ccc:c} 1 & 2 & 3 & 1 \\ 2 & 4 & 5 & 0 \\ 3 & 5 & 6 & 0 \end{array}\right) \xrightarrow{r_1 \leftrightarrow r_3} \left(\begin{array}{ccc:c} 3 & 5 & 6 & 0 \\ 2 & 4 & 5 & 0 \\ 1 & 2 & 3 & 1 \end{array}\right) \to \left(\begin{array}{ccc:c} 1 & 5/3 & 2 & 0 \\ 0 & 2/3 & 1 & 0 \\ 0 & 1/3 & 1 & 1 \end{array}\right)$$

$$\to \left(\begin{array}{ccc:c} 1 & 0 & -1/2 & 0 \\ 0 & 1 & 3/2 & 0 \\ 0 & 0 & 1/2 & 1 \end{array}\right) \to \left(\begin{array}{ccc:c} 1 & 0 & 0 & 1 \\ 0 & 1 & 0 & -3 \\ 0 & 0 & 1 & 2 \end{array}\right)$$

所以，方程组的解为 $\boldsymbol{x} = (1, -3, 2)^{\mathrm{T}}$.

列主元素高斯-约当消去法的 Matlab 程序（Gauss_Jordan. m）如下：

```
function [x,index] = Gauss_Jordan(A,b)
% 求线性方程组的列主元素高斯-约当消去法,其中,
% A 为方程组的系数矩阵;
% b 为方程组的右端项;
% x 为方程组的解;
% index 为指标变量,index =0 表示计算失败,index =1 表示计算成功.
[n,m] = size(A);nb = length(b);
% 当方程组行与列的维数不相等时,停止计算,并输出出错信息.
if n ~ =m
    error('The rows and columns of matrix A must be equal! ');
    return;
end
% 当方程组与右端项的维数不匹配时,停止计算,并输出出错信息.
if m ~ =nb
    error('The columns of A must be equal the length of b! ');
```

```
        return;
    end
    % 开始计算,先赋初值
    index =1;x =zeros(n,1);
    for k =1:n
        % 选主元
        a_max =0;
        for i =k:n
            if abs(A(i,k)) >a_max
                a_max =abs(A(i,k));r =i;
            end
        end
        if a_max <1e -10
            index =0;return;
        end
        % 交换两行
        if r >k
            for j =k:n
                z =A(k,j);A(k,j) =A(r,j);A(r,j) =z;
            end
            z =b(k);b(k) =b(r);b(r) =z;
        end
        % 消元计算
        b(k) =b(k)/A(k,k)
        for j =k +1:n
                A(k,j) =A(k,j)/A(k,k);
        end
        for i =1:n
          if i ~ =k
                for j =k +1:n
                A(i,j) =A(i,j) -A(i,k) *A(k,j);
                end
          b(i) =b(i) -A(i,k) *b(k);
          end
      end
    end
     % 输出 x
```

```
  for i =1:n
      x(i) =b(i);
  end
```

调用函数 Gauss_Jordan 解例 2－5. 输入

```
A =[1 2 3;2 4 5;3 5 6];b =[1 0 0]';[x,index] =Gauss_Jordan(A,b)
```

得到

```
x =1.0000   index =1
   -3.0000
    2.0000
```

计算成功.

MOOC 2.4 矩阵的三角分解

2.4 矩阵的三角分解

高斯消去法有很多变形，有的是高斯消去法的改进、改写，有的是用于某一类特殊性质矩阵的高斯消去法的简化. 本节介绍矩阵的三角分解.

2.4.1 直接三角分解法

1） 高斯消去法的矩阵解释

由定理 2 可知，设 $\boldsymbol{A}\in\mathbf{R}^{n\times n}$，如果 $a_{kk}^{(k)}\neq 0$（$k=1,2,\cdots,n$），则可以对 $\boldsymbol{A}$ 实施高斯消元法化为上三角矩阵，即存在初等下三角矩阵 $\boldsymbol{L}_1,\boldsymbol{L}_2,\cdots,\boldsymbol{L}_{n-1}$，使 $\boldsymbol{L}_{n-1}\cdots\boldsymbol{L}_2\boldsymbol{L}_1\boldsymbol{A}=\boldsymbol{U}$，$\boldsymbol{U}$ 为上三角矩阵. 高斯消元过程描述如下.

第一步消元：相当于对 $\boldsymbol{A}^{(1)}$ 左乘矩阵 $\boldsymbol{L}_1$，即 $\boldsymbol{L}_1\boldsymbol{A}^{(1)}=\boldsymbol{A}^{(2)}$，其中

$$\boldsymbol{L}_1=\begin{pmatrix}1&&&&\\-l_{21}&1&&&\\-l_{31}&0&1&&\\\vdots&\vdots&\ddots&\ddots&\\-l_{n1}&0&\cdots&0&1\end{pmatrix},\quad \boldsymbol{A}^{(2)}=\begin{pmatrix}a_{11}^{(1)}&a_{12}^{(1)}&\cdots&a_{1n}^{(1)}\\&a_{22}^{(2)}&\cdots&a_{2n}^{(2)}\\&\vdots&\ddots&\vdots\\&a_{n2}^{(2)}&\cdots&a_{nn}^{(2)}\end{pmatrix},\quad l_{i1}=\frac{a_{i1}^{(1)}}{a_{11}^{(1)}}$$

第二步消元：$\boldsymbol{L}_2\boldsymbol{A}^{(2)}=\boldsymbol{A}^{(3)}$.

一般地，$\boldsymbol{L}_k\boldsymbol{A}^{(k)}=\boldsymbol{A}^{(k+1)}$，$k=1,2,\cdots,n-1$，其中

$$\boldsymbol{L}_k=\begin{pmatrix}1&&&&\\&\ddots&&&\\&&1&&\\&&-l_{k+1,k}&1&\\&&\vdots&&\ddots&\\&&-l_{nk}&&0&1\end{pmatrix},\quad l_{ik}=\frac{a_{ik}^{(k)}}{a_{kk}^{(k)}}\qquad(i=k+1,k+2,\cdots,n)$$

整个消元过程为

$$L_{n-1}L_{n-2}\cdots L_2L_1A=A^{(n)}\triangleq U=\begin{pmatrix}u_{11}&u_{12}&\cdots&u_{1n}\\&u_{22}&\cdots&u_{2n}\\&&\ddots&\vdots\\&&&u_{nn}\end{pmatrix}$$

从而有

$$A=(L_{n-1}L_{n-2}\cdots L_2L_1)^{-1}U=L_1^{-1}L_2^{-1}\cdots L_{n-2}^{-1}L_{n-1}^{-1}U=L\cdot U$$

式中，L 是单位下三角矩阵，即

$$L=\begin{pmatrix}1\\l_{21}&1\\l_{31}&l_{32}&1\\\vdots&\vdots&\vdots&\ddots\\l_{n1}&l_{n2}&l_{n3}&\cdots&1\end{pmatrix},\quad l_{ij}=\frac{a_{ij}^{(j)}}{a_{jj}^{(j)}}\qquad\begin{pmatrix}i=2,3,\cdots,n\\j=1,2,\cdots,i-1\end{pmatrix}$$

注 消元过程等价于 A 分解为 LU 的过程，回代过程是解上三角方程组的过程.

2）**矩阵的三角分解**

①杜利特尔分解：若将 A 分解成 LU，即 $A=LU$，其中 L 为单位下三角矩阵，U 为非奇异上三角矩阵，则称之为对 A 的杜利特尔分解.

当 A 的顺序主子式都不为零时，消元运算可进行，从而 A 存在唯一的杜利特尔分解. 即，若存在两种分解 $A=L_1U_1$ 和 $A=L_2U_2$，则必有 $L_1=L_2$，$U_1=U_2$.

证明 因为 $L_1U_1=L_2U_2$，而且 L_1，L_2 都是单位下三角矩阵，U_1，U_2 都是可逆上三角矩阵，所以有

$$L_2^{-1}L_1=U_2U_1^{-1}$$

因此 $L_2^{-1}L_1=U_2U_1^{-1}=I$（单位矩阵），即 $L_1=L_2$，$U_1=U_2$.

②克劳特分解：若 L 是非奇异下三角矩阵，U 是单位上三角矩阵时，A 存在唯一的三角分解，$A=LU$，称其为 A 的克劳特分解（对应于用初等列变换实施消元）.

3）**直接分解（LU 分解）算法**

对于杜利特尔分解，可通过直接用 A 元素计算矩阵 A 的三角分解矩阵 L 和 U. 这种直接计算 A 的三角分解的方法有实用上的好处. 下面利用矩阵乘法规则来确定三角分解矩阵 L 和 U，矩阵 A 为

$$A=\begin{pmatrix}1\\l_{21}&1\\l_{31}&l_{32}&1\\\vdots&\vdots&\vdots&\ddots\\l_{n1}&l_{n2}&l_{n3}&\cdots&1\end{pmatrix}\begin{pmatrix}u_{11}&u_{12}&\cdots&u_{1n}\\&u_{22}&\cdots&u_{2n}\\&&\ddots&\vdots\\&&&u_{nn}\end{pmatrix}$$

第 1 步：利用 $\boldsymbol{A}$ 的第 1 行、第 1 列元素确定 $\boldsymbol{U}$ 的第 1 行、$\boldsymbol{L}$ 的第 1 列元素．由矩阵乘法，有

$$a_{1j}=(1,0,0,\cdots,0)\cdot(u_{1j},u_{2j},\cdots u_{jj},0,\cdots,0)^{\mathrm{T}}=u_{1j}\qquad(j=1,2,\cdots,n)$$

$$a_{i1}=(l_{i1},l_{i2},\cdots,l_{ii-1},1,\cdots,0)\cdot(u_{11},0,\cdots,0)^{\mathrm{T}}=l_{i1}\cdot u_{11}\qquad(i=2,3,\cdots,n)$$

得到

$$u_{1j}=a_{1j}\quad(j=1,2,\cdots,n),\ l_{i1}=a_{i1}/u_{11}\qquad(i=2,3,\cdots,n)\tag{2-7}$$

设已经计算出 $\boldsymbol{U}$ 的第 $1\sim r-1$ 行元素，$\boldsymbol{L}$ 的第 $1\sim r-1$ 列元素，现在要计算 $\boldsymbol{U}$ 的第 r 行元素及 $\boldsymbol{L}$ 的第 r 列元素．

第 r 步：利用 $\boldsymbol{A}$ 的第 r 行、第 r 列剩下的元素确定 $\boldsymbol{U}$ 的第 r 行、$\boldsymbol{L}$ 的第 r 列元素（$r=2,3,\cdots,n$）．由矩阵乘法，有

$$\begin{aligned}a_{rj}&=(l_{r1},l_{r2},\cdots,l_{rr-1},1,0,\cdots,0)\cdot(u_{1j},u_{2j},\cdots,u_{jj},0,\cdots,0)^{\mathrm{T}}\\&=\sum_{k=1}^{r-1}l_{rk}u_{kj}+u_{rj}\qquad(j=r,r+1,\cdots,n)\end{aligned}$$

得 $\boldsymbol{U}$ 的第 r 行元素为

$$u_{rj}=a_{rj}-\sum_{k=1}^{r-1}l_{rk}u_{kj}\qquad(j=r,r+1,\cdots,n;r=2,3,\cdots,n)\tag{2-8}$$

由

$$\begin{aligned}a_{ir}&=(l_{i1},l_{i2},\cdots,l_{ii-1},1,0,\cdots,0)\cdot(u_{1r},u_{2r},\cdots,u_{rr},0,\cdots,0)^{\mathrm{T}}\\&=\sum_{k=1}^{r-1}l_{ik}u_{kr}+l_{ir}u_{rr}\qquad(i=r+1,r+2,\cdots,n)\end{aligned}$$

得

$$l_{ir}=\left(a_{ir}-\sum_{k=1}^{r-1}l_{ik}u_{kr}\right)\Big/u_{rr}\qquad(r=2,3,\cdots,n-1;i=r+1,r+2,\cdots,n)\tag{2-9}$$

式（2-7）、式（2-8）、式（2-9）就是 LU 分解算法的一般计算公式，其结果与高斯消去法所得结果完全一样，但它却避免了中间过程的计算，所以称为 **$\boldsymbol{A}$ 的直接分解公式**．为便于记忆，将 $\boldsymbol{L}$，$\boldsymbol{U}$ 的元素写在一起，形成紧凑格式．由于 $\boldsymbol{L}$ 和 $\boldsymbol{U}$ 中的元素计算好后，$\boldsymbol{A}$ 中对应元素就不用了，因此计算好 $\boldsymbol{L}$，$\boldsymbol{U}$ 的元素后就存放在 $\boldsymbol{A}$ 的相应位置，即

$$\boldsymbol{A}=\begin{pmatrix}a_{11}&a_{12}&a_{13}&\cdots&a_{1n}\\a_{21}&a_{22}&a_{23}&\cdots&a_{2n}\\a_{31}&a_{32}&a_{33}&\cdots&a_{3n}\\\vdots&\vdots&\vdots&&\vdots\\a_{n1}&a_{n2}&a_{n3}&\cdots&a_{nn}\end{pmatrix}\to\begin{pmatrix}u_{11}&u_{12}&u_{13}&\cdots&u_{1n}\\l_{21}&u_{22}&u_{23}&\cdots&u_{2n}\\l_{31}&l_{32}&u_{33}&\cdots&u_{3n}\\\vdots&\vdots&\vdots&&\vdots\\l_{n1}&l_{n2}&l_{n3}&\cdots&u_{nn}\end{pmatrix}$$

最后在存放 $\boldsymbol{A}$ 的矩阵中得到 $\boldsymbol{L}$，$\boldsymbol{U}$ 的元素．

在 LU 分解算法的一般计算公式中，需要计算形如 $\sum a_ib_i$ 的式子，可采用“双精度累加”，以提高精度．

4）方程组的三角分解算法（LU 分解算法解方程组）

对于方程组 $\boldsymbol{Ax}=\boldsymbol{b}$，设由杜利特尔分解得到 $\boldsymbol{A}=\boldsymbol{LU}$，则方程组 $\boldsymbol{Ax}=\boldsymbol{b}$ 的求解转化为 2 个三角方程组 $\boldsymbol{Ly}=\boldsymbol{b}$ 和 $\boldsymbol{Ux}=\boldsymbol{y}$ 的求解．解方程组的 LU 分解算法步骤如下．

①分解 $\boldsymbol{L}$ 和 $\boldsymbol{U}$ 的过程：对于 $r=1,2,\cdots,n$，有

$$u_{rj}=a_{rj}-\sum_{k=1}^{r-1}l_{rk}u_{kj}\qquad(j=r,r+1,\cdots,n)$$

$$l_{ir}=\left(a_{ir}-\sum_{k=1}^{r-1}l_{ik}u_{kr}\right)\Big/u_{rr}\qquad(i=r+1,\cdots,n)$$

②求解单位下三角方程组 $\boldsymbol{Ly}=\boldsymbol{b}$，得

$$y_1=b_1,\ y_i=b_i-\sum_{k=1}^{i-1}l_{ik}y_k\qquad(i=2,3,\cdots,n)$$

③求解上三角方程组 $\boldsymbol{Ux}=\boldsymbol{y}$，得

$$x_n=y_n/u_{nn},x_i=\left(y_i-\sum_{k=i+1}^{n}u_{ik}x_k\right)\Big/u_{ii}\qquad(i=n-1,n-2,\cdots,2,1)$$

LU 分解算法大约需要 $n^3/3$ 次乘除法，与高斯消去法的计算量基本相同.

LU 分解算法程序实现示例

例 2-6 用 LU 分解算法求解方程组

$$\begin{pmatrix}2&2&3\\4&7&7\\-2&4&5\end{pmatrix}\begin{pmatrix}x_2\\x_2\\x_3\end{pmatrix}=\begin{pmatrix}3\\1\\-7\end{pmatrix}$$

解 对系数矩阵 $\boldsymbol{A}$ 进行 LU 分解，得

$$u_{11}=2,\ u_{12}=2,\ u_{13}=3,\ l_{21}=2,\ l_{31}=-1$$

由 $u_{2j}=a_{2j}-l_{21}u_{1j}$，有 $u_{22}=3$，$u_{23}=1$. 则

$$l_{32}=(a_{32}-l_{31}u_{12})/u_{22}=2,\ u_{33}=a_{33}-l_{31}u_{13}-l_{32}u_{23}=6$$

因此

$$\boldsymbol{A}=\boldsymbol{LU}=\begin{pmatrix}1&&\\2&1&\\-1&2&1\end{pmatrix}\begin{pmatrix}2&2&3\\&3&1\\&&6\end{pmatrix}$$

解方程组 $\boldsymbol{Ly}=\boldsymbol{b}$，得 $y_1=3$，$y_2=1-2y_1=-5$，$y_3=-7+y_1-2y_2=6$.

解方程组 $\boldsymbol{Ux}=\boldsymbol{y}$，得 $x_3=1$，$x_2=(-5-x_3)/3=-2$，$x_1=(3-2x_2-3x_3)/2=2$.

解方程组的 LU 分解算法 Matlab 程序（LU_Factorization. m）如下：

```
function [x,L,U,index] = LU_Factorization(A,b)
% LU 分解算法解方程组,其中,
% A 为要分解的矩阵;
% b 为方程组的右端常数项;
% x 为方程组的解;
% L 为单位下三角矩阵;
% U 为上三角矩阵;
% index 为指标变量,index =0 表示计算失败,index =1 表示计算成功.
[n,m] = size(A);nb = length(b);
% 当方程组行与列的维数不相等时,停止计算,并输出出错信息.
if n ~ =m
```

```
        error('The rows and columns of matrix A must be equal! ');
        return;
    end
    % 当方程组与右端项的维数不匹配时,停止计算,并输出出错信息.
    if m ~ =nb
        error('The columns of A must be equal the length of b! ');
        return;
    end
    % 开始计算,先赋初值
    L=eye(n);U=zeros(n);index=1;x=zeros(n,1);y=zeros(n,1);
    % 矩阵三角分解过程
    for k=1:n
        for j=k:n
            z=0;
            for q=1:k-1
                z=z+L(k,q)*U(q,j);
            end
            U(k,j)=A(k,j)-z;
        end
        if abs(U(k,k))<1e-10
            index=0;return;
        end
        for i=k+1:n
            z=0;
            for q=1:k-1
                z=z+L(i,q)*U(q,k);
            end
            L(i,k)=(A(i,k)-z)/U(k,k);
        end
    end
    % 求解两个三角方程组的过程
    y(1)=b(1);
    for k=2:n
        z=0;
        for j=1:k-1
            z=z+L(k,j)*y(j);
        end
```

```
    y(k)=b(k)-z;
end
x(n)=y(n)/U(n,n);
for k=n-1:-1:1
    z=0;
    for j=k+1:n
        z=z+U(k,j)*x(j);
    end
    x(k)=(y(k)-z)/U(k,k);
end
```

调用函数 LU_Factorization 解例 2－6. 输入

```
A=[2 2 3;4 7 7;-2 4 5];b=[3;1;-7];[x,L,U,index]=LU_Factorization
(A, b)
```

得到方程组的解及相应的 LU 分解矩阵：

```
x=  2   L=1  0  0   U=2  2  3   index=1
   -2     2  1  0     0  3  1
    1    -1  2  1     0  0  6
```

计算成功.

2.4.2 列主元素三角分解法

当用 LU 分解算法解方程组时，由第 r（$r=1,2,\cdots,n$）步分解计算公式可知

$$u_{rj}=a_{rj}-\sum_{k=1}^{r-1}l_{rk}u_{kj}\qquad(j=r,r+1,\cdots,n)$$

$$l_{ir}=\left(a_{ir}-\sum_{k=1}^{r-1}l_{ik}u_{kr}\right)\Big/u_{rr}\qquad(i=r+1,r+2,\cdots,n)$$

当 $u_{rr}=0$ 时，计算将中断；或者当 $|u_{rr}|$ 很小时，可能引起舍入误差的累积、扩大. 但如果 $\boldsymbol{A}$ 为非奇异矩阵，则可通过交换 $\boldsymbol{A}$ 的行实现矩阵 $\boldsymbol{PA}$ 的 LU 分解. 因此，可采用与列主元素消去法类似的方法，将直接三角分解法修改为列主元素三角分解法（即列主元素 LU 分解法，与列主元素消去法在理论上是等价的），它通过交换 $\boldsymbol{A}$ 的行实现三角分解 $\boldsymbol{PA}=\boldsymbol{LU}$，其中 $\boldsymbol{P}$ 为初等置换矩阵.

设第 1～$r-1$ 步分解计算已完成，则有

$$\boldsymbol{A}\to\begin{pmatrix}
u_{11} & & \cdots & & \cdots & u_{1n}\\
l_{21} & u_{22} & & & & \vdots\\
\vdots & & & & & \vdots\\
 & & \ddots & & & \\
 & & u_{r-1,r-1} & & \cdots & u_{r-1,n}\\
\vdots & & \boxed{l_{r,r-1}} & a_{rr} & \cdots & a_{rn}\\
 & & \vdots & \vdots & & \\
l_{n1} & \cdots & l_{n,r-1} & a_{nr} & \cdots & a_{nn}
\end{pmatrix}$$

第 r（$r=1,2,\cdots,n$）步计算：为了避免用绝对值很小的数作除数，引进中间量，即

$$S_i = a_{ir} - \sum_{k=1}^{r-1} l_{ik}u_{kr} \qquad (i = r,r+1,\cdots,n)$$

则有：$u_{rr}=S_r, l_{ir}=S_i/S_r (i=r+1,r+2,\cdots,n)$.

（1）选列主元素，即确定 i_r，使 $|S_{i_r}| = \max\limits_{r\leqslant i\leqslant n}|S_i|$.

（2）交换两行：当 $i_r\neq r$ 时，交换 $\boldsymbol{A}$ 的第 r 行与第 i_r 行元素（相当于先交换原始矩阵 $\boldsymbol{A}$ 的第 r 行与第 i_r 行元素后，再进行分解计算得到的结果，且 $|l_{ir}|\leqslant 1$）.

（3）进行第 r 步分解计算.

经过带行交换的列主元素 LU 分解后，矩阵 $\boldsymbol{PA}=\boldsymbol{LU}$，则解方程组 $\boldsymbol{Ax}=\boldsymbol{b}$ 即为求解方程组 $\boldsymbol{PAx}=\boldsymbol{Pb}$，转化为解两个三角方程组 $\boldsymbol{Ly}=\boldsymbol{Pb}$，$\boldsymbol{Ux}=\boldsymbol{y}$.

例 2-7 利用列主元素 LU 分解法解方程组

$$\begin{cases} x_1+4x_2+7x_3=1 \\ 2x_1+5x_2+8x_3=1 \\ 3x_1+6x_2+11x_3=1 \end{cases}$$

解 对系数矩阵作列主元素 LU 分解得到 $\boldsymbol{PA}=\boldsymbol{LU}$，其中

$$\boldsymbol{L}=\begin{pmatrix} 1 & & \\ 1/3 & 1 & \\ 2/3 & 1/2 & 1 \end{pmatrix}, \boldsymbol{U}=\begin{pmatrix} 3 & 6 & 11 \\ & 2 & 10/3 \\ & & -1 \end{pmatrix}, \boldsymbol{P}=\begin{pmatrix} 0 & 0 & 1 \\ 1 & 0 & 0 \\ 0 & 1 & 0 \end{pmatrix}$$

解 $\boldsymbol{Ly}=\boldsymbol{Pb}$，得 $\boldsymbol{y}=(1,\ 2/3,\ 0)^{\mathrm{T}}$.

解 $\boldsymbol{Ux}=\boldsymbol{y}$，得 $\boldsymbol{x}=(-1/3,\ 1/3,\ 0)^{\mathrm{T}}$.

Matlab 提供了列主元素三角分解函数 lu，用此函数求解例 2-6. 输入

```
A=[2 2 3;4 7 7;-2 4 5];b=[3;1;-7];
[L,U]=lu(a)
y=L\b;
x=U\y
```

得到方程组的解及相应的列主元素 LU 分解矩阵：

```
L=  0.5000  -0.2000  1.0000  U=4.0000  7.0000  7.0000  x=  2.0000
    1.0000        0       0        0  7.5000  8.5000     -2.0000
   -0.5000   1.0000       0        0       0  1.2000      1.0000
```

或者输入

```
A=[2 2 3;4 7 7;-2 4 5];b=[3;1;-7];
[L,U,P]=lu(A)
y=L\(P*b);
x=U\y
```

得到列主元素 LU 分解矩阵、所用的排列矩阵及方程组的解

```
L=  1.0000        0       0
   -0.5000   1.0000       0
    0.5000  -0.2000  1.0000
```

```
U =4.0000  7.0000  7.0000
        0  7.5000  8.5000
        0       0  1.2000
P =0  1  0
   0  0  1
   1  0  0
x =  2.0000
    -2.0000
     1.0000
```

MOOC 2.4.2
特殊方程组的
三角分解法

2.4.3 平方根法

在工程技术问题中，例如用有限元方法解结构力学中问题时，常常需要求解对称正定矩阵方程组，对于这种具有特殊性质系数的矩阵，利用矩阵的三角分解求解就得到解对称正定方程组的平方根法. 平方根法是解对称正定方程组的有效方法，目前在计算机上被广泛应用.

1）**平方根法**（Cholesky **方法**）

设 n 阶方程组 $\boldsymbol{Ax}=\boldsymbol{b}$，$\boldsymbol{A}$ 是对称正定矩阵，则 $\boldsymbol{A}$ 有三角分解：

$$\boldsymbol{A}=\boldsymbol{LU}=\begin{pmatrix}1 & & & & \\ l_{21} & 1 & & & \\ l_{31} & l_{32} & 1 & & \\ \vdots & \vdots & \vdots & \ddots & \\ l_{n1} & l_{n2} & l_{n3} & \cdots & 1\end{pmatrix}\begin{pmatrix}u_{11} & u_{12} & \cdots & u_{1n} \\ & u_{22} & \cdots & u_{2n} \\ & & \ddots & \vdots \\ & & & u_{nn}\end{pmatrix}$$

再将 $\boldsymbol{U}$ 分解为

$$\boldsymbol{U}=\begin{pmatrix}u_{11} & u_{12} & \cdots & u_{1n} \\ & u_{22} & \cdots & u_{2n} \\ & & \ddots & \vdots \\ & & & u_{nn}\end{pmatrix}=\begin{pmatrix}u_{11} & & \\ & u_{22} & & \\ & & \ddots & \\ & & & u_{nn}\end{pmatrix}\begin{pmatrix}1 & \dfrac{u_{12}}{u_{11}} & \cdots & \dfrac{u_{1n}}{u_{11}} \\ & 1 & \cdots & \dfrac{u_{2n}}{u_{22}} \\ & & \ddots & \vdots \\ & & & 1\end{pmatrix}=\boldsymbol{D}\cdot\boldsymbol{U}_0$$

则 $\boldsymbol{A}=\boldsymbol{L}\cdot\boldsymbol{D}\cdot\boldsymbol{U}_0$.

（1）对称正定矩阵有唯一的分解 $\boldsymbol{A}=\boldsymbol{LDL}^{\mathrm{T}}$.

这是由于 $\boldsymbol{A}=\boldsymbol{L}\cdot\boldsymbol{D}\cdot\boldsymbol{U}_0$，$\boldsymbol{A}^{\mathrm{T}}=\boldsymbol{U}_0^{\mathrm{T}}\boldsymbol{DL}^{\mathrm{T}}$，且对称矩阵 $\boldsymbol{A}^{\mathrm{T}}=\boldsymbol{A}$，则有

$$\boldsymbol{LDU}_0=\boldsymbol{U}_0^{\mathrm{T}}\boldsymbol{DL}^{\mathrm{T}}$$

再利用三角分解的唯一性，得 $\boldsymbol{U}_0^{\mathrm{T}}=\boldsymbol{L}$. 因此，对称正定矩阵有唯一的分解 $\boldsymbol{A}=\boldsymbol{LDL}^{\mathrm{T}}$.

（2）$\boldsymbol{D}$ 是正定对角矩阵（即 $u_{ii}>0$，$i=1,2,\cdots,n$）.

由于 $\boldsymbol{A}$ 为对称正定矩阵的充要条件是 $\boldsymbol{BAB}^{\mathrm{T}}$ 为对称正定矩阵，其中 $\boldsymbol{B}$ 是 n 阶可逆方阵. 取 $\boldsymbol{B}=\boldsymbol{L}^{\mathrm{T}}$，就推知 $\boldsymbol{D}$ 是正定对角矩阵.

因此 $\boldsymbol{D}$ 的对角元素 $u_{ii}>0$（$i=1,2,\cdots,n$），记 $\boldsymbol{D}=\boldsymbol{D}^{\frac{1}{2}}\cdot\boldsymbol{D}^{\frac{1}{2}}$，其中

$$\boldsymbol{D}^{\frac{1}{2}}=\begin{pmatrix}\sqrt{u_{11}} & & & \\ & \sqrt{u_{22}} & & \\ & & \ddots & \\ & & & \sqrt{u_{nn}}\end{pmatrix}$$

则 $\boldsymbol{A}=\boldsymbol{L}\boldsymbol{D}^{\frac{1}{2}}\cdot\boldsymbol{D}^{\frac{1}{2}}\boldsymbol{L}^{\mathrm{T}}=(\boldsymbol{L}\boldsymbol{D}^{\frac{1}{2}})\cdot(\boldsymbol{L}\boldsymbol{D}^{\frac{1}{2}})^{\mathrm{T}}$.

（3）乔莱斯基（Cholesky）分解.

将 $\boldsymbol{L}\boldsymbol{D}^{\frac{1}{2}}$ 记为 $\boldsymbol{L}$，则 $\boldsymbol{A}=\boldsymbol{L}\boldsymbol{L}^{\mathrm{T}}$ 称为 Cholesky 分解. 利用 Cholesky 直接分解公式，推导出的解方程组方法，称为 Cholesky 方法或平方根法.

（4）解方程组的平方根法（Cholesky 方法）.

由 Cholesky 分解，有

$$\boldsymbol{A}=\begin{pmatrix}l_{11} & & & \\ l_{21} & l_{22} & & \\ \vdots & \vdots & \ddots & \\ l_{n1} & l_{n2} & \cdots & l_{nn}\end{pmatrix}\begin{pmatrix}l_{11} & l_{21} & \cdots & l_{n1}\\ & l_{22} & \cdots & l_{n2}\\ & & \ddots & \vdots\\ & & & l_{nn}\end{pmatrix}=\boldsymbol{L}\cdot\boldsymbol{L}^{\mathrm{T}} \tag{2-10}$$

利用矩阵乘法，逐步确定 $\boldsymbol{L}$ 的第 i 行元素 l_{ij}（$j=1,2,\cdots,i$）.

由 $a_{ij}=\sum\limits_{k=1}^{j-1}l_{ik}l_{jk}+l_{ij}l_{jj}$（当 $j<k$ 时，$l_{jk}=0$），$i=1,2,\cdots,n$，有分解公式

$$l_{ij}=\left(a_{ij}-\sum_{k=1}^{j-1}l_{ik}l_{jk}\right)\Big/l_{jj}(j=1,2,\cdots,i-1),\quad l_{ii}=\left(a_{ii}-\sum_{k=1}^{i-1}l_{ik}^{2}\right)^{1/2} \tag{2-11}$$

将对称正定矩阵 $\boldsymbol{A}$ 作 Cholesky 分解后，则解方程组 $\boldsymbol{Ax}=\boldsymbol{b}$ 就转化为解 2 个三角方程组 $\boldsymbol{Ly}=\boldsymbol{b}$，$\boldsymbol{L}^{\mathrm{T}}\boldsymbol{x}=\boldsymbol{y}$.

注 ①平方根法是一个数值稳定的方法.

这是因为，由分解式（2-11）可得，$a_{ii}=\sum\limits_{k=1}^{i}l_{ik}^{2}(i=1,2,\cdots,n)$，于是

$$l_{ik}^{2}\leqslant a_{ii}\leqslant\max_{1\leqslant i\leqslant n}a_{ii},(i=1,2,\cdots,n;k=1,2,\cdots,i)$$

这说明在不选主元的平方根法中，矩阵 $\boldsymbol{L}$ 的元素有界，或者说在分解过程中产生的 $\boldsymbol{L}$ 的元素 l_{ik}（即消元乘数）的数量级不会增长，且 $l_{ii}>0$（$i=1,2,\cdots,n$）.

②平方根法的计算量约为 $n^3/6$ 次乘除法，大约为 LU 分解算法计算量的一半；存贮量也大约为 LU 分解算法的一半.

例 2-8 用 Cholesky 方法解方程组：

$$\begin{pmatrix}4 & -1 & 1\\ -1 & 4.25 & 2.75\\ 1 & 2.75 & 3.5\end{pmatrix}\boldsymbol{x}=\begin{pmatrix}4\\ 6\\ 7.25\end{pmatrix}$$

解 对系数矩阵作 Cholesky 分解得到

$$\begin{pmatrix} 4 & -1 & 1 \\ -1 & 4.25 & 2.75 \\ 1 & 2.75 & 3.5 \end{pmatrix} = \boldsymbol{L}\boldsymbol{L}^{\mathrm{T}} = \begin{pmatrix} 2 & & \\ -0.5 & 2 & \\ 0.5 & 1.5 & 1 \end{pmatrix} \begin{pmatrix} 2 & -0.5 & 0.5 \\ & 2 & 1.5 \\ & & 1 \end{pmatrix}$$

解 $\boldsymbol{Ly}=\boldsymbol{b}$，得 $\boldsymbol{y}=(2,3.5,1)^{\mathrm{T}}$.

解 $\boldsymbol{L}^{\mathrm{T}}\boldsymbol{x}=\boldsymbol{y}$，得 $\boldsymbol{x}=(1,1,1)^{\mathrm{T}}$.

Matlab 提供了 Cholesky 分解函数 chol（），用此函数求解例 2－8. 输入

```
A=[4 -1 1;-1 4.25 2.75;1 2.75 3.5];b=[4;6;7.25];
L=chol(A),y=L'\b;x=L\y
```

得到 Cholesky 分解矩阵（上三角矩阵）及方程组的解：

```
L=2.0000   -0.5000   0.5000   x=1
       0    2.0000   1.5000     1
       0         0   1.0000     1
```

Cholesky
简介

对称正定矩阵的 Cholesky 方法

Andre Louis Cholesky（1875—1918）是一位法国军官，他在第一次世界大战之前，参加了在克里特岛和北非的大地测量和调查. 为了求解大地测量中出现的最小二乘数据拟合问题的法方程，他提出了后来以他的名字命名的方法. 在他死后的 1924 年，一位叫 Benoit 的军官以 Cholesky 的名义在 Bulletin Geodesique（测地学快报）上发表了这项工作.

2）改进的平方根法

由式（2－11）可知，用平方根法解对称正定矩阵方程组时，计算 $\boldsymbol{L}$ 的元素 l_{ii} 需要用到开方运算. 为避开开方运算，我们将平方根法改进得到改进的平方根法，该算法既适合 $\boldsymbol{A}$ 对称正定，也适合 $\boldsymbol{A}$ 对称且顺序主子式全不为零的情况.

（1）$\boldsymbol{LDL}^{\mathrm{T}}$ 分解算法. 因为对称正定矩阵有唯一的分解 $\boldsymbol{A}=\boldsymbol{LDL}^{\mathrm{T}}$，即

$$\boldsymbol{A} = \begin{pmatrix} 1 & & & & \\ l_{21} & 1 & & & \\ l_{31} & l_{32} & 1 & & \\ \vdots & \vdots & \vdots & \ddots & \\ l_{n1} & l_{n2} & l_{n3} & \cdots & 1 \end{pmatrix} \begin{pmatrix} d_1 & & & \\ & d_2 & & \\ & & \ddots & \\ & & & d_n \end{pmatrix} \begin{pmatrix} 1 & l_{21} & l_{31} & \cdots & l_{n1} \\ & 1 & l_{32} & \cdots & l_{n2} \\ & & 1 & \cdots & l_{n3} \\ & & & \ddots & \vdots \\ & & & & 1 \end{pmatrix}$$

由矩阵乘法得

$$a_{ij} = \sum_{k=1}^{n} (\boldsymbol{LD})_{ik} \cdot (\boldsymbol{L}^{\mathrm{T}})_{kj} = \sum_{k=1}^{n} l_{ik} d_k l_{jk} = \sum_{k=1}^{j-1} l_{ik} d_k l_{jk} + l_{ij} d_j l_{jj} = \sum_{k=1}^{j-1} l_{ik} d_k l_{jk} + l_{ij} d_j$$

所以求 $\boldsymbol{L}$ 的元素和 $\boldsymbol{D}$ 的元素的公式为

$$d_1 = a_{11}$$

$$l_{ij} = \left(a_{ij} - \sum_{k=1}^{j-1} l_{ik} d_k l_{jk} \right) \Big/ d_j \qquad \begin{pmatrix} i = 2,3,\cdots,n \\ j = 1,2,\cdots,i-1 \end{pmatrix}$$

$$d_i = a_{ii} - \sum_{k=1}^{i-1} l_{ik}^2 d_k \qquad (i = 2,3,\cdots,n)$$

（2）简化的 $\boldsymbol{LDL}^{\mathrm{T}}$ 分解算法.

为避免重复计算，令 $t_{ij} = l_{ij}d_j$，则得到简化的 $\boldsymbol{LDL}^{\mathrm{T}}$ 分解算法如下.

易知 $d_1 = a_{11}$，对于 $i=2,3,\cdots,n$，有

$$\begin{cases} t_{ij} = a_{ij} - \sum_{k=1}^{j-1} t_{ik} l_{jk} \\ l_{ij} = t_{ij}/d_j \qquad (j = 1,2,\cdots,i-1) \\ d_i = a_{ii} - \sum_{k=1}^{i-1} t_{ik} l_{ik} \end{cases} \tag{2-12}$$

（3）改进的平方根分解算法（方程组的 $\boldsymbol{LDL}^{\mathrm{T}}$ 分解算法）

将对称正定矩阵 $\boldsymbol{A}$ 作 $\boldsymbol{LDL}^{\mathrm{T}}$ 分解后，则解方程组 $\boldsymbol{Ax}=\boldsymbol{b}$ 就转化为解两个三角方程组 $\boldsymbol{Ly}=\boldsymbol{b}$ 和 $\boldsymbol{L}^{\mathrm{T}}\boldsymbol{x}=\boldsymbol{D}^{-1}\boldsymbol{y}$，从而得到求解方程组的算法公式.

先解 $\boldsymbol{Ly}=\boldsymbol{b}$，即 $y_1 = b_1$，$y_i = b_i - \sum_{k=1}^{i-1} l_{ik} y_k \quad (i = 2,3,\cdots,n)$.

再解 $\boldsymbol{L}^{\mathrm{T}}\boldsymbol{x}=\boldsymbol{D}^{-1}\boldsymbol{y}$，即 $x_n = y_n/d_n$，$x_i = y_i/d_i - \sum_{k=i+1}^{n} l_{ki} x_k \quad (i = n-1,n-2,\cdots,1)$.

例 2-9 解方程组：

$$\begin{pmatrix} 4 & -1 & 1 \\ -1 & 4.25 & 2.75 \\ 1 & 2.75 & 3.5 \end{pmatrix} \boldsymbol{x} = \begin{pmatrix} 6 \\ -0.5 \\ 1.25 \end{pmatrix}$$

解 由 $\boldsymbol{LDL}^{\mathrm{T}}$ 分解算法，得

$$\boldsymbol{L} = \begin{pmatrix} 1 & & \\ -0.25 & 1 & \\ 0.25 & 0.75 & 1 \end{pmatrix}, \ \boldsymbol{D} = \begin{pmatrix} 4 & & \\ & 4 & \\ & & 1 \end{pmatrix}$$

解 $\boldsymbol{Ly}=\boldsymbol{b}$，得 $\boldsymbol{y}=(6,\ 1\ -1)^{\mathrm{T}}$.

解 $\boldsymbol{L}^{\mathrm{T}}\boldsymbol{x}=\boldsymbol{D}^{-1}\boldsymbol{y}$，得 $\boldsymbol{x}=(2,\ 1,\ -1)^{\mathrm{T}}$.

注 ①改进的平方根分解算法的计算量约为 $n^3/6$ 次乘除法，但没有开方运算.

②平方根法或改进的平方根法是目前计算机上解对称正定方程组的一个有效方法，比消去法优越. 其计算量和存贮量都比消去法大约节省一半，且数值稳定、不需要选主元，能求得较高精度的计算解.

解方程组的改进的平方根法的 Matlab 程序（LDL__Factorization. m）如下：

```
function [x,L,D,index]=LDL_Factorization(A,b)
% 改进的平方根法解方程组,其中,
% A 为要分解的矩阵;
% b 为方程组的右端常数项;
% x 为方程组的解;
```

```
% L 为下三角矩阵;
% D 为对角矩阵;
% index 为指标变量,index =0 表示计算失败,index =1 表示计算成功.
[n,m] = size(A);nb = length(b);
% 当方程组行与列的维数不相等时,停止计算,并输出出错信息.
if n ~ =m
    error('The rows and columns of matrix A must be equal! ');
    return;
end
% 当方程组与右端项的维数不匹配时,停止计算,并输出出错信息.
if m ~ =nb
    error('The columns of A must be equal the length of b! ');
    return;
end
% 开始计算,先赋初值
L = eye(n);D = zeros(n);d = zeros(1,n);T = zeros(n);index =1;x = zeros
(n,1);y = zeros(n,1);
% 矩阵 LDL 的分解过程
d(1) =A(1,1);
for i =2:n
    for j =1:i -1
        T(i,j) =A(i,j);
        for k =1:j -1
            T(i,j) =T(i,j) -T(i,k) * L(j,k);
        end
        L(i,j) =T(i,j)/d(j);
    end
    d(i) =A(i,i);
    for k =1:i -1
        d(i) =d(i) -T(i,k) * L(i,k);
    end
    if abs(d(i)) <1e -10
        index =0;return;
    end
end
D =diag(d);
% 求解两个三角形方程组的过程
```

```
y(1) =b(1);
for i =2:n
    y(i) =b(i);
    for k =1:i -1
        y(i) =y(i) -L(i,k) * y(k);
    end
end
x(n) =y(n)/d(n);
for i =n -1: -1:1
    x(i) =y(i)/d(i);
    for k =i +1:n
        x(i) =x(i) -L(k,i) * x(k);
    end
end
```

调用函数 LDL_Factorization 解例 2 - 9. 输入

```
A =[4 -1 1; -1 4.25 2.75;1 2.75 3.5];b =[6 -0.5 1.25]';
[x,L,D,index] =LDL_Factorization(A,b)
```

得到方程组的解及相应的 $\boldsymbol{LDL}^{\mathrm{T}}$ 分解矩阵

```
x =  2  L =  1.0000        0        0  D =4  0  0  index =1
     1      -0.2500   1.0000        0     0  4  0
    -1       0.2500   0.7500   1.0000     0  0  1
```

计算成功.

2.4.4 追赶法

在许多实际问题中，如常微分方程两点边值问题、三次样条插值方法等，往往遇到线性方程组 $\boldsymbol{Ax}=\boldsymbol{f}$ 的求解，其中

$$\boldsymbol{A}=\begin{pmatrix} b_1 & c_1 & & & \\ a_2 & b_2 & c_2 & & \\ & \ddots & \ddots & \ddots & \\ & & a_{n-1} & b_{n-1} & c_{n-1} \\ & & & a_n & b_n \end{pmatrix},\ \boldsymbol{f}=(f_1,f_2,\cdots,f_n)^{\mathrm{T}} \tag{2-13}$$

称具有式（2 - 13）形式的系数矩阵 $\boldsymbol{A}$ 为**三对角矩阵**，称相应的线性方程组为**三对角方程组**. 具有这种形式的方程组在实际问题中是经常遇到的，而且往往是对角占优的. $\boldsymbol{A}$ 满足条件

$$|b_1|>|c_1|>0$$
$$|b_i|\geqslant|a_i|+|c_i|,\ a_ic_i\neq0 \qquad (i=2,3,\cdots,n-1)$$
$$|b_n|>|a_n|>0$$

这类方程组 $\boldsymbol{Ax}=\boldsymbol{f}$ 的解存在且唯一（$\boldsymbol{A}$ 为非奇异矩阵），可以直接利用高斯消去法或直接分解法，而其解答可以用极其简单的递推公式表示出来，即下面介绍的追赶法. 追赶法通常是数值稳定的.

1）**分解算法**

对 $\boldsymbol{A}$ 作 LU 分解，可以发现 $\boldsymbol{L}$、$\boldsymbol{U}$ 具有非常简单的形式

$$\boldsymbol{A}=\boldsymbol{L}\cdot\boldsymbol{U}=\begin{pmatrix}1 & & & & \\ m_2 & 1 & & & \\ & m_3 & 1 & & \\ & & \ddots & \ddots & \\ & & & m_n & 1\end{pmatrix}\cdot\begin{pmatrix}l_1 & u_1 & & & \\ & l_2 & u_2 & & \\ & & \ddots & \ddots & \\ & & & \ddots & u_{n-1} \\ & & & & l_n\end{pmatrix}$$

由矩阵乘积，得

$$\boldsymbol{A}=\begin{pmatrix}b_1 & c_1 & & & \\ a_2 & b_2 & c_2 & & \\ & \ddots & \ddots & \ddots & \\ & & a_{n-1} & b_{n-1} & c_{n-1} \\ & & & a_n & b_n\end{pmatrix}=\begin{pmatrix}l_1 & u_1 & & & \\ m_2l_1 & m_2u_1+l_2 & u_2 & & \\ & \ddots & \ddots & \ddots & \\ & & & & u_{n-1} \\ & & & m_nl_{n-1} & m_nu_{n-1}+l_n\end{pmatrix}$$

比较等式两端，得到

$$\begin{cases}u_i=c_i & (i=1,2,\cdots,n-1) \\ l_1=b_1 & \\ m_i=a_i/l_{i-1} & (i=2,3,\cdots,n) \\ l_i=b_i-m_iu_{i-1} & (i=2,3,\cdots n)\end{cases} \tag{2-14}$$

2）**解方程组的追赶法**

因为上述分解 $\boldsymbol{A}=\boldsymbol{LU}$，则方程组 $\boldsymbol{Ax}=\boldsymbol{f}$ 的求解转化为解两个简单的三角方程组 $\boldsymbol{Ly}=\boldsymbol{f}$ 和 $\boldsymbol{Ux}=\boldsymbol{y}$，从而得到求解方程组的算法公式.

先解 $\boldsymbol{Ly}=\boldsymbol{f}$，即

$$y_1=f_1,\ y_i=f_i-m_iy_{i-1}\qquad (i=2,3,\cdots,n) \tag{2-15}$$

再解 $\boldsymbol{Ux}=\boldsymbol{y}$，即

$$x_n=y_n/l_n,\ x_i=(y_i-u_ix_{i+1})/l_i\qquad (i=n-1,n-2,\cdots,1) \tag{2-16}$$

这种把三对角方程组的解用式（2-14）、式（2-15）、式（2-16）表示出来的方法形象化地叫作追赶法，其中式（2-14）、式（2-15）是关于下标 i 由小到大的递推公式，称为追的过程；而式（2-16）却是下标 i 由大到小的递推公式，称为赶的过程，一追一赶构成了求解 $\boldsymbol{Ax}=\boldsymbol{f}$ 的追赶法.

注 追赶法的优点：存贮单元少，计算量小，且舍入误差不增长，算法数值稳定.

追赶法有条件 $a_ic_i\neq 0$，如果有某 $a_i=0$ 或 $c_i=0$，则三对角方程组 $\boldsymbol{Ax}=\boldsymbol{f}$ 可化为 2 个低

阶方程组，例如当 $a_3=0$ 时，有

$$\boldsymbol{Ax}=\begin{pmatrix} b_1 & c_1 & & \\ a_2 & b_2 & c_2 & \\ & & b_3 & c_3 \\ & & a_4 & b_4 \end{pmatrix}\begin{pmatrix} x_1 \\ x_2 \\ x_3 \\ x_4 \end{pmatrix}=\begin{pmatrix} f_1 \\ f_2 \\ f_3 \\ f_4 \end{pmatrix}$$

于是，解 $\boldsymbol{Ax}=\boldsymbol{f}$ 化为解两个方程组

$$\begin{pmatrix} b_3 & c_3 \\ a_4 & b_4 \end{pmatrix}\begin{pmatrix} x_3 \\ x_4 \end{pmatrix}=\begin{pmatrix} f_3 \\ f_4 \end{pmatrix} \text{和} \begin{pmatrix} b_1 & c_1 \\ a_2 & b_2 \end{pmatrix}\begin{pmatrix} x_1 \\ x_2 \end{pmatrix}=\begin{pmatrix} f_1 \\ f_2-c_2x_3 \end{pmatrix}$$

例 2-10 用追赶法解三对角方程组

$$\begin{pmatrix} 4 & -1 & \\ -1 & 4 & -1 \\ & -1 & 4 \end{pmatrix}\boldsymbol{x}=\begin{pmatrix} 1 \\ 3 \\ 2 \end{pmatrix}$$

解 系数矩阵分解得到

$$\boldsymbol{L}=\begin{pmatrix} 1 & & \\ -0.25 & 1 & \\ & -0.2667 & 1 \end{pmatrix}, \quad \boldsymbol{U}=\begin{pmatrix} 4 & -1 & \\ & 3.75 & -1 \\ & & 3.7333 \end{pmatrix}$$

解 $\boldsymbol{Ly}=\boldsymbol{f}$，得 $\boldsymbol{y}=(1, 3.25, 2.8667)^{\mathrm{T}}$.

解 $\boldsymbol{Ux}=\boldsymbol{y}$，得 $\boldsymbol{x}=(0.5179, 1.0714, 0.7679)^{\mathrm{T}}$.

调用函数 LU_Factorization 解例 2-10. 输入

```
A=[4 -1 0;-1 4 -1;0 -1 4];b=[1;3;2];[x,L,U,index]=LU_Factoriza-
tion (A, b)
```

得到方程组的解及相应的 LU 分解矩阵：

```
x=0.5179  L=  1.0000        0         0   U=4.0000  -1.0000        0
  1.0714      -0.2500    1.0000       0           0   3.7500  -1.0000
  0.7679           0   -0.2667   1.0000           0        0   3.7333
```

2.5 向量和矩阵的范数

MOOC 2.5
向量和矩阵的范数

为了对线性方程组的直接法作出误差分析和讨论方程组迭代法的收敛性，需要向量空间 $\mathbf{R}^n$ 中向量（或 $\mathbf{R}^{n\times n}$ 中矩阵）及向量序列极限的大小，而向量的大小需要引进范数的概念来度量. $\mathbf{R}^n$ 中向量范数是 $\mathbf{R}^3$ 中向量长度概念的推广，在数值分析中起着重要作用.

2.5.1 向量序列的极限

定义 1（向量序列的极限） 在 n 维向量空间 $\mathbf{R}^n$（或 $\mathbf{C}^n$）中，设 $\{\boldsymbol{x}^{(k)}\}$ 为向量序列，记为

$$x^{(k)}=(x_1^{(k)},x_2^{(k)},\cdots,x_n^{(k)})^{\mathrm{T}}\in\mathbf{R}^n \text{ 及 } x^*=(x_1^*,x_2^*,\cdots,x_n^*)^{\mathrm{T}}\in\mathbf{R}^n.$$

如果 n 个数列极限存在，且

$$\lim_{k\to\infty}x_i^{(k)}=x_i^* \qquad (i=1,2,\cdots,n)$$

则称 $\{x^{(k)}\}$ 收敛于 x^*，且记为 $\lim\limits_{k\to\infty}x^{(k)}=x^*$.

在向量空间 $\mathbf{R}^3$ 中，设向量序列 $x^{(k)}=\left(\frac{1}{k},\ \left(1+\frac{1}{k}\right)^k,\ \frac{1}{2^k}\right)^{\mathrm{T}}\in\mathbf{R}^3$，由于 $k\to\infty$ 时，$\frac{1}{k}\to 0$，$\left(1+\frac{1}{k}\right)^k\to\mathrm{e}$，$\frac{1}{2^k}\to 0$，因此该向量序列的极限为

$$x^{(k)}\to(0,\mathrm{e},0)^{\mathrm{T}}=x^*$$

设在 $\mathbf{R}^{3\times3}$ 中，有

$$x^{(k)}=\begin{pmatrix}1-\frac{1}{k} & \sin k/k & 0\\ \sin k/k & 1+1/2k & 1/k\\ 0 & 1/k & \frac{1+2^k}{2^k}\end{pmatrix}$$

注意到 $\lim\limits_{k\to\infty}1-\frac{1}{k}=\lim\limits_{k\to\infty}1+\frac{1}{2k}=\lim\limits_{k\to\infty}\frac{1+2^k}{2^k}=1$ 和 $\lim\limits_{k\to\infty}\frac{\sin k}{k}=0=\lim\limits_{k\to\infty}\frac{1}{k}$，所以

$$\lim_{k\to\infty}x^{(k)}=I\text{(单位矩阵)}$$

2.5.2 向量的范数

定义 2（向量的内积） 设 $x=(x_1,x_2,\cdots,x_n)^{\mathrm{T}}$，$y=(y_1,y_2,\cdots,y_n)^{\mathrm{T}}\in\mathbf{R}^n$（或 $\mathbf{C}^n$）. 将实数 $(x,y)=x^{\mathrm{T}}y=\sum\limits_{i=1}^n x_iy_i$（或复数 $(x,y)=x^{\mathrm{H}}y=\sum\limits_{i=1}^n\bar{x}_iy_i$）称为向量 x 与 y 的内积（或数量积）.

非负实数 $\|x\|_2=\sqrt{(x,x)}=\left(\sum\limits_{i=1}^n x_i^2\right)^{\frac{1}{2}}$ 称为向量 x 的长度，即向量 x 的欧氏范数. 将向量长度概念推广，得到向量范数的定义.

定义 3（向量的范数） 如果对于任意的向量 $x\in\mathbf{R}^n$（或 $\mathbf{C}^n$），都有一个实值函数 $N(x)=\|x\|$ 与之对应且满足：

①非负性：$\|x\|\geqslant 0$，$\|x\|=0$ 当且仅当 $x=0$；

②齐次性：$\|\lambda x\|=|\lambda|\cdot\|x\|$，$\lambda\in\mathbf{R}$（或 $\lambda\in\mathbf{C}$）；

③三角不等式：$\|x+y\|\leqslant\|x\|+\|y\|$，对任意向量 x，$y\in\mathbf{R}^n$（或 $\mathbf{C}^n$）.

则称 $N(x)=\|x\|$ 为 $\mathbf{R}^n$（或 C^n）上的一个向量范数.

下面是一些常用的向量范数.

①向量的 1－范数：$\|\boldsymbol{x}\|_1 = \sum_{j=1}^{n} |x_j|$；

②向量的 2－范数：$\|\boldsymbol{x}\|_2 = \sqrt{(\boldsymbol{x},\boldsymbol{x})} = \left(\sum_{j=1}^{n} |x_j|^2\right)^{\frac{1}{2}}$；

③向量的∞－范数（最大范数）：$\|\boldsymbol{x}\|_\infty = \max_{1\leqslant j\leqslant n} |x_j|$；

④向量的 p－范数：$\|\boldsymbol{x}\|_p = \left(\sum_{j=1}^{n} |x_j|^p\right)^{\frac{1}{p}}$，$1 \leqslant p \leqslant +\infty$.

例 2－11 验证 $\|\boldsymbol{x}\|_1$ 符合向量范数的定义.

解 ①非负性：由定义 3，显然 $\|\boldsymbol{x}\|_1 \geqslant 0$，当 $\|\boldsymbol{x}\|_1 = 0$ 时，即 $|x_j| = 0$（$j = 1,2,\cdots,n$），也即 $\boldsymbol{x} = \boldsymbol{0}$；

②齐次性：对于 $\lambda \in \mathbf{R}$，$\boldsymbol{x} \in \mathbf{R}^n$，总有

$$\|\lambda \boldsymbol{x}\|_1 = \sum_{j=1}^{n} |\lambda x_j| = |\lambda| \cdot \sum_{i=1}^{n} |x_j| = |\lambda| \cdot \|x\|_1$$

③三角不等式

$$\|\boldsymbol{x}+\boldsymbol{y}\|_1 = \sum_{j=1}^{n} |x_j + y_j| \leqslant \sum_{j=1}^{n} |x_j| + \sum_{j=1}^{n} |y_j| = \|\boldsymbol{x}\|_1 + \|\boldsymbol{y}\|_1$$

因此，由范数定义，$\|\boldsymbol{x}\|_1$ 是 $\mathbf{R}^n$ 中的向量范数.

由已知范数可以构造新的范数.

例 2－12 设 $\|\cdot\|_a$ 是 $\mathbf{R}^n$ 的一种范数，$\boldsymbol{A}$ 是 n 阶非奇异矩阵，定义

$$\|\boldsymbol{x}\|_b = \|\boldsymbol{A}\boldsymbol{x}\|_a \qquad (\boldsymbol{x} \in \mathbf{R}^n)$$

试证明 $\|\cdot\|_b$ 仍是 $\mathbf{R}^n$ 的一种范数.

证明 验证 $\|\cdot\|_b$ 符合向量范数的定义.

①非负性：对非零向量 $\boldsymbol{x} \in \mathbf{R}^n$，则 $\boldsymbol{A}\boldsymbol{x} \neq \boldsymbol{0}$，从而 $\|\boldsymbol{x}\|_b = \|\boldsymbol{A}\boldsymbol{x}\|_a > 0$；

②齐次性：$\|k\boldsymbol{x}\|_b = \|\boldsymbol{A}(k\boldsymbol{x})\|_a = |k|\,\|\boldsymbol{A}\boldsymbol{x}\|_a = |k| \cdot \|\boldsymbol{x}\|_b$，$k \in \mathbf{R}$；

③三角不等式：当 $\boldsymbol{x},\boldsymbol{y} \in \mathbf{R}^n$ 时，有

$$\|\boldsymbol{x}+\boldsymbol{y}\|_b = \|A(\boldsymbol{x}+\boldsymbol{y})\|_a \leqslant \|\boldsymbol{A}\boldsymbol{x}\|_a + \|\boldsymbol{A}\boldsymbol{y}\|_a = \|\boldsymbol{x}\|_b + \|\boldsymbol{y}\|_b$$

因此，$\|\cdot\|_b$ 是 $\mathbf{R}^n$ 上的范数.

一个向量的不同范数一般是不相等的.

例如，$\boldsymbol{x} = (1,1,\cdots,1)^{\mathrm{T}} \in \mathbf{R}^n$ 时，则有 $\|\boldsymbol{x}\|_1 = n$，$\|\boldsymbol{x}\|_2 = \sqrt{n}$，$\|\boldsymbol{x}\|_\infty = 1$.

这就给我们提出问题：范数是用来度量逼近程度的尺度，而范数的计算又不唯一，那么哪一种范数才能反映出真正的逼近性态呢？反映不同范数之间的联系定理如下.

定理 4 （范数的连续性） 设 $\|\boldsymbol{x}\|$ 是 $\mathbf{R}^n$ 中向量 $\boldsymbol{x} = (x_1,x_2,\cdots,x_n)^{\mathrm{T}}$ 的范数，则它是 $x_1,x_2,\cdots,x_n$ 的 n 元连续函数.

定理 5 （范数的等价性） $\mathbf{R}^n$ 上定义的任何两种范数 $\|\boldsymbol{x}\|_\alpha$ 与 $\|\boldsymbol{x}\|_\beta$ 是等价的，即存

在正数 $0<k_1<k_2$，使对一切 $\boldsymbol{x}\in\mathbf{R}^n$，有

$$k_1\|\boldsymbol{x}\|_\beta \leqslant \|\boldsymbol{x}\|_\alpha \leqslant k_2\|\boldsymbol{x}\|_\beta \tag{2-17}$$

成立，范数的等价关系，即式（2-17）说明了：任何两种范数作为逼近度量的尺度，逼近性态是一样的. 即，如果 $\|\boldsymbol{x}\|_\beta \to 0$（或 $\to\infty$），则 $\|\boldsymbol{x}\|_\alpha\to 0$（或 $\to\infty$）.

可以证得，常用的向量范数等价关系为

$$\|\boldsymbol{x}\|_\infty \leqslant \|\boldsymbol{x}\|_1 \leqslant n\|\boldsymbol{x}\|_\infty$$

$$\|\boldsymbol{x}\|_\infty \leqslant \|\boldsymbol{x}\|_2 \leqslant \sqrt{n}\|\boldsymbol{x}\|_\infty$$

$$\frac{1}{\sqrt{n}}\|\boldsymbol{x}\|_1 \leqslant \|\boldsymbol{x}\|_2 \leqslant \|\boldsymbol{x}\|_1$$

2.5.3 矩阵的范数

定义 4 （矩阵范数） $\mathbf{R}^{n\times n}$是 n 阶方阵全体的集合，如果 $\boldsymbol{A}\in\mathbf{R}^{n\times n}$，且 $\boldsymbol{A}$ 的某个非负的实值函数 $N(\boldsymbol{A})=\|\boldsymbol{A}\|$ 满足：

①非负性：$\|\boldsymbol{A}\|\geqslant 0$，而 $\|\boldsymbol{A}\|=0 \Leftrightarrow \boldsymbol{A}=\boldsymbol{O}$；

②齐次性：$\|k\boldsymbol{A}\|=|k|\cdot\|\boldsymbol{A}\|$，$k\in\mathbf{R}$（或 $k\in\mathbf{C}$）；

③三角不等式：$\|\boldsymbol{A}+\boldsymbol{B}\|\leqslant\|\boldsymbol{A}\|+\|\boldsymbol{B}\|$，对任意的 $\boldsymbol{A},\boldsymbol{B}\in\mathbf{R}^{n\times n}$；

④相容性：$\|\boldsymbol{A}\cdot\boldsymbol{B}\|\leqslant\|\boldsymbol{A}\|\cdot\|\boldsymbol{B}\|$，对任意的 $\boldsymbol{A},\boldsymbol{B}\in\mathbf{R}^{n\times n}$.

则称 $N(\boldsymbol{A})=\|\boldsymbol{A}\|$ 是 $\mathbf{R}^{n\times n}$上的一个矩阵范数.

Frobenius 范数：如果把 $\mathbf{R}^{n\times n}$中的方阵理解为 n^2 维向量，则由向量的 2-范数的定义，可以得到 $\mathbf{R}^{n\times n}$中矩阵的一种范数

$$\|\boldsymbol{A}\|_F=\left(\sum_{i=1}^{n}\sum_{j=1}^{n}a_{ij}^2\right)^{\frac{1}{2}} \tag{2-18}$$

称之为 $\boldsymbol{A}$ 的 Frobenius 范数（简称 F 范数）. F 范数显然满足矩阵范数的定义.

由于在大多数与估计有关的问题中，矩阵和向量会同时参与讨论，所以希望引进一种矩阵的算子范数，它是和向量范数相联系而且和向量范数相容的，即对任何向量 $\boldsymbol{x}\in\mathbf{R}^n$ 及 $\boldsymbol{A}\in\mathbf{R}^{n\times n}$，总有

$$\|\boldsymbol{A}\boldsymbol{x}\|_p\leqslant\|\boldsymbol{A}\|\cdot\|\boldsymbol{x}\|_p \tag{2-19}$$

下面构造矩阵的算子范数. 根据式（2-19），可知 $\left\|\boldsymbol{A}\dfrac{\boldsymbol{x}}{\|\boldsymbol{x}\|_p}\right\|_p\leqslant\|\boldsymbol{A}\|$.

令 $\boldsymbol{y}=\dfrac{\boldsymbol{x}}{\|\boldsymbol{x}\|_p}$，则 $\boldsymbol{y}$ 是单位向量，在闭球 $\|\boldsymbol{y}\|_p=1$ 内 $\|\boldsymbol{A}\boldsymbol{y}\|_p$ 是变量的连续函数（定理 4），因此，它能达到最大值 $\|\boldsymbol{A}\|$，即

$$\max_{\|\boldsymbol{y}\|_p=1}\|\boldsymbol{A}\boldsymbol{y}\|_p=\|\boldsymbol{A}\|$$

定义 5 （矩阵的算子范数） $\|\cdot\|$ 是 $\boldsymbol{R}^n$ 上的任一向量范数，则

$$\| A \| = \max_{\substack{x\neq 0 \\ x\in \mathbf{R}^n}} \frac{\| Ax \|}{\| x \|} = \max_{\substack{\| y \| = 1 \\ y\in \mathbf{R}^n}} \| Ay \| = \max_{\substack{\| x \| = 1 \\ x\in \mathbf{R}^n}} \| Ax \| \tag{2-20}$$

为 $\mathbf{R}^{n\times n}$ 上的一个矩阵范数，称为矩阵的算子范数.

可以验证式（2－20）符合矩阵范数的定义.

常用的算子范数是从属于向量的 p－范数（$p=1,2,\cdots,\infty$）的算子范数：

①列范数，即

$$\| A \|_1 = \max_j \sum_{i=1}^{n} |a_{ij}| \tag{2-21}$$

② 2－范数，即

$$\| A \|_2 = \sqrt{\lambda_{A^{\mathrm{T}}A}} \tag{2-22}$$

其中 $\lambda_{A^{\mathrm{T}}A}$是方阵 $A^{\mathrm{T}}A$ 的最大特征值；

③行范数，即

$$\| A \|_\infty = \max_i \sum_{j=1}^{n} |a_{ij}| \tag{2-23}$$

证明 ①列范数：设 $\| x \|_1 = 1$,则 $Ax = \left(\sum_{j=1}^{n} a_{1j}x_j, \sum_{j=1}^{n} a_{2j}x_j, \cdots, \sum_{j=1}^{n} a_{nj}x_j \right)^{\mathrm{T}}$，于是

$$\| Ax \|_1 = \sum_{i=1}^{n} \left| \sum_{j=1}^{n} a_{ij}x_j \right| \leqslant \sum_{i=1}^{n}\sum_{j=1}^{n} |a_{ij}||x_i| = \sum_{j=1}^{n}\left(\sum_{i=1}^{n} |a_{ij}| \right)\cdot |x_j|$$

$$\leqslant \sum_{j=1}^{n} \left(\max_j \sum_{i=1}^{n} |a_{ij}| \right) |x_j| = \max_j \sum_{i=1}^{n} |a_{ij}|$$

设 $j=k$ 时 $\sum_{i=1}^{n} |a_{ik}| = \max_j \sum_{i=1}^{n} |a_{ij}|$，则取 $x_0=(0,0,\cdots,0,1,0,\cdots,0)^{\mathrm{T}}$（第 k 个分量为 1）时，有

$$\| Ax_0 \| = \max_j \sum_{i=1}^{n} |a_{ij}| = \sum_{i=1}^{n} |a_{ik}|$$

② 2－范数：因为 $\| A \|_2 = \max_{\| x \|_2 = 1} \| Ax \|_2$，又

$$\| Ax \|_2^2 = (Ax, Ax) = (x, A^{\mathrm{T}}Ax)$$

而 $A^{\mathrm{T}}A$ 显然是对称、正定的. 设 $\lambda_1 \geqslant \lambda_2 \geqslant \cdots \geqslant \lambda_n > 0$ 为 $A^{\mathrm{T}}A$ 的特征值，而 $\boldsymbol{\mu}_1, \boldsymbol{\mu}_2, \cdots, \boldsymbol{\mu}_n$ 为对应的标准正交向量组. x_0 为单位向量，有

$$x_0 = c_1\boldsymbol{\mu}_1 + c_2\boldsymbol{\mu}_2 + \cdots + c_n\boldsymbol{\mu}_n$$

且

$$\| x_0 \|_2^2 = (x_0, x_0) = \sum_{i=1}^{n} c_i^2 = 1$$

由于

$$\| Ax_0 \|_2^2 = (x_0, A^{\mathrm{T}}Ax_0) = \left(\sum_{i=1}^{n} c_i\boldsymbol{\mu}_i, \sum_{i=1}^{n} \lambda_i c_i\boldsymbol{\mu}_i \right) = \sum_{i=1}^{n} \lambda_i c_i^2 \leqslant \lambda_1 \sum_{i=1}^{n} c_i^2 = \lambda_1$$

当 $x_0 = \boldsymbol{\mu}_1$ 时，$\| A\boldsymbol{\mu}_1 \|_2^2 = (\boldsymbol{\mu}_1, A^{\mathrm{T}}A\boldsymbol{\mu}_1) = (\boldsymbol{\mu}_1, \lambda_1\boldsymbol{\mu}_1) = \lambda_1$，所以

$$\| A \|_2 = \max_{\| x \|_2 = 1} \| Ax \|_2 = \sqrt{\lambda_1} = \sqrt{\lambda_{A^{\mathrm{T}}A}}$$

例 2-13　设 $A=\begin{pmatrix}1 & -2\\ -3 & 4\end{pmatrix}$，求范数 $\|A\|_1$，$\|A\|_2$，$\|A\|_\infty$，$\|A\|_F$.

解 $\|A\|_1=\max\{1+3,\ 2+4\}=6$.

$\|A\|_\infty=\max\{1+2,\ 3+4\}=7$.

$\|A\|_F=\sqrt{1+4+9+16}=\sqrt{30}\approx 5.4772$.

由于 $A^{\mathrm{T}}A=\begin{pmatrix}10 & -14\\ -14 & 20\end{pmatrix}$，所以 $\lambda_{A^{\mathrm{T}}A}=\max\{15+\sqrt{221},\ 15-\sqrt{221}\}=15+\sqrt{221}$，因此 $\|A\|_2=\sqrt{15+\sqrt{221}}\approx 5.465$.

向量和矩阵范数的 Matlab 函数：在 Matlab 中，norm 函数用来求向量与矩阵的范数，其命令格式为 norm（X，p）.

当 X 为向量或矩阵时，norm（X，p）表示向量或矩阵 X 的 p-范数，例如，norm（X，1）表示 X 的 1-范数，norm（X，2）表示 X 的 2-范数，norm（X，inf）表示 X 的 ∞-范数.

对于矩阵 X，norm（X，'fro'）表示 X 的 F 范数. 对于向量 X，p 可以取任意的数值和 inf，但对于矩阵 X，p 只能取上述四种值. 缺省情况表示 2 范数，即 norm（X）= norm（X，2）.

对于例 2-13 中矩阵 A，调用 Matlab 的 norm 函数，输入

```
A=[1,-2;-3,4]
A1=norm(a,1),A2=norm(a),A_inf=norm (a, inf), A_fro=norm (a, 'fro')
```

计算得到

```
A1=6  A2=5.4650  A_inf=7  A_fro=5.4772
```

又如，输入

```
x=[1,-2,0,4]
```

则得

```
norm(x,1)=7,norm(x)=4.5826,norm(x,inf)=4
```

2.6　矩阵的条件数与直接法的误差分析

解线性方程组的直接法产生误差的主要原因：①不同的算法及舍入误差的影响；②方程组本身固有的问题（病态或良态）. 前面分析了方程组直接法的不同算法，本节将分析方程组的状态并估计算法的误差，即原始数据扰动对解的影响.

MOOC 2.6
方程组的
误差分析

考虑 n 阶线性方程组 $Ax=b$，其中 A 为非奇异矩阵.

由于 A（或 b）的数值是测量得到的，或者是计算的结果，在第一种情况下 A（或 b）常带有某些观测误差，在后一种情况 A（或 b）又包含有舍入误差. 因此我们处理的实际矩阵是 $A+\delta A$（或 $b+\delta b$），下面我们来研究数据 A（或 b）的微小误差对解的影响. 首先考虑一个例子.

设方程组 $Ax=b$，即 $\begin{pmatrix}2 & 6\\2 & 6.000\,01\end{pmatrix}\begin{pmatrix}x_1\\x_2\end{pmatrix}=\begin{pmatrix}8\\8.000\,01\end{pmatrix}$，它的精确解为 $(1,\ 1)^{\mathrm{T}}$.

现在考虑系数矩阵和右端项的微小变化对方程组解的影响，即考查方程组

$$\begin{pmatrix}2 & 6\\2 & 5.999\,99\end{pmatrix}\begin{pmatrix}x_1\\x_2\end{pmatrix}=\begin{pmatrix}8\\8.000\,02\end{pmatrix}$$

其解变为 $(10,\ -2)^{\mathrm{T}}$. 扰动后方程组的解面目全非了，真所谓“差之毫厘，谬以千里”，这种现象的出现完全是由方程组的性态决定的.

利用 Matlab 函数解线性方程组，输入

```
a=[2 6;2 6.00001];b=[8,8.00001]';x=a\b
```

得到解：

```
x=1  1
```

输入

```
a=[2 6;2 5.99999];b=[8,8.00002]';y=a\b
```

得到解：

```
y=10  -2
```

定义 6 如果矩阵 A 或常数项 b 的微小变化，引起方程组 $Ax=b$ 解的巨大变化，则称此方程组为**病态方程组**，矩阵 A 称为**病态矩阵**（相对于方程组而言），否则称方程组为**良态方程组**，矩阵 A 称为**良态矩阵**.

我们需要一种能刻划矩阵和方程组“病态”程度的标准.

2.6.1 线性方程组的误差分析

设线性方程组为

$$Ax=b \tag{2-24}$$

式中，$A\in\mathbf{R}^{n\times n}$；$x,\ b\in\mathbf{R}^n$，且 A 为非奇异矩阵，x^* 为精确解，δx 为解的误差，记 $\delta x=x-x^*$.

设 δA 为 A 的误差，δb 为 b 的误差. 下面分别讨论 δx 与 δA，δb 的关系.

1) ***b* 有误差而 *A* 无误差的情形**

将带有误差的右端项和带误差的解向量代入方程组，则

$$A(x^*+\delta x)=b+\delta b$$

由于 $Ax^*\equiv b$，而得到 $\delta x=A^{-1}\delta b$，从而 $\|\delta x\|\leqslant\|A^{-1}\|\ \|\delta b\|$.

另一方面，由 $Ax^*\equiv b$ 取范数，有 $\|b\|\leqslant\|A\|\cdot\|x^*\|$，即 $\dfrac{1}{\|x^*\|}\leqslant\dfrac{\|A\|}{\|b\|}$ $(b\neq 0)$.

定理 6 设 A 是非奇异矩阵，$Ax^*=b\neq 0$，且 $A\ (x^*+\delta x)\ =b+\delta b$，则有误差估计式

$$\frac{\|\delta x\|}{\|x^*\|}\leqslant \mathrm{cond}(A)\frac{\|\delta b\|}{\|b\|} \tag{2-25}$$

其中 $\mathrm{cond}(\boldsymbol{A})=\|\boldsymbol{A}^{-1}\|\ \|\boldsymbol{A}\|$ 称为**方阵 $\boldsymbol{A}$ 的条件数**.

注 ①解的相对误差是右端项 $\boldsymbol{b}$ 的相对误差的 cond（$\boldsymbol{A}$）倍；

②如果条件数越大，则解的相对误差就可能越大；

③条件数成了刻划矩阵的病态程度和方程组解对 $\boldsymbol{A}$ 或 $\boldsymbol{b}$ 扰动的敏感程度.

定义7 称条件数很大的矩阵为病态矩阵，称病态矩阵对应的方程组为病态方程组；反之，则称矩阵为良态矩阵，对应的方程组为良态方程组.

2）***A* 及 *b* 都有误差的情形**

定理7 设方程组 $\boldsymbol{Ax}=\boldsymbol{b}\neq\boldsymbol{0}$，$\boldsymbol{A}$ 为非奇异矩阵，$\boldsymbol{A}$ 及 $\boldsymbol{b}$ 都有误差，若 $\boldsymbol{A}$ 的误差 $\delta\boldsymbol{A}$ 非常小，使 $\|\boldsymbol{A}^{-1}\|\cdot\|\delta\boldsymbol{A}\|<1$，则有误差估计式

$$\frac{\|\delta\boldsymbol{x}\|}{\|\boldsymbol{x}^*\|}\leqslant\frac{\mathrm{cond}(\boldsymbol{A})}{1-\mathrm{cond}(\boldsymbol{A})\dfrac{\|\delta\boldsymbol{A}\|}{\|\boldsymbol{A}\|}}\left\{\frac{\|\delta\boldsymbol{A}\|}{\|\boldsymbol{A}\|}+\frac{\|\delta\boldsymbol{b}\|}{\|\boldsymbol{b}\|}\right\}\tag{2-26}$$

证明 带有误差的方程组为

$$(\boldsymbol{A}+\delta\boldsymbol{A})(\boldsymbol{x}^*+\delta\boldsymbol{x})=\boldsymbol{b}+\delta\boldsymbol{b}$$

由于 $\boldsymbol{Ax}^*\equiv\boldsymbol{b}$，代入上式整理得

$$\delta\boldsymbol{x}=\boldsymbol{A}^{-1}\delta\boldsymbol{b}-\boldsymbol{A}^{-1}(\delta\boldsymbol{A})\boldsymbol{x}^*-\boldsymbol{A}^{-1}(\delta\boldsymbol{A})(\delta\boldsymbol{x})$$

将上式两端取范数，利用向量范数的三角不等式及矩阵和向量范数的相容条件，则有

$$\|\delta\boldsymbol{x}\|\leqslant\|\boldsymbol{A}^{-1}\|\cdot\|\delta\boldsymbol{b}\|+\|\boldsymbol{A}^{-1}\|\cdot\|\delta\boldsymbol{A}\|\cdot\|\boldsymbol{x}^*\|+\|\boldsymbol{A}^{-1}\|\cdot\|\delta\boldsymbol{A}\|\cdot\|\delta\boldsymbol{x}\|$$

整理可得

$$(1-\|\boldsymbol{A}^{-1}\|\cdot\|\delta\boldsymbol{A}\|)\|\delta\boldsymbol{x}\|\leqslant\|\boldsymbol{A}^{-1}\|(\|\delta\boldsymbol{b}\|+\|\delta\boldsymbol{A}\|\cdot\|\boldsymbol{x}^*\|)$$

若 $\delta\boldsymbol{A}$ 足够小，使得 $\|\boldsymbol{A}^{-1}\|\cdot\|\delta\boldsymbol{A}\|<1$，则

$$\|\delta\boldsymbol{x}\|\leqslant\frac{\|\boldsymbol{A}^{-1}\|}{1-\|\boldsymbol{A}^{-1}\|\cdot\|\delta\boldsymbol{A}\|}\cdot\{\|\delta\boldsymbol{b}\|+\|\delta\boldsymbol{A}\|\|\boldsymbol{x}^*\|\}$$

从而由 $\dfrac{1}{\|\boldsymbol{x}^*\|}\leqslant\dfrac{\|\boldsymbol{A}\|}{\|\boldsymbol{b}\|}$，有

$$\frac{\|\delta\boldsymbol{x}\|}{\|\boldsymbol{x}^*\|}\leqslant\frac{\mathrm{cond}(\boldsymbol{A})}{1-\mathrm{cond}(\boldsymbol{A})\dfrac{\|\delta\boldsymbol{A}\|}{\|\boldsymbol{A}\|}}\left\{\frac{\|\delta\boldsymbol{A}\|}{\|\boldsymbol{A}\|}+\frac{\|\delta\boldsymbol{b}\|}{\|\boldsymbol{b}\|}\right\}.$$

注 仅 $\boldsymbol{A}$ 或 $\boldsymbol{b}$ 有误差是式（2-26）中 $\delta\boldsymbol{b}=\boldsymbol{0}$ 或 $\delta\boldsymbol{A}=\boldsymbol{0}$ 的特例.

例2-14 已知方程组 $\boldsymbol{Ax}=\boldsymbol{b}$ 中

$$\boldsymbol{A}=\begin{pmatrix}\frac{1}{2}&\frac{1}{3}&\frac{1}{4}\\[4pt]\frac{1}{3}&\frac{1}{4}&\frac{1}{5}\\[4pt]\frac{1}{4}&\frac{1}{5}&\frac{1}{6}\end{pmatrix},\quad \boldsymbol{b}=\begin{pmatrix}\frac{13}{12}\\[4pt]\frac{47}{60}\\[4pt]\frac{37}{60}\end{pmatrix}\cdot10^2$$

若 $\delta\boldsymbol{b}=(-0.001,0.001,-0.001)^{\mathrm{T}}$，估计解的相对误差.

解 由于 $\|\boldsymbol{b}\|_\infty=\frac{13}{12}\times10^2\approx108.3333$，$\|\delta\boldsymbol{b}\|_\infty=0.001$，由式（2－25）得误差估计为

$$\frac{\|\delta\boldsymbol{x}\|_\infty}{\|\boldsymbol{x}^*\|_\infty}\leqslant2\,015\times\frac{0.001}{\frac{13}{12}\times10^2}=0.018\,6$$

$\frac{\|\delta\boldsymbol{x}\|_\infty}{\|\boldsymbol{x}^*\|_\infty}$比右端项的相对误差$\frac{\|\delta\boldsymbol{b}\|_\infty}{\|\boldsymbol{b}\|_\infty}\approx9.230\,8\times10^{-6}$扩大了2 015倍.

例2－15 设方程组 $\boldsymbol{Ax}=\boldsymbol{b}$，即$\begin{pmatrix}2&6\\2&6.000\,01\end{pmatrix}\begin{pmatrix}x_1\\x_2\end{pmatrix}=\begin{pmatrix}8\\8.000\,01\end{pmatrix}$，$\boldsymbol{b}$ 有扰动 $\delta\boldsymbol{b}=(0,0.000\,01)^{\mathrm{T}}$，试计算 $\mathrm{cond}_\infty(\boldsymbol{A})$，并说明 $\delta\boldsymbol{b}$ 对解向量 $\boldsymbol{x}^*$ 的影响.

解 由 $\boldsymbol{A}$ 求得 $\boldsymbol{A}^{-1}=\begin{pmatrix}300\,000.5&-300\,000\\-100\,000&100\,000\end{pmatrix}$，则

$$\mathrm{cond}_\infty(\boldsymbol{A})=\|\boldsymbol{A}^{-1}\|_\infty\|\boldsymbol{A}\|_\infty=600\,000.5\times8.000\,01\approx4.8\times10^6$$

$$\frac{\|\delta\boldsymbol{x}\|_\infty}{\|\boldsymbol{x}^*\|_\infty}\leqslant\mathrm{cond}_\infty(\boldsymbol{A})\frac{\|\delta\boldsymbol{b}\|_\infty}{\|\boldsymbol{b}\|_\infty}\approx4.8\times10^6\times\frac{0.000\,01}{8}\approx6=600\%$$

这说明右端项向量 $\boldsymbol{b}$ 其分量的万分之一的变化，可能引起解向量 $\boldsymbol{x}^*$ 有600%的变化，如果我们事先不作分析，其解就难以置信了. 因此，$\boldsymbol{A}$ 是严重病态矩阵，相应的方程组是病态方程组.

2.6.2 矩阵的条件数及其性质

常用的条件数有：

（1）$\mathrm{cond}_\infty(\boldsymbol{A})=\|\boldsymbol{A}^{-1}\|_\infty\|\boldsymbol{A}\|_\infty$；

（2）$\mathrm{cond}_1(\boldsymbol{A})=\|\boldsymbol{A}^{-1}\|_1\ \|\boldsymbol{A}\|_1$；

（3）$\mathrm{cond}_2(\boldsymbol{A})=\|\boldsymbol{A}^{-1}\|_2\ \|\boldsymbol{A}\|_2=\sqrt{\frac{\lambda_{\max}(\boldsymbol{A}^{\mathrm{T}}\boldsymbol{A})}{\lambda_{\min}(\boldsymbol{A}^{\mathrm{T}}\boldsymbol{A})}}$；

分别称为矩阵 $\boldsymbol{A}$ 的**∞－条件数、1－条件数和2－条件数**.

条件数的性质：

①当 $\boldsymbol{A}=\boldsymbol{A}^{\mathrm{T}}$ 时，$\mathrm{cond}_2(\boldsymbol{A})=\left|\frac{\lambda_{\max}(\boldsymbol{A})}{\lambda_{\min}(\boldsymbol{A})}\right|$，其中，$\lambda_{\max}(\boldsymbol{A})$ 和 $\lambda_{\min}(\boldsymbol{A})$ 分别是矩阵 $\boldsymbol{A}$ 的按模最大和按模最小的特征值；

②当 $\boldsymbol{A}$ 为对称正定矩阵时，$\mathrm{cond}_2(\boldsymbol{A})=\frac{\lambda_{\max}(\boldsymbol{A})}{\lambda_{\min}(\boldsymbol{A})}$；

③若 $\boldsymbol{A}^{-1}$存在，则有

$$\mathrm{cond}(\boldsymbol{A})\geqslant1,\ \mathrm{cond}(\boldsymbol{A})=\mathrm{cond}(\boldsymbol{A}^{-1}),\ \mathrm{cond}(c\boldsymbol{A})=\mathrm{cond}(\boldsymbol{A})\qquad(c\neq0,c\in\mathbf{R})$$

④若 $\boldsymbol{U}$ 为正交矩阵，即 $\boldsymbol{U}^{\mathrm{T}}\boldsymbol{U}=\boldsymbol{I}$，则

$$\mathrm{cond}_2(\boldsymbol{U})=1,\ \mathrm{cond}_2(\boldsymbol{A})=\mathrm{cond}_2(\boldsymbol{UA})=\mathrm{cond}_2(\boldsymbol{AU})$$

判别一个矩阵是否病态是件极其重要的事情. Matlab 提供了 cond(X,p)函数求矩阵 $\boldsymbol{X}$ 的 $\boldsymbol{p}$ - 条件数，例如：

cond(X,1):X 的 1 - 条件数；

cond(X,2):X 的 2 - 条件数；

cond(X,inf):X 的∞ - 条件数；

cond(X,'fro'):X 的 Frobenius 条件数.

p 缺省情况表示 2 - 条件数，即 cond(X) = cond(X,2).

下列希尔伯特矩阵是著名的病态矩阵

$$\boldsymbol{H}_n=\begin{pmatrix}1 & 1/2 & \cdots & 1/n\\ 1/2 & 1/3 & \cdots & 1/(n+1)\\ \vdots & \vdots & & \vdots\\ 1/n & 1/(n+1) & \cdots & 1/(2n-1)\end{pmatrix}$$

用 Matlab 函数计算 $\boldsymbol{H}_n$ 的条件数. 输入

```
for n =3:8
cond(hilb(n))
end
```

得到 3 ~8 阶希尔伯特矩阵的条件数分别为

```
524.056 8  1.551 4e +004  4.766 1e +005  1.495 1e +007  4.753 7e +008
1.525 8e +010
```

由此可见，随着 n 的增加，$\boldsymbol{H}_n$ 的病态可能越严重. $\boldsymbol{H}_n$ 常出现在数据拟合和函数逼近中.

例 2 –16 用 Matlab 求解线性方程组 $\boldsymbol{H}_n\boldsymbol{x}=\boldsymbol{b}$，其中 $\boldsymbol{b}=\boldsymbol{H}_n\boldsymbol{e}$，$\boldsymbol{e}=(1,1,\cdots,1)^{\mathrm{T}}$.

解 显然，这个方程组的精确解为 $\boldsymbol{x}^*=\boldsymbol{e}=(1,1,\cdots,1)^{\mathrm{T}}$. 下面用 Matlab 求解，讨论 n 为不同值的情况.

（1）当 $n=5$ 时，输入

```
n =5;H =hilb(n);b =H *ones(n,1);x =H\b;x'
```

得到

```
x =1.0000  1.0000  1.0000  1.0000  1.0000
```

其解没有什么问题.

（2）当 $n=10$ 时，输入

```
n =10;H =hilb(n);b =H *ones(n,1);x =H\b;x'
```

得到

```
x =1.0000  1.0000  1.0000  1.0000  0.9999  1.0002  0.9996
   1.0004  0.9998  1.0000
```

其解有误差，但误差不大，可以接受.

（3）当 $n=20$ 时，输入

```
n =20;H =hilb(n);b =H *ones(n,1);x =H\b;x'
```

得到

```
x = 1.0000    1.0000    0.9997    1.0039    0.9794    1.0126    1.3920
   -1.1443    6.6138   -7.8690   11.9311  -15.2355   26.1941  -24.9072
   16.5064  -10.4564   19.5516  -18.4902   10.8570   -0.9390
```

此时方程组的解已经面目全非了，基本上看不出解的各个分量为 1.

方程组的解与精确值之间的误差如表 2－1 所示．

表 2－1　希尔伯特矩阵方程组的解的误差

n	5	10	20	60
cond（H_n）	4.7661×10^{5}	1.6025×10^{13}	1.9084×10^{18}	2.3191×10^{19}
$\Vert x-x^*\Vert_2$	2.6733×10^{-12}	6.1431×10^{-4}	106.1591	6.3902×10^{3}

表 2－1 列出的误差大得超过我们的想象．原因在于希尔伯特矩阵当 $n=20$ 时，条件数已达到 10^{18}，尽管计算机计算的舍入误差很小，但由于巨大的条件数，还是会产生很大的计算误差．对于病态方程组，通常的方法无法得到它的准确解，需要采用一些特殊的处理方法．

2.6.3　病态方程组的处理

对于病态方程组，可采用高精度的算术运算，如双精度或扩充精度，以改善或减轻方程组的病态程度．如果用无限精度运算即不存在舍入误差，即使条件数很大，也没有病态可言．我们也可对病态方程组作预处理，从而改善方程组系数矩阵的条件数．

例 2－17　设方程组 $\boldsymbol{Ax}=\boldsymbol{b}$，即

$$\begin{pmatrix}1 & 2 & 9\\ 3\,000 & 2\,000 & 1\,000\\ 4/10^6 & 3/10^6 & 2/10^6\end{pmatrix}\boldsymbol{x}=\begin{pmatrix}1\\ 2\,000\\ 3/10^6\end{pmatrix}$$

试验证其为病态方程组，且对其作预处理 $\boldsymbol{PAx}=\boldsymbol{Pb}$，使 $\mathrm{cond}(\boldsymbol{PA})\ll\mathrm{cond}(\boldsymbol{A})$.

解　(1) 用 Matlab 函数计算系数矩阵的条件数，得 $\mathrm{cond}(\boldsymbol{A})=1.9201\times10^{10}$，显然方程组为病态方程组．

(2) 令 $\boldsymbol{P}=\mathrm{diag}\,(1,10^{-3},10^{6})$，使 $\boldsymbol{PAx}=\boldsymbol{Pb}$，其中

$$\boldsymbol{PA}=\begin{pmatrix}1 & 2 & 9\\ 3 & 2 & 1\\ 4 & 3 & 2\end{pmatrix},\quad \boldsymbol{Pb}=\begin{pmatrix}1\\ 2\\ 3\end{pmatrix}$$

则有 cond（$\boldsymbol{PA}$）$=87.354\ll$cond（$\boldsymbol{A}$）．显然，经过预处理后的方程组 $\boldsymbol{PAx}=\boldsymbol{Pb}$ 是良态的．

奇异值分解解病态方程组．奇异值分解（Singular－Value Decomposition）简称 SVD，对于 n 阶矩阵 $\boldsymbol{A}$，必存在正交矩阵 $\boldsymbol{U}$，$\boldsymbol{V}$ 和对角矩阵 $\boldsymbol{S}$，使得 $\boldsymbol{A}$ 有奇异值分解

$$\boldsymbol{A}=\boldsymbol{USV}^{\mathrm{T}}\tag{2-27}$$

奇异值分解的理论剖析

有关奇异值分解的理论知识省略．在 Matlab 中，函数 svd（）表示矩阵的奇异值分解，其命令格式为

```
[U,S,V] = svd(A)
```

其中，$\boldsymbol{U}$，$\boldsymbol{V}$为正交矩阵；$\boldsymbol{S}$为对角矩阵. 例如，求4阶希尔伯特矩阵的奇异值分解，输入

```
[U,S,V] = svd(hilb(4))
```

得到

```
U = -0.7926    0.5821   -0.1792   -0.0292
    -0.4519   -0.3705    0.7419    0.3287
    -0.3224   -0.5096   -0.1002   -0.7914
    -0.2522   -0.5140   -0.6383    0.5146
S =1.5002        0         0         0
         0   0.1691         0
         0        0   0.0067         0
         0        0        0    0.0001
V = -0.7926    0.5821   -0.1792   -0.0292
    -0.4519   -0.3705    0.7419    0.3287
    -0.3224   -0.5096   -0.1002   -0.7914
    -0.2522   -0.5140   -0.6383    0.5146
```

矩阵$\boldsymbol{S}$对角线上的元素称为奇异值，由大到小排列.

由式（2－27）得到$\boldsymbol{A}^{-1}=\boldsymbol{V}\boldsymbol{S}^{-1}\boldsymbol{U}^{\mathrm{T}}$，因此对于线性方程组$\boldsymbol{A}\boldsymbol{x}=\boldsymbol{b}$的解，有

$$\boldsymbol{x} = \boldsymbol{A}^{-1}\boldsymbol{b} = \boldsymbol{V}\boldsymbol{S}^{-1}\boldsymbol{U}^{\mathrm{T}}\boldsymbol{b} = \sum_{i=1}^{n}\frac{\boldsymbol{u}_i^{\mathrm{T}}\boldsymbol{b}}{\sigma_i}\boldsymbol{v}_i \tag{2-28}$$

式中，σ_i是矩阵$\boldsymbol{S}$对角线上的元素；$\boldsymbol{u}_i$是正交矩阵$\boldsymbol{U}$的第i列；$\boldsymbol{v}_i$是正交矩阵$\boldsymbol{V}$的第i列.

由式（2－28）可知，当σ_i接近0时，会对计算解向量产生较大的误差. 如何克服它的影响呢？由式（2－27）得

$$\boldsymbol{A} = \sum_{i=1}^{n}\sigma_i\boldsymbol{u}_i\boldsymbol{v}_i^{\mathrm{T}}$$

当σ_i接近0时，后面的项对$\boldsymbol{A}$的贡献非常地小. 取一正的阈值（不妨设为ε），当$|\sigma_i|<\varepsilon$时，其相应的项就不再计算了，即

$$\boldsymbol{A} \approx \sum_{|\sigma_i|\geqslant\varepsilon}\sigma_i\boldsymbol{u}_i\boldsymbol{v}_i^{\mathrm{T}}$$

由此得到方程组解的近似公式为

$$\boldsymbol{x} \approx \sum_{|\sigma_i|\geqslant\varepsilon}\frac{\boldsymbol{u}_i^{\mathrm{T}}\boldsymbol{b}}{\sigma_i}\boldsymbol{v}_i \tag{2-29}$$

由于在式（2－29）中的$|\sigma_i|\geqslant\varepsilon$，因此不会产生较大的计算误差.

奇异值分解求解线性方程组的Matlab程序（svd_equation.m）如下：

```
function x = svd_equation(A,b)
% 奇异值分解求解线性方程组,其中,
% A 为方程组的系数矩阵;
% b 为方程组的右端项;
```

```
% ep 为精度;
% x 为方程组的解.
ep =1e -10;n =length(A);x =zeros(n,1);
[U,S,V] =svd(A);sigma =diag(S);
for i =1:n
    if abs(sigma(i)) > =ep
        x =x +(U(:,i)'*b)/sigma(i)*V(:,i);
    end
end
```

用函数 svd_equation（）求解希尔伯特矩阵的方程组，会得到较好的计算结果. 对于例 2-16，当 $n=20$ 时，输入

```
n =20;H =hilb(n);b =H*ones(n,1);x =svd_equation(H,b);x'
```

得到

```
x =1.0000  1.0000  1.0000  1.0000  1.0000  1.0000  1.0000
   1.0000  1.0000  1.0000  1.0000  1.0000  1.0000  1.0000
   1.0000  1.0000  1.0000  1.0000  1.0000  1.0000.
```

显然，得到的解向量没有问题.

评　注

本章小结

对于良态问题，高斯消去法也可能给出很坏的结果，即说明这个算法是不稳定的，在高斯消去法中引进选主元素的技巧，就得到了解方程组的完全主元素消去法和列主元素消去法，选主元素技巧的根本作用是为了对舍入误差的增长加以控制，由此，在非病态情况下，完全主元素消去法及列主元素消去法是数值稳定的算法，这两种方法都是计算机上解线性方程组的有效方法，但通常用列主元素消去法即可. 列主元素消去法所用的 CPU 时间比不选主元素的高斯消去法略多一点，完全主元素消去法所花费的 CPU 时间是列主元素消去法的一倍，如果要求计算精度较高，则选用完全主元素消去法.

从代数上看，直接分解法和高斯消去法本质上一样，但如果我们采用“双精度累加”计算 $\sum a_i b_i$，那么直接三角分解法的精度要比高斯消去法高.

对于对称正定方程组，采用不选主元素的平方根法（或改进的平方根法）求解适宜. 理论分析指出，在非病态情况下，解对称正定方程组的平方根法是一个稳定的算法，在工程计算中使用比较广泛.

追赶法是解对角占优的三对角方程组的有效方法，它具有计算量少、方法简单、算法稳定等优点.

对于病态问题，最好扩大运算字长，例如采用双精度或扩充精度，通常，用双精度就能较好地计算很多病态问题. 也可对病态方程组作预处理，改善方程组系数矩阵的条件数. 奇

异值分解也会得到较好的计算结果.

习　题

1. 用高斯消去法解方程组

$$\begin{cases}2x_1-x_2+3x_3=1\\4x_1+2x_2+5x_3=4\\x_1+2x_2=7\end{cases}$$

2. 用列主元素消去法（或列主元三角分解法）解第 1 题所给方程组.

3. 将矩阵 $\boldsymbol{A}=\begin{pmatrix}1&0&2&0\\0&1&1&1\\2&0&-1&1\\0&0&1&1\end{pmatrix}$ 作 LU 分解.

4. 已知方阵 $\boldsymbol{A}=\begin{pmatrix}2&2&1\\1&1&1\\3&2&1\end{pmatrix}$.

（1）证明：$\boldsymbol{A}$ 不能被分解成一个单位下三角矩阵 $\boldsymbol{L}$ 和一个上三角矩阵 $\boldsymbol{U}$ 的乘积；

（2）试通过交换 $\boldsymbol{A}$ 的行，使其能实现杜利特尔分解，并给出其分解；

（3）用上述分解求解方程组 $\boldsymbol{Ax}=\boldsymbol{b}$，其中 $\boldsymbol{b}=(3.5,2,4)^{\mathrm{T}}$.

5. 用 LU 分解法解方程组

$$\begin{pmatrix}5&7&9&10\\6&8&10&9\\7&10&8&7\\5&7&6&5\end{pmatrix}\begin{pmatrix}x_1\\x_2\\x_3\\x_4\end{pmatrix}=\begin{pmatrix}1\\1\\1\\1\end{pmatrix}$$

6. 用列主元三角分解法求解方程组

$$\begin{cases}-x_1+2x_2-2x_3=-1\\3x_1-x_2+4x_3=7\\2x_1-3x_2-2x_3=0\end{cases}$$

7. 用改进的平方根法求解方程组

$$\begin{cases}4x_1-2x_2-4x_3=10\\-2x_1+17x_2+10x_3=3\\-4x_1+10x_2+9x_3=-7\end{cases}$$

8. 用追赶法求解

$$\begin{pmatrix}4&-1&0\\-1&4&-1\\0&-1&4\end{pmatrix}\begin{pmatrix}x_1\\x_2\\x_3\end{pmatrix}=\begin{pmatrix}1\\1\\1\end{pmatrix}$$

9. 设 $x=(1,-2,3)^T$，计算 $\|x\|_\infty$，$\|x\|_1$ 和 $\|x\|_2$.

10. 设 $A=\begin{pmatrix}1 & 1 & 0\\ 2 & 2 & -3\\ 5 & 4 & 1\end{pmatrix}$，求 $\|A_\infty\|$，$\|A\|_1$ 和 $\|A\|_2$.

11. 设 $A=\begin{pmatrix}3 & 1 & 1\\ -1 & 1 & 1\\ 1 & 2 & 1\end{pmatrix}$，$x=\begin{pmatrix}-1\\ 3\\ 2\end{pmatrix}$，计算 $\|x\|_\infty$，$\|A\|_\infty$ 及 $\|Ax\|_\infty$，并比较 $\|Ax\|_\infty$ 和 $\|A\|_\infty\|x\|_\infty$ 的大小.

12. 设方程组

$$\begin{pmatrix}1 & 0 & -1\\ 2 & 2 & 1\\ 0 & 2 & 2\end{pmatrix}\begin{pmatrix}x_1\\ x_2\\ x_3\end{pmatrix}=\begin{pmatrix}1/2\\ 1/3\\ -2/3\end{pmatrix}$$

其精确解为 $x=(1/2,-1/3,0)^T$. 如果右端有小的扰动 $\|\delta b\|_\infty=\frac{1}{2}\times 10^{-6}$，试估计由此引起的解向量的相对误差.

实 验 题

1. 实验目的：理解矩阵的范数与条件数.

实验内容：已知矩阵

$$A=\begin{pmatrix}1 & 1 & 1 & 1\\ -1 & 1 & -1 & 1\\ -1 & -1 & 1 & 1\\ 1 & -1 & -1 & 1\end{pmatrix}$$

求 $\|A\|_1$，$\|A\|_2$，$\|A\|_\infty$ 和 $\mathrm{cond}_2(A)$.

2. 实验目的：研究高斯消去法的数值稳定性（出现小主元）.

实验内容：设方程组 $Ax=b$，其中

$$A_1=\begin{pmatrix}0.3\times 10^{-15} & 59.14 & 3 & 1\\ 5.291 & -6.130 & -1 & 2\\ 11.2 & 9 & 5 & 2\\ 1 & 2 & 1 & 1\end{pmatrix},\quad b_1=\begin{pmatrix}59.17\\ 46.78\\ 1\\ 2\end{pmatrix}$$

$$A_2=\begin{pmatrix}10 & -7 & 0 & 1\\ -3 & 2.099\,999\,999\,999\,99 & 6 & 2\\ 5 & -1 & 5 & -1\\ 0 & 1 & 0 & 2\end{pmatrix},\quad b_2=\begin{pmatrix}8\\ 5.900\,000\,000\,000\,01\\ 5\\ 1\end{pmatrix}$$

分别对以上两个方程组进行以下操作：

（1）计算矩阵的条件数，判断系数矩阵是良态的还是病态的？

（2）用列主元素消去法求得 $\boldsymbol{L}$ 和 $\boldsymbol{U}$ 及解向量 $\boldsymbol{x}_1,\boldsymbol{x}_2\in\mathbf{R}^4$；

（3）用不选主元的高斯消去法求得 $\boldsymbol{L}$ 和 $\boldsymbol{U}$ 及解向量 $\boldsymbol{x}_1,\boldsymbol{x}_2\in\mathbf{R}^4$；

（4）观察小主元并分析对计算结果的影响.

3. 实验目的：研究线性方程组直接法的时间复杂性.

实验内容：分别用高斯消去法、LU 分解法、追赶法、平方根法解方程组：

$$\begin{pmatrix}4 & 1 & & \\ 1 & 4 & \ddots & \\ & \ddots & \ddots & 1\\ & & 1 & 4\end{pmatrix}\begin{pmatrix}x_1\\ x_2\\ \vdots\\ x_n\end{pmatrix}=\begin{pmatrix}1\\ 1\\ \vdots\\ 1\end{pmatrix}$$

取 $n=500$，比较所用时间.

4. 实验目的：理解条件数的意义和方程组的性态对解向量的影响.

实验内容：设 $\boldsymbol{A}_1\boldsymbol{x}=\boldsymbol{b}$ 和 $\boldsymbol{A}_2\boldsymbol{x}=\boldsymbol{b}$，其中

$$\boldsymbol{A}_1=\begin{pmatrix}1 & x_0 & x_0^2 & \cdots & x_0^{n-1}\\ 1 & x_1 & x_1^2 & \cdots & x_1^{n-1}\\ 1 & x_2 & x_2^2 & \cdots & x_2^{n-1}\\ \vdots & \vdots & \vdots & & \vdots\\ 1 & x_{n-1} & x_{n-1}^2 & \cdots & x_{n-1}^{n-1}\end{pmatrix},\ \boldsymbol{A}_2=\begin{pmatrix}1 & 1/2 & 1/3 & \cdots & 1/n\\ 1/2 & 1/3 & 1/4 & \cdots & 1/(n+1)\\ 1/3 & 1/4 & 1/5 & \cdots & 1/(n+2)\\ \vdots & \vdots & & & \vdots\\ 1/n & 1/(n+1) & 1/(n+2) & \cdots & 1/(2n-1)\end{pmatrix}$$

$\boldsymbol{b}$ 由相应矩阵的元素计算，其计算公式为 $\boldsymbol{b}=\left(\sum\limits_{j=1}^{n}a_{1j},\sum\limits_{j=1}^{n}a_{2j},\cdots,\sum\limits_{j=1}^{n}a_{nj}\right)^{\mathrm{T}}$.

对 $\boldsymbol{A}_1$ 取 $x_k=1+0.1k$，$k=0,1,2,\cdots,n-1$，下面均用 Matlab 函数 $\boldsymbol{x}=\boldsymbol{A}\setminus\boldsymbol{b}$ 求方程组的解.

（1）取 $n=4,6,8$，分别计算 $\mathrm{cond}_2(\boldsymbol{A}_1)$ 和 $\mathrm{cond}_2(\boldsymbol{A}_2)$，判断 $\boldsymbol{A}_1$ 和 $\boldsymbol{A}_2$ 是否为病态矩阵？随 n 的增大，矩阵性态的变化如何？

（2）取 $n=6$，分别求出两个方程组的解向量 $\boldsymbol{x}_1,\boldsymbol{x}_2\in\mathbf{R}^6$；

（3）取 $n=6$，$\boldsymbol{b}$ 不变，对 $\boldsymbol{A}_1$ 的元素 a_{22} 和 a_{66} 分别加一个扰动 10^{-6}，分别求出 $\boldsymbol{A}_1\boldsymbol{x}=\boldsymbol{b}$ 的解向量 $\tilde{\boldsymbol{x}}_1$，$\bar{\boldsymbol{x}}_1\in\mathbf{R}^6$；

（4）取 $n=6$，$\boldsymbol{b}$ 不变，对 $\boldsymbol{A}_2$ 的元素 a_{22} 和 a_{66} 分别加一个扰动 10^{-7}，分别求出 $\boldsymbol{A}_2\boldsymbol{x}=\boldsymbol{b}$ 的解向量 $\tilde{\boldsymbol{x}}_2$，$\bar{\boldsymbol{x}}_2\in\mathbf{R}^6$；$\boldsymbol{A}_2$ 不变，对 $\boldsymbol{b}$ 的元素 b_6 加一个扰动 10^{-4}，求出 $\boldsymbol{A}_2\boldsymbol{x}=\boldsymbol{b}$ 的解向量 $\hat{\boldsymbol{x}}_2\in\mathbf{R}^6$；

（5）观察和分析 $\boldsymbol{A}$，$\boldsymbol{b}$ 的微小扰动对解向量的影响，得出你的结论；

（6）求 $\dfrac{\|\boldsymbol{x}_1-\tilde{\boldsymbol{x}}_1\|_\infty}{\|\boldsymbol{x}_1\|_\infty}$、$\dfrac{\|\boldsymbol{x}_2-\tilde{\boldsymbol{x}}_2\|_\infty}{\|\boldsymbol{x}_2\|_\infty}$ 和 $\dfrac{\|\boldsymbol{x}_2-\hat{\boldsymbol{x}}_2\|_\infty}{\|\boldsymbol{x}_2\|_\infty}$ 的计算结果和理论估计.

第 3 章 线性方程组的迭代解法

3.1 引言

本章导读

设线性方程组：

$$Ax = b \tag{3-1}$$

MOOC 3.1 线性方程组的迭代解法

式中，A 为非奇异矩阵. 当 A 为低阶稠密矩阵时，直接法中的高斯主元素消去法是解式（3-1）的有效方法. 然而，在实际应用中有大量的工程技术问题，如微分方程离散化产生的方程组大都是高阶的线性方程组，$n \geqslant 10^4$，而且系数矩阵往往是含零元素较多的稀疏矩阵. 这时用直接法求解是不实用的，因为直接法得到的分解因子可能都是稠密矩阵而破坏了系数矩阵的稀疏性，使得存贮量大为增加.

利用迭代法求解大型稀疏的线性方程组是合适的，在计算机内存和运算两方面，迭代法通常都可利用 A 中有大量零元素的特点. 迭代法具有算法程序简单而且要求的存贮量小等优点，它的基本思想和方程求根的迭代法相似，是用某种极限过程逐步逼近方程组的精确解.

迭代法的基本步骤：设方程组 $Ax = b$，其中 A 为非奇异矩阵.

（1）将式（3-1）改写成等价形式 $x = Bx + f$，B 称为迭代矩阵；

（2）构造近似解序列的计算公式：$x^{(k+1)} = Bx^{(k)} + f \quad (k = 0,1,2,\cdots)$；

（3）任取向量 $x^{(0)}$，称由上式生成向量序列 $\{x^{(k)}\}$ 的过程为迭代过程或迭代法.

迭代法的基本思想

对已生成的序列 $\{x^{(k)}\}$，若有

$$\lim_{k\to\infty} x^{(k)} = x^*$$

即 $x^* = Bx^* + f$，则 x^* 为方程组 $x = Bx + f$ 的精确解，此时称迭代过程是收敛的，否则是发散的.

综上所述，本章需要讨论的问题为：

（1）常用的迭代方法及具体形式？

（2）在什么条件下 $\{x^{(k)}\}$ 收敛到方程组的解？迭代法的收敛性与收敛速度？误差估计？

（3）如何实现计算机算法？

3.2 基本迭代法

3.2.1 雅可比迭代法

雅可比简介

1）**三阶线性方程组的雅可比（Jacobi）迭代法**

例 3-1 解三阶线性方程组（精确解为 $x^* = (1,1,1)^{\mathrm{T}}$）

$$\begin{cases}10x_1+3x_2+x_3=14\\2x_1-10x_2+3x_3=-5\\x_1+3x_2+10x_3=14\end{cases}$$

解 ①将三阶线性方程组改写成等价形式

$$\begin{cases}x_1=\dfrac{1}{10}(14-3x_2-x_3)\\x_2=-\dfrac{1}{10}(-5-2x_1-3x_3)=\dfrac{1}{10}(5+2x_1+3x_3)\\x_3=\dfrac{1}{10}(14-x_1-3x_2)\end{cases}$$

②构造迭代公式，即为**雅可比迭代公式**

$$\begin{cases}x_1^{(k+1)}=\dfrac{1}{10}(14-3x_2^{(k)}-x_3^{(k)})\\x_2^{(k+1)}=\dfrac{1}{10}(5+2x_1^{(k)}+3x_3^{(k)})\qquad(k=0,1,2,\cdots)\\x_3^{(k+1)}=\dfrac{1}{10}(14-x_1^{(k)}-3x_2^{(k)})\end{cases}$$

③取初始向量 $\boldsymbol{x}^{(0)}=(0,0,0)^{\mathrm{T}}$，即 $x_1^{(0)}=x_2^{(0)}=x_3^{(0)}=0$，代入上式，得

$$x_1^{(1)}=\frac{14}{10}=1.4,\ x_2^{(1)}\ \frac{5}{10}=0.5,\ x_3^{(1)}=\frac{14}{10}=1.4$$

再代回迭代公式中，得

$$x_1^{(2)}=\frac{1}{10}(14-3\times0.5-1.4)=1.11$$

$$x_2^{(2)}=\frac{1}{10}(5+2\times1.4+3\times1.4)=1.2$$

$$x_3^{(2)}=\frac{1}{10}(14-1.4-3\times0.5)=1.11$$

依次迭代，计算结果如表 3－1 所示．

表 3－1　雅可比迭代法的数值结果

k	$x_1^{(k)}$	$x_2^{(k)}$	$x_3^{(k)}$	k	$x_1^{(k)}$	$x_2^{(k)}$	$x_3^{(k)}$
0	0	0	0	4	0.990 6	0.964 5	0.990 6
1	1.4	0.5	1.4	5	1.011 59	0.995 3	1.011 59
2	1.11	1.20	1.11	6	1.000 251	1.005 795	1.000 251
3	0.929	1.055	0.929	7	0.998 24	1.000 126	0.998 24

由表 3－1 可知，迭代过程产生的向量序列 $\{\boldsymbol{x}^{(k)}\}$ 逐步逼近方程组的精确解 $\boldsymbol{x}^*=(1,1,1)^{\mathrm{T}}$.

若取 $\|\boldsymbol{x}^{(k+1)}-\boldsymbol{x}^{(k)}\|_\infty=\max\limits_{1\leqslant i\leqslant 3}\{|x_i^{(k+1)}-x_i^{(k)}|\}\leqslant\varepsilon$ 作为迭代的终止条件，则

$$\boldsymbol{x}^{(7)}-\boldsymbol{x}^{(6)}\approx(0.002,0.005\,67,0.002)^{\mathrm{T}},\ \|\boldsymbol{x}^{(7)}-\boldsymbol{x}^{(6)}\|_\infty\approx 0.005\,67$$

若取 $\|\boldsymbol{x}^{(k)}-\boldsymbol{x}^{*}\|_\infty=\max\limits_{1\leqslant i\leqslant 3}\{|x_i^{(k)}-x_i^{*}|\}\leqslant\varepsilon$ 作为迭代的终止条件，则

$$\boldsymbol{x}^{(7)}-\boldsymbol{x}^{*}\approx(0.001\,76,0.001\,26,0.001\,76)^{\mathrm{T}},\ \|\boldsymbol{x}^{(7)}-\boldsymbol{x}^{*}\|_\infty\approx 0.001\,76$$

2）n 阶线性方程组的雅可比迭代法

将三阶线性方程组的雅可比迭代法推广到 n 阶. 对于 n 阶线性方程组，$\boldsymbol{Ax}=\boldsymbol{b}$，$\boldsymbol{A}$ 为非奇异矩阵，且 $a_{ii}\neq 0,i=1,2,\cdots,n$. 方程组的第 i 个方程为

$$a_{i1}x_1+\cdots+a_{ii}x_i+\cdots+a_{in}x_n=b_i\qquad(i=1,2,\cdots,n)$$

将其改写为等价方程组

$$x_i=\frac{1}{a_{ii}}\Big(b_i-\sum_{\substack{j=1\\ j\neq i}}^{n}a_{ij}x_j\Big)\qquad(i=1,2,\cdots,n)$$

由此得到雅可比迭代公式（$k=0,1,2,\cdots$）

$$x_i^{(k+1)}=\frac{1}{a_{ii}}\Big(b_i-\sum_{\substack{j=1\\ j\neq i}}^{n}a_{ij}x_j^{(k)}\Big)\qquad(i=1,2,\cdots,n)\tag{3-2}$$

任取初始解向量 $\boldsymbol{x}^{(0)}$，由式（3-2）计算得到迭代序列 $\{\boldsymbol{x}^{(k)}\}$，$k=0,1,\cdots$. 若满足终止条件：$\|\boldsymbol{x}^{(k+1)}-\boldsymbol{x}^{(k)}\|_\infty=\max\limits_{1\leqslant i\leqslant n}\{|x_i^{(k+1)}-x_i^{(k)}|\}\leqslant\varepsilon$（$\varepsilon$ 为精度），则 $\boldsymbol{x}^{(k+1)}$ 为满足精度 ε 的近似解.

3）雅可比迭代法的矩阵描述

将方程组的系数矩阵 $\boldsymbol{A}$ 分裂为 $\boldsymbol{A}=\boldsymbol{D}-\boldsymbol{L}-\boldsymbol{U}$，其中

$$\boldsymbol{D}=\begin{pmatrix}a_{11}&&&\\&a_{22}&&\\&&\ddots&\\&&&a_{nn}\end{pmatrix},\ \boldsymbol{L}=\begin{pmatrix}0&&&&\\-a_{21}&0&&&\\-a_{31}&-a_{32}&\ddots&&\\\vdots&\vdots&\ddots&0&\\-a_{n1}&-a_{n2}&\cdots&-a_{n,n-1}&0\end{pmatrix},\ \boldsymbol{U}=\begin{pmatrix}0&-a_{12}&\cdots&-a_{1n}\\&0&\ddots&\vdots\\&&\ddots&-a_{n-1,n}\\&&&0\end{pmatrix}$$

则有 $\boldsymbol{Ax}=(\boldsymbol{D}-\boldsymbol{L}-\boldsymbol{U})\boldsymbol{x}=\boldsymbol{b}$，即

$$\boldsymbol{Dx}=(\boldsymbol{L}+\boldsymbol{U})\boldsymbol{x}+\boldsymbol{b}$$

而 $a_{ii}\neq 0$，$i=1,2,\cdots,n$，所以 $\boldsymbol{D}^{-1}$ 存在，而且是以 a_{ii}^{-1} 为对角元的对角矩阵，因此

$$\boldsymbol{x}=\boldsymbol{D}^{-1}(\boldsymbol{L}+\boldsymbol{U})\boldsymbol{x}+\boldsymbol{D}^{-1}\boldsymbol{b}$$

记作 $\boldsymbol{x}=\boldsymbol{Bx}+\boldsymbol{f}$，其中，$\boldsymbol{B}=\boldsymbol{D}^{-1}(\boldsymbol{L}+\boldsymbol{U})$，$\boldsymbol{f}=\boldsymbol{D}^{-1}\boldsymbol{b}$.

因此，雅可比迭代公式的矩阵形式为

$$\boldsymbol{x}^{(k+1)}=\boldsymbol{B}_J\boldsymbol{x}^{(k)}+\boldsymbol{f}_J$$

式中，$\boldsymbol{B}_J=\boldsymbol{D}^{-1}(\boldsymbol{L}+\boldsymbol{U})$ 称为雅可比迭代矩阵；$\boldsymbol{f}_J=\boldsymbol{D}^{-1}\boldsymbol{b}$.

雅可比迭代法的 Matlab 程序（Jacobi. m）如下：

```
function [x,k,index]=Jacobi(A,b,ep,it_max)
```

```
% 求线性方程组的雅可比迭代法,其中,
% A 为方程组的系数矩阵;
% b 为方程组的右端项;
% ep 为精度要求,缺省值为 1e -5;
% it_max 为最大迭代次数,缺省值为 100;
% x 为方程组的解;
% k 为迭代次数;
% index 为指标变量,index =0 表示迭代失败,index =1 表示收敛到指定要求.
[n,m] = size(A);nb = length(b);
% 当方程组行与列的维数不相等时,停止计算,并输出出错信息.
if n ~ =m
    error('The rows and columns of matrix A must be equal! ');
    return;
end
% 当方程组与右端项的维数不匹配时,停止计算,并输出出错信息.
if m ~ =nb
    error('The columns of A must be equal the length of b! ');
    return;
end
if nargin <4 it_max =100;end
if nargin <3 ep =1e -5;end
k =0;x = zeros(n,1);y = zeros(n,1);index =1;
while 1
    for i =1:n
        y(i) =b(i);
        for j =1:n
            if j ~ =i
                y(i) =y(i) -A(i,j) *x(j);
            end
        end
        if abs(A(i,i)) <1e -10 |k = =it_max
            index =0;return;
        end
        y(i) =y(i)/A(i,i);
  end
  k =k +1;
  if norm(y -x,inf) <ep
```

```
            break;
        end
        x=y;
    end
```

调用函数 Jacobi 解例 3-1. 输入

```
A=[10 3 1;2 -10 3;1 3 10];b=[14 -5 14]';ep=0.005;
[x,k,index]=Jacobi(A,b,ep)
```

得到

```
x=0.9982   k=7   index=1
  1.0001
  0.9982
```

迭代成功，收敛到指定精度.

雅可比迭代矩阵描述的 Matlab 程序（Jacobi_matrix. m）如下：

```
function [x,k,index]=Jacobi_matrix(A,b,ep,it_max)
% 解线性方程组的雅可比迭代矩阵的方法
if nargin<4 it_max=100;end
if nargin<3 ep=1e-5;end
n=length(A);x=zeros(n,1);y=zeros(n,1);
index=1;k=0;
D=diag(diag(A));     % D为A的对角元矩阵
U=-triu(A,1);        % -U为A的上三角矩阵
L=-tril(A,-1);       % -L为A的下三角矩阵
f=D\b;B=D\(L+U);     % B为雅可比迭代矩阵
while 1
   if abs(prod(diag(A)))<1e-10 |k==it_max
        index=0;return;
   end
   y=B*x+f;k=k+1;
   if norm(y-x,inf)<ep
        break;
   end
   x=y;
end
x=y
```

调用函数 Jacobi_matrix 解例 3-1. 输入

```
A=[10 3 1;2 -10 3;1 3 10];b=[14 -5 14]';ep=0.005;
[x,k,index]=Jacobi_matrix(A,b,ep)
```

3.2.2 高斯-赛德尔迭代法

1）三阶线性方程组的高斯-赛德尔迭代法

为了加快收敛速度，将雅可比迭代公式修改得到高斯-赛德尔迭代公式，利用下面例子具体说明.

例 3-2 解三阶线性方程组（与例 3-1 相同，精确解为 $\boldsymbol{x}^*=(1,1,1)^{\mathrm{T}}$）

$$\begin{cases}10x_1+3x_2+x_3=14\\2x_1-10x_2+3x_3=-5\\x_1+3x_2+10x_3=14\end{cases}$$

解 ①将原方程组改为等价方程组

$$\begin{cases}x_1=\dfrac{1}{10}(14-3x_2-x_3)\\x_2=\dfrac{1}{10}(5+2x_1+3x_3)\\x_3=\dfrac{1}{10}(14-x_1-3x_2)\end{cases}$$

②构造迭代公式，即为**高斯-赛德尔迭代公式**

$$\begin{cases}x_1^{(k+1)}=\dfrac{1}{10}(14-3x_2^{(k)}-x_3^{(k)})\\x_2^{(k+1)}=\dfrac{1}{10}(5+2x_1^{(k+1)}+3x_3^{(k)})\qquad(k=0,1,2,\cdots)\\x_3^{(k+1)}=\dfrac{1}{10}(14-x_1^{(k+1)}-3x_2^{(k+1)})\end{cases}$$

③取初始向量 $\boldsymbol{x}^{(0)}=(0,0,0)^{\mathrm{T}}$，即 $x_1^{(0)}=x_2^{(0)}=x_3^{(0)}=0$，代入上式，求出

$$\begin{cases}x_1^{(1)}=\dfrac{1}{10}(14-3\times0-0)=1.4\\x_2^{(1)}=\dfrac{1}{10}(5+2\times1.4+3\times0)=0.78\\x_3^{(1)}=\dfrac{1}{10}(14-1.4-3\times0.78)=1.026\end{cases}$$

迭代计算下去，得表 3-2.

表 3-2 高斯-赛德尔迭代法的数值结果

k	$x_1^{(k)}$	$x_2^{(k)}$	$x_3^{(k)}$	k	$x_1^{(k)}$	$x_2^{(k)}$	$x_3^{(k)}$
0	0	0	0				
1	1.4	0.78	1.026	3	0.995 104	0.995 275	1.001 9
2	1.063 4	1.020 48	0.987 516	4	1.001 23	1.000 82	0.999 63

由表 3-2 得

$$x^{(4)}-x^{(3)}\approx(0.00613,0.00555,-0.0023)^{\mathrm{T}},\ \|x^{(4)}-x^{(3)}\|_{\infty}\approx0.00613$$

$$x^{(4)}-x^{*}\approx(0.00123,0.00082,-0.00037)^{\mathrm{T}},\ \|x^{(4)}-x^{*}\|_{\infty}\approx0.00123$$

可知迭代过程产生的向量序列 $\{x^{(k)}\}$ 逐步逼近方程组的精确解 $x^{*}=(1,1,1)^{\mathrm{T}}$.

由此例可知，用高斯 - 赛德尔迭代法、雅可比迭代法解方程组均收敛，并且高斯 - 赛德尔迭代法比雅可比迭代法收敛快（即取 $x^{(0)}$ 相同，达到同样精度所需迭代次数较少），但这一结论只有当 A 满足一定条件时才成立.

2) n 阶线性方程组的高斯 - 赛德尔迭代法

将三阶线性方程组的高斯 - 赛德尔（G - S）迭代法推广到 n 阶. 对于 n 阶线性方程组，$Ax=b$，A 为非奇异矩阵，且 $a_{ii}\neq0$，$i=1,2,\cdots,n$. 方程组的第 i 个方程为

$$a_{i1}x_1+a_{i2}x_2+\cdots+a_{ii}x_i+\cdots+a_{in}x_n=b_i\qquad(i=1,2,\cdots,n)$$

将其改写为等价方程组，即

$$x_i=\frac{1}{a_{ii}}\left(b_i-\sum_{j=1}^{i-1}a_{ij}x_j-\sum_{j=i+1}^{n}a_{ij}x_j\right)\qquad(i=1,2,\cdots,n)$$

由此得到**高斯 - 赛德尔（G - S）迭代公式**：对于 $k=0,1,2,\cdots$，有

$$x_i^{(k+1)}=\frac{1}{a_{ii}}\left(b_i-\sum_{j=1}^{i-1}a_{ij}x_j^{(k+1)}-\sum_{j=i+1}^{n}a_{ij}x_j^{(k)}\right)\qquad(i=1,2,\cdots,n)\tag{3-3}$$

任取初始解向量 $x^{(0)}$，由式（3-3）计算得迭代序列 $\{x^{(k)}\}$，$k=0,1,\cdots$. 若满足终止条件：$\|x^{(k+1)}-x^{(k)}\|_{\infty}=\max\limits_{1\leq i\leq n}\{|x_i^{(k+1)}-x_i^{(k)}|\}\leqslant\varepsilon$（$\varepsilon$ 为精度），则 $x^{(k+1)}$ 为满足精度 ε 的近似解.

3) 高斯 - 赛德尔迭代法的矩阵描述

将式（3-3）改写为

$$a_{ii}x_i^{(k+1)}+\sum_{j=1}^{i-1}a_{ij}x_j^{(k+1)}=b_i-\sum_{j=i+1}^{n}a_{ij}x_j^{(k)}\qquad(i=1,2,\cdots,n)$$

由于 $A=D-L-U$，则用矩阵表示为

$$(D-L)x^{(k+1)}=b+Ux^{(k)}$$

当 $a_{ii}\neq0$（$i=1,2,\cdots,n$）时，D^{-1} 存在，$(D-L)^{-1}$ 也存在，因此得到

$$x^{(k+1)}=(D-L)^{-1}b+(D-L)^{-1}Ux^{(k)}$$

令 $x=B_{\mathrm{G-S}}x+f_{\mathrm{G-S}}$，其中 $B_{\mathrm{G-S}}=(D-L)^{-1}U$ 称为高斯 - 赛德尔（G - S）迭代矩阵，$f_{\mathrm{G-S}}=(D-L)^{-1}b$.

因此，G - S 迭代公式的矩阵形式为

$$x^{(k+1)}=B_{\mathrm{G-S}}x^{(k)}+f_{\mathrm{G-S}}$$

注 一般地，雅可比迭代法和 G - S 迭代法的分量形式供计算编程使用，它们的矩阵形式供研究迭代序列 $\{x^{(k)}\}$ 是否收敛等理论分析使用.

雅可比迭代公式简单且每次迭代只需作矩阵和向量的一次乘法，特别适合于并行计算；

不足的是需要 $\boldsymbol{x}^{(k)}$ 和 $\boldsymbol{x}^{(k+1)}$ 两个向量存储空间. G－S 迭代法只需一个向量存储空间，一旦计算出 $\boldsymbol{x}_i^{(k+1)}$ 立即存入 $\boldsymbol{x}_i^{(k)}$ 的位置，节省一组存储单元，这是对雅可比迭代法的改进. 在某些情况下，G－S 迭代法也能起到加速收敛的作用，但它是一种典型的串行算法，每步迭代中，必须依次计算各个解的分量.

G－S 迭代法的 Matlab 程序（Gauss_Seidel. m）如下：

```
function [x,k,index] = Gauss_Seidel(A,b,ep,it_max)
% 解线性方程组的 G - S 迭代法,其中,
% A 为方程组的系数矩阵;
% b 为方程组的右端项;
% ep 为精度要求,缺省值为 1e -5;
% it_max 为最大迭代次数,缺省值为 100;
% x 为方程组的解;
% k 为迭代次数;
% index 为指标变量,index =0 表示迭代失败,index =1 表示收敛到指定要求.
[n,m] = size(A);nb = length(b);
% 当方程组行与列的维数不相等时,停止计算,并输出出错信息.
if n ~ =m
     error('The rows and columns of matrix A must be equal! ');
     return;
end
% 当方程组与右端项的维数不匹配时,停止计算,并输出出错信息.
if m ~ =nb
     error('The columns of A must be equal the length of b! ');
     return;
end
if nargin <4 it_max =100;end
if nargin <3 ep =1e -5;end
k =0;x = zeros(n,1);y = zeros(n,1);index =1;
while 1
     y =x;
     for i =1:n
         z =b(i);
         for j =1:n
             if j ~ =i
                 z =z -A(i,j) * x(j);
             end
         end
         if abs(A(i,i)) <1e -10 |k = =it_max
```

```
            index = 0;return;
        end
        z = z/A(i,i);x(i) = z;
    end
    if norm(y - x,inf) < ep
        break;
    end
    k = k + 1;
end
```

调用函数 Gauss_Seidel 解例 3 – 1. 输入

```
A = [10 3 1;2 -10 3;1 3 10];b = [14 -5 14]';ep = 0.005;
[x,k,index] = Gauss_Seidel(A,b,ep)
```

得到

```
x = 0.9998  k = 4  index = 1
    0.9998
    1.0001
```

迭代成功，收敛到指定精度.

例 3 – 3 分别用雅可比迭代法和 G – S 迭代法解下列方程组，均取相同初值 $\boldsymbol{x}^{(0)} = (0,0,0)^{\mathrm{T}}$，观测其计算结果.

$$(1)\begin{cases}x_1+2x_2-2x_3=1\\x_1+x_2+x_3=1\\2x_1+2x_2+x_3=1\end{cases};\quad(2)\begin{cases}x_1-9x_2-10x_3=-1\\-9x_1+x_2+5x_3=0\\8x_1+7x_2+x_3=4\end{cases};$$

$$(3)\begin{cases}5x_1-x_2-3x_3=-1\\-x_1+2x_2+4x_3=0\\-3x_1+4x_2+15x_3=4\end{cases};\quad(4)\begin{cases}10x_1+4x_2+5x_3=-1\\4x_1+10x_2+7x_3=0\\5x_1+7x_2+10x_3=4\end{cases}.$$

解 （1）用雅可比迭代法解方程组，输入

```
A = [1 2 -2;1 1 1;2 2 1];b = [1;1;1];[x,k,index] = Jacobi(A,b)
```

得到

```
x = -3   k = 4   index = 1
     3
     1
```

迭代序列收敛.

用 G – S 迭代法解方程组，输入

```
[x,k,index] = Gauss_Seidel(A,b)
```

得到

```
index = 0
```

迭代序列发散.

因此，用雅可比迭代法迭代 4 次达到精度 $\|x^{(k+1)}-x^{(k)}\|_\infty \leqslant 10^{-5}$，而用 G－S 迭代法得到的迭代序列发散.

（2）用雅可比迭代法解方程组，输入

```
A=[1 -9 -10; -9 1 5;8 7 1];b=[ -1;0;4];[x,k,index]=Jacobi(A,b);
```

得到

```
index=0
```

迭代序列发散.

用 G－S 迭代法解方程组，输入

```
[x,k,index]=Gauss_Seidel(A,b);
```

得到

```
index=0
```

迭代序列发散.

（3）用雅可比迭代法解方程组，输入

```
A=[5 -1 -3; -1 2 4; -3 4 15];b=[ -1;0;4];ep=0.01;[x,k,index]=Jacobi(A,b,ep)
```

得到

```
x= -0.0962   k=89   index=1
   -1.1689
    0.5555
```

迭代序列收敛.

用 G－S 迭代法解方程组，输入

```
[x,k,index]=Gauss_Seidel(A,b,ep)
```

得到

```
x= -0.0977   k=8   index=1
   -1.1573
    0.5557
```

迭代序列收敛.

因此，用雅可比迭代法迭代 89 次达到精度 $\|x^{(k+1)}-x^{(k)}\|_\infty \leqslant 0.01$，而用 G－S 迭代法迭代 8 次就可达到同样的精度. 两种方法都收敛，但收敛速度不同，一个快，一个慢.

（4）用雅可比迭代法解方程组，输入

```
A=[10 4 5;4 10 7;5 7 10];b=[ -1;0;4];ep=0.001;[x,k,index]=Jacobi(A,b,ep)
```

得到

```
index=0
```

迭代序列发散.

用 G－S 迭代法解方程组，输入

```
[x,k,index]=Gauss_Seidel(A,b,ep)
```

得到

```
x = -0.3659   k =10   index =1
    -0.5128
     0.9419
```

迭代序列收敛.

因此，用雅可比迭代法得到的迭代序列发散，而用高斯－赛德尔迭代法迭代 10 次达到精度 $\|\boldsymbol{x}^{(k+1)}-\boldsymbol{x}^{(k)}\|_\infty \leqslant 0.001$.

例 3－3 说明用雅可比迭代法和 G－S 迭代法得到的迭代序列可能同时发散；也可能同时收敛，但一个快另一个慢；可能一个收敛而另一个发散.

雅可比迭代法与 G－S 迭代法比较程序实现

3.2.3 逐次超松弛迭代法

逐次超松弛迭代法，即 SOR 迭代法. 它是在 G－S 迭代法的基础上，再用参数校正残差加速的方法. 这种方法是解工程问题的有效办法之一.

1）逐次超松弛迭代公式

在式（3－3）中加、减 $a_{ii}x_i^{(k)}$ 项，得到

$$
\begin{aligned}
x_i^{(k+1)} &= \frac{1}{a_{ii}}\left(b_i - \sum_{j=1}^{i-1} a_{ij}x_j^{(k+1)} - \sum_{j=i+1}^{n} a_{ij}x_j^{(k)} - a_{ii}x_i^{(k)} + a_{ii}x_i^{(k)}\right) \\
&= x_i^{(k)} + \frac{1}{a_{ii}}\left(b_i - \sum_{j=1}^{i-1} a_{ij}x_j^{(k+1)} - \sum_{j=i}^{n} a_{ij}x_j^{(k)}\right) \\
&= x_i^{(k)} + \frac{1}{a_{ii}}r_i \qquad (i=1,2,\cdots,n)
\end{aligned}
$$

式中，$r_i = b_i - \sum_{j=1}^{i-1} a_{ij}x_j^{(k+1)} - \sum_{j=i}^{n} a_{ij}x_j^{(k)}$，则称 r_i 为第 i 个方程的残差. 如果 $x_j^{(k)}$，$x_j^{(k+1)}$ 是精确值，$r_i=0$.

注 G－S 迭代法的实质就是对旧值 $x_i^{(k)}$，经残差校正而得新的近似值，校正量大小为 r_i/a_{ii}. 为加速收敛，将校正量乘加速因子 ω（$\omega>0$），有

$$
x_i^{(k+1)} = x_i^{(k)} + \frac{\omega}{a_{ii}}r_i = x_i^{(k)} + \frac{\omega}{a_{ii}}\left(b_i - \sum_{j=1}^{i-1} a_{ij}x_j^{(k+1)} - \sum_{j=i}^{n} a_{ij}x_j^{(k)}\right) \quad (i=1,2,\cdots,n) \tag{3-4}
$$

称式（3－4）为**逐次超松弛（SOR）迭代公式**，称 ω 为**松弛因子**.

当 $\omega=1$ 时，式（3－4）就是 G－S 迭代公式；当 $0<\omega<1$ 时，称其为低松弛因子；当 $\omega>1$ 时，称其为超松弛因子.

2）逐次超松弛迭代法的矩阵描述

将式（3－4）移项为

$$
a_{ii}x_i^{(k+1)} + \omega\sum_{j=1}^{i-1} a_{ij}x_j^{(k+1)} = (1-\omega)a_{ii}x_i^{(k)} - \omega\sum_{j=i+1}^{n} a_{ij}x_j^{(k)} + b_i\omega
$$

写成矩阵形式 $(\boldsymbol{D}-\omega\boldsymbol{L})\boldsymbol{x}^{(k+1)}=[(1-\omega)\boldsymbol{D}+\omega\boldsymbol{U}]\boldsymbol{x}^{(k)}+\omega\boldsymbol{b}$，整理得

$$\boldsymbol{x}^{(k+1)}=(\boldsymbol{D}-\omega\boldsymbol{L})^{-1}[(1-\omega)\boldsymbol{D}+\omega\boldsymbol{U}]\boldsymbol{x}^{(k)}+\omega(\boldsymbol{D}-\omega\boldsymbol{L})^{-1}\boldsymbol{b}$$

记作

$$\boldsymbol{x}^{(k+1)}=\boldsymbol{B}_{\mathrm{SOR}}\boldsymbol{x}^{(k)}+\boldsymbol{f}_{\mathrm{SOR}}$$

式中，$\boldsymbol{B}_{\mathrm{SOR}}=(\boldsymbol{D}-\omega\boldsymbol{L})^{-1}[(1-\omega)\boldsymbol{D}+\omega\boldsymbol{U}]$ 称为松弛迭代矩阵；$\boldsymbol{f}_{\mathrm{SOR}}=\omega(\boldsymbol{D}-\omega\boldsymbol{L})^{-1}\boldsymbol{b}$.

例3-4 用SOR迭代法解下面方程组，取 $\omega=1.4$.

$$\begin{pmatrix}2&-1&0&0\\-1&2&-1&0\\0&-1&2&-1\\0&0&-1&2\end{pmatrix}\begin{pmatrix}x_1\\x_2\\x_3\\x_4\end{pmatrix}=\begin{pmatrix}1\\0\\1\\0\end{pmatrix}$$

解 方程组的精确解为：$\boldsymbol{x}=(1.2,1.4,1.6,0.8)^{\mathrm{T}}$. 取初值 $\boldsymbol{x}^{(0)}=(1,1,1,1)^{\mathrm{T}}$，用G-S迭代法迭代10次，得 $\boldsymbol{x}^{(10)}=(1.196\,632\,4,1.395\,591\,7,1.596\,433\,6,0.798\,216)^{\mathrm{T}}$.

利用SOR迭代法，构造SOR迭代公式

$$\begin{cases}x_1^{(k+1)}=x_1^{(k)}+\dfrac{\omega}{2}(1-2x_1^{(k)}+x_2^{(k)})\\x_2^{(k+1)}=x_2^{(k)}+\dfrac{\omega}{2}(x_1^{(k+1)}-2x_2^{(k)}+x_3^{(k)})\\x_3^{(k+1)}=x_3^{(k)}+\dfrac{\omega}{2}(1+x_2^{(k+1)}-2x_3^{(k)}+x_4^{(k)})\\x_4^{(k+1)}=x_4^{(k)}+\dfrac{\omega}{2}(x_3^{(k+1)}-2x_4^{(k)})\end{cases}$$

与G-S迭代法相同，初值为 $\boldsymbol{x}^{(0)}=(1,1,1,1)^{\mathrm{T}}$. 迭代计算结果列于表3-3中.

表3-3 SOR迭代法的迭代计算结果

k	$x_1^{(k)}$	$x_2^{(k)}$	$x_3^{(k)}$	$x_4^{(k)}$
1	1	1	1.7	0.79
2	1	1.49	1.616	0.815 2
3	1.343	1.475 3	1.650 95	0.829 585
4	1.195 45	1.402 36	1.601 981 5	0.789 553
5	1.203 472	1.402 873 5	1.593 905 9	0.799 912 9

由表3-3可知，用SOR迭代法只迭代了5次，结果与G-S迭代法迭代10次的结果大体相同，可见，SOR迭代法的松弛因子起到了加速收敛的重要作用.

SOR迭代法的Matlab程序（SOR.m）如下：

```
function [x,k,index] = SOR(A,b,x0,ep,w,it_max)
% 解线性方程组的 SOR 迭代法，其中，
% A 为方程组的系数矩阵；
```

```
% b 为方程组的右端项;
% x0 为初始迭代向量;
% ep 为精度要求, 缺省值为 1e -5;
% w 为松弛因子, 缺省值为 1;
% it_max 为最大迭代次数,缺省值为 100;
% x 为方程组的解;
% k 为迭代次数;
% index 为指标变量,index =0 表示迭代失败,% index =1 表示收敛到指定要求.
[n,m] = size(A);nb = length(b);
% 当方程组行与列的维数不相等时,停止计算,并输出出错信息.
if n ~ =m
    error('The rows and columns of matrix A must be equal! ');
    return;
end
% 当方程组与右端项的维数不匹配时,停止计算,并输出出错信息.
if m ~ =nb
    error('The columns of A must be equal the length of b! ');
    return;
end
if nargin <6 it_max =100;end
if nargin <5 w =1;end
if nargin <4 ep =1e -5;end
k =0;x =x0;y =zeros(n,1);index =1;
while 1
    y =x;
    for i =1:n
      z =b(i);
      for j =1:n
        z =z -A(i,j) * x(j);
      end
      if abs(A(i,i)) <1e -10 |k = =it_max
        index =0;return;
      end
      x(i) =x(i) +w * z/A(i,i);
    end
    if norm(y -x,inf) <ep
      break;
```

```
        end
        k = k + 1;
    end
```

调用函数 SOR 解例 3-4. 输入

```
A = [2 -1 0 0; -1 2 -1 0;0 -1 2 -1;0 0 -1 2];
b = [1 0 1 0]';x0 = [1 1 1 1]';w = 1.4;ep = 0.01; [x,k,index] = SOR(A,b,x0,
ep,w)
```

得到

```
x = 1.1961  k = 6  index = 1
    1.3984
    1.5987
    0.7994
```

迭代成功，收敛到指定精度.

超松弛迭代程序实现示例

注 所谓的最佳松弛因子就是使迭代收敛最快的松弛因子，记为 ω_{opt}.

(1) 特殊情形：若 $\boldsymbol{A}$ 为对称正定的三对角矩阵时，有

$$\omega_{\text{opt}} = \frac{2}{1+\sqrt{1-(\rho(\boldsymbol{B}_{\text{J}}))^2}}$$

式中，$\rho(\boldsymbol{B}_{\text{J}})$ 为解 $\boldsymbol{Ax}=\boldsymbol{b}$ 的雅可比迭代矩阵的谱半径.

(2) 其他情形：采用试算的方法确定 ω_{opt} 近似值（此方法简单且有效）.

在区间 (0,2) 内选择 2 个不同的松弛因子，从同一初始向量 $\boldsymbol{x}^{(0)}=(1,1,1,1)^{\text{T}}$ 出发，迭代相同的次数（不能太少），比较残余向量 $\boldsymbol{r}^{(k)}=\boldsymbol{b}-\boldsymbol{Ax}^{(k)}$，弃去使 $\|\boldsymbol{r}^{(k)}\|$ 较大的松弛因子. 并且，SOR 迭代法的计算程序应具有自动选择松弛因子的功能.

例如，方程组 $\begin{pmatrix}1&1&0\\1&2&1\\0&1&3\end{pmatrix}\boldsymbol{x}=\begin{pmatrix}1\\1\\1\end{pmatrix}$ 的精确解为 $\boldsymbol{x}^*=(1.5,-0.5,0.5)^{\text{T}}$. 取 $\boldsymbol{x}^{(0)}=(0,0,0)^{\text{T}}$，若达到精度要求为 $\|\boldsymbol{r}^{(k)}\|_\infty<10^{-3}$，则选取不同松弛因子的迭代次数如表 3-4 所示，从中可知，$\omega=1.3$ 为较佳的松弛因子.

表 3-4 对比松弛因子的收敛速度

松弛因子	1.0	1.1	1.2	1.3	1.4	1.5	1.6	1.7	1.8	1.9
迭代次数	14	11	8	6	7	10	14	20	32	68

3.3 迭代法的收敛性

迭代法的收敛性

由例 3-3 可知，利用不同的方法求解不同的方程组其收敛性也不同，为此我们要研究如何判定迭代格式的收敛和发散，收敛性与迭代矩阵有什么关系？迭代公式

收敛的充要条件是什么？充分条件是什么？迭代收敛速度的决定因素是什么？

3.3.1 迭代法的收敛性判别

1）迭代矩阵 $\boldsymbol{B}$（迭代法收敛的充要条件）

对于 n 阶线性方程组，$\boldsymbol{Ax}=\boldsymbol{b}$，$\boldsymbol{A}$ 为非奇异矩阵，且 $a_{ii}\neq 0$，$i=1,2,\cdots,n$. 方程组的等价形式为 $\boldsymbol{x}=\boldsymbol{Bx}+\boldsymbol{f}$，即方程组的精确解 $\boldsymbol{x}^*$ 满足

$$\boldsymbol{x}^*=\boldsymbol{Bx}^*+\boldsymbol{f} \tag{3-5}$$

式中，$\boldsymbol{B}$ 为迭代矩阵. 线性迭代公式为

$$\boldsymbol{x}^{(k+1)}=\boldsymbol{Bx}^{(k)}+\boldsymbol{f} \quad (k=0,1,2,\cdots) \tag{3-6}$$

不同的迭代公式只是其中的 $\boldsymbol{B}$ 与 $\boldsymbol{f}$ 不相同. 用式（3-6）减去式（3-5），得

$$\boldsymbol{x}^{(k+1)}-\boldsymbol{x}^*=\boldsymbol{B}(\boldsymbol{x}^{(k)}-\boldsymbol{x}^*)$$

递推得到

$$\boldsymbol{x}^{(k+1)}-\boldsymbol{x}^*=\boldsymbol{B}^{k+1}(\boldsymbol{x}^{(0)}-\boldsymbol{x}^*) \quad (k=0,1,2,\cdots) \tag{3-7}$$

又由向量序列极限的定义，可知$\{\boldsymbol{x}^{(k)}\}$收敛到 $\boldsymbol{x}^*$ 的充要条件是 $\boldsymbol{B}^k\to\boldsymbol{0}$（$k\to\infty$），因此可得如下定理.

定理 1 设方程组 $\boldsymbol{x}=\boldsymbol{Bx}+\boldsymbol{f}$，对于任意初始向量 $\boldsymbol{x}^{(0)}$ 和右端项 $\boldsymbol{f}\in\mathbf{R}^n$，线性迭代公式 $\boldsymbol{x}^{(k+1)}=\boldsymbol{Bx}^{(k)}+\boldsymbol{f}$ 收敛到精确解 $\boldsymbol{x}^*$ 的充要条件是

$$\lim_{k\to\infty}\boldsymbol{B}^k=\boldsymbol{0}$$

2）迭代矩阵的范数 $\|\boldsymbol{B}\|$（迭代法收敛的充分条件）

定理 1 说明，理论上利用迭代矩阵的 k 次幂可以判别迭代公式的收敛性，但实际应用起来不方便. 我们转而利用迭代矩阵的范数来分析迭代法收敛的条件. 由式（3-7）有

$$\boldsymbol{x}^{(k)}-\boldsymbol{x}^*=\boldsymbol{B}^k(\boldsymbol{x}^{(0)}-\boldsymbol{x}^*) \quad (k=0,1,2,\cdots)$$

两端同时取范数，得

$$\|\boldsymbol{x}^{(k)}-\boldsymbol{x}^*\|\leqslant\|\boldsymbol{B}\|^k\|\boldsymbol{x}^{(0)}-\boldsymbol{x}^*\|$$

由此可知，如果 $\|\boldsymbol{B}\|<1$，则 $\boldsymbol{x}^{(k)}\to\boldsymbol{x}^*$（$k\to\infty$），因此，我们有迭代法收敛的充分条件定理.

定理 2 设方程组 $\boldsymbol{x}=\boldsymbol{Bx}+\boldsymbol{f}$，若 $\|\boldsymbol{B}\|<1$，则线性迭代公式 $\boldsymbol{x}^{(k+1)}=\boldsymbol{Bx}^{(k)}+\boldsymbol{f}$ 收敛，且其误差估计式为

$$\|\boldsymbol{x}^{(k)}-\boldsymbol{x}^*\|\leqslant\frac{\|\boldsymbol{B}\|^k}{1-\|\boldsymbol{B}\|}\|\boldsymbol{x}^{(1)}-\boldsymbol{x}^{(0)}\| \tag{3-8}$$

证明 收敛性是显然的. 下面证明误差估计式，因为

$$\|\boldsymbol{x}^{(k+1)}-\boldsymbol{x}^{(k)}\|=\|\boldsymbol{B}(\boldsymbol{x}^{(k)}-\boldsymbol{x}^{(k-1)})\|\leqslant\|\boldsymbol{B}\|\cdot\|\boldsymbol{x}^{(k)}-\boldsymbol{x}^{(k-1)}\|$$

据此递推，可得

$$\|\boldsymbol{x}^{(k+1)}-\boldsymbol{x}^{(k)}\|\leqslant\|\boldsymbol{B}\|^k\|\boldsymbol{x}^{(1)}-\boldsymbol{x}^{(0)}\|$$

于是对任意正整数 p，有

$$\|x^{(k+p)}-x^{(k)}\|\leqslant\|x^{(k+p)}-x^{(k+p-1)}\|+\|x^{(k+p-1)}-x^{(k+p-2)}\|+\cdots+\|x^{(k+1)}-x^{(k)}\|$$
$$\leqslant(\|B\|^{k+p-1}+\|B\|^{k+p-2}+\cdots+\|B\|^{k})\left\|x^{(1)}-x^{(0)}\right\|\leqslant\frac{\|B\|^{k}}{1-\|B\|}\left\|x^{(1)}-x^{(0)}\right\|.$$

在上式中令 $p\to\infty$，注意到 $\lim\limits_{p\to\infty}x^{(k+p)}=x^*$，即得式（3-8），定理证毕.

注 迭代矩阵的范数小于 1 只是迭代法收敛的充分条件.

3）迭代矩阵的谱半径（迭代法收敛的基本定理）

设 λ 是 B 的任意一个特征值，u 是 B 的对应于 λ 的特征向量，即 $Bu=\lambda u$. 两端同时取范数，则

$$|\lambda|\cdot\|u\|=\|\lambda u\|=\|Bu\|\leqslant\|B\|\|u\|$$

从而有

$$|\lambda|\leqslant\|B\| \tag{3-9}$$

首先引入谱半径的概念.

定义 1 设 $\lambda_1,\lambda_2,\cdots,\lambda_n$ 是方阵 A 的 n 个特征值，称模最大的特征值为 A 的**谱半径**，即

$$\rho(A)=\max_{1\leqslant i\leqslant n}|\lambda_i| \tag{3-10}$$

注 由式（3-9）、式（3-10）可知，$\|B\|<1$ 时 $\{x^{(k)}\}$ 收敛，且 $\rho(B)<1$. 所以 $\rho(B)<1$ 与 $\{x^{(k)}\}$ 收敛性可能有关.

定理 3（迭代法收敛的基本定理）对于任意的初始向量 $x^{(0)}$ 和右端项 $f\in\mathbf{R}^n$，线性迭代公式 $x^{(k+1)}=Bx^{(k)}+f$ 收敛的充要条件是迭代矩阵的谱半径 $\rho(B)<1$.

证明 ①充分性. 设 $Bu=\lambda u$，其中 λ 是 B 的一个特征值，u 是对应的特征向量.

因为 $x^{(k)}-x^*=B^k(x^{(0)}-x^*)$，不妨取 $\|u\|=1$，迭代初值 $x^{(0)}=x^*+u$. 所以

$$x^{(k)}-x^*=B^ku=\lambda^ku$$

当 $\rho(B)<1$ 时，$\|x^{(k)}-x^*\|=|\lambda|^k\to0(k\to\infty)$，迭代法收敛.

②必要性. 若迭代法收敛，根据定理 1 可知 $B^k\to\mathbf{0}(k\to\infty)$，即 $\|B^k\|\to0$. 又由式（3-9），$\|B^k\|\geqslant\rho(B^k)=(\rho(B))^k$. 因此 $\rho(B)<1$.

例 3-5 对于下面方程组，证明：雅可比迭代法收敛而 G-S 迭代法发散.

$$\begin{pmatrix}1&2&-2\\1&1&1\\2&2&1\end{pmatrix}\begin{pmatrix}x_1\\x_2\\x_3\end{pmatrix}=\begin{pmatrix}1\\1\\1\end{pmatrix}$$

证明 ①对于雅可比迭代法，其迭代矩阵为

$$B_{\mathrm{J}}=D^{-1}(L+U)=\begin{pmatrix}0&-2&2\\-1&0&-1\\-2&-2&0\end{pmatrix}$$

B_{J} 的特征方程为

$$\det(\lambda I-B_{\mathrm{J}})=\begin{vmatrix}\lambda&2&-2\\1&\lambda&1\\2&2&\lambda\end{vmatrix}=0$$

$\boldsymbol{B}_{\mathrm{J}}$ 的特征多项式 $f(\lambda)=\lambda^3=0$，所以 $\lambda=0$ 为 $\boldsymbol{B}_{\mathrm{J}}$ 的特征根，显然 $\rho(\boldsymbol{B}_{\mathrm{J}})=0<1$，因此，由迭代收敛基本定理可知雅可比迭代法收敛.

②对于 G－S 迭代法，其迭代矩阵为

$$\boldsymbol{B}_{\mathrm{G-S}}=(\boldsymbol{D}-\boldsymbol{L})^{-1}\boldsymbol{U}=\begin{pmatrix}0 & -2 & 2\\ 0 & 2 & -3\\ 0 & 0 & 2\end{pmatrix}$$

$\boldsymbol{B}_{\mathrm{G-S}}$的特征方程为

$$\det(\lambda\boldsymbol{I}-\boldsymbol{B}_{\mathrm{G-S}})=\begin{vmatrix}\lambda & 2 & -2\\ 0 & \lambda-2 & 3\\ 0 & 0 & \lambda-2\end{vmatrix}=\lambda(\lambda-2)^2=0$$

显然，$\rho(\boldsymbol{B}_{\mathrm{G-S}})=2>1$，因此 G－S 迭代法发散.

另一方面，对于雅可比迭代法，因为其迭代矩阵的范数为 $\|\boldsymbol{B}_{\mathrm{J}}\|=4>1$，所以利用迭代矩阵的范数不能判别其收敛性. 而由迭代法收敛的基本定理可知雅可比迭代法收敛.

3.3.2 特殊方程组的迭代法的收敛性

定义 2 （对角占优矩阵）对于矩阵 $\boldsymbol{A}=(a_{ij})_{n\times n}$，有：

（1）$\boldsymbol{A}$ 按行严格对角占优势，即 $|a_{ii}|>\sum\limits_{\substack{j=1\\ j\neq i}}^{n}|a_{ij}|\quad(i=1,2,\cdots,n)$；

（2）若 $\boldsymbol{A}$ 按列严格对角占优势，即 $|a_{ii}|>\sum\limits_{\substack{j=1\\ j\neq i}}^{n}|a_{ji}|\quad(i=1,2,\cdots,n)$；

当 $\boldsymbol{A}$ 按行或列之一严格对角占优势时，称 $\boldsymbol{A}$ 为**严格对角占优矩阵**.

若 $|a_{ii}|\geqslant\sum\limits_{\substack{j=1\\ j\neq i}}^{n}|a_{ij}|$（或 $|a_{ii}|\geqslant\sum\limits_{\substack{j=1\\ j\neq i}}^{n}|a_{ji}|$），且至少有一个不等式是严格成立的，则称 $\boldsymbol{A}$ 为**弱对角占优矩阵**.

定义 3 （可约与不可约矩阵）设 $\boldsymbol{A}=(a_{ij})_{n\times n}$ $(n\geqslant 2)$，如果存在置换阵 $\boldsymbol{P}$，使

$$\boldsymbol{P}^{\mathrm{T}}\boldsymbol{A}\boldsymbol{P}=\begin{pmatrix}\boldsymbol{A}_{11} & \boldsymbol{A}_{12}\\ \boldsymbol{O} & \boldsymbol{A}_{22}\end{pmatrix}\tag{3-11}$$

其中 $\boldsymbol{A}_{11}$为 r 阶方阵，$\boldsymbol{A}_{22}$为 $n-r$ 阶方阵（$1\leqslant r<n$），则称 $\boldsymbol{A}$ 为**可约矩阵**；否则，称 $\boldsymbol{A}$ 为**不可约矩阵**.

$\boldsymbol{A}$ 为可约矩阵意即 A 可经过若干行列重排化为式（3－11）或 $\boldsymbol{Ax}=\boldsymbol{b}$ 可化为两个低阶方程组求解（如果 $\boldsymbol{A}$ 经过两行交换的同时进行相应两列的交换，称对 $\boldsymbol{A}$ 进行一次行列重排）.

事实上，由 $\boldsymbol{Ax}=\boldsymbol{b}$ 可化为

$$\boldsymbol{P}^{\mathrm{T}}\boldsymbol{A}\boldsymbol{P}(\boldsymbol{P}^{\mathrm{T}}\boldsymbol{x})=\boldsymbol{P}^{\mathrm{T}}\boldsymbol{b}$$

且记 $\boldsymbol{y}=\boldsymbol{P}^{\mathrm{T}}\boldsymbol{x}=\begin{pmatrix}\boldsymbol{y}_1\\ \boldsymbol{y}_2\end{pmatrix}$，$\boldsymbol{P}^{\mathrm{T}}\boldsymbol{b}=\begin{pmatrix}\boldsymbol{d}_1\\ \boldsymbol{d}_2\end{pmatrix}$，其中 $\boldsymbol{y}_1$，$\boldsymbol{d}_1$ 为 r 维向量. 于是，求解 $\boldsymbol{Ax}=\boldsymbol{b}$ 化为求解

$$\begin{cases}\boldsymbol{A}_{11}\boldsymbol{y}_1+\boldsymbol{A}_{12}\boldsymbol{y}_2=\boldsymbol{d}_1\\ \boldsymbol{A}_{22}\boldsymbol{y}_2=\boldsymbol{d}_2\end{cases}$$

由上式第 2 个方程组求出 $\boldsymbol{y}_2$，再代入第 1 个方程组求出 $\boldsymbol{y}_1$.

显然，如果 $\boldsymbol{A}$ 的所有元素都非零，则 $\boldsymbol{A}$ 为不可约矩阵.

设有矩阵

$$\boldsymbol{A}=\begin{pmatrix} b_1 & c_1 & & & \\ a_2 & b_2 & c_2 & & \\ & \ddots & \ddots & \ddots & \\ & & a_{n-1} & b_{n-1} & c_{n-1} \\ & & & a_n & b_n \end{pmatrix},\ \boldsymbol{B}=\begin{pmatrix} 4 & -1 & -1 & 0 \\ -1 & 4 & 0 & -1 \\ -1 & 0 & 4 & -1 \\ 0 & -1 & -1 & 4 \end{pmatrix}$$

式中，a_i，b_i，c_i 都不为零，则 $\boldsymbol{A}$，$\boldsymbol{B}$ 都是不可约矩阵.

利用 $\boldsymbol{A}$ 的对角占优势，有如下迭代法收敛的判定定理.

定理 4 设线性方程组 $\boldsymbol{Ax}=\boldsymbol{b}$.

（1）若 $\boldsymbol{A}$ 为严格对角占优矩阵，则解 $\boldsymbol{Ax}=\boldsymbol{b}$ 的雅可比迭代法和 G－S 迭代法均收敛.

（2）若 $\boldsymbol{A}$ 为弱对角占优矩阵，且 $\boldsymbol{A}$ 为不可约矩阵，则解 $\boldsymbol{Ax}=\boldsymbol{b}$ 的雅可比迭代法和 G－S 迭代法均收敛.

证明 仅证明（1）的雅可比迭代法收敛，其他的证明省略.

雅可比迭代法的迭代矩阵 $\boldsymbol{B}_{\mathrm{J}}=\boldsymbol{D}^{-1}(\boldsymbol{L}+\boldsymbol{U})$，且 $|a_{ii}|>\sum\limits_{\substack{j=1\\j\neq i}}^{n}|a_{ij}|$，$(i=1,2,\cdots,n)$，即按行严格对角占优势，所以

$$\|\boldsymbol{B}_{\mathrm{J}}\|_{\infty}=\max_{1\leqslant i\leqslant n}\sum_{\substack{j=1\\j\neq i}}^{n}\left|\frac{a_{ij}}{a_{ii}}\right|<1$$

由定理 2 可知，雅可比迭代法收敛.

例 3－6 判别雅可比迭代法和 G－S 迭代法解下列方程组的收敛性.

$$\begin{cases} -12x_1-2x_2+5x_3=1 \\ 4x_1+21x_2-6x_3=2 \\ -x_1+2x_2+4x_3=-1 \end{cases}$$

解 方程组的系数矩阵

$$A=\begin{pmatrix} -12 & -2 & 5 \\ 4 & 21 & -6 \\ -1 & 2 & 4 \end{pmatrix}$$

为严格对角占优矩阵，所以雅可比迭代法和 G－S 迭代法都收敛.

定理 5 设方程组 $\boldsymbol{Ax}=\boldsymbol{b}$，若 $\boldsymbol{A}$ 是对称正定方阵，则解 $\boldsymbol{Ax}=\boldsymbol{b}$ 的 G－S 迭代过程收敛.（证明见定理 7）

例 3－7 设方程组 $\boldsymbol{Ax}=\boldsymbol{b}$，其中

$$\boldsymbol{A}=\begin{pmatrix} 10 & 4 & 5 \\ 4 & 10 & 7 \\ 5 & 7 & 10 \end{pmatrix},\ \boldsymbol{b}=\begin{pmatrix} -1 \\ 0 \\ 4 \end{pmatrix}$$

因为系数矩阵为对称正定矩阵，则解方程组时，G－S 迭代法收敛.

若取终止条件：$\| \boldsymbol{x} \|_\infty = \max\limits_{1 \leqslant i \leqslant n} \{ |x_i^{(k+1)} - x_i^{(k)}| \} \leqslant 0.001$，初值 $\boldsymbol{x}^{(0)} = (1,1,1)^{\mathrm{T}}$，迭代到第 10 次的结果为：$\boldsymbol{x} = (-0.3657, -0.5137, 0.9424)^{\mathrm{T}}$.

而雅可比迭代法发散.

定理 6 SOR 迭代法收敛的必要条件是：$0<\omega<2$.

证明 由于 $\boldsymbol{B} = (\boldsymbol{D} - \omega \boldsymbol{L})^{-1} [(1-\omega)\boldsymbol{D} + \omega \boldsymbol{U}]$，其行列式的绝对值为

$$|\det(\boldsymbol{B})| = |\det(\boldsymbol{D} - \omega\boldsymbol{L})^{-1}| \cdot |\det((1-\omega)\boldsymbol{D} + \omega\boldsymbol{U})|$$

$$= \frac{1}{|a_{11}a_{22}\cdots a_{nn}|} \cdot |(1-\omega)^n a_{11}a_{22}\cdots a_{nn}| = |1-\omega|^n$$

另一方面，由相似矩阵理论可证 $\det(\boldsymbol{B}) = \lambda_1\lambda_2\cdots\lambda_n$，其中 $\lambda_1, \lambda_2, \cdots, \lambda_n$ 是 $\boldsymbol{B}$ 的特征值. 因此

$$|\det(\boldsymbol{B})| = |1-\omega|^n = |\lambda_1\lambda_2\cdots\lambda_n| < [\rho(\boldsymbol{B})]^n < 1$$

即 $0<\omega<2$.

定理 6 说明解 $\boldsymbol{Ax}=\boldsymbol{b}$ 的 SOR 迭代法，只有在（0，2）范围内取松弛因子，才可能收敛. SOR 迭代法收敛的充分性判别如下.

定理 7 设方程组 $\boldsymbol{Ax}=\boldsymbol{b}$ 的系数矩阵 $\boldsymbol{A}$ 为实对称正定矩阵，则当 $0<\omega<2$ 时，解 $\boldsymbol{Ax}=\boldsymbol{b}$ 的 SOR 迭代法收敛.

证明 设 $\boldsymbol{A}=\boldsymbol{D}-\boldsymbol{L}-\boldsymbol{U}$. 若能证明 $|\lambda|<1$，则定理得证（其中 λ 为 $\boldsymbol{B}_{\mathrm{SOR}}$ 的任一特征值）.

事实上，设 $\boldsymbol{y}$ 为对应 λ 的 $\boldsymbol{B}_{\mathrm{SOR}}$ 的特征向量，即 $\boldsymbol{B}_{\mathrm{SOR}}\boldsymbol{y} = \lambda\boldsymbol{y}$，$\boldsymbol{y} = (y_1, y_2, \cdots, y_n)^{\mathrm{T}} \neq 0$. $(\boldsymbol{D}-\omega\boldsymbol{L})^{-1}((1-\omega)\boldsymbol{D}+\omega\boldsymbol{U})\boldsymbol{y} = \lambda\boldsymbol{y}$，亦即 $((1-\omega)\boldsymbol{D}+\omega\boldsymbol{U})\boldsymbol{y} = \lambda(\boldsymbol{D}-\omega\boldsymbol{L})\boldsymbol{y}$.

为了找出 λ 的表达式，考虑数量积

$$(((1-\omega)\boldsymbol{D}+\omega\boldsymbol{U})\boldsymbol{y}, \boldsymbol{y}) = \lambda((\boldsymbol{D}-\omega\boldsymbol{L})\boldsymbol{y}, \boldsymbol{y})$$

则

$$\lambda = \frac{(\boldsymbol{Dy}, \boldsymbol{y}) - \omega(\boldsymbol{Dy}, \boldsymbol{y}) + \omega(\boldsymbol{Uy}, \boldsymbol{y})}{(\boldsymbol{Dy}, \boldsymbol{y}) - \omega(\boldsymbol{Ly}, \boldsymbol{y})}$$

显然

$$(\boldsymbol{Dy}, \boldsymbol{y}) = \sum_{i=1}^{n} a_{ii} |y_i|^2 \equiv \sigma > 0 \tag{3-12}$$

记 $-(\boldsymbol{Ly}, \boldsymbol{y}) = \alpha + \mathrm{i}\beta$，由于 $\boldsymbol{A} = \boldsymbol{A}^{\mathrm{T}}$，所以 $\boldsymbol{U} = \boldsymbol{L}^{\mathrm{T}}$，故

$$\begin{aligned} -(\boldsymbol{Uy}, \boldsymbol{y}) &= -(\boldsymbol{y}, \boldsymbol{Ly}) = -\overline{(\boldsymbol{Ly}, \boldsymbol{y})} = \alpha - \mathrm{i}\beta \\ 0 < (\boldsymbol{Ay}, \boldsymbol{y}) &= ((\boldsymbol{D}-\boldsymbol{L}-\boldsymbol{U})\boldsymbol{y}, \boldsymbol{y}) = \sigma + 2\alpha \end{aligned} \tag{3-13}$$

所以 $\lambda = \dfrac{(\sigma - \omega\sigma - \alpha\omega) + \mathrm{i}\omega\beta}{(\sigma + \alpha\omega) + \mathrm{i}\omega\beta}$，从而 $|\lambda|^2 = \dfrac{(\sigma - \omega\sigma - \alpha\omega)^2 + \omega^2\beta^2}{(\sigma + \alpha\omega)^2 + \omega^2\beta^2}$.

当 $0<\omega<2$ 时，利用式（3－12）、式（3－13），有

$$(\sigma - \omega\sigma - \alpha\omega)^2 - (\sigma + \alpha\omega)^2 = \omega\sigma(\sigma + 2\alpha)(\omega - 2) < 0$$

即B_{SOR}的任一特征值满足$|\lambda|<1$，故SOR迭代法收敛（注意当$0<\omega<2$时，可以证明$(\sigma+2\omega)^2+\omega^2\beta^2\neq 0$）.

定理8 设$Ax=b$，如果：

（1）A为严格对角占优矩阵（或A为弱对角占优不可约矩阵）；

（2）$0<\omega\leqslant 1$；

则解$Ax=b$的SOR迭代法收敛.

3.3.3 迭代法的收敛速度

由定理3的证明可知，当$\rho(B)<1$时，$\rho(B)$越小，则迭代法收敛越快. 现设方程组

$$x=Bx+f,\ B\in\mathbf{R}^{n\times n}$$

及一阶定常迭代法

$$x^{(k+1)}=Bx^{(k)}+f \quad (k=0,1,\cdots) \tag{3-14}$$

且设迭代法收敛，记$\lim\limits_{k\to\infty}x^{(k)}=x^*$，则$x^*=Bx^*+f$.

由基本定理有$0<\rho(B)<1$，且误差向量$\varepsilon^{(k)}=x^{(k)}-x^*$满足$\varepsilon^{(k)}=B^k\varepsilon^{(0)}$，故

$$\|\varepsilon^{(k)}\|\leqslant\|B\|^k\|\varepsilon^{(0)}\|$$

现设B为对称矩阵，则有$\|\varepsilon^{(k)}\|_2\leqslant\|B\|_2^k\|\varepsilon^{(0)}\|_2=[\rho(B)]^k\|\varepsilon^{(0)}\|_2$.

下面确定欲使初始误差缩小10^{-s}所需的迭代次数，即欲使

$$[\rho(B)]^k\leqslant 10^{-s}$$

将上式左右两边取对数，得到所需最少迭代次数为

$$k\geqslant\frac{s\ln 10}{-\ln\rho(B)} \tag{3-15}$$

这说明，所需迭代次数与$R=-\ln\rho(B)$成反比，$\rho(B)<1$越小，则$R=-\ln\rho(B)$越大，于是式（3-15）满足所需迭代次数越少，即迭代法收敛越快.

定义4 称$R(B)=-\ln\rho(B)$为式（3-14）的渐近收敛速度，简称**迭代法收敛速度**.

3.4 稀疏方程组及Matlab实现

由数学物理问题的数值解法得到的线性方程组，很多情况下，都具有大型、稀疏的特点. 利用计算机解大型方程组，遇到的问题是计算机内存容量与方程组阶数高之间的矛盾. 因此，大型稀疏矩阵的压缩存贮及其相应的处理技术就显得很重要，这项技术的基本思想就是利用矩阵稀疏的特点，使存贮的元素尽量少，而且尽量不让零元素参加运算，即减少计算机的存贮量与计算量，降低算法的复杂度. 矩阵的压缩存贮技巧及相应的稀疏矩阵算法，因为涉及图论知识，这里不作详细介绍. 对于非零元素分布规则的大型稀疏方程组，常常采用分块迭代法将矩阵分块，使大型方程组降阶，用直接法求解其低阶方程组，块与块之间进行迭代，因此有块雅可比迭代法、块SOR迭代法等.

3.4.1 分块迭代法

对于3.2节的各种迭代法，从 $\boldsymbol{x}^{(k)}\to\boldsymbol{x}^{(k+1)}$ 计算时，是逐个计算 $\boldsymbol{x}^{(k+1)}$ 的分量 $x_i^{(k+1)}(i=1,2,\cdots,n)$，这种迭代法又称为点迭代法，下面介绍分块迭代法，就是一块或一组未知数同时被改进.

设 $\boldsymbol{Ax}=\boldsymbol{b}$，其中 $\boldsymbol{A}\in\mathbf{R}^{n\times n}$ 为大型稀疏矩阵且将 $\boldsymbol{A}$ 分块为三部分：$\boldsymbol{A}=\boldsymbol{D}-\boldsymbol{L}-\boldsymbol{U}$，其中

$$\boldsymbol{A}=\begin{pmatrix}\boldsymbol{A}_{11} & \boldsymbol{A}_{12} & \cdots & \boldsymbol{A}_{1q}\\ \boldsymbol{A}_{21} & \boldsymbol{A}_{22} & \cdots & \boldsymbol{A}_{2q}\\ \vdots & \vdots & & \vdots\\ \boldsymbol{A}_{q1} & \boldsymbol{A}_{q2} & \cdots & \boldsymbol{A}_{qq}\end{pmatrix},\ \boldsymbol{D}=\begin{pmatrix}\boldsymbol{A}_{11} & & & \\ & \boldsymbol{A}_{22} & & \\ & & \ddots & \\ & & & \boldsymbol{A}_{qq}\end{pmatrix}$$

$$\boldsymbol{L}=\begin{pmatrix}\boldsymbol{O} & & & \\ -\boldsymbol{A}_{21} & \boldsymbol{O} & & \\ \vdots & \vdots & \ddots & \\ -\boldsymbol{A}_{q1} & -\boldsymbol{A}_{q2} & \cdots & \boldsymbol{O}\end{pmatrix},\ \boldsymbol{U}=\begin{pmatrix}\boldsymbol{O} & -\boldsymbol{A}_{12} & \cdots & -\boldsymbol{A}_{1q}\\ & \boldsymbol{O} & \cdots & -\boldsymbol{A}_{2q}\\ & & \ddots & \vdots\\ & & & \boldsymbol{O}\end{pmatrix}$$

且 $\boldsymbol{A}_{ii}(i=1,2,\cdots,q)$ 为 n_i 阶非奇异矩阵，$\sum_{i=1}^{q}n_i=n$，对 $\boldsymbol{x}$ 及 $\boldsymbol{b}$ 进行同样分块

$$\boldsymbol{x}=\begin{pmatrix}x_1\\ x_2\\ \vdots\\ x_q\end{pmatrix},\ \boldsymbol{b}=\begin{pmatrix}b_1\\ b_2\\ \vdots\\ b_q\end{pmatrix}$$

式中，$\boldsymbol{x}_i\in\mathbf{R}^{n_i}$，$\boldsymbol{b}\in\mathbf{R}^{n_i}$.

1）**块雅可比迭代法**

块雅可比迭代法的迭代公式为

$$\boldsymbol{x}^{(k+1)}=\boldsymbol{B}_{\mathrm{J}}\boldsymbol{x}^{(k)}+\boldsymbol{f}_{\mathrm{J}}$$

式中，迭代矩阵 $\boldsymbol{B}_{\mathrm{J}}=\boldsymbol{D}^{-1}(\boldsymbol{L}+\boldsymbol{U})$；$\boldsymbol{f}_{\mathrm{J}}=\boldsymbol{D}^{-1}\boldsymbol{b}$

或

$$\boldsymbol{Dx}^{(k+1)}=(\boldsymbol{L}+\boldsymbol{U})\boldsymbol{x}^{(k)}+\boldsymbol{b}$$

由分块矩阵乘法，得到块雅可比迭代法的具体形式为

$$\boldsymbol{A}_{ii}\boldsymbol{x}_i^{(k+1)}=\boldsymbol{b}_i-\sum_{\substack{j=1\\ j\neq i}}^{q}\boldsymbol{A}_{ij}\boldsymbol{x}_j^{(k)}\qquad(i=1,2,\cdots,q)$$

其中

$$\boldsymbol{x}^{(k)}=\begin{pmatrix}\boldsymbol{x}_1^{(k)}\\ \boldsymbol{x}_2^{(k)}\\ \vdots\\ \boldsymbol{x}_q^{(k)}\end{pmatrix},\ \boldsymbol{x}_i^{(k)}\in\mathbf{R}^{n_i}$$

这说明，块雅可比迭代法每迭代一步，从 $\boldsymbol{x}^{(k)} \to \boldsymbol{x}^{(k+1)}$，需要求解 q 个低阶方程组

$$\boldsymbol{A}_{ii}\boldsymbol{x}_i^{(k+1)} = \boldsymbol{g}_i \qquad (i=1,2,\cdots,q)$$

式中，$\boldsymbol{g}_i = \boldsymbol{b}_i - \sum\limits_{\substack{j=1\\j\neq i}}^{q} \boldsymbol{A}_{ij}\boldsymbol{x}_j^{(k)}$，$k=0,1,\cdots$.

2）**块 SOR 迭代法**

块 SOR 迭代法的迭代公式为

$$\boldsymbol{x}^{(k+1)} = \boldsymbol{B}_{\text{SOR}}\boldsymbol{x}^{(k)} + \boldsymbol{f}_{\text{SOR}}$$

式中，迭代矩阵 $\boldsymbol{B}_{\text{SOR}} = (\boldsymbol{D}-\omega\boldsymbol{L})^{-1}((1-\omega)\boldsymbol{D}+\omega\boldsymbol{U})$；$\boldsymbol{f}_{\text{SOR}} = \omega(\boldsymbol{D}-\omega\boldsymbol{L})^{-1}\boldsymbol{b}$.

由分块矩阵乘法得到块 SOR 迭代法的具体形式为

$$\boldsymbol{A}_{ii}\boldsymbol{x}_i^{(k+1)} = \boldsymbol{A}_{ii}\boldsymbol{x}_i^{(k)} + \omega\left(\boldsymbol{b}_i - \sum_{j=1}^{i-1}\boldsymbol{A}_{ij}\boldsymbol{x}_j^{(k+1)} - \sum_{j=i}^{q}\boldsymbol{A}_{ij}\boldsymbol{x}_j^{(k)}\right) \qquad (i=1,2,\cdots,q;k=0,1,\cdots)$$

式中，ω 为松弛因子.

于是，当 $\boldsymbol{x}^{(k)}$ 及 $\boldsymbol{x}_j^{(k+1)}$ $(j=1,2,\cdots,i-1)$ 已计算时，可通过计算小块 $\boldsymbol{x}_i^{(k+1)}$ 解方程组，从 $\boldsymbol{x}^{(k)} \to \boldsymbol{x}^{(k+1)}$ 共需要解 q 个低阶方程组，当 $\boldsymbol{A}_{ii}$ 为三对角矩阵或带状矩阵时，可用直接法求解.

不加证明给出下述定理.

定理 9 设 $\boldsymbol{Ax}=\boldsymbol{b}$，其中 $\boldsymbol{A}=\boldsymbol{D}-\boldsymbol{L}-\boldsymbol{U}$（分块形式），如果

（1）$\boldsymbol{A}$ 为对称正定矩阵；

（2）$0<\omega<2$；

则解 $\boldsymbol{Ax}=\boldsymbol{b}$ 的块 SOR 迭代法收敛.

3.4.2 Matlab 的稀疏矩阵简介

例 3－8 解方程组 $\begin{pmatrix} 4 & 1 & & \\ 1 & 4 & \ddots & \\ & \ddots & \ddots & 1 \\ & & 1 & 4 \end{pmatrix}\begin{pmatrix} x_1 \\ x_2 \\ \vdots \\ x_n \end{pmatrix} = \begin{pmatrix} 1 \\ 1 \\ \vdots \\ 1 \end{pmatrix}$.

解 利用 Matlab 生成稀疏矩阵及求解，并与满阵的解法作时间上的对比，程序如下：

```
n=1000;
e=ones(n,1);
A=spdiags([e 4*e e],-1:1,n,n);% 以对角带生成 A 或用 sparse 语句生成
b=e;
tic;x=A\b;elapsed_time1=toc  % 输出解稀疏矩阵方程组所用时间
a=full(A);
tic;x=a\b;elapsed_time2=toc  % 输出解满阵方程组所用时间(与计算机速度
有关)
```

运行得到，解稀疏方程组所用时间为

```
elapsed_time1 =0
```

解满阵方程组所用时间为

```
elapsed_time2 =0.4380
```

例 3 -9 建立不规则稀疏矩阵

$$
A=\begin{pmatrix} 0 & 0 & 0 & 0 & 0 \\ 0 & 0 & 0 & 0 & 0 \\ 0 & 0 & 0 & 0 & 20 \\ 0 & 0 & 0 & 30 & 0 \\ 10 & 0 & 0 & 0 & 40 \end{pmatrix}
$$

解 首先编写数据文本文件 sp. dat，程序如下：

```
% sp.dat:输入每个非零元素的行数、列数及非零元素
5 1 10
3 5 20
4 4 30
5 5 40
```

在 Matlab 的命令窗口中输入指令：

```
load sp.dat
A =spconvert(sp)% 将数据文件 sp.dat 转换为稀疏矩阵 A
nn =nnz(A)  % 输出矩阵 A 的非零元素个数
```

运行得到

```
A =
(5,1)     10
(4,4)     30
(3,5)     20
(5,5)     40
nn =4
```

注 在 Matlab 中利用 sparse 函数建立稀疏矩阵，如：

```
a =[0 12 0;1 0 3;1 0 0;3 0 9];
A =sparse(a)  % 将矩阵 a 转换为稀疏矩阵形式
```

运行得到

```
A =
(2,1)     1
(3,1)     1
(4,1)     3
(1,2)     12
(2,3)     3
(4,3)     9
```

Page Rank – Google 的民主表决式网页排名技术

Google能成为如此高效的网络搜索引擎的一个重要原因是，拉里·佩奇（Larry Page）和谢尔盖·布林（Sergey Brin）开发的Page Rank（网页排名）算法，这两位Google的创始人，在美国斯坦福大学读研究生时就提出了这个算法．Page Rank算法完全由WWW（World Wide Web）的超链接结构所决定，它大约每隔一个月重新计算一次，而与任何网页的实际内容或者搜索请求无关．然后，当网络用户提出搜索请求时，Google找出符合搜索要求的网页，并按它们的Page Rank大小依次列出．

Page Rank算法作为Google革命性的发明，这项技术彻底解决了搜索结果排序的问题．其实最先试图给互联网上的众多网站排序的并不是Google. Yahoo！公司是第一个用目录分类的方式让用户通过互联网检索信息的，但由于当时计算机容量和速度的限制，当时的Yahoo！和同时代的其他搜索引擎都存在一个共同的问题：收录的网页太少，而且只能对网页中常见内容相关的实际用词进行索引．那时，用户很难找到很相关的信息．1999年以前查找一篇论文，要换好几个搜索引擎．后来DEC公司开发了AltaVista搜索引擎，只用一台ALPHA服务器，却收录了比以往引擎都多的网页，而且对里面的每个词进行索引．AltaVista虽然让用户搜索到大量结果，但大部分结果却与查询不太相关，有时找想看的网页需要翻好几页．所以最初的AltaVista在一定程度上解决了覆盖率的问题，但不能很好地对结果进行排序．

Google的Page Rank算法是怎么回事呢？其实简单说就是民主表决．打个比方，假如我们要找某人，有一百个人举手说自己是这个人．那么谁是真的呢？也许有好几个真的，但即使如此谁又是大家真正想找的呢？如果大家都说在Google的那个是真的，那么他就是真的．

在互联网上，如果一个网页被很多其他网页所链接，说明它受到普遍的承认和信赖，那么它的排名就高．这就是Page Rank算法的核心思想．当然Page Rank算法实际上要复杂得多．例如，对来自不同网页的链接对待不同，本身网页排名高的链接更可靠，于是给这些链接较大的权重．Page Rank算法考虑了这个因素，可是现在问题又来了，计算搜索结果的网页排名过程中需要用到网页本身的排名，这不成了先有鸡还是先有蛋的问题了吗？

拉里和谢尔盖把这个问题变成了一个二维矩阵相乘的问题，并且用迭代的方法解决了这个问题．他们先假定所有网页的排名是相同的，并且根据这个初值，算出各个网页的第一次迭代排名，然后再根据第一次迭代排名算出第二次的排名．他们两人从理论上证明了不论初值如何选取，这种算法都保证了网页排名的估计值能收敛到它们的真实值．值得一提的是，这种算法是完全没有任何人工干预的．

理论问题解决了，又遇到实际问题．因为互联网上网页的数量是巨大的，上面提到的二维矩阵从理论上讲有网页数目的平方个元素．如果我们假定有十亿个网页，那么这个矩阵就有一百亿亿个元素，这样大的矩阵相乘，计算量是非常大的．拉里和谢尔盖两人利用稀疏矩阵计算的技巧，大大地简化了计算量，并实现了这个Page Rank算法．今天Google的工程师把这个算法移植到并行的计算机中，进一步缩短了计算时间，使网页更新的周期比以前短了许多．

拉里和谢尔盖是怎么想到Page Rank算法的．拉里说：“当时我们觉得整个互联网就像一张大的图（Graph），每个网站就像一个节点，而每个网页的链接就像一个弧. 我想，互联网可以用一个图或者矩阵描述，我也许可以用这个发现写篇博士论文.”他和谢尔盖就这样发明了Page Rank算法.

Page Rank算法的高明之处在于它把整个互联网当作一个整体对待，它无意识中符合了系统论的观点. 相比之下，以前的信息检索大多把每一个网页当作独立的个体对待，很多人当初只注意了网页内容和查询语句的相关性，忽略了网页之间的关系.

今天，Google搜索引擎比最初形式更复杂并完善了许多. 但是Page Rank算法在Google所有算法中依然是至关重要的. 在学术界，这个算法被公认是文献检索中最大的贡献之一，并且被很多大学引入了信息检索课程的教程.

评 注

本章小结

在计算机大规模集成电路设计、结构分析、网络理论、电力分布系统、图论，特别是数值求解多维偏微分方程组中，常常会遇到大规模的稀疏方程组. 本章介绍了解大型稀疏线性方程组的一些基本迭代法，并且建立了迭代法的一些基本理论. 雅可比迭代法具有很好的并行性，很适合并行计算，而G－S迭代法是典型的串行算法. 在应用中SOR迭代法较为重要，它是解大型稀疏线性方程组的有效方法之一.

迭代法是一种逐次逼近方法，在使用迭代法解方程组时，其系数矩阵在计算过程中始终不变. 迭代法具有循环的计算公式，方法简单，适宜解大型稀疏方程组，在计算机实现时只需要存贮$\boldsymbol{A}$的非零元素（或可按一定公式形成系数，这样$\boldsymbol{A}$就不需要存贮）.

在使用迭代法时，要注意收敛性及收敛速度问题，使用SOR迭代法时要选择较佳的松弛因子.

对于非零元素分布规则的大型稀疏方程组，常常采用分块迭代法将矩阵分块，使大型方程组降阶，用直接法求解其低阶方程组，块与块之间进行迭代. 对于非零元素分布不规则的大型随机稀疏方程组，若用通常的线性方程组的数值解法，由于矩阵太大使其存贮量过大，因此，可采用矩阵的压缩存贮技巧及相应的稀疏矩阵算法.

习 题

1. 给定方程组$\begin{pmatrix} 1 & -2 & 2 \\ -1 & 1 & -1 \\ -2 & -2 & 1 \end{pmatrix}\begin{pmatrix} x_1 \\ x_2 \\ x_3 \end{pmatrix}=\begin{pmatrix} -12 \\ 0 \\ 10 \end{pmatrix}$.

(1) 写出雅可比迭代公式和G－S迭代公式；

(2) 证明雅可比迭代法收敛而G－S迭代法发散；

(3) 取$\boldsymbol{x}^{(0)}=(0,0,0)^{\mathrm{T}}$，用迭代法求该方程组的解，精确到$\|\boldsymbol{x}^{(k+1)}-\boldsymbol{x}^{(k)}\|_\infty\leqslant$

$\frac{1}{2}\times 10^{-3}$.

2. 给定方程组 $\begin{pmatrix}2 & 1 & 1\\ 1 & 1 & 1\\ 1 & 1 & 2\end{pmatrix}\begin{pmatrix}x_1\\ x_2\\ x_3\end{pmatrix}=\begin{pmatrix}0\\ 3\\ 1\end{pmatrix}$.

（1）写出雅可比迭代公式和 G－S 迭代公式；

（2）证明雅可比迭代法发散而 G－S 迭代法收敛；

（3）取 $\boldsymbol{x}^{(0)}=(0,0,0)^{\mathrm{T}}$，用迭代法求出该方程组的解，精确到 $\|\boldsymbol{x}^{(k+1)}-\boldsymbol{x}^{(k)}\|_\infty\leqslant\frac{1}{2}\times 10^{-3}$.

3. 设方程组 $\begin{pmatrix}3 & 2\\ 1 & 2\end{pmatrix}\begin{pmatrix}x_1\\ x_2\end{pmatrix}=\begin{pmatrix}1\\ 1\end{pmatrix}$.

（1）若用 G－S 迭代法计算，收敛性如何？

（2）取 $\boldsymbol{x}^{(0)}=(0,0)^{\mathrm{T}}$，用 G－S 迭代法计算至 $\boldsymbol{x}^{(2)}$.

4. 设方程组

$$\begin{cases}5x_1+2x_2+x_3=-12\\ -x_1+4x_2+2x_3=20\\ 2x_1-3x_2+10x_3=3\end{cases}$$

（1）考察用雅可比迭代法，G－S 迭代法解此方程组的收敛性；

（2）用雅可比迭代法及 G－S 迭代法解此方程组，要求当 $\|\boldsymbol{x}^{(k+1)}-\boldsymbol{x}^{(k)}\|_\infty<10^{-4}$ 时迭代终止.

5. 用 SOR 迭代法解方程组（分别取松弛因子 $\omega=1.03$，$\omega=1$，$\omega=1.1$）

$$\begin{cases}4x_1-x_2=1\\ -x_1+4x_2-x_3=4\\ -x_2+4x_3=-3\end{cases}$$

精确解 $\boldsymbol{x}^*=\left(\frac{1}{2},1,-\frac{1}{2}\right)^{\mathrm{T}}$，要求当 $\|\boldsymbol{x}^*-\boldsymbol{x}^{(k)}\|_\infty<5\times 10^{-6}$ 时迭代终止，并且对每一个 ω 确定迭代次数.

6. 证明：（1）设 $\boldsymbol{A}$ 可逆，用 G－S 迭代求解 $\boldsymbol{A}^{\mathrm{T}}\boldsymbol{A}\boldsymbol{x}=\boldsymbol{b}$ 时是收敛的；（2）设有迭代公式 $\boldsymbol{x}^{(k+1)}=\boldsymbol{B}\boldsymbol{x}^{(k)}+\boldsymbol{g}(k=0,1,2,\cdots)$，其中 $\boldsymbol{B}=\boldsymbol{I}-\boldsymbol{A}$，$\lambda(\boldsymbol{A})>0$，$\lambda(\boldsymbol{B})>0$，则该迭代公式收敛.

7. 设有方程组 $\boldsymbol{A}\boldsymbol{x}=\boldsymbol{b}$，其中

$$\boldsymbol{A}=\begin{pmatrix}1 & a & a\\ a & 1 & a\\ a & a & 1\end{pmatrix}$$

a 为实数. 证明：（1）当 $-\frac{1}{2}<a<1$ 时，$\boldsymbol{A}$ 是正定的，G－S 迭代法收敛；（2）雅可比迭代

法只对 $-\frac{1}{2}<a<\frac{1}{2}$是收敛的.

8. 设有方程组 $\boldsymbol{Ax}=\boldsymbol{b}$，其中 $\boldsymbol{A}$ 为对称正定阵，迭代公式为

$$\boldsymbol{x}^{(k+1)}=\boldsymbol{x}^{(k)}+\omega(\boldsymbol{b}-\boldsymbol{Ax}^{(k)}) \qquad (k=0,1,2,\cdots)$$

证明：（1）当 $0<\omega<\frac{2}{\beta}$时上述迭代法收敛（其中 $0<\alpha\leqslant\lambda(\boldsymbol{A})\leqslant\beta$）；（2）最佳松弛因子 $\omega_{\text{opt}}=\frac{2}{\alpha+\beta}$时，迭代法收敛最快.

9. 给定迭代公式 $\boldsymbol{x}^{(k+1)}=\boldsymbol{Gx}^{(k)}+\boldsymbol{g}$，其中 $\boldsymbol{G}\in\mathbf{R}^{n\times n}$（$k=0,1,2,\cdots$），试证明：如果 $\boldsymbol{G}$ 的特征值 $\lambda_i(\boldsymbol{G})=0$（$i=1,2,\cdots,n$），则迭代公式最多迭代 n 次收敛于方程组的解.

实验题

1. 实验目的：理解雅可比迭代法与 G－S 迭代法.

实验内容：设 $\boldsymbol{A}=(a_{ij})$ 是 n 阶矩阵. 取方程组 $\boldsymbol{Ax}=\boldsymbol{b}$ 的精确解 $x=(1,1,\cdots,1)^{\mathrm{T}}$，并且对于 i，$j=1,2,\cdots,n$，$a_{ij}=\max\ (i,j)\ (i\neq j)$，$a_{ii}=10i$，由此形成右端向量 $\boldsymbol{b}$.

取初始向量 $\boldsymbol{x}^{(0)}=(0,0,\cdots,0)^{\mathrm{T}}$，分别取 $n=3,5,7$，用雅可比迭代法与 G－S 迭代法求解，并分别对 $\varepsilon=10^{-3}$，10^{-5}记录所需的迭代次数，分析结果并得出结论.

2. 实验目的：理解迭代法收敛的含义以及迭代初值和方程组系数矩阵性质对收敛速度的影响.

实验内容：用迭代法解方程组 $\boldsymbol{Ax}=\boldsymbol{b}$，其中

$$\boldsymbol{A}=\begin{pmatrix} 3 & -1/2 & -1/4 & & & \\ -1/2 & 3 & -1/2 & -1/4 & & \\ -1/4 & -1/2 & 3 & -1/2 & \ddots & \\ & \ddots & \ddots & \ddots & \ddots & -1/4 \\ & & -1/4 & -1/2 & 3 & -1/2 \\ & & & -1/4 & -1/2 & 3 \end{pmatrix}\in\mathbf{R}^{20\times 20}$$

（1）选取不同的初始向量 $\boldsymbol{x}^{(0)}$和不同的方程组右端向量 $\boldsymbol{b}$，给定迭代误差要求，用雅可比迭代法与 G－S 迭代法计算，观测得到的迭代向量序列是否收敛？若收敛，记录迭代次数，分析计算结果并得出结论.

（2）取定初始向量 $\boldsymbol{x}^{(0)}$和右端向量 $\boldsymbol{b}$，将 $\boldsymbol{A}$ 的主对角线元素成倍增长若干次，非主对角线元素不变，每次用雅可比迭代法计算. 要求迭代误差满足 $\|\boldsymbol{x}^{(k+1)}-\boldsymbol{x}^{(k)}\|_\infty<10^{-5}$，比较收敛速度，分析现象并得出结论.

3. 实验目的：比较迭代法的效率.

实验内容：

（1）取 $n=100$，用 Matlab 生成一个特征值分布已经给定的 n 阶对称正定矩阵 $\boldsymbol{A}$（因此它的 $\mathrm{cond}_2(\boldsymbol{A})$也可以任意指定）.

（2）求方程组 $\boldsymbol{Ax}=\mathbf{0}$（它的精确解应是零向量）. 取 $\boldsymbol{x}^{(0)}=(1,1,\cdots,1)^{\mathrm{T}}$，$\varepsilon=10^{-7}$，计算 G－S 迭代法的渐近收敛速度.

（3）完成 G－S 迭代过程直到 $\|\boldsymbol{x}^{(k)}\|_2\leqslant\varepsilon$.

（4）记录所用的迭代次数，并与渐近收敛速度得出的结论比较.

（5）用数值实验研究 $\mathrm{cond}_2(\boldsymbol{A})$ 和渐近收敛速度之间的关系.

注　flops 数是指某个计算过程所用浮点运算的次数，Matlab 提供了这种统计功能.

4. 实验目的：了解 SOR 迭代法的迭代矩阵的谱半径和迭代参数的关系.

实验内容：对下列矩阵，画出 SOR 迭代法的谱半径和 ω 之间的曲线.

$$\boldsymbol{A}=\begin{pmatrix}1 & 0.5 & 0\\ 0 & 1 & 0.5\\ 0.5 & 0 & 1\end{pmatrix}$$

注　该“曲线”不是光滑的，需要分段画出.

第 4 章　非线性方程（组）的数值解法

本章导读

MOOC 4.1　非线性方程求根

4.1　引言

4.1.1　人口增长模型

假设随着时间的增加，人口数量的增长以固定的相对增长率变化，令 $N(t)$ 为 t 时刻的人口数量，λ 表示固定的人口出生率，则人口数量的变化满足微分方程

$$\frac{\mathrm{d}N(t)}{\mathrm{d}t}=\lambda N(t)$$

此方程的解为**指数模型**：$N(t)=N_0\mathrm{e}^{\lambda t}$，其中，$N_0$ 表示初始时刻的人口数量.

在上述人口增长的指数模型基础上，如果允许移民移入且移入速率 v 为固定常数，则微分方程变为

$$\frac{\mathrm{d}N(t)}{\mathrm{d}t}=\lambda N(t)+v$$

其解为**有移民移入的指数模型**：

$$N(t)=N_0\mathrm{e}^{\lambda t}+\frac{v}{\lambda}(\mathrm{e}^{\lambda t}-1) \tag{4-1}$$

假设某地区开始有 1 000 000 人，在第一年有 435 000 人移民进入该地区，又假设在第一年底该地区的人口数量是 1 564 000，如图 4－1 所示．通过求解方程

$$1\ 564\ 000=1\ 000\ 000\mathrm{e}^{\lambda}+\frac{435\ 000}{\lambda}(\mathrm{e}^{\lambda}-1) \tag{4-2}$$

得到未知数 λ，即确定了该地区人口的出生率．进而可以利用式（4－1）对人口作短期预测.

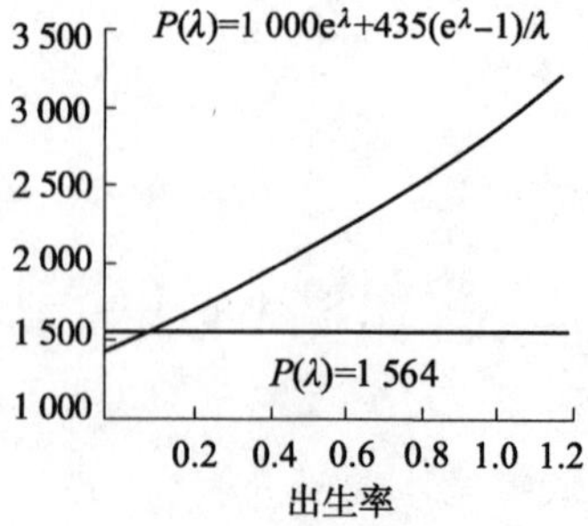

图 4－1　出生率与人口数量

式（4-2）是非线性方程，通常不能得到精确解，但是可以利用本章的数值方法求出数值解.

4.1.2 数值求解方程（组）的必要性

非线性现象广泛存在于物质世界与社会生活中．在工程和科学计算中，如电路和电力系统计算、非线性力学、非线性微分和积分方程、非线性规划等众多领域中，常涉及非线性方程或非线性方程组的求解问题.

在非线性方程的求解中，多项式求根是最常见、最简单的情形，例如想通过矩阵的特征多项式求特征根，就会遇到这一问题．根据代数基本定理，在复数域内，n 次代数多项式有且只有 n 个根，而由伽罗华理论，5 次以上（含 5 次）的多项式方程无求根公式，例如求代数方程

Galois 简介

$$6x^6+3x^5+2x^2-4x-8=0$$

的根．从而近似求解方程就成为必须的了，其中数值求解方法是近似方法中的重要方法之一.

除了多项式求根之外，更多的是超越方程求根问题．超越方程是指包含指数函数、三角函数等特殊函数的方程．例如，在天体力学中，有如下开普勒方程

$$x-t-\varepsilon\sin x=0 \quad (0<\varepsilon<1)$$

式中，t 表示时间；x 表示弧度．行星运动的轨道 x 是 t 的函数，也就是说，对每个时刻 t_i，上述方程（超越方程）有唯一解 x_i（运动轨道位置）．但 x_i 却不能由上述方程精确解出，通常是用数值方法求其近似解.

又如求解非线性方程组

$$\begin{cases}x=0.7\sin x+0.2\cos y\\ y=0.7\cos x-0.2\sin y\end{cases}$$

上述这些问题，都归结为寻求非线性函数方程的零点，即求 x^* 使 $f(x^*)=0$．x^* 称为方程或方程组（f 为向量函数时）的根或函数 $f(x)$ 的零点.

由于自然现象和实际问题的复杂性，对于函数方程和方程组求解问题，没有哪一种方法能求出一般方程的准确解．因此，求其数值解就非常必要了．本章首先讨论非线性方程求根问题的数值方法.

4.1.3 方程求根的理论依据

对于非线性方程

$$f(x)=0$$

若 $f(x)$ 可分为 $f(x)=(x-x^*)^m g(x)$，其中，$g(x^*)\neq 0$，m 为正整数，则称 x^* 为 $f(x)=0$ 的重根．当 $m=1$ 时称 x^* 为 $f(x)=0$ 的单根.

定理 1 （代数基本定理） 设 $f(x)=0$ 为具有复系数的 n 次代数方程，则 $f(x)=0$ 于复数域上恰有 n 个根（r 重根计算 r 个）．如果 $f(x)=0$ 为实系数的代数方程，则复数根成对出现，即当 $\alpha+\mathrm{i}\beta(\beta\neq 0)$ 是 $f(x)=0$ 的复根时，$\alpha-\mathrm{i}\beta$ 也是 $f(x)=0$ 的根.

定理 2 如果：

（1）$f(x)$ 在区间 $[a,b]$ 上连续；

（2）$f(a)\cdot f(b)<0$.

则根据连续函数的性质，$f(x)$在$[a,b]$内一定有根存在. 此时称$[a,b]$为方程$f(x)=0$的有根区间. 进而，若$f(x)$在区间$[a,b]$上严格单调，则$f(x)=0$在区间$[a,b]$内有且仅有一根x^*.

求方程$f(x)=0$的近似根，一般来说有以下2个问题.

(1) 根的分离. 找出有根区间（或平面区域），使得在一些较小的区间（或平面区域）只有一个根（或一对共轭根），这样可获得方程各根的近似值.

第1种方法是画图，这是最简单的方法，画出$y=f(x)$图形，方程$f(x)=0$的实根就是曲线$y=f(x)$与x轴交点的横坐标.

第2种方法是采用搜索的方法，来确定根的范围. 即从一点x_0出发，选取步长Δx，如果有$f(x)\cdot f(x+\Delta x)<0$，根据定理2，则在$(x,x+\Delta x)$内必有$f(x)=0$的实根.

(2) 近似根的精确化. 用求方程根的数值方法，使求得的近似根精确化，直到具有足够的精度.

例4-1 求方程$f(x)=x^3-3x^2+4x-3=0$的有根区间.

解 因为$f(x)$在$(-\infty,+\infty)$内连续，而且

$$f'(x)=3x^2-6x+4=3(x-1)^2+1>0$$

所以$f(x)$为单调增加函数，则$f(x)=0$在$(-\infty,+\infty)$内最多只有一个实根.

又因为$f(0)<0$, $f(2)>0$,所以$[0,2]$就是所求的有根区间.

例4-2 求方程$f(x)=x^3-11.1x^2+38.8x-41.77=0$的有根区间.

解 根据有根区间定义，对$f(x)=0$的根进行搜索计算，结果如表4-1所示.

表4-1 逐次搜索计算$f(x)$的符号

x	0	1	2	3	4	5	6
$f(x)$的符号	−	−	+	+	−	−	+

由表4-1可知方程的有根区间为$[1,2]$, $[3,4]$, $[5,6]$.

例4-3 判别方程$f(x)=e^x-3x^2=0$有3个实根.

解 因为$f(x)$在$(-\infty,+\infty)$内连续，要判别方程有3个实根，即要判别$f(x)$与x轴有3个交点，只需判别有3个有根区间，且每个区间内只有一个根.

利用Matlab画图来确定有根区间，如图4-2所示，Matlab程序如下：

```
x = -1:0.01:4;y = exp(x) -3* x.^2;
plot(x,y,'r',x,0* x),
grid on
```

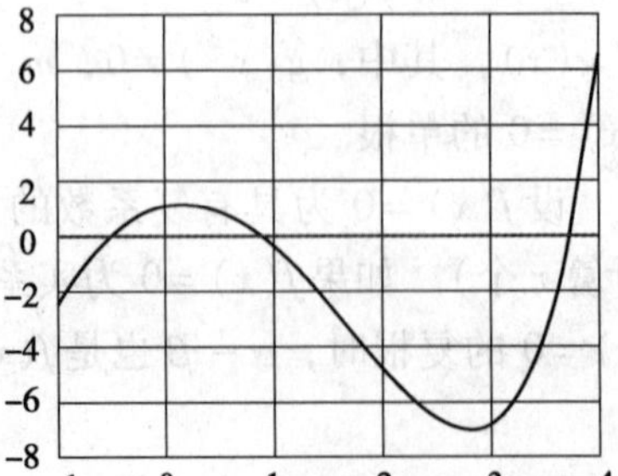

图4-2 判别函数的有根区间

由函数图4-2可判别，3个有根区间分别为：$[-1,0]$，$[0.5,1]$，$[3.5,4]$.

4.2 二分法

MOOC 4.2
二分法

二分法的理论依据：设函数$f(x)$在$[a,b]$上连续、严格单调，且$f(a)\cdot f(b)<0$，则$[a,b]$内有且仅有一根x^*.

二分法的基本思想：反复对分，从而逐步缩小有根区间，直至满足精度为止.

二分法的步骤：如图4-3所示，取$[a,b]$的中点$x_0=(a+b)/2$，计算$f(x_0)$，若$f(x_0)=0$，则$x^*=x_0$为所求根；否则：

（1）若$f(a)\cdot f(x_0)<0$，则令$a_1=a$，$b_1=x_0$；

（2）若$f(x_0)\cdot f(b)<0$，则令$a_1=x_0$，$b_1=b$.

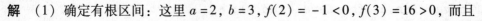

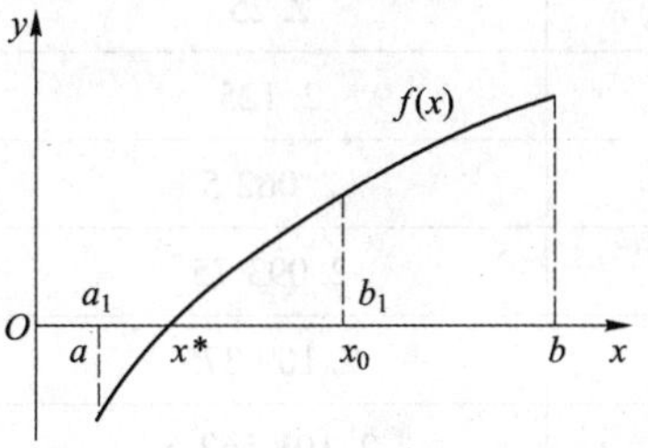

图4-3　二分法的几何示意

无论哪一种情况，都形成新的有根区间$[a_1,b_1]$，其长度仅为$[a,b]$的一半. 对$[a_1,b_1]$重复上述步骤，则又可得$[a_2,b_2]$.

如此反复二分下去，得到一系列有根区间

$$[a,b]\supset[a_1,b_1]\supset[a_2,b_2]\supset\cdots\supset[a_k,b_k]\supset\cdots$$

其中每个区间长度都是前一个区间长度的一半，因此$[a_k,b_k]$的长度$b_k-a_k=\dfrac{b-a}{2^k}\to 0$（当$k\to\infty$时）.

由二分法的计算可知，必有x^*属于所有区间，该点就是方程的根. 序列$\{a_k\}$，$\{b_k\}$及其中点$x_k=\dfrac{a_k+b_k}{2}$的序列$\{x_k\}$都收敛于x^*.

每次二分后，取有根区间的中点x_k作为根的近似值，由于

$$|x^*-x_k|\leqslant(b_k-a_k)/2=(b-a)/2^{k+1}$$

只要二分足够多次（即k充分大），便有$|x^*-x_k|<\varepsilon$，其中ε为给定的精度. 因此，有**二分法终止条件**

$$(b-a)/2^{k+1}<\varepsilon \tag{4-3}$$

由此也可以得到满足精度所需二分的最少次数k.

二分法程序
实现示例

例4-4　求$f(x)=x^3-2x-5=0$在区间$(2,3)$内的根，要求准确到小数点后的第二位.

解　（1）确定有根区间：这里$a=2$，$b=3$，$f(2)=-1<0$，$f(3)=16>0$，而且

在(2,3)内$f'(x)=3x^2-2>0$，因此方程在（2,3）内有唯一根.

（2）确定二分次数：由于要求准确到小数点后的第二位，即$\varepsilon=0.005$. 所以由式（4-3），$(b-a)/2^{k+1}<0.005$，得$k\geqslant 7$，即$|x^*-x_7|\leqslant 0.005$.

（3）二分计算：取中点$x_0=(3+2)/2=2.5$，计算$f(2.5)=5.625>0$，因此根在（2,2.5）内. 再取$x_1=(2+2.5)/2=2.25$，计算$f(2.25)=1.890\ 625$，因此根在（2,2.25）内. 如此反复二分下去，得表4-2.

表4-2 二分计算结果

k	有根区间 (a_k,b_k)	中点 x_k	$f(x_k)$ $f(2)=-1$，$f(3)=16$
0	(2,3)	2.5	5.625
1	(2,2.5)	2.25	1.890 625
2	(2,2.25)	2.125	0.345 703
3	(2,2.125)	2.062 5	−0.351 318
4	(2.062 5,2.125)	2.093 75	−0.008 942
5	(2.093 75,2.125)	2.109 375	0.166 836
6	(2.093 75,2.109 375)	2.101 562 5	0.078 562 2
7	(2.093 75,2.101 562 5)	2.097 656	

由表4-2，得满足精度的近似根为第7次二分的中点：$x^*\approx x_7\approx 2.10$.

二分法的优缺点：二分法的优点是算法直观、简单，且总能保证收敛. 二分法的缺点：收敛速度较慢，故一般不单独将其用于求根，只用其为根求得一个较好的近似.

二分法的Matlab程序（bisect.m）如下：

```
function [xstar,index,it] = bisect(fun,a,b,ep)
% 求解非线性方程的二分法,其中,
% fun 为需要求根的函数;
% a,b 为初始区间的端点;
% ep 为精度,缺省值为 1e-5,
% 当 (b-a)/2 <ep 时,算法终止;
% xstar 为当迭代成功时,输出方程的根,
% 当迭代失败时,输出两端点的函数值;
% index 为指标变量,
% index =1 时,表明迭代成功,
% index =0 时,表明初始区间不是有根区间;
% it 为迭代次数.
if nargin <4 ep =1e-5;end
fa = feval(fun,a);fb = feval(fun,b);
```

```
if fa*fb>0
    xstar=[fa,fb];index=0;it=0;
    return
  end
  k=0;
  while abs(b-a)/2>=ep
    x=(a+b)/2;fx=feval(fun,x);
    if fx*fa<0
        b=x;fb=fx;
    else
        a=x;fa=fx;
    end
    k=k+1;
end
xstar=(a+b)/2;index=1;it=k;
```

上述程序中，nargin 表示输入变量的个数，nargin <4 表示没有输入第 4 个变量．当没有第 4 个参数时，算法可以自动赋值 ep=1e-5．这种方法相当于缺省值的应用．

函数 feval 是计算指定函数在某点的函数值，如 fx=feval（fun，x）相当于 fx=fun（x）．

编写例 4-4 的求根函数，函数为 fun1，程序如下：

```
function f=fun1(x)
f=x^3-2*x-5;
```

调用二分法函数 bisect 求方程的根：

```
[xstar,index,it]=bisect(@ fun1,2,3,0.005)或[xstar,index,iterate]=
bisect('fun1',2,3,0.005)
```

得到方程的根为

```
xstar=2.0977  index=1  it=7
```

运行结果表明二分法迭代成功，即达到精度要求，共迭代计算 7 次．

4.3 迭代法及其收敛性

4.3.1 不动点迭代法

迭代法即逐次逼近方法，是数值计算中的一类典型方法，被用于数值计算的各个方面中．

1）迭代过程及迭代法的基本思想

设方程 $f(x)=0$ 在区间 $[a,b]$ 内有一个根 x^*．将方程改写成一个等价的隐式公式

$$x=\varphi(x) \tag{4-4}$$

MOOC 4.3.1
不动点迭代法

将方程的根 x^* 代入式（4-4），则有

$$x^{*}=\varphi(x^{*}) \tag{4-5}$$

称 x^{*} 为函数 $\varphi(x)$ 的**不动点**（在映射 φ 下，像保持不变的点），方程求根的问题就转化为求式（4-5）的不动点的问题.

由于式（4-4）是隐式的，无法直接得出它的根，因此可采用一种逐步显式化的过程来逐次逼近，即从某个 $[a,b]$ 内的猜测值 x_0 出发，将其代入式（4-4），可求得

$$x_1=\varphi(x_0)$$

再以 x_1 为猜测值，进一步得到

$$x_2=\varphi(x_1)$$

重复上述过程，用递推关系

$$x_{k+1}=\varphi(x_k) \qquad (k=0,1,2,\cdots) \tag{4-6}$$

求得序列 $\{x_k\}$. 如果当 $k\to\infty$ 时，$x_k\to x^{*}$，则 $\{x_k\}$ 就是逼近不动点的近似解序列，称为迭代序列. 称式（4-6）为**不动点迭代公式**，$\varphi(x)$ 为**迭代函数**，求得方程不动点的方法，称为**不动点迭代法**，当 $\lim\limits_{k\to\infty}x_k=x^{*}$ 时，称为**迭代收敛**.

2）迭代过程的几何解释

用几何图形显示迭代过程. 方程 $x=\varphi(x)$ 的求根问题在 xOy 平面上就是要确定曲线 $y=\varphi(x)$ 与直线 $y=x$ 的交点 P^{*}（见图4-4）. 对于 x^{*} 的某个近似值 x_0，在曲线 $y=\varphi(x)$ 上可确定一点 P_0，该点以 x_0 为横坐标，而纵坐标则等于 $\varphi(x_0)=x_1$. 过点 P_0 引平行于 x 轴的直线，设此直线交直线 $y=x$ 于点 Q_1，然后过点 Q_1 再作平行于 y 轴的直线，与曲线 $y=\varphi(x)$ 的交点记作 P_1，则点 P_1 的横坐标为 x_1，纵坐标则等于 $\varphi(x_1)=x_2$. 按图4-4中箭头所示的路径继续作下去，在曲线 $y=\varphi(x)$ 上得到点列 $P_1,P_2,\cdots$，其横坐标分别为由公式 $x_{k+1}=\varphi(x_k)$ 求得的迭代值 $x_1,x_2,\cdots$. 如果点列 $\{P_k\}$ 趋向于点 P^{*}，则相应的迭代值收敛到所求的根 x^{*}.

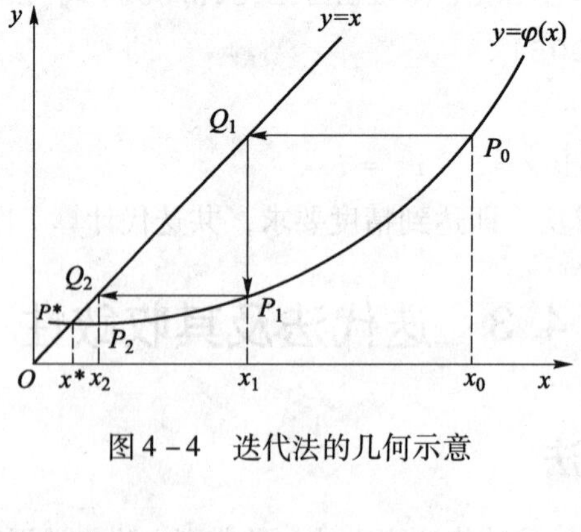

图4-4　迭代法的几何示意

3）构造迭代函数 $\varphi(x)$ 的方法

例4-5　考查 $x^2-a=0$（$a>0$）.

解　（1）$x=x^2+x-a$，或更一般地，对某个 $c\neq0$，$x=x+c(x^2-a)$；

（2）$x=a/x$；

(3) $x=\frac{1}{2}\left(x+\frac{a}{x}\right)$.

取 $a=3$，$x_0=2$，正根为 $x^*=1.7320508\cdots$，给出 3 种情形的数值计算结果，如表 4－3 所示.

表 4－3　$x^2-3=0$ 的迭代例子

k	x_k（情形 1）	x_k（情形 2）	x_k（情形 3）
0	2.0	2.0	2.0
1	3.0	1.5	1.75
2	9.0	2.0	1.732 143
3	87.0	1.5	1.732 051

根据表 4－3，只有情形 3 得到的序列收敛于不动点 x^*，相反地，情形 1 得到一个发散的序列，情形 2 得到 2.0 和 1.5 的交替值，也是不收敛的序列.

例 4－5 表明原方程化为不同的等价形式，有的收敛，有的发散，只有收敛的迭代过程才有意义，为此我们要研究的问题是：如何构造 $\varphi(x)$，才能使迭代序列 $\{x_k\}$ 一定收敛于不动点？近似解的误差怎样估计？

通常通过对迭代序列 $\{x_k\}$ 的收敛性进行分析，找出 $\varphi(x)$ 应满足的条件，从而建立一个一般理论，可解决上述问题.

4.3.2　迭代法的收敛性

MOOC 4.3.2
迭代法收敛性

设迭代公式为：$x_{k+1}=\varphi(x_k)\ (k=0,1,2,\cdots)$，而且序列 $\{x_k\}$ 收敛于不动点 x^*，即

$$|x_k-x^*|\to 0\quad (k\to\infty)$$

因而有

$$|x_k-x^*|\leqslant|x_{k-1}-x^*|\qquad (k=1,2,3\cdots)\tag{4-7}$$

由于

$$x_k-x^*=\varphi'(\xi)(x_{k-1}-x^*),\ \xi\in(x_{k-1},x^*)$$

当 $\varphi(x)$ 满足中值定理条件时，有

$$x_k-x^*=\varphi'(\xi)(x_{k-1}-x^*),\ \xi\in(x_{k-1},x^*)\tag{4-8}$$

注意到式（4－8）中当 $|\varphi'(\xi)|\leqslant L<1$ 时，式（4－7）成立.

经过上述分析知道，迭代序列的收敛性与 $\varphi(x)$ 的构造有关，只要再保证迭代值全落在 $[a,b]$ 内，便得映内压缩性定理.

定理 3　（映内压缩性）　设迭代函数 $\varphi(x)\in C[a,b]$ 满足条件：

①映内性：对任意 $x\in[a,b]$，有 $a\leqslant\varphi(x)\leqslant b$；

②压缩性：$\varphi(x)$ 在 $[a,b]$ 上可导，且存在正数 $L<1$（L 称为**压缩因子**），使得对任意 $x\in[a,b]$，有

$$|\varphi'(x)|\leqslant L\tag{4-9}$$

收敛充分性
原理程序解释

则迭代公式 $x_{k+1}=\varphi(x_k)$ 对于任意初值 $x_0\in[a,b]$ 均收敛于方程 $x=\varphi(x)$ 的根（即唯一的不动点 x^*），并有误差估计式

$$|x_k-x^*|\leqslant\frac{L^k}{1-L}|x_1-x_0| \tag{4-10}$$

证明 收敛性是显然的. 下面证明误差估计式，因为

$$|x_{k+1}-x_k|=|\varphi(x_k)-\varphi(x_{k-1})|\leqslant L|x_k-x_{k-1}|$$

据此递推，可得

$$|x_{k+1}-x_k|\leqslant L^k|x_1-x_0|$$

于是对任意正整数 p，有

$$\begin{aligned}|x_{k+p}-x_k|&\leqslant|x_{k+p}-x_{k+p-1}|+|x_{k+p-1}-x_{k+p-2}|+\cdots+|x_{k+1}-x_k|\\&\leqslant(L^{k+p-1}+L^{k+p-2}+\cdots+L^k)|x_1-x_0|\\&\leqslant\frac{L^k}{1-L}|x_1-x_0|\end{aligned}$$

令 $p\to\infty$，注意到 $\lim\limits_{p\to\infty}x_{k+p}=x^*$，即得式（4-10），定理证毕.

对任意正整数 p，有

$$\begin{aligned}|x_{k+p}-x_k|&\leqslant|x_{k+p}-x_{k+p-1}|+|x_{k+p-1}-x_{k+p-2}|+\cdots+|x_{k+1}-x_k|\\&\leqslant(L^{p-1}+L^{p-2}+\cdots+1)|x_{k+1}-x_k|\leqslant\frac{1}{1-L}|x_{k+1}-x_k|\end{aligned}$$

令 $p\to\infty$，则有

$$|x^*-x_k|\leqslant\frac{1}{1-L}|x_{k+1}-x_k| \tag{4-11}$$

注 （1）事前误差估计：对于收敛的迭代序列，式（4-10）右端项可用于误差上限的估计. 其中，k 为取定的迭代次数，压缩因子取为 $L=\sup\limits_{x\in[a,b]}|\varphi'(x)|$.

（2）控制迭代次数：根据式（4-10），为使近似解达到精度要求 ε，由 $\frac{L^k}{1-L}|x_1-x_0|<\varepsilon$ 可得所需要的最少迭代次数 k，即 $k\geqslant\dfrac{\ln\varepsilon-\ln\dfrac{|x_1-x_0|}{1-L}}{\ln L}$.

（3）事后误差估计：由式（4-11），$|x_{k+1}-x_k|\leqslant\varepsilon$ 可作为迭代算法的终止条件，即用前后两次迭代结果之差的绝对值是否小于允许误差 ε 来判断迭代是否终止；也可用于误差上限的事后估计.

例 4-6 求方程 $f(x)=x^3-x-1=0$ 的正根.

解 （1）确定有根区间. 因为 $f(1)=-1<0$, $f(2)=5>0$，而且在 $[1,2]$ 内 $f'(x)=3x^2-1>0$，因此方程在 $[1,2]$ 内有唯一根.

（2）选取恰当的迭代函数，判别根的收敛性.

将原方程改写为 $x=\sqrt[3]{x+1}$，则迭代函数为 $\varphi(x)=\sqrt[3]{x+1}$. 下面验证迭代函数满足映内压缩性定理.

对于任意的 $x\in[1,2]$，$\varphi(x)\in[\sqrt[3]{2},\sqrt[3]{3}]\subset[1,2]$，所以映内性满足.

由 $\varphi'(x)=\frac{1}{3}(x+1)^{-\frac{2}{3}}$，对于任意的 $x\in[1,2]$，$|\varphi'(x)|<\frac{1}{3}(1+1)^{-\frac{2}{3}}<\frac{1}{3}<1$，所以压缩性满足.

因此，迭代公式 $x_{k+1}=\varphi(x_k)=\sqrt[3]{x_k+1}$ 对于任意的初值 $x_0\in[1,2]$ 必收敛.

（3）迭代计算. 迭代公式 $x_{k+1}=\sqrt[3]{x_k+1}$，取初值为 $x_0=1.5$，数值结果如表 4-4 所示.

表 4-4 例 4-6 的迭代值

k	1	2	3	4	5	6	7	8
x_k	1.357 21	1.330 86	1.325 88	1.324 94	1.324 76	1.324 73	1.324 72	1.324 72

由表 4-4 可知，x_7 已达到 6 位有效数字，可取 1.324 72 作为所求根的近似值.

若将原方程改写为 $x=x^3-1$，用迭代公式 $x_{k+1}=x_k^3-1$ 计算，则迭代过程是发散的.

4.3.3 局部收敛性与收敛阶

本章定理 3 的条件一般不易验证、不易满足. 在本章定理 3 的条件下，对 $[a,b]$ 中的任意一点 x_0 作初值，迭代均收敛，这种形式的收敛称为**大范围收敛**. 然而，由于非线性方程的复杂性，能满足大范围收敛的情形并不多. 实际使用迭代法时，通常考虑在 x^* 邻近的收敛性，即**局部收敛性**.

定理 4 （局部收敛性） 设 $\varphi'(x)$ 在 x^* 的邻近连续，且

$$|\varphi'(x^*)|<1 \tag{4-12}$$

则迭代过程 $x_{k+1}=\varphi(x_k)$ 在 x^* 的邻近具有局部收敛性.

证明 因为 $\varphi'(x)$ 连续，所以存在 x^* 的一个 δ 邻域 R：$|x-x^*|\leqslant\delta$，使得对任意 $x\in R$，有

$$|\varphi'(x)|\leqslant L<1$$

成立，并有

$$|\varphi(x)-x^*|=|\varphi(x)-\varphi(x^*)|\leqslant L|x-x^*|<|x-x^*|\leqslant\delta$$

即对任意 $x\in R$，有 $\varphi(x)\in R$，因此 $\varphi(x)$ 满足本章定理 3 的映内压缩性条件，从而对任意 $x_0\in R$，迭代过程局部收敛.

例 4-7 求方程 $f(x)=xe^x-1=0$ 在 $x=0.5$ 附近的一个根，要求精确到 $\varepsilon=10^{-5}$.

解 将原方程改写为 $x=e^{-x}$，由于在根附近 $|(e^{-x})'|\approx0.6<1$，所以局部收敛. 选取 $\varphi(x)=e^{-x}$，迭代公式为

$$x_{k+1}=e^{-x_k}\quad(k=0,1,\cdots)$$

取初值 $x_0=0.5$ 迭代计算，数值结果列于表 4-5 中.

表 4-5　例 4-7 的数值结果

k	x_k	k	x_k	k	x_k
0	0.5	7	0.568 438 0	14	0.567 118 8
1	0.606 530 6	8	0.566 409 4	15	0.567 157 1
2	0.545 239 2	9	0.567 559 6	16	0.567 135 4
3	0.579 703 1	10	0.566 907 2	17	0.567 147 7
4	0.560 064 6	11	0.567 277 2	18	0.567 140 7
5	0.571 172 1	12	0.567 067 3		
6	0.564 862 9	13	0.567 186 3		

由表 4-5 可知，迭代到第 18 次时，$|x_{18}-x_{17}|<\varepsilon$，故 $x_{18}=0.567\ 14$ 为所求近似根. 方程的精确解为 $x^*=0.567\ 143\ 92\cdots$，$|x_{18}-x^*|\approx 0.4\times 10^{-5}$.

例 4-8　在例 4-5 中取 $\varphi(x)=x+c(x^2-3)$，选取 c 使迭代计算收敛，并计算根.

解　由于根 $x^*=\sqrt{3}$，$\varphi'(x)=1+2cx$，故取 c 使 $-1<1+2c\sqrt{3}<1$.

为使收敛速度快，取 c 使

$$1+2\sqrt{3}c\approx 0, c\approx\frac{-1}{2\sqrt{3}}\approx -\frac{1}{4}$$

因此迭代公式为 $x_{k+1}=x_k-\frac{1}{4}(x_k^2-3)$，$k=0,1,\cdots$. 取初值 $x_0=2$，迭代计算，数值结果如下：

$$x_1=2-\frac{1}{4}(2^2-3)=1.75$$

$$x_2=1.75-\frac{1}{4}(1.75^2-3)=1.734\ 375$$

$$x_3=1.734\ 375-\frac{1}{4}(1.734\ 375^2-3)=1.732\ 360$$

显然，这里选取的迭代公式收敛，并且收敛速度较快.

注　由例 4-8 可知，如果构造的 $\varphi(x)$ 满足定理条件，并且使 $|\varphi'(x)|$ 尽量小，则可使迭代计算加速收敛.

为了衡量迭代法收敛速度的快慢，可给出如下收敛阶的定义.

定义 1　**(收敛阶)** 设迭代过程 $x_{k+1}=\varphi(x_k)$ 收敛于方程 $x=\varphi(x)$ 的根 x^*，如果迭代误差 $e_k=x_k-x^*$，当 $k\to\infty$ 时满足

$$e_{k+1}/e_k^p\to c\quad (c\neq 0)$$

则称该迭代过程是 p 阶收敛的. 特别地，$p=1$ 时称为线性收敛，$p>1$ 时称为超线性收敛，$p=2$ 时称为平方收敛.

注　①若压缩因子满足 $0<L<1$，则迭代过程 $x_{k+1}=\varphi(x_k)$ 为线性收敛.

②若压缩因子 $L=0$，则迭代过程 $x_{k+1}=\varphi(x_k)$ 为超线性收敛.

③一般地，收敛阶 p 越大，迭代过程收敛越快.

定理5 对于迭代过程 $x_{k+1}=\varphi(x_k)$，如果在所求根 x^* 的邻近连续，并且

$$\varphi'(x^*)=\varphi''(x^*)=\cdots=\varphi^{(p-1)}(x^*)=0,\ \varphi^{(p)}(x^*)\neq 0 \tag{4-13}$$

则该迭代过程在点 x^* 邻近是 p 阶收敛的.

证明 由于 $\varphi'(x^*)=0$，由本章定理4可知迭代过程 $x_{k+1}=\varphi(x_k)$ 具有局部收敛性.

将 $\varphi(x_k)$ 在根 x^* 处作泰勒展开，利用式（4-13），则有

$$\varphi(x_k)=\varphi(x^*)+\frac{\varphi^{(p)}(\xi)}{p!}(x_k-x^*)^p$$

式中，ξ 在 x_k 与 x^* 之间. 又因为 $\varphi(x_k)=x_{k+1}$，$\varphi(x^*)=x^*$，由上式得

$$x_{k+1}-x^*=\frac{\varphi^{(p)}(\xi)}{p!}(x_k-x^*)^p$$

因此对迭代误差，当 $k\to\infty$ 时有 $\frac{e_{k+1}}{e_k^p}\to\frac{\varphi^{(p)}(x^*)}{p!}$. 这表明迭代过程 $x_{k+1}=\varphi(x_k)$ 必为 p 阶收敛. 证毕.

由本章定理5可知，迭代过程的收敛速度依赖于迭代函数 $\varphi(x)$ 的选取. 如果当 $x\in[a,b]$ 时 $\varphi'(x)\neq 0$，则该迭代过程只能是线性收敛.

例如，在求解方程 $x^2-3=0$ 正根的例4-5中，对于情形3的迭代过程 $x_{k+1}=\frac{1}{2}\left(x_k+\frac{3}{x_k}\right)$，因为 $\varphi'(x^*)=0$，$\varphi''(x)=6/x^3$，$\varphi''(x^*)=2/\sqrt{3}\neq 0$，所以由本章定理5可知 $p=2$，该迭代过程为2阶收敛.

然而在例4-8中，取迭代函数 $\varphi(x)=x-\frac{1}{4}(x^2-3)$，因为 $\varphi'(x^*)=1-\frac{x^*}{2}\neq 0$，所以只是线性收敛，收敛速度比上述的2阶收敛算法慢. 由于压缩因子较小，因此与线性收敛的算法相比，它的收敛速度较快.

4.3.4 迭代算法与 Matlab 程序

算法：（1）取迭代初值 x_0、最大迭代次数 it_max 和精度要求 ε，置 $k=0$；

（2）迭代计算 $x_{k+1}=\varphi(x_k)$；

（3）若 $|x_{k+1}-x_k|\leq\varepsilon$，则停止计算，否则，置 $k=k+1$，回到第（2）步.

不动点迭代法的 Matlab 程序（iterate. m）如下：

```
function [xstar,index,it] = iterate(phi,x,ep,it_max)
% 求解非线性方程的一般迭代法,其中,
% phi(x)为迭代函数,x 为初始点;
% ep 为精度,缺省值为 1e-5,
% 当 | x(k) - x(k-1) | <ep 时,终止计算;
% it_max 为最大迭代次数,缺省值为 100;
% xstar 为当迭代成功时,输出方程的根,
```

```
% 当迭代失败时,输出最后的迭代值;
% index 为指标变量,
% 当 index =1 时,表明迭代成功,
% index =0 表明迭代次数 > =it_max,迭代失败;
% it 为迭代次数.
if nargin <4 it_max =100;end
if nargin <3 ep =1e -5;end
index =0;k =1;
while k < =it_max
      x1 =x;x =feval(phi,x);
      if abs(x -x1) < =ep
          index =1;break;
      end
      k =k +1;
end
xstar =x;it =k;
```

编写例 4 -7 的迭代函数，函数名为 phi，程序如下：

```
function f =phi(x)
f =exp( -x);
```

调用迭代法函数 iterate. m 求方程的根：

```
[xstar,index,it] =iterate(@ phi,0.5,1e -5)
```

或

```
[xstar,index,it] =iterate('phi',0.5,1e -5)
```

得到方程的根为

```
xstar =0.5671,index =1,it =18
```

运行结果表明迭代成功，即达到精度要求，共迭代计算 18 次.

MOOC 4.4 迭代收敛的加速方法

4.4 迭代收敛的加速方法

4.4.1 埃特金加速法

加快收敛速度，减少计算量，是数值计算的重要课题，埃特金加速法是一种有效的加速方法.

埃特金加速法可用于加快一已知收敛序列$\{x_k\}$的收敛速度，方法是通过收敛较慢的已知序列$\{x_k\}$构造一个更快收敛的序列$\{\bar{x}_k\}$.

设$\{x_k\}$是一个线性收敛的序列，收敛于方程 $x=\varphi(x)$ 的根 x^*.

第一次校正：设 x_0 是根 x^* 的某个预测值，迭代公式可使 x_0 校正为 $x_1=\varphi(x_0)$. 由微分

中值定理，有

$$x_1 - x^* = \varphi(x_0) - \varphi(x^*) = \varphi'(\xi)(x_0 - x^*)$$

式中，ξ 介于 x^* 与 x_0 之间.

由于在较小的有根区间内，$\varphi'(x)$ 的变化不大，取 $\varphi'(x) \approx L$，则有

$$x_1 - x^* \approx L(x_0 - x^*) \tag{4-14}$$

第二次校正：对 x_1 值再校正一次，得 $x_2 = \varphi(x_1)$. 由于

$$x_2 - x^* \approx L(x_1 - x^*)$$

将其与式（4-14）联立，消去 L，有

$$\frac{x_1 - x^*}{x_2 - x^*} \approx \frac{x_0 - x^*}{x_1 - x^*}$$

解出 x^*，得到

$$x^* \approx \frac{x_0 x_2 - x_1^2}{x_2 - 2x_1 + x_0} = x_0 - \frac{(x_1 - x_0)^2}{x_2 - 2x_1 + x_0}$$

一次埃特金加速：对于初始近似值 x_0，首先计算 $x_1 = \varphi(x_0)$，再计算 $x_2 = \varphi(x_1)$，然后，可用 $x_0 - \dfrac{(x_1 - x_0)^2}{x_2 - 2x_1 + x_0}$ 作为 x^* 的新近似值，记作 $\bar{x}_1$，这就是一次埃特金加速过程.

埃特金加速法：对于更一般的情形，由 x_k 计算 x_{k+1}，x_{k+2}，然后作一次加速

$$\bar{x}_{k+1} = x_k - \frac{(x_{k+1} - x_k)^2}{x_{k+2} - 2x_{k+1} + x_k} \tag{4-15}$$

由此得到埃特金加速迭代公式：

$$x_{k+1} = \varphi(x_k) \Rightarrow x_{k+2} = \varphi(x_{k+1}) \Rightarrow \bar{x}_{k+1} = x_k - \frac{(x_{k+1} - x_k)^2}{x_{k+2} - 2x_{k+1} + x_k} \quad (k = 0, 1, \cdots) \tag{4-16}$$

可以证明

$$\lim_{k \to \infty} \frac{\bar{x}_{k+1} - x^*}{x_k - x^*} = 0 \tag{4-17}$$

式（4-17）表明序列 $\{\bar{x}_k\}$ 的收敛速度比 $\{x_k\}$ 的收敛速度快.

注 当迭代过程收敛很慢时，一般可用埃特金加速法加速，但有时用埃特金加速法可能加速失败，例如当 $\varphi'(x)$ 起伏很大、初值 x_0 与根 x^* 有较大的距离时，就可能加速失败.

4.4.2 斯蒂芬森迭代法

埃特金加速法不管原序列 $\{x_k\}$ 是怎样产生的，对 $\{x_k\}$ 进行加速计算，得到序列 $\{\bar{x}_k\}$，如果把埃特金加速法的技巧与不动点迭代法结合，则可得到如下的**斯蒂芬森迭代法**

$$y_k = \varphi(x_k), \quad z_k = \varphi(y_k)$$

$$x_{k+1} = x_k - \frac{(y_k - x_k)^2}{z_k - 2y_k + x_k} \quad (k = 0, 1, \cdots) \tag{4-18}$$

实际上，式（4-18）是将不动点迭代法计算两步合并成一步得到的，可将其写成另一

种不动点迭代法：

$$x_{k+1}=\psi(x_k)\qquad(k=0,1,\cdots)\tag{4-19}$$

其中

$$\psi(x)=x-\frac{[\varphi(x)-x]^2}{\varphi(\varphi(x))-2\varphi(x)+x}\tag{4-20}$$

对式（4－19）有以下局部收敛性定理.

定理 6 若 x^* 为式（4－20）定义的迭代函数 $\psi(x)$ 的不动点，则 x^* 为 $\varphi(x)$ 的不动点. 反之，若 x^* 为 $\varphi(x)$ 的不动点，设 $\varphi''(x)$ 存在，$\varphi'(x^*)\neq1$，则 x^* 是 $\psi(x)$ 的不动点，且式（4－18）是 2 阶收敛的.

例 4－9 用斯蒂芬森迭代法求解方程 $f(x)=x^3-x-1=0$.

解 例 4－6 中已指出迭代过程 $x_{k+1}=x_k^3-1$ 是发散的.

现在利用斯蒂芬森迭代法计算，仍取 $\varphi(x)=x^3-1$，计算结果如表 4－6 所示.

表 4－6 例 4－9 的计算结果

k	x_k	y_k	z_k
0	1.5	2.375 00	12.396 6
1	1.416 29	1.840 92	5.238 88
2	1.355 65	1.491 40	2.317 28
3	1.328 95	1.347 10	1.444 35
4	1.324 80	1.325 18	1.327 14
5	1.324 72		

由表 4－6 可知计算是收敛的，这说明即使原不动点迭代法不收敛，用斯蒂芬森迭代法仍可能收敛. 至于原来已收敛的不动点迭代法，由本章定理 6 可知达到 2 阶收敛. 更进一步还可知若原迭代法为 p 阶收敛，则斯蒂芬森迭代法为 $p+1$ 阶收敛.

例 4－10 用斯蒂芬森迭代法求方程 $f(x)=xe^x-1=0$ 在 $x=0.5$ 附近的一个根.

解 该方程的精确解为 $x^*=0.567\ 143\ 92\cdots$.

在例 4－7 中，迭代过程为 $x_{k+1}=e^{-x_k}(k=0,1,\cdots)$，取初值 $x_0=0.5$，迭代计算到 $x_{18}=0.567\ 140\ 7$，且 $|x_{18}-x^*|\approx0.4\times10^{-5}$.

利用斯蒂芬森迭代法计算，计算结果如表 4－7 所示.

表 4－7 例 4－10 的计算结果

k	x_k	y_k	z_k
0	0.5	0.606 530 66	0.545 239 21
1	0.567 623 88	0.566 870 79	0.567 297 86
2	0.567 143 31		

由表 4－7 可知，经过 2 次迭代，$x_2=0.567\ 143\ 31$，$|x_2-x^*|\approx0.2\times10^{-7}$，加速效果较好.

斯蒂芬森迭代法的 Matlab 程序（steffensen. m）如下：

```
function [xstar,index,it]=steffensen(phi,x,ep,it_max)
% 斯蒂芬森迭代法,其中
% phi(x)为迭代函数,x 为初始点;
% ep 为精度,缺省值为 1e-5,
% 当|x(k)-x(k-1)|<ep 时,终止计算;
% it_max 为最大迭代次数,缺省值为 100;
% xstar 为当迭代成功时,输出方程的根,
% 当迭代失败时,输出最后的迭代值;
% index 为指标变量,
% 当 index=1 时,表明迭代成功,
% index=0 表明迭代次数>=it_max,迭代失败;
% it 为迭代次数
if nargin<4 it_max=100;end
if nargin<3 ep=1e-5;end
index=0;k=1;
while k<=it_max
    x1=x;y=feval(phi,x),z=feval(phi,y),
    x=x-(y-x)^2/(z-2*y+x)
    if abs(x-x1)<=ep
        index=1;break;
    end
    k=k+1;
end
xstar=x;it=k;
```

编写例 4-7 迭代函数，函数名为 phi，程序如下：

```
function f=phi(x)
f=exp(-x);
```

调用斯蒂芬森迭代法函数 steffensen 求方程的根，程序如下：

```
[xstar,index,it]=steffensen(@phi,0.5,1e-5)
```

得到方程的根为

```
xstar=0.5671, index=1, it=3
```

运行结果表明迭代成功，达到精度要求. 迭代终止条件为：前后两次迭代结果之差是否满足精度，共迭代计算 3 次；对比例 4-7，利用不动点迭代法计算了 18 次；显然斯蒂芬森迭代法收敛更快.

4.5 牛顿迭代法

4.5.1 牛顿迭代法及其收敛性

MOOC 4.5.1
牛顿迭代法

牛顿迭代法（以下简称牛顿法）是最著名的方程求根方法，已经通过各种方式将其推广到解其他更为困难的非线性问题，例如非线性方程组、非线性积分方程和非线性微分方程.

虽然牛顿法对于给定的问题不一定总是最好的方法，但其简单形式和快的收敛速度常常被解非线性问题的人优先考虑.

不动点迭代法的一般理论告诉我们，构造好的迭代函数可使收敛速度提高. 然而迭代函数的构造方法又各不相同. 牛顿法是受几何直观启发，给出构造迭代函数的一条重要途径.

牛顿法的原理：方程 $f(x)=0$ 的根为 x^*，其几何意义是曲线 $y=f(x)$ 与 x 轴的交点. 求曲线与 x 轴的交点没有普遍的公式，但直线与 x 轴的交点容易计算. 用直线（即切线）近似曲线 $y=f(x)$，从而用切线方程的根逐步代替 $f(x)=0$ 的根. 即把非线性方程逐步线性化.

线性化方法：设 x_k 是 $f(x)=0$ 的一个近似根，把 $f(x)$ 在 x_k 处作一阶泰勒展开，得到 $f(x)\approx f(x_k)+f'(x_k)(x-x_k)$. 设 $f'(x_k)\neq 0$，由 $f(x_k)+f'(x_k)(x-x_k)=0$，求得解为 x_{k+1}，则有**牛顿迭代公式**

$$x_{k+1}=x_k-\frac{f(x_k)}{f'(x_k)} \tag{4-21}$$

牛顿法的几何意义：如图 4-5 所示，设 x_k 为 x^* 的一个近似值，过点 $(x_k, f(x_k))$ 作曲线 $y=f(x)$ 的切线，其切线方程为

$$f(x)=f(x_k)+f'(x_k)(x-x_k)$$

切线与 x 轴的交点记为 x_{k+1}，则得到牛顿迭代公式

$$x_{k+1}=x_k-f(x_k)/f'(x_k)$$

因此，牛顿法也称为**切线法**.

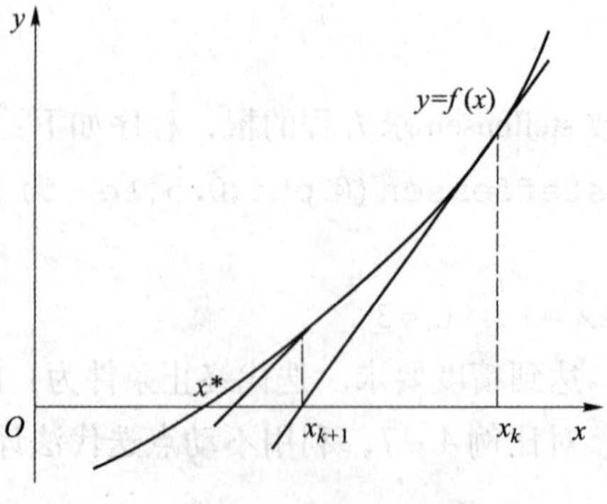

图 4-5 牛顿法的几何示意

牛顿法的收敛性：如果取 $\varphi(x)=x-f(x)/f'(x)$，则有 $x=\varphi(x)$，从而牛顿迭代就是不动点迭代，即

$$x_{k+1}=\varphi(x_k)$$

因此可以通过考察 $\varphi(x)$ 的性质，来讨论牛顿法的收敛性及收敛速度.

定理 7 若 $f(x)$ 在单根 x^* 附近存在连续的二阶导数，且初值 x_0 充分接近 x^*，则牛顿迭代过程收敛，而且有

$$|x_{k+1}-x^*|\approx|f''(x^*)/2f'(x^*)|\cdot|x_k-x^*|^2$$

证明 （1）对于 $f(x)$，取 $\varphi(x)=x-f(x)/f'(x)$，则牛顿迭代过程为 $x_{k+1}=\varphi(x_k)$，且

$$\varphi'(x)=f(x)f''(x)/[f'(x)]^2$$

$$\varphi''(x)=f(x)f'''(x)+f'(x)f''(x)/f'(x)^2-2f(x)f''(x)^2/f'(x)^3$$

由于 x^* 是 $f(x)=0$ 的单根，即 $f(x^*)=0,\ f'(x^*)\neq0$，所以有

$$\varphi'(x^*)=0,\quad \varphi''(x^*)=f''(x^*)/f'(x^*)\neq0$$

由本章定理 4 知，迭代过程是局部收敛的. 且由本章定理 5 知，迭代过程在点 x^* 附近是 2 阶收敛的.

（2）将 $\varphi(x)$ 在 x^* 处作泰勒展开并代入 $x=x_k$，有

$$\varphi(x_k)\approx\varphi(x^*)+\varphi'(x^*)(x_k-x^*)+\frac{\varphi''(x^*)}{2!}(x_k-x^*)^2$$

$$=\varphi(x^*)+\frac{1}{2}\cdot[f''(x^*)/f'(x^*)](x_k-x^*)^2$$

注意到 $x_{k+1}=\varphi(x_k)$，$x^*=\varphi(x^*)$，得到

$$x_{k+1}-x^*\approx(f''(x^*)/2f'(x^*))\cdot(x_k-x^*)^2$$

因此有

$$|x_{k+1}-x^*|\approx|f''(x^*)/2f'(x^*)|\cdot|x_k-x^*|^2$$

注 牛顿迭代过程在 x^* 附近为平方收敛.

牛顿法的优点：快速收敛性，算法简单、容易实现. 牛顿法的缺点：因为局部收敛性，所以初值 x_0 最好选在 x^* 附近，否则可能不收敛.

牛顿迭代法程序实现示例

例 4-11 用牛顿法解方程 $xe^x-1=0$ 在 0.5 附近的根，要求精确到 $\varepsilon=10^{-5}$.

解 牛顿迭代公式为

$$x_{k+1}=x_k-\frac{x_k-e^{-x_k}}{1+x_k}$$

取初值 $x_0=0.5$，迭代计算，得到

$$x_1=0.571\,020\,4,\ x_2=0.567\,155\,5,\ x_3=0.567\,143\,2,\ x_4=0.567\,143\,2$$

显然，与例 4-7 相比，牛顿法的收敛速度更快.

牛顿法的 Matlab 程序（Newton. m）如下：

```
function [xstar,index,it] = Newton(fun2,x,ep,it_max)
% 求解非线性方程的牛顿法,其中
% fun2(x)为需要求根的函数,
```

```
% fun2 的第一个分量是函数值,
% fun2 的第二个分量是导数值;
% x 为初始点;
% ep 为精度,缺省值为1e-5,
% 当 | x(k)-x(k-1) | <ep 时,终止计算;
% it_max 为最大迭代次数,缺省值为100;
% xstar 为当迭代成功时,输出方程的根,
% 当迭代失败时,输出最后的迭代值;
% index 为指标变量,
% 当 index=1 时,表明迭代成功,
% index=0 表明迭代次数>=it_max,迭代失败;
% it 为迭代次数.
if nargin<4 it_max=100;end
if nargin<3 ep=1e-5;end
index=0;k=1;
while k<=it_max
      x1=x;f=feval(fun2,x);
      if abs(f(2))<ep break; end
      x=x-f(1)/f(2);
      if abs(x-x1)<=ep
          index=1;break;
      end
      k=k+1;
end
xstar=x;it=k;
```

编写例 4-11 迭代函数，函数名为 fun2，程序如下：

```
functionf=fun2(x)
f=[x-exp(-x),1+x];
```

调用牛顿法函数 Newton. m 求方程的根：

```
[xstar,index,it]=Newton(@ fun2,0.5,1e-5)
```

得到方程的根为

```
xstar=0.5671,index=1,it=4
```

运行结果表明迭代成功，达到精度要求. 迭代终止条件为：前后两次迭代结果之差满足精度，共迭代计算 4 次；对比例 4-7，利用不动点迭代法计算了 18 次；显然牛顿法收敛速度更快.

MOOC 4.5.2 牛顿法改进

4.5.2 简化牛顿法与牛顿下山法

牛顿法的优点是收敛速度快，但其缺点一是每步迭代要计算 $f(x_k)$ 及 $f'(x_k)$，计算量较大且有时计算 $f'(x_k)$ 较困难；二是初始近似值 x_0 只在根 x^* 附近才能保证收

敛，如果 x_0 不恰当可能不收敛. 为克服这两个缺点，通常可用下述方法.

1）**简化牛顿法**

简化牛顿法也称平行弦法，其迭代公式为

$$x_{k+1}=x_k-Cf(x_k),\ C\neq 0 \quad (k=0,1,\cdots) \tag{4-22}$$

迭代函数为 $\varphi(x)=x-Cf(x)$.

若 $|\varphi'(x)|=|1-Cf'(x)|<1$，即取 $0<Cf'(x)<2$，在根 x^* 附近成立，则式（4-22）局部收敛.

在式（4-22）中取 $C=\dfrac{1}{f'(x_0)}$，则称为**简化牛顿法**，这类方法计算量省，但只有线性收敛，其几何意义是用平行弦与 x 轴的交点作为 x^* 的近似，如图4-6所示.

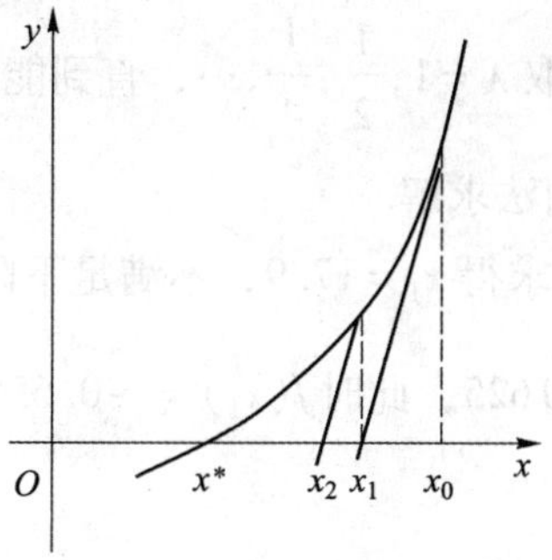

图4-6 简化牛顿法的几何示意

2）**牛顿下山法**

牛顿法收敛性依赖初值 x_0 的选取，如果 x_0 偏离所求根 x^* 较远，则牛顿法可能发散. 牛顿下山法是一种降低对初值要求的修正牛顿法.

例4-12 用牛顿法求解例4-6中的方程 $x^3-x-1=0$ 在 $x=1.5$ 附近的一个根 x^*.

解 （1）取初值 $x_0=1.5$，牛顿迭代公式为

$$x_{k+1}=x_k-\frac{x_k^3-x_k-1}{3x_k^2-1} \tag{4-23}$$

计算得

$$x_1=1.347\,83,\ x_2=1.325\,20,\ x_3=1.324\,72$$

迭代3次得到的结果 x_3 有6位有效数字.

（2）如果改用 $x_0=0.6$ 作为初值，则依式（4-23）迭代一次得 $x_1=17.9$. 这个结果反而比 $x_0=0.6$ 更偏离了所求的根 $x^*=1.324\,72$.

下山法：为了防止迭代发散，对迭代过程再附加一项要求，使之具有严格单调下降性，即

$$|f(x_{k+1})|<|f(x_k)| \tag{4-24}$$

满足这项要求的算法称为下山法.

牛顿下山法原理：将牛顿法与下山法结合起来使用，即在下山法保证函数值稳定下降的前提下，用牛顿法加快收敛速度．为此，将牛顿法的计算结果

$$\bar{x}_{k+1} = x_k - \frac{f(x_k)}{f'(x_k)}$$

与前一步的近似值 x_k 适当加权平均作为新的改进值，即

$$x_{k+1} = \lambda \bar{x}_{k+1} + (1-\lambda) x_k \tag{4-25}$$

式中，$\lambda(0<\lambda\leqslant 1)$ 称为**下山因子**．式（4－25）即为**牛顿下山法**的迭代公式，其可变形为

$$x_{k+1} = x_k - \lambda \frac{f(x_k)}{f'(x_k)} \quad (k=0,1,\cdots) \tag{4-26}$$

下山因子的选择：为了保证收敛性，下山因子不能太小．为了保证牛顿法的高阶收敛性，希望 k 充分大后，使 $\lambda=1$，转化为选择牛顿法．下山因子的一种常用取法是从 $\lambda=1$ 开始，逐次将 λ 减半进行计算，即取 $\lambda=1,\frac{1}{2},\frac{1}{4},\cdots$，直到能使式（4－24）成立为止．

对于例 4－12，利用牛顿下山法求解．

当 $x_0=0.6$ 时由式（4－23）求得 $x_1=17.9$，不满足下降条件，通过 λ 逐次取半进行计算，当 $\lambda_1=\frac{1}{32}$时可求得 $x_1=1.140\,625$，此时 $f(x_1)=-0.656\,643$，而 $f(x_0)=-1.384$，显然 $|f(x_1)|<|f(x_0)|$．

由 x_1 计算 $x_2,x_3,\cdots$时 $\lambda=1$，均能使下降条件成立，计算结果如下：

$$x_2=1.361\,81,\ f(x_2)=0.186\,6$$

$$x_3=1.326\,28,\ f(x_3)=0.006\,67$$

$$x_4=1.324\,72,\ f(x_4)=0.000\,008\,6$$

x_4 即为 x^* 的近似．

一般情况只要使下降条件成立，则可得到 $\lim\limits_{k\to\infty} f(x_k)=0$，从而使 $\{x_k\}$收敛．

牛顿下山法是目前方程求根的一个有效方法，当 $\lambda\neq 1$ 时，它的收敛速度虽然没有牛顿法快，但它对初值的选取范围放宽很多．

4.5.3 割线法

牛顿法的收敛速度很快，但是每迭代一次，都要计算 $f'(x_k)$ 的值，如果出现 $f'(x_k)$ 接近于零，可能导致溢出．即使 $f'(x_k)$ 不为零，但当 $f(x)$ 较复杂时，导数的计算工作量也较大．通常希望避免计算导数，而导出一个类似牛顿迭代公式的公式．

割线法（Secant Method）原理：在牛顿法中，为避免计算导数，用经过两点的割线来代替切线，即求 x_{k+1}时，由前面算出的 x_{k-1}，x_k 两点的割线斜率代替导数，可得

$$f'(x_k) \approx \frac{f(x_k)-f(x_{k-1})}{x_k - x_{k-1}}$$

代入牛顿迭代公式 $x_{k+1}=x_k-f(x_k)/f'(x_k)$ 中，有**割线法迭代公式**

$$x_{k+1}=x_k-\frac{f(x_k)}{f(x_k)-f(x_{k-1})}(x_k-x_{k-1}) \quad (4-27)$$

割线法的几何意义：如图4－7所示，迭代公式的导数是曲线 $y=f(x)$ 过两点 $P_{k-1}(x_{k-1},f(x_{k-1}))$，$P_k(x_k,f(x_k))$ 的割线（弦线）的斜率，其割线方程为 $y=f(x_k)+\frac{f(x_k)-f(x_k-1)}{x_k-x_{k-1}}(x-x_k)$，割线与 $y=0$ 的交点记为 x_{k+1}，则得到割线法迭代公式. 割线法又称为弦截法、弦线法.

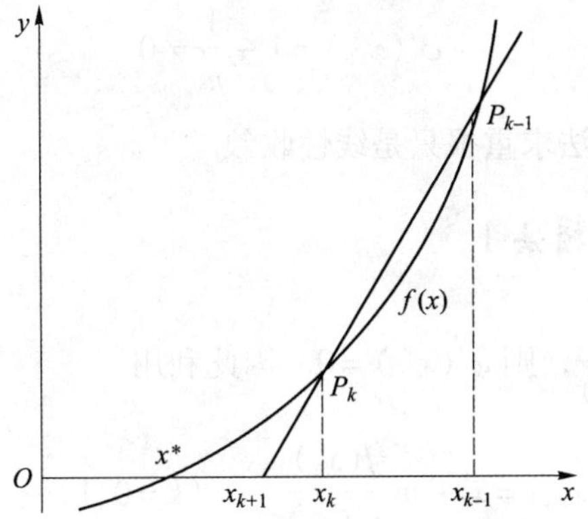

图4－7　割线法的几何示意

割线法的收敛性：如果 $f(x)$ 在零点 x^* 附近有连续的二阶导数，$f'(x^*)\neq0$，且初值 x_0，x_1 充分接近 x^*，则割线法的迭代过程是收敛的，其收敛速度为

$$|x_{k+1}-x^*|\approx|f''(x^*)/f'(x^*)|^{0.618}\cdot|x_k-x^*|^{1.618}$$

式中，x_{k+1}，x_k 分别是第 $k+1$ 次和第 k 次的迭代近似值.

注　割线法具有超线性收敛速度，其收敛阶为 $p=1.618$.

例4－13　用割线法求方程 $x-\sin x-0.5=0$ 在1.5附近的一个根.

解　割线法迭代公式为

$$x_{k+1}=x_k-\frac{x_k-\sin x_k-0.5}{(x_k-x_{k-1})-(\sin x_k-\sin x_{k-1})}(x_k-x_{k-1})$$

取初值 $x_0=1.4$，$x_1=1.6$ 进行迭代计算，得到

$$x_2=1.6-\frac{1.6-\sin 1.6-0.5}{(1.6-1.4)-(\sin 1.6-\sin 1.4)}\cdot(1.6-1.4)$$

$$=1.6-\frac{1.1-0.9995736}{0.2-(0.9995736-0.9854497)}\times0.2=1.4919426$$

$$x_3=1.49702,\quad x_4=1.49730$$

例4－14　用割线法求方程 $xe^x-1=0$ 在0.5附近的根.

解　取初值 $x_0=0.5$，$x_1=0.6$，用割线法迭代公式计算，得到

$$x_2=0.56532,\ x_3=0.56709,\ x_4=0.56714$$

比较例4－11牛顿法的计算结果可以看出，割线法的收敛速度也是相当快的.

4.5.4 求重根的修正牛顿法

设$f(x)=(x-x^*)^m g(x)$，整数$m\geqslant 2$，$g(x^*)\neq 0$，则x^*为方程$f(x)=0$的m重根，此时有

$$f(x^*)=f'(x^*)=\cdots=f^{(m-1)}(x^*)=0,\ f^{(m)}(x^*)\neq 0$$

只要$f'(x_k)\neq 0$，就仍可用牛顿法计算，此时迭代函数$\varphi(x)=x-\dfrac{f(x)}{f'(x)}$的导数为

$$\varphi'(x^*)=1-\frac{1}{m}\neq 0$$

且$|\varphi'(x^*)|<1$，所以牛顿法求重根只是线性收敛.

1） **求重根的修正牛顿法 1**

选取$\varphi(x)=x-m\dfrac{f(x)}{f'(x)}$，则$\varphi'(x^*)=0$. 因此利用

$$x_{k+1}=x_k-m\frac{f(x_k)}{f'(x_k)}\qquad(k=0,1,\cdots)\tag{4-28}$$

求m重根，具有 2 阶收敛. 应用该方法的前提是：要知道x^*的重数m.

2） **求重根的修正牛顿法 2**

构造求重根的迭代法，还可令$\mu(x)=f(x)/f'(x)$，若x^*是$f(x)=0$的m重根，则

$$\mu(x)=\frac{(x-x^*)g(x)}{mg(x)+(x-x^*)g'(x)}\tag{4-29}$$

故x^*是$\mu(x)=0$的单根. 对它用牛顿法，其迭代函数为

$$\varphi(x)=x-\frac{\mu(x)}{\mu'(x)}=x-\frac{f(x)f'(x)}{[f'(x)]^2-f(x)f''(x)}$$

从而可构造迭代公式

$$x_{k+1}=x_k-\frac{f(x_k)f'(x_k)}{[f'(x_k)]^2-f(x_k)f''(x_k)}\qquad(k=0,1,\cdots)$$

它是二阶收敛的.

例 4-15 方程$x^4-4x^2+4=0$的根$x^*=\sqrt{2}$是二重根，用上述 3 种方法求根.

解 先求出 3 种方法的迭代公式.

（1）牛顿法：$x_{k+1}=x_k-\dfrac{x_k^2-2}{4x_k}$.

（2）用式（4-28）：$x_{k+1}=x_k-\dfrac{x_k^2-2}{2x_k}$.

（3）用式（4-29）：$x_{k+1}=x_k-\dfrac{x_k(x_k^2-2)}{x_k^2+2}$.

取初值 $x_0=1.5$，计算结果如表 4-8 所示.

表 4-8　3 种方法的数值结果

k	x_k	方法（1）	方法（2）	方法（3）
1	x_1	1.458 333 333	1.416 666 667	1.411 764 706
2	x_2	1.436 607 143	1.414 215 686	1.414 211 438
3	x_3	1.425 497 619	1.414 213 562	1.414 213 562

由表 4-8 可知，计算 3 步，方法（2）及方法（3）均达到 10 位有效数字，而用牛顿法只有线性收敛，要达到同样精度需要迭代 30 次.

注　求重根的修正牛顿法 1 需要已知根的重数，因此不实用. 求重根的修正牛顿法 2 需要求函数的二阶导数，并且当所求根为单根时，不能改善本来已经二次收敛的牛顿法. 对于实际问题，往往事先并不知道所求根是否是重根，需要通过试算来判断，如当牛顿法收敛很慢时通常为重根.

4.6　非线性方程组的数值解法

许多实际问题归结为解如下的非线性方程组

$$\begin{cases} f_1(x_1,x_2,\cdots,x_n)=0 \\ f_2(x_1,x_2,\cdots,x_n)=0 \\ \vdots \\ f_n(x_1,x_2,\cdots,x_n)=0 \end{cases} \tag{4-30}$$

式中，多元函数 $f_i(x_1,x_2,\cdots,x_n)\,(i=1,2,\cdots,n)$ 为 n 维空间 $\mathbf{R}^n$ 中区域 D 上的实值函数. 一般表示为：$f_i: D\subset\mathbf{R}^n\to\mathbf{R}$. $f_i(x_1,x_2,\cdots,x_n)\,(i=1,2,\cdots,n)$ 中至少有一个是非线性的.

令 $\boldsymbol{x}=(x_1,x_2,\cdots,x_n)^{\mathrm{T}}\in\mathbf{R}^n$，$\boldsymbol{F}(\boldsymbol{x})=(f_1(\boldsymbol{x}),f_2(\boldsymbol{x}),\cdots,f_n(\boldsymbol{x}))^{\mathrm{T}}$，则式（4-30）记为

$$\boldsymbol{F}(\boldsymbol{x})=\boldsymbol{0} \tag{4-31}$$

式中，$\boldsymbol{F}: D\subset\mathbf{R}^n\to\mathbf{R}^n$ 的一个非线性映射.

求向量 $\boldsymbol{x}^*$，使得 $\boldsymbol{F}(\boldsymbol{x}^*)=\boldsymbol{0}$ 的问题，就是非线性方程组求解问题，称 $\boldsymbol{x}^*$ 为式（4-31）的解向量.

多元非线性方程组与一元非线性方程 $f(x)=0$ 具有相同的形式，因此，可以类似地讨论其迭代解法，如不动点迭代法、牛顿法.

4.6.1　简单迭代法

解非线性方程组的迭代法和非线性方程一样，首先需要将 $\boldsymbol{F}(\boldsymbol{x})=\boldsymbol{0}$ 转化为等价方程组：

$$x_i=\varphi_i(x_1,x_2,\cdots,x_n)\quad(i=1,2,\cdots,n)$$

简记为 $\boldsymbol{x}=\boldsymbol{\Phi}(\boldsymbol{x})$. 其中，$\varphi_i:\mathbf{R}^n\to\mathbf{R}$，$\boldsymbol{\Phi}:\mathbf{R}^n\to\mathbf{R}^n$. 由于

$$\boldsymbol{x}=(x_1,x_2,\cdots,x_n)^{\mathrm{T}}\in\mathbf{R}^n,\boldsymbol{\Phi}(\boldsymbol{x})=(\varphi_1(x),\varphi_2(x),\cdots,\varphi_n(x))^{\mathrm{T}}$$

因此构造迭代公式

$$\boldsymbol{x}^{(k+1)}=\boldsymbol{\Phi}(\boldsymbol{x}^{(k)})\quad(k=0,1,\cdots)\tag{4-32}$$

这种方法称为**简单迭代法**，或称为不动点迭代法. $\boldsymbol{\Phi}$ 仍称为迭代函数，用不同的方法构造不同的迭代函数可得到不同的迭代法. 给定初始向量 $\boldsymbol{x}^{(0)}$，由式（4-32）可产生向量序列$\{\boldsymbol{x}^{(k)}\}$.

若$\lim\limits_{k\to\infty}\boldsymbol{x}^{(k)}=\boldsymbol{x}^*$存在，则称$\{\boldsymbol{x}^{(k)}\}$为收敛序列. 其中$\boldsymbol{x}^*$是方程组的解，又称为方程组$\boldsymbol{x}=\boldsymbol{\Phi}(\boldsymbol{x})$的不动点.

类似单个方程的情形，有非线性方程组的映内压缩性定理和局部收敛性定理（略）.

例 4-16 用简单迭代法求下列方程组在$(x_1,x_2)^{\mathrm{T}}=(0.5,0.5)^{\mathrm{T}}$附近的解

$$\begin{cases}f_1(x_1,x_2)=x_1-0.7\sin x_1-0.2\cos x_2=0\\ f_2(x_1,x_2)=x_2-0.7\cos x_1+0.2\sin x_2=0\end{cases}$$

解 首先写出等价方程组 $\boldsymbol{x}=\boldsymbol{\Phi}(\boldsymbol{x})$. 其中

$$\boldsymbol{\Phi}(\boldsymbol{x})=\begin{pmatrix}g_1(\boldsymbol{x})\\ g_2(\boldsymbol{x})\end{pmatrix}=\begin{pmatrix}0.7\sin x_1+0.2\cos x_2\\ 0.7\cos x_1-0.2\sin x_2\end{pmatrix},\ \boldsymbol{x}=\begin{pmatrix}x_1\\ x_2\end{pmatrix}$$

迭代公式为

$$\begin{cases}x_1^{(k+1)}=0.7\sin x_1^{(k)}+0.2\cos x_2^{(k)}\\ x_2^{(k+1)}=0.7\cos x_1^{(k)}-0.2\sin x_2^{(k)}\end{cases}\quad(k=0,1,\cdots)$$

取初始解$(x_1^{(0)},x_2^{(0)})^{\mathrm{T}}=(0.5,0.5)^{\mathrm{T}}$，迭代计算，得数值结果，如表 4-9 所示.

表 4-9 例 4-16 的迭代值

k	$x_1^{(k)}$	$x_2^{(k)}$
0	0.5	0.5
1	0.511 114	0.518 423
2	0.516 125	0.511 438
⋮	⋮	⋮
17	0.526 508	0.507 926

简单迭代法的 Matlab 程序（iterates. m）如下：

```
function [xstar,index,it] = iterates(G,x,ep,it_max)
% 求解非线性方程组的简单迭代法,其中,
% G(x)为需要求解的函数;
% x 为初始向量(列向量);
% ep 为精度,缺省值为 1e-5,
% 当‖x(k)-x(k-1)‖<ep 时,终止计算;
```

```
% it_max 为最大迭代次数,缺省值为100;
% xstar 为当迭代成功时,输出方程的根,
% 当迭代失败时,输出最后的迭代值;
% index 为指标变量,
% 当 index =1 时,表明迭代成功,
% index =0 表明迭代次数 > =it_max,迭代失败;
% it 为迭代次数.
if nargin <4 it_max =100;end
if nargin <3 ep =1e -5;end
index =0;k =1;
while k < =it_max
      x1 =x;x =feval(G,x)
      if norm(x -x1) < =ep
         index =1;break;
      end
      k =k +1;
end
xstar =x;it =k;
```

编写例4－16的迭代函数，函数名为G，程序如下：

```
function f =G(x)
f =[0.7 * sin(x(1)) +0.2 * cos(x(2));0.7 * cos(x(1)) -0.2 * sin(x(2))];
```

调用简单迭代法函数 iterates. m 求方程组的解：

```
[xstar,index,it] =iterates(@ G,[0.5 0.5]')
```

得到方程组的解为

```
xstar =[0.5265,0.5079]',index =1,it =17
```

运行结果表明迭代成功，即达到精度要求，迭代终止条件为：前后两次迭代向量的误差（向量的2－范数）满足精度，共迭代计算17次.

4.6.2 牛顿法

1）牛顿法简介

牛顿法的原理：单个方程的牛顿法可以推广到方程组的情形，它也是简单迭代法的特殊情形．牛顿法的原理是用线性函数近似非线性函数，逐步用线性方程组的解近似非线性方程组的解 $\boldsymbol{x}^*$.

线性化方法：对于方程组 $\boldsymbol{F}(\boldsymbol{x})=\boldsymbol{0}$，设 $f_i(\boldsymbol{x})(i=1,2,\cdots,n)$ 具有对 $x_j(j=1,2,\cdots,n)$ 的二阶偏导数．又设方程组 $\boldsymbol{F}(\boldsymbol{x})=\boldsymbol{0}$ 有近似解 $\boldsymbol{x}^{(k)}=(x_1^{(k)},x_2^{(k)},\cdots,x_n^{(k)})^{\mathrm{T}}$.

将 $\boldsymbol{F}(\boldsymbol{x})$ 在 $\boldsymbol{x}^{(k)}$ 点作多元函数的泰勒展开，并取其线性部分

$$\boldsymbol{F}(\boldsymbol{x}) \approx \boldsymbol{F}(\boldsymbol{x}^{(k)}) + \boldsymbol{F}'(\boldsymbol{x}^{(k)})(\boldsymbol{x}-\boldsymbol{x}^{(k)})$$

令上式右端为零，得到线性方程组

$$\boldsymbol{F}'(\boldsymbol{x}^{(k)})(\boldsymbol{x}-\boldsymbol{x}^{(k)}) = -\boldsymbol{F}(\boldsymbol{x}^{(k)}) \tag{4-33}$$

其中

$$\boldsymbol{J}(\boldsymbol{x}) \overset{\Delta}{=} \boldsymbol{F}'(\boldsymbol{x}) = \begin{pmatrix} \dfrac{\partial f_1(\boldsymbol{x})}{\partial x_1} & \dfrac{\partial f_1(\boldsymbol{x})}{\partial x_2} & \cdots & \dfrac{\partial f_1(\boldsymbol{x})}{\partial x_n} \\ \dfrac{\partial f_2(\boldsymbol{x})}{\partial x_1} & \dfrac{\partial f_2(\boldsymbol{x})}{\partial x_2} & \cdots & \dfrac{\partial f_2(\boldsymbol{x})}{\partial x_n} \\ \vdots & \vdots & & \vdots \\ \dfrac{\partial f_n(\boldsymbol{x})}{\partial x_1} & \dfrac{\partial f_n(\boldsymbol{x})}{\partial x_2} & \cdots & \dfrac{\partial f_n(\boldsymbol{x})}{\partial x_n} \end{pmatrix}$$

为 $\boldsymbol{x}$ 处 $f_i(\boldsymbol{x})$ 的各个一阶偏导数矩阵，称为 $\boldsymbol{F}(\boldsymbol{x})$ 的**雅可比矩阵**.

由式（4-33）得到牛顿迭代公式

$$\boldsymbol{x}^{(k+1)} = \boldsymbol{x}^{(k)} - [\boldsymbol{J}(\boldsymbol{x})]^{-1}\boldsymbol{F}(\boldsymbol{x}^{(k)}) \quad (k=0,1,2,\cdots) \tag{4-34}$$

牛顿迭代过程：记 $\Delta\boldsymbol{x}^{(k)} = \boldsymbol{x}-\boldsymbol{x}^{(k)}$，则由式（4-33）得到

$$\boldsymbol{J}(\boldsymbol{x}^{(k)})\Delta\boldsymbol{x}^{(k)} = -\boldsymbol{F}(\boldsymbol{x}^{(k)}) \tag{4-35}$$

当 $\det(\boldsymbol{J}) \neq 0$ 时，解出 $\Delta\boldsymbol{x}^{(k)}$，则有

$$\boldsymbol{x}^{(k+1)} = \boldsymbol{x}^{(k)} + \Delta\boldsymbol{x}^{(k)}$$

对于近似解 $\boldsymbol{x}^{(k+1)}$，再重复上面计算，这就是牛顿迭代过程，迭代公式为

$$\begin{cases} \boldsymbol{J}(\boldsymbol{x}^{(k)})\Delta\boldsymbol{x}^{(k)} = -\boldsymbol{F}(\boldsymbol{x}^{(k)}) \\ \boldsymbol{x}^{(k+1)} = \boldsymbol{x}^{(k)} + \Delta\boldsymbol{x}^{(k)} \end{cases} \quad (k=0,1,2,\cdots)$$

牛顿法的收敛性：设函数 $\boldsymbol{F}(\boldsymbol{x})$ 在解向量 $\boldsymbol{x}^*$ 附近具有二阶连续偏导数，雅可比矩阵 $\boldsymbol{J}(\boldsymbol{x})$ 在 $\boldsymbol{x}^*$ 处为非奇异矩阵，则对 $\boldsymbol{x}^*$ 附近的初始向量 $\boldsymbol{x}^{(0)}$，牛顿迭代过程收敛（且是平方收敛的）.

例 4-17 用牛顿法求下列方程组在 $(x_1,x_2)^{\mathrm{T}} = (0.5,0.5)^{\mathrm{T}}$ 附近的解.

$$\begin{cases} f_1(x_1,x_2) = x_1 - 0.7\sin x_1 - 0.2\cos x_2 = 0 \\ f_2(x_1,x_2) = x_2 - 0.7\cos x_1 + 0.2\sin x_2 = 0 \end{cases}$$

解 （1）第一次迭代. 先求出雅可比矩阵

$$\boldsymbol{J}(\boldsymbol{x}) = \begin{pmatrix} 1-0.7\cos x_1 & 0.2\sin x_2 \\ 0.7\sin x_1 & 1+0.2\cos x_2 \end{pmatrix}$$

取初值 $\boldsymbol{x}^{(0)} = (0.5,0.5)^{\mathrm{T}}$，则

$$\boldsymbol{J}(\boldsymbol{x}^{(0)}) = \begin{pmatrix} 0.385\,69 & 0.095\,885 \\ 0.335\,60 & 1.175\,5 \end{pmatrix}$$

$\det(\boldsymbol{J}(\boldsymbol{x}^{(0)})) = 0.421\,21 \neq 0$，而 $\boldsymbol{F}(\boldsymbol{x}^{(0)}) = (-0.011\,114, 0.018\,423)^{\mathrm{T}}$，代入式（4-

35）得

$$\begin{pmatrix} 0.385\,69 & 0.095\,885 \\ 0.335\,60 & 1.175\,5 \end{pmatrix} \Delta \boldsymbol{x}^{(0)} = \begin{pmatrix} -0.011\,114 \\ 0.018\,423 \end{pmatrix}$$

解得：$\Delta \boldsymbol{x}^{(0)} = (0.026\,823\,4, 8.014\,5 \times 10^{-3})^{\mathrm{T}}$，因此得新的近似解 $\boldsymbol{x}^{(1)} = (0.526\,82, 0.508\,01)^{\mathrm{T}}$，此时，$\boldsymbol{F}(\boldsymbol{x}^{(1)}) = (1.3 \times 10^{-4}, 2.08 \times 10^{-4})^{\mathrm{T}}$.

（2）第二次迭代．将 $\boldsymbol{x}^{(1)}$ 再代入雅可比矩阵中，得

$$\begin{pmatrix} 0.394\,91 & 0.097\,288 \\ 0.351\,95 & 1.174\,74 \end{pmatrix} \Delta \boldsymbol{x}^{(1)} = \begin{pmatrix} -1.3 \times 10^{-4} \\ -2.08 \times 10^{-4} \end{pmatrix}$$

解得：$\Delta \boldsymbol{x}^{(1)} = (-3.083\,2 \times 10^{-4}, -8.468\,9 \times 10^{-5})^{\mathrm{T}}$，因此第二次迭代的近似解为

$$\boldsymbol{x}^{(2)} = \boldsymbol{x}^{(1)} + \Delta \boldsymbol{x}^{(1)} = (0.526\,51, 0.507\,93)^{\mathrm{T}}$$

此时，$\boldsymbol{F}(\boldsymbol{x}^{(2)}) = (0, 4 \times 10^{-6})^{\mathrm{T}}$，精度已相当高．与例 4－16 相比，显然在解 $\boldsymbol{x}^*$ 附近，牛顿迭代过程得到的序列$\{\boldsymbol{x}^{(k)}\}$为二阶收敛.

牛顿法解方程组的 Matlab 程序（Newtons. m）如下：

```
function [xstar,index,it] = Newtons(funs,x,ep,it_max)
% 求解非线性方程组的牛顿法,其中,
% funs(x)为需要求解的函数,
% funs 的第一个因变量是函数向量,
% funs 的第二个因变量是雅可比矩阵;
% x 为初始向量(列向量);
% ep 为精度,缺省值为 1e -5,
% 当‖x(k) -x(k-1)‖<ep 时,终止计算;
% it_max 为最大迭代次数，缺省值为 100;
% xstar 为当迭代成功时，输出方程组的解,
% 当迭代失败时，输出最后的迭代解;
% index 为指标变量,
% 当 index =1 时，表明迭代成功,
% index =0 表明迭代次数 > =it_max,迭代失败;
% it 为迭代次数.
if nargin <4 it_max =100;end
if nargin <3 ep =1e -5;end
index =0;k =1;
while k < =it_max
    x1 =x;[f,J] =feval(funs,x);
    if abs(det(J)) <ep break; end
    x =x -J\f;
    if norm(x -x1) < =ep
```

```
            index = 1;break;
        end
        k = k + 1;
    end
    xstar = x;it = k;
```

编写例 4－17 的迭代函数，函数名为 funs，程序如下：

```
function [f,J] = funs(x)
f = [x(1) - 0.7 * sin(x(1)) - 0.2 * cos(x(2));x(2) - 0.7 * cos(x(1)) + 
0.2 * sin(x(2))];
J = [1 - 0.7 * cos(x(1)) 0.2 * sin(x(2));0.7 * sin(x(1)) 1 + 0.2 * cos(x
(2))];
```

调用牛顿法函数 Newtons. m 求方程的根：

```
[xstar,index,it] = Newtons(@ funs,[0.5 0.5]')
```

得到方程的根为

```
xstar = [0.5265,0.5079],index = 1,it = 3
```

运行结果表明迭代成功，达到精度要求．迭代终止条件为：前后两次迭代向量的误差（向量的 2－范数）满足精度，共迭代计算 3 次．

2）牛顿法的变形

由于牛顿法每迭代一步需计算 n^2 个偏导数、求一次矩阵的逆，其计算量很大．如果将计算出的 $\boldsymbol{F}'(\boldsymbol{x}^{(0)})$ 用于以后多次迭代，即令 $\boldsymbol{F}'(\boldsymbol{x}^{(k)}) \equiv \boldsymbol{F}'(\boldsymbol{x}^{(0)})$，这时式（4－34）为

$$\boldsymbol{x}^{(k+1)} = \boldsymbol{x}^{(k)} - [\boldsymbol{F}'(\boldsymbol{x}^{(0)})]^{-1}\boldsymbol{F}(\boldsymbol{x}^{(k)}) \qquad (k=0,1,2,\cdots)$$

与单个方程时的情形一样，这种迭代法也称为**简化牛顿法**．

除第一步外，简化牛顿法每步只算一个 $\boldsymbol{F}(\boldsymbol{x})$ 值，但它只是线性收敛，若综合牛顿法收敛快和简化牛顿法计算量少的优点，将简化牛顿法中的 m 步组成 1 步，则得

$$\begin{cases} \boldsymbol{x}^{(k,0)} = \boldsymbol{x}^{(k)} \\ \boldsymbol{x}^{(k,i)} = \boldsymbol{x}^{(k,i-1)} - [\boldsymbol{F}'(\boldsymbol{x}^{(k)})]^{-1}\boldsymbol{F}(\boldsymbol{x}^{(k,i-1)}) \qquad (i=1,2,\cdots,m;k=0,1,2,\cdots) \\ \boldsymbol{x}^{(k+1)} = \boldsymbol{x}^{(k,m)} \end{cases}$$

这种迭代法称为**修正牛顿法**．

从 $\boldsymbol{x}^{(k)}$ 到 $\boldsymbol{x}^{(k+1)}$ 时用简化牛顿法迭代 m 次（实际计算中，一般只要迭代 2～3 次即可）．可以证明这种迭代法具有 $m+1$ 阶收敛速度．当然，当 $m=1$ 时就是牛顿法．修正牛顿法迭代公式是由萨马斯基于 1967 年提出的，也称为**萨马斯基技巧**，其思想也可用于其他迭代法．应用结果表明，这种方法效果良好．

针对牛顿法局部收敛性与要求计算导数的局限性，为扩大收敛范围或避免求导数计算，也有相应的下山法和割线法．为防止在某一步迭代中 $\boldsymbol{F}'(\boldsymbol{x}^{(k)})$ 出现奇异或病态，以至后面迭

代无法进行，可引入参数 λ_k，使 $\boldsymbol{F}'(\boldsymbol{x}^{(k)})+\lambda_k\boldsymbol{I}$（$\boldsymbol{I}$ 为 n 阶单位矩阵）非奇异或非病态. 例如可选择 λ_k 充分大，使之构成对角占优矩阵. 此时迭代公式为

$$\boldsymbol{x}^{(k+1)}=\boldsymbol{x}^{(k)}-[\boldsymbol{F}'(\boldsymbol{x}^{(k)})+\lambda_k\boldsymbol{I}]^{-1}\boldsymbol{F}(\boldsymbol{x}^{(k)}) \qquad (k=0,1,2,\cdots)$$

λ_k 称为阻尼因子，该迭代法称为**阻尼牛顿法**.

例 4-18 分别用牛顿法、简化牛顿法及修正牛顿法解下列方程组，初始向量 $\boldsymbol{x}^{(0)}=(2,2)^{\mathrm{T}}$.

$$\begin{cases}x_1^2-x_2-1=0\\(x_1-2)^2+(x_2-0.5)^2-1=0\end{cases}$$

解 计算雅可比矩阵

$$\boldsymbol{F}'(\boldsymbol{x})=\begin{pmatrix}2x_1 & -1\\2x_1-4 & 2x_2-1\end{pmatrix}$$

用牛顿法计算的结果如表 4-10 所示.

表 4-10 牛顿法的迭代值

k	$x_1^{(k)}$	$x_2^{(k)}$
0	2.0	2.0
1	1.645 833	1.583 333
⋮	⋮	⋮
5	1.546 342 88	1.391 176 313
6	1.546 342 88	1.391 176 313

由表 4-10 可知，用牛顿法 5 次即可. 若用简化牛顿法，取同样初值，需迭代 31 次才能达到牛顿法迭代 5 次的精度. 用修正牛顿法，取 $m=3$，在相同的初值下，只迭代 2 次，其计算结果如表 4-11 所示.

表 4-11 修正牛顿法的迭代值

k	i	$x_1^{(k)}$	$x_2^{(k)}$
0	0	2.0	2.0
	1	1.645 833 333	1.583 333 333
	2	1.589 554 399	1.483 651 618
1	0	1.567 624 11	1.438 962 027
	1	1.547 076 881	1.392 962 261
	2	1.546 393 82	1.391 305 31
2	0	1.546 346 575	1.391 185 723
	1	1.546 342 883	1.391 176 313
	2	1.546 342 883	1.391 176 313

4.6.3 最速下降法

对于方程组 $\boldsymbol{F}(\boldsymbol{x})=\boldsymbol{0}$，构造各方程的平方和函数，即令

$$\Phi(x_1,x_2,\cdots,x_n)=\sum_{i=1}^{n}f_i^2(x)$$

则求 $\boldsymbol{F}(\boldsymbol{x})=\boldsymbol{0}$ 的解等价于求多元函数 $\Phi(x_1,x_2,\cdots,x_n)$ 的极小值问题，可以采用最优化方法求解.

最速下降法，即梯度法，是 1847 年由柯西提出的，它是求解最优化问题的最古老且基本的数值方法，后来提出的一些好的方法都是这种方法的改进.

最速下降法的原理：设 $\Phi(x_1,x_2,\cdots,x_n)$ 对各变元具有连续的偏导数，记其梯度为

$$\nabla\boldsymbol{\Phi}(x)=\left(\frac{\partial\Phi}{\partial x_1},\frac{\partial\Phi}{\partial x_2},\cdots,\frac{\partial\Phi}{\partial x_n}\right)^{\mathrm{T}}$$

取 $\boldsymbol{x}^{(0)}=(x_1^{(0)},x_2^{(0)},\cdots,x_n^{(0)})^{\mathrm{T}}$ 为近似解，任取一个单位向量 $\boldsymbol{p}$ 及正数 t，将 $\Phi(\boldsymbol{x})$ 在 $\boldsymbol{x}^{(0)}$ 处进行泰勒展开，即有

$$\Phi(\boldsymbol{x}^{(0)}+t\boldsymbol{p})=\Phi(\boldsymbol{x}^{(0)})+t(\nabla\boldsymbol{\Phi}(\boldsymbol{x}^{(0)}))^{\mathrm{T}}\boldsymbol{p}+o(t)$$

其中 $o(t)$ 是 t 的高阶无穷小量，而

$$\begin{aligned}[\nabla\boldsymbol{\Phi}(\boldsymbol{x}^{(0)})]^{\mathrm{T}}\boldsymbol{p}&=\|\nabla\boldsymbol{\Phi}(\boldsymbol{x}^{(0)})\|\cdot\|\boldsymbol{p}\|\cdot\cos(\nabla\boldsymbol{\Phi}(\boldsymbol{x}^{(0)}),\boldsymbol{p})\\&=\|\nabla\boldsymbol{\Phi}(\boldsymbol{x}^{(0)})\|\cdot\cos(\nabla\boldsymbol{\Phi}(\boldsymbol{x}^{(0)}),\boldsymbol{p})\end{aligned}$$

（1）选方向：当 $(\nabla\boldsymbol{\Phi}(\boldsymbol{x}^{(0)}),\boldsymbol{p})=\pi$ 时，即 $\boldsymbol{p}=-\nabla\boldsymbol{\Phi}(\boldsymbol{x}^{(0)})/\|\nabla\boldsymbol{\Phi}(\boldsymbol{x}^{(0)})\|$ 时，$\Phi(\boldsymbol{x}^{(0)}+t\boldsymbol{p})$ 向 $\Phi(\boldsymbol{x}^{(0)})$ 变化最快，就是说沿负梯度方向 $\Phi(\boldsymbol{x})$ 在点 $\boldsymbol{x}^{(0)}$ 附近变化最快. 最速下降法正是因此而得名.

（2）选步长：由 $\boldsymbol{x}^{(0)}$ 求 $\boldsymbol{x}^{(1)}$，沿负梯度方向跨出一步 t，即

$$\boldsymbol{x}^{(1)}=\boldsymbol{x}^{(0)}-t\nabla\boldsymbol{\Phi}(\boldsymbol{x}^{(0)})$$

选步长的原则为：使 $F(t)=\Phi(\boldsymbol{x}^{(0)}-t\nabla\boldsymbol{\Phi}(\boldsymbol{x}^{(0)}))$ 达极小，即求 t_0 使

$$\Phi(\boldsymbol{x}^{(0)}-t_0\nabla\boldsymbol{\Phi}(\boldsymbol{x}^{(0)}))=\min F(t)$$

重复上述过程，由 $\boldsymbol{x}^{(1)}$ 求出新的近似解 $\boldsymbol{x}^{(2)}=\boldsymbol{x}^{(1)}-t_1\nabla\boldsymbol{\Phi}(\boldsymbol{x}^{(1)})$. 由此得到**最速下降法迭代公式**

$$\begin{cases}\Phi(\boldsymbol{x}^{(k)}-t_k\nabla\boldsymbol{\Phi}(\boldsymbol{x}^{(k)}))=\min\limits_{i}\Phi(\boldsymbol{x}^{(k)}-t\nabla\boldsymbol{\Phi}(\boldsymbol{x}^{(k)}))\\\boldsymbol{x}^{(k+1)}=\boldsymbol{x}^{(k)}-t_k\nabla\boldsymbol{\Phi}(\boldsymbol{x}^{(k)})\end{cases}\quad(k=0,1,2,\cdots)$$

迭代计算，直至 Φ 的值降到很小，则终止计算.

注 一般地，最速下降法对任选的初始向量都能收敛，但收敛速度不如牛顿法快. 将牛顿法与最速下降法联合使用，可取长补短，效果更好.

4.7 求解非线性方程（组）的 Matlab 函数

Matlab 软件提供了多种求解非线性方程（组）的方法，下面分别介绍.

4.7.1 solve 函数

solve 函数可以得到方程（组）的解析解或数值解，其命令格式为：

```
solve('eqn1','eqn2',…,'eqnN')
solve('eqn1','eqn2',…,'eqnN','var1,var2,...,varN')
solve('eqn1','eqn2',…,'eqnN','var1','var2',...'varN')
```

其中，eqn1，eqn2，…，eqnN 是方程（组）的表达式；var1，var2，…，varN 是相应的变量.

1）求解方程（组）的解析表达式

例 4－19 解三角方程 $p\sin(x)=r$，x 为未知变量.

解 输入

```
x=solve('p*sin(x)=r')
```

得到方程的解析解：

```
x=asin(r/p)
```

例 4－20 解非线性方程组 $\begin{cases} au^2+v^2=0 \\ u-1=1 \end{cases}$，$u$，$v$ 为未知变量.

解 输入

```
[u,v]=solve('a*u^2+v^2=0','u-v=1')
```

得到方程组的解析解：

```
u=1/2/(a+1)*(-2*a+2*(-a)^(1/2))+1  v=1/2/(a+1)*(-2*a+2*(-a)^(1/2))
u=1/2/(a+1)*(-2*a-2*(-a)^(1/2))+1  v=1/2/(a+1)*(-2*a-2*(-a)^(1/2))
```

2）求方程（组）的数值解

在得不到解析解的情况下，有时 solve 函数可以得到方程（组）的数值解.

例 4－21 解非线性方程组 $\begin{cases} x^2+xy+y=3 \\ x^2-4x+3=0 \end{cases}$，$x$，$y$ 为未知变量.

解 输入

```
[x,y]=solve('x^2+x*y+y=3','x^2-4*x+3=0')
```

得到方程组的数值解：

```
x=[1]  y=[ 1 ]
x=[3]  y=0[-3/2]
```

3）*求多项式方程的全部根*

solve 函数的另一种功能是求多项式的全部根.

例 4-22 求多项式方程 $x^2-3x+2=0$ 的根.

解 输入

```
x=solve('x^2-3*x+2=0')
```

得到多项式的全部根:

```
x=2
  1
```

另外，在 Matlab 中，roots 函数也可求多项式的全部根，其命令格式为:

```
roots(c)
```

其中，向量 $\boldsymbol{c}=(c_1,c_2,\cdots,c_{n+1})$ 表示多项式 $p(x)=c_1x^n+c_2x^{n-1}+\cdots+c_nx+c_{n+1}$ 的系数.

例 4-23 求多项式方程 $x^3-2x-5=0$ 的根.

解 输入

```
x=roots([1 0 -2 -5])
```

得到多项式的全部根:

```
x=2.0946
  -1.0473+1.1359i
  -1.0473-1.1359i
```

4）*有些方程无法用 solve 函数求根*

由于 solve 函数是以解析解为主，因此并不是所有的方程都能得到解（解析解或数值解）. 例如，输入

```
S=solve('x^2*y^2-2*x-1=0','x^2-y^2-1=0')
```

得到:

```
S=x:[8x1 sym]
  y:[8x1 sym]
```

这时，需要调用相应的数值解函数，如 fzero 等.

4.7.2 fzero 函数

1）*fzero 函数的使用*

fzero 函数用来求一元函数的零点，其命令格式为:

```
x=fzero(fun,x0)
```

```
x = fzero(fun,x0,options)
[x,fval] = fzero(...)
[x,fval,exitflag] = fzero(...)
[x,fval,exitflag,output] = fzero(...)
```

其中，x 为方程的零点，fval 为迭代终止时的函数值，exitflag 等于 1 时表示迭代收敛，output 包含优化的信息，fun 为所求方程的函数，x0 为初始点，options 为选择项，它包括 Display 和 TolX.

Display 为显示迭代水平，它有如下参数：off 表示不显示（缺省情况）；iter 表示显示每步的迭代情况；final 表示只显示最终的结果. TolX 表示 x 的终止精度.

例 4-24 求方程 $x^3-x-1=0$ 的根，取初始点 $x_0=1.5$.

第一种解法如下：

解 输入

```
x = fzero('x^3 - x -1',1.5)
```

得到方程的根：

```
x =1.3247
```

第二种解法如下：

解 首先建立外部函数（fun3. m）：

```
function y = fun3(x)
y = x - sin(x) -0.5;
```

输入

```
x = fzero('fun3',1)
```

或

```
x = fzero(@ fun3,1)
```

得到方程的根：

```
x =1.4973
```

又输入

```
[x,fval,exitflag,output] = fzero('fun3',1)
```

得到方程的根，同时得到优化的信息：

```
x =1.4973
fval = -1.1102e -016
exitflag =1
intervaliterations: 10
          iterations: 7
           funcCount: 28
           algorithm: 'bisection, interpolation'
             message: 'Zero found in the interval [0.36, 1.64]'
```

2）选择项 options 的使用

选择项 options 中的参数需要用函数 optimset 来定义，例如在计算过程中显示每步的计算结果，则输入

```
options=optimset('Display','iter');
x=fzero('x^3-x-1',1.5,options)
```

显示每步的计算结果如下：

```
Search for an interval around 1.5 containing a sign change:
Func-count      a          f(a)          b          f(b)        Procedure
    1          1.5        0.875         1.5        0.875    initial interval
    3        1.45757     0.639072     1.54243     1.12713        search
    5          1.44      0.545984       1.56      1.23642        search
    7        1.41515     0.418885     1.58485     1.39591        search
    9          1.38      0.248072       1.62      1.63153        search
   11        1.33029    0.0239051     1.66971     1.98529        search
   12          1.26     -0.259624     1.66971     1.98529        search
 Search for a zero in the interval [1.26,1.66971]:
 Func-count          x                  f(x)              Procedure
    12              1.26             -0.259624              initial
    13           1.30738            -0.0727411           interpolation
    14           1.32517            0.00194236           interpolation
    15           1.32471          -3.17287e-005          interpolation
    16           1.32472           -1.3457e-008          interpolation
    17           1.32472           2.22045e-016          interpolation
    18           1.32472           2.22045e-016          interpolation
Zero found in the interval[1.26,1.66971]
x=1.3247
```

4.7.3 fsolve 函数

1）fsolve 函数的使用

fsolve 函数用来求非线性方程（组）的解，其命令格式为：

```
x=fsolve(fun,x0)
x=fsolve(fun,x0,options)
[x,fval]=fsolve(...)
```

```
[x,fval,exitflag] = fsolve(...)
[x,fval,exitflag,output] = fsolve(...)
[x,fval,exitflag,output,jacobian] = fsolve(...)
```

其用法与 fzero 函数基本相同，所不同的是它的主要功能是求非线性方程组的解.

例 4-25 求方程 $\sin(3x)=0$ 在 1 和 4 附近的根.

解 首先编写非线性求根函数:

```
fun = inline('sin(3 * x)');
```

输入

```
x = fsolve(fun,[1 4],optimset('Display','off'))
```

得到方程的根:

```
x = 1.0472,4.1888
```

例 4-26 求非线性方程组$\begin{cases}2x_1 - x_2 - e^{-x_1} = 0\\ -x_1 + 2x_2 - e^{-x_2} = 0\end{cases}$在$(-5,-5)^T$附近的解.

解 首先建立外部函数（fun4. m）如下:

```
function F = fun4(x)
F = [2 * x(1) - x(2) - exp(-x(1));
    -x(1) + 2 * x(2) - exp(-x(2))];
```

输入

```
[x,fval] = fsolve(@ fun4,[-5;-5])
```

得到方程组的解:

```
x = (0.5671, 0.5671)'
fval = 1.0e-006 * (-0.4059, -0.4059)'
```

2）*选择项 options 的使用*

fsolve 函数的选择项 options 要比 fzero 函数多，如 Jacobian 选项 on 使用雅可比矩阵（需要在外部函数中定义）.

例 4-27 以例 4-26 为题，在函数中使用雅可比矩阵，并显示每步的迭代结果.

解 首先建立外部函数（fun5. m）如下:

```
function [f,J] = fun5(x)
f = [2 * x(1) - x(2) - exp(-x(1)); -x(1) + 2 * x(2) - exp(-x(2))];
J = [2 + exp(-x(1))   -1 ;   -1  2 + exp(-x(2))];
```

输入

```
options = optimset('Jacobian','on','Display','iter');
[x,fval] = fsolve(@ fun5,[-5;-5],options)
```

得到

Iteration	Func - count	f (x)	Norm of step	First - order optimality	Trust - region radius
0	1	47071.2		2.29e +004	1
1	2	12003.4	1	5.75e +003	1
2	3	3147.02	1	1.47e +003	1
3	4	854.452	1	388	1
4	5	239.527	1	107	1
5	6	67.0412	1	30.8	1
6	7	16.7042	1	9.05	1
7	8	2.42788	1	2.26	1
8	9	0.032658	0.759511	0.206	2.5
9	10	7.03149e -006	0.111927	0.00294	2.5
10	11	3.29531e -013	0.00169132	6.36e -007	2.5

Optimization terminated: first - order optimality is less than options.TolFun.

x = (0.5671,0.5671)'

fval =1.0e -006 * (-0.4059, -0.4059)'

评　注

本章小结

在实际应用中，非线性方程大多是多元的，为便于理解迭代法的基本理论，本章把重点放在一元的情形，着重介绍求解单变量非线性方程 $f(x)=0$ 的迭代法及其理论.

不动点迭代法、局部收敛性及收敛阶等基本概念是十分重要的，并且很容易推广到非线性方程组. 在迭代法中以牛顿法最实用，它在单根附近具有二阶收敛，但应用时要选取较好的初值才能保证迭代收敛，为克服这一缺点，可使用牛顿下山法. 斯蒂芬森迭代法可将一阶方法加速为二阶，也是值得重视的算法. 斯蒂芬森迭代法不需要求导数，但不宜推广到多元的情形；牛顿法需要求导数，但可直接推广到多元方程组；两者的共同缺点是只对单根才有二次收敛性. 割线法可称为离散的牛顿法，属于插值方法，它不用计算 $f(x)$ 的导数，又具有超线性收敛性，也是常用的有效方法，这种方法是多点迭代法，计算时必须给出两个初始近似值.

非线性方程组的解法和理论是当今数值分析研究的重要课题之一，新方法不断出现，它也是科学计算经常遇到的，这里我们只介绍了简单迭代法、牛顿法和最速下降法. 牛顿法是常用的迭代方法，它是二次收敛的，其关键在于求解牛顿方程，高维时工作量很大. 为了避免求导数可采用修正牛顿法，与一维情形一样，它也有超线性收敛性. 防止牛顿方程奇异或病态的办法是加阻尼项. 从提高计算效率出发，牛顿法还有很多其他变形，统称为牛顿型算法．最速下降法对任选的初始向量都能收敛，但收敛速度不如牛顿法，将二者联合使用，可取长补短，效果更好．关于大范围收敛和求全部解的算法研究已经取得了不少进展，如延拓法、单调迭代法、区间迭代法和单纯形算法等．

单个代数方程组（即多项式方程）求根有久远的历史，也有不少特殊方法，本章均未介绍．在 Matlab 中有多项式和单变量函数求根的库函数，可直接调用．

习　题

1. 证明方程 $1-x-\sin x=0$ 在 $[0,1]$ 中有且仅有 1 个根，使用二分法求误差不大于 $\frac{1}{2}\times 10^{-3}$ 的根需要迭代多少次？（不必求根）

2. 证明方程 $e^x+10x-2=0$ 存在唯一实根 $x^*\in(0,1)$．用二分法求出此根，要求误差不超过 $\frac{1}{2}\times 10^{-2}$．

3. 已知方程 $x^3-x^2-0.8=0$ 在 $x_0=1.5$ 附近有 1 个根，将此方程改写成如下两个等价形式：$x=\sqrt[3]{0.8+x^2}$，$x=\sqrt{x^3-0.8}$．构造如下 2 个迭代公式：

（1）$x_{k+1}=\sqrt[3]{0.8+x_k^2}$，$k=0,1,2,\cdots$；（2）$x_{k+1}=\sqrt{x_k^3-0.8}$，$k=0,1,2,\cdots$．

判断这 2 个迭代公式是否收敛．选收敛较快的迭代公式，求出具有 4 位有效数字的近似值．

4. 求方程 $x^3-x^2-1=0$ 在 $x_0=1.5$ 附近的根，将其改写为如下 4 种不同的等价形式，构造相应的迭代公式，试分析它们的收敛性．选一种收敛速度最快的迭代公式求方程的根，精确至 4 位有效数字．

（1）$x=1+\frac{1}{x^2}$；（2）$x=\sqrt[3]{1+x^2}$；（3）$x=\sqrt{x^3-1}$；（4）$x=\frac{1}{\sqrt{x-1}}$．

5. 用迭代法求方程 $e^x-4x=0$ 的根，精确至 3 位有效数字．

6. 给定函数 $f(x)$，设对一切 x，$f'(x)$ 存在且 $0<m\leqslant f'(x)\leqslant M$，证明对于范围 $0<\lambda<2/M$ 内的任意定数 λ，迭代过程 $x_{k+1}=x_k-\lambda f(x_k)$ 均收敛于 $f(x)=0$ 的根 x^*．

7. 确定常数 p，q，r，使得迭代过程 $x_{k+1}=px_k+q\frac{a}{x_k^2}+r\frac{a^2}{x_k^5}$　$(k=0,1,2,\cdots)$ 局部收敛于 $x^*=\sqrt[3]{a}$ $(a>0)$，并有尽可能高的收敛阶数．收敛阶数是多少？

8. 证明对任何初值 $x_0\in\mathbf{R}$，由迭代公式 $x_{k+1}=\cos x_k$ $(k=0,1,2,\cdots)$ 所产生的序列 $\{x_k\}$ 都收敛于方程 $x=\cos x$ 的根．

9. 试用简单迭代法和埃特金加速法求方程 $x=e^{-x}$ 在 $x=0.5$ 附近的根，精确至 4 位有效数字．

10. 用下列方法求 $f(x)=x^3-3x-1=0$ 在 $x_0=2$ 附近的根，要求计算结果准确到 4 位有效数字．根的准确值 $x^*=1.879\,385\,24\cdots$．

（1）用牛顿法；（2）用割线法，取 $x_0=2$，$x_1=1.9$.

11. 应用牛顿法于方程：

（1）$f(x)=x^n-a=0$；（2）$f(x)=1-\dfrac{a}{x^n}=0$.

分别导出求$\sqrt[n]{a}$的迭代公式，并求极限$\lim\limits_{k\to\infty}\dfrac{e_{k+1}}{e_k^2}$，其中 $e_k=\sqrt[n]{a}-x_k$.

12. 设 a 为正实数，试建立求$\dfrac{1}{a}$的牛顿迭代公式，要求在迭代公式中不含有除法运算，并考虑迭代公式的收敛性.

13. 用牛顿法解方程$f(x)=1-\dfrac{a}{x^2}=0$，导出求$\sqrt{a}$的迭代公式，讨论其收敛阶，并用此公式求$\sqrt{115}$的值.

14. 讨论计算$\sqrt{a}$的迭代公式 $x_{k+1}=\dfrac{x_k\ (x_k^2+3a)}{3x_k^2+a}$的收敛阶.

15. $x^*=0$ 是$f(x)=e^{2x}-1-2x-2x^2=0$ 的几重根？取 $x_0=0.5$，分别用牛顿迭代公式与求重根的修正牛顿法迭代公式计算此根的近似值，精确至$|f(x_k)|\leqslant 10^{-4}$.

16. 用牛顿法解方程组$\begin{cases}x^2+y^2=4\\x^2-y^2=1\end{cases}$，取初始向量 $\boldsymbol{x}^{(0)}=(1.6,1.2)^{\mathrm{T}}$.

实验题

1. 实验目的：研究人口方程的求解与预测.

实验内容：对于本章 4.1 节讨论的人口方程

$$1\,564\,000=1\,000\,000e^{\lambda}+\frac{435\,000}{\lambda}\ (e^{\lambda}-1)$$

求 λ 的近似解，精确到 10^{-4}. 假设这一年的移民速度仍保持在每年 435 000 人，使用这个值来预测第二年年末的人口.

2. 实验目的：比较不同方法的计算量.

实验内容：比较求 $e^x+10x-2=0$ 的根到 3 位小数所需的计算量.

（1）在区间［0,1］内用二分法；

（2）用迭代公式 $x_{k+1}=(2-e^{x_k})/10$，取初值 $x_0=0$；

（3）用牛顿法，取初值 $x_0=0$.

3. 实验目的：研究不同的初值对牛顿迭代过程的影响.

实验内容：用牛顿法求方程 $x^3-x-1=0$ 在区间［-3,3］上误差不大于10^{-5}的根. 分别取初值 $x_0=1.5$、$x_0=0$、$x_0=-1$ 进行计算，比较它们的迭代次数.

4. 实验目的：研究迭代法的收敛性与收敛速度.

实验内容：1225 年，达·芬奇研究了方程 $x^3+2x^2+10x-20=0$ 并得到它的一个根$x^*\approx$

1.368 808 107. 没有人知道他用什么方法得到的. 分别对上述方程建立迭代公式.

（1）$x_{k+1}=\dfrac{20}{x_k^2+2x_k+10}$，$k=0,1,2,\cdots$；

（2）$x_{k+1}=\dfrac{20-2x_k^2-x_k^3}{10}$，$k=0,1,2,\cdots$.

分别研究这两个迭代公式的收敛性、收敛速度以及用斯蒂芬森迭代法加速的可能性. 通过数值计算加以比较，请自行设计一种比较形象的记录方式，如利用 Matlab 的图形功能.

5. 实验目的：研究一般迭代公式的复杂行为，初步看到混沌现象.

实验内容：考虑迭代公式 $x_{k+1}=\lambda x_k(1-x_k)$，$k=0,1,2,\cdots$.

取 $\lambda\in[0.2,4]$ 中不同的值，并取 $x_0\in(0,1)$ 进行迭代，画出不同 λ 情况下的 $x_k(k>50)$ 的图形，并分析 λ 取值与 x_k 图形的关系，你将对于迭代法有更深刻的理解.

6. 实验目的：研究不同初值的非线性方程组的简单迭代法.

实验内容：考虑迭代公式 $\boldsymbol{x}^{(k+1)}=\boldsymbol{\Phi}(\boldsymbol{x}^{(k)})$，其中 $\boldsymbol{\Phi}(\boldsymbol{x})=\begin{pmatrix}\dfrac{1}{12}(7+x_2^2+4x_3)\\ \dfrac{1}{10}(11-x_1^2+x_3)\\ \dfrac{1}{10}(8-x_2^3)\end{pmatrix}$. 分别取初值 $\boldsymbol{x}^{(0)}=(1,1,1)^{\mathrm{T}}$，$(0,0,0)^{\mathrm{T}}$. 用迭代公式 $\boldsymbol{x}^{(k+1)}=\boldsymbol{\Phi}(\boldsymbol{x}^{(k)})$ 求函数的不动点，使结果有 8 位有效数字.

第5章 插值法

本章导读

MOOC 5.1
插值基本
概念

5.1 引言

插值法是数值分析的基础，又是一种古老且实用的数值计算方法. 一千多年前，我国对插值法就有了研究，并将其应用于“日月五星”的方位研究中——由若干观测值（即节点）计算任意时刻星球的位置（即插值点和插值）. 插值法这一古老的数学工具，在现代的数值分析中，无论从理论上，还是从应用上看，它都起到了重要作用. 插值法是数值微积分、函数逼近、微分方程数值解法等问题研究的理论基础；它还在机械制造、土木工程、电子设备等工程实际，以及诸多学科的理论分析中有广泛的应用.

美国人口预测：美国的人口普查每10年举行一次. 表5-1列出了从1940年到1990年的美国人口数据（单位：千），能否利用这些数据推测1930年、1965年、2010年的美国人口呢？图5-1为1940年到1990年的美国人口数据.

表5-1 美国人口数据

年份	1940	1950	1960	1970	1980	1990
人口/千	132 165	151 326	179 323	203 302	226 542	249 633

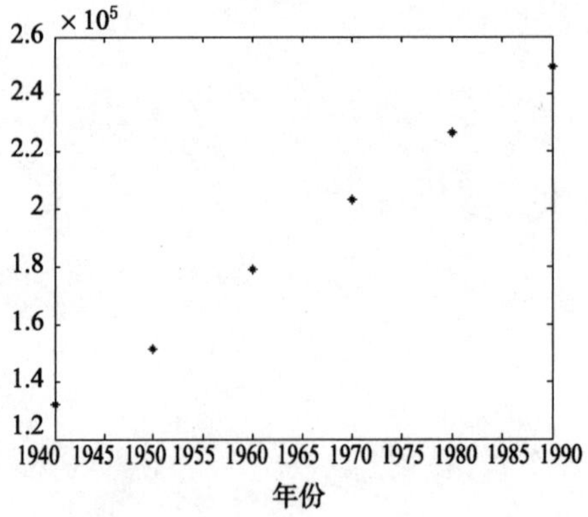

图5-1 美国人口数据

温度预测：在一天的24 h内，从零点开始每间隔2 h测得的环境温度（单位:℃）数据分别为：12，9，9，10，18，24，28，27，25，20，18，15，13，推测中午1点（即13点）的温度. 在Matlab中输入

```
x = 0:2:24;y = [12 9 9 10 18 24 28 27 25 20 18 15 13];
x1 = 13;y1 = interp1(x,y,x1,'spline')% Matlab 的插值函数计算
```

计算得到中午 1 点的温度为

```
y1 = 27.8725
```

若要得到一天 24 h 的温度曲线，画插值函数如图 5-2 所示（数据点用圆圈标识），在 Matlab 中输入

```
xi = 0:1/3600:24;yi = interp1(x,y,xi,'spline');plot(x,y,'o',xi,yi)
```

函数值计算：给出正弦函数的一个函数表，如表 5-2 所示.

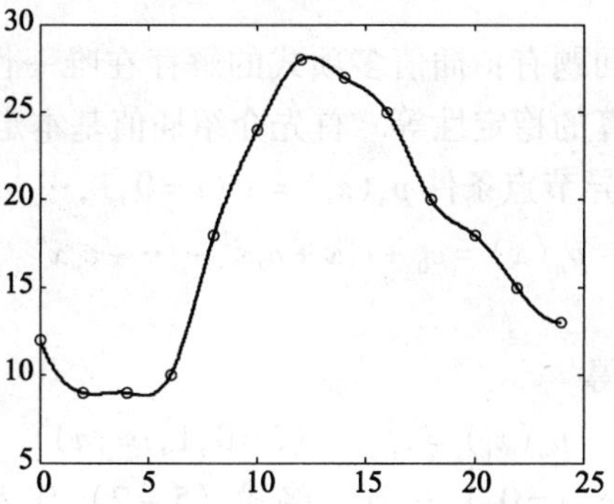

图 5-2　24 h 温度

表 5-2　正弦函数的数据

x	$\pi/6$	$\pi/4$	$\pi/3$
$y=\sin x$	$1/2$	$\sqrt{2}/2$	$\sqrt{3}/2$

如何由已获得的函数表，求出不在表中的某点函数值，如 $\sin(5\pi/24)$ 的近似值.

实际中常遇到根据函数 $f(x)$ 在一些点的数据，求该函数在其他点上的函数值的问题，本章介绍用插值法求这一类问题的近似解. 所谓插值法是这样一种方法，在某一区间上利用 $f(x)$ 给出的函数表，求得一个简单函数来近似函数 $f(x)$，且要求这个近似函数在函数表的所有点处的值与表中函数值相等.

插值问题可叙述为：设函数 $y=f(x)$ 定义在区间 $[a,b]$ 上，且已知 $[a,b]$ 上 $n+1$ 个点 $x_i(i=0,1,\cdots,n)$ 的对应函数值为 $y_i(i=0,1,\cdots,n)$，求一个简单函数 $p(x)$，使其满足

$$p(x_i)=y_i \quad (i=0,1,\cdots,n) \tag{5-1}$$

这个问题称为插值问题，$[a,b]$ 称为插值区间，$y=f(x)$ 称为被插值函数，点 $x_i(i=0,1,\cdots,n)$ 称为插值节点，简单函数 $p(x)$ 称为插值函数（可以是代数多项式、三角多项式等），特别地，当其为多项式时，称为插值多项式，式（5-1）称为插值条件. 插值条件除式（5-1）外，还可附加导数条件.

所谓插值问题：就是已知被插值函数 $y=f(x)$ 在插值区间 $[a,b]$ 上一些互异节点的函数值，求插值函数 $p(x)$，使其满足式（5-1）. 其几何意义如图 5-3 所示.

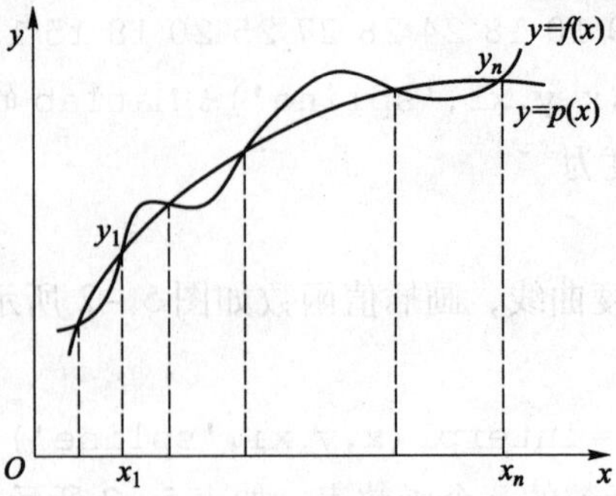

图 5－3　插值函数的几何意义

函数插值要研究的基本问题有：插值多项式的解存在唯一性、插值多项式的构造方法、截断误差、收敛性、数值计算的稳定性等．首先介绍插值基本定理．

定理 1　满足 $n+1$ 个互异节点条件 $p_n(x_i)=y_i(i=0,1,\cdots,n)$ 的多项式

$$p_n(x)=c_0+c_1x+c_2x^2+\cdots+c_nx^n \tag{5-2}$$

是存在且唯一的．

证明　设式（5－2）使得

$$p_n(x_i)=y_i \qquad (i=0,1,\cdots,n) \tag{5-3}$$

由式（5－3）确定待定系数 $c_j,j=0,1,\cdots,n$．将式（5－2）代入式（5－3），并将其写成矩阵形式

$$\begin{pmatrix} 1 & x_0 & x_0^2 & \cdots & x_0^n \\ 1 & x_1 & x_1^2 & \cdots & x_1^n \\ \vdots & \vdots & \vdots & & \vdots \\ 1 & x_n & x_n^2 & \cdots & x_n^n \end{pmatrix} \begin{pmatrix} c_0 \\ c_1 \\ \vdots \\ c_n \end{pmatrix} = \begin{pmatrix} y_0 \\ y_1 \\ \vdots \\ y_n \end{pmatrix} \tag{5-4}$$

这是关于 $c_0,c_1,\cdots,c_n$ 的 $n+1$ 阶线性方程组，系数行列式是范德蒙行列式，其值为 $D=\prod\limits_{n\geqslant i>j\geqslant 0}(x_i-x_j)$．当 $x_i\neq x_j$（节点互异）时，$D\neq 0$，这说明式（5－4）存在唯一解 $c_0,c_1,\cdots,c_n$．

5.2　拉格朗日插值

MOOC 5.2
拉格朗日插值

通过解式（5－4）求得插值多项式 $p_n(x)$ 的方法并不可取．这是因为，当 n 较大时，解方程组的计算量较大，而且方程组系数矩阵的状态使得不容易得到精度较高的数值计算结果．是否可以不通过求解方程组而获得插值多项式呢？回答是肯定的，拉格朗日插值就是不需要求解方程组就可以构造插值多项式的一种方法．

5.2.1　线性插值与抛物插值

对给定的插值点求得插值多项式可以有各种不同方法，首先讨论 $n=1$ 的简单情形．

1）线性插值

当 $n=1$ 时，插值问题的几何意义为：过两个已知点 (x_i,y_i)，$i=0,1$，求直线方程（即一

次多项式).

点斜式直线方程：$L_1(x)=y_0+\dfrac{y_1-y_0}{x_1-x_0}(x-x_0)$.

两点对称式直线方程：$L_1(x)=\dfrac{x-x_1}{x_0-x_1}y_0+\dfrac{x-x_0}{x_1-x_0}y_1$.

由两点对称式直线方程可知，$L_1(x)$是由 2 个线性函数

$$l_0(x)=\frac{x-x_1}{x_0-x_1},\quad l_1(x)=\frac{x-x_0}{x_1-x_0}$$

的线性组合得到的. 这 2 个线性函数称为插值基函数，其性质为

$$l_k(x_i)=\delta_{ki}=\begin{cases}1, & k=i\\ 0, & k\neq i\end{cases}\qquad (k,i=0,1)$$

2） **抛物插值**

当 $n=2$ 时，插值问题的几何意义为：过已知的 3 个点(x_i,y_i), $i=0,1,2$,求抛物线(即二次多项式). 为了求出 $L_2(x)$的表达式，可采用基函数方法，此时插值基函数$l_0(x)$、$l_1(x)$及 $l_2(x)$是二次函数，且在节点上满足条件

$$l_k(x_i)=\delta_{ki}=\begin{cases}1, & k=i\\ 0, & k\neq i\end{cases}\qquad (k,i=0,1,2) \tag{5-5}$$

满足式（5-5）的插值基函数很容易求出，例如求 $l_0(x)$，因为它有两个零点 x_1 及 x_2，故可表示为 $l_0(x)=A(x-x_1)(x-x_2)$，其中 A 待定，可由条件 $l_0(x_0)=1$ 确定.

于是，$l_0(x)=\dfrac{(x-x_1)(x-x_2)}{(x_0-x_1)(x_0-x_2)}$. 同理可求得 $l_1(x)$及 $l_2(x)$. 因此，得抛物插值多项式为

$$\begin{aligned}L_2(x)&=l_0(x)y_0+l_1(x)y_1+l_2(x)y_2\\&=\frac{(x-x_1)(x-x_2)}{(x_0-x_1)(x_0-x_2)}y_0+\frac{(x-x_0)(x-x_2)}{(x_1-x_0)(x_1-x_2)}y_1+\frac{(x-x_0)(x-x_1)}{(x_2-x_0)(x_2-x_1)}y_2\end{aligned}$$

5.2.2 *n*次拉格朗日插值

用插值基函数表示的一次与二次插值很容易推广到一般情形. 下面讨论如何构造通过 $n+1$ 个节点(x_i,y_i), $i=0,1,\cdots,n$ 的 n 次插值多项式. 设所求多项式为

$$L_n(x)=\sum_{k=0}^{n}l_k(x)y_k$$

拉格朗日简介

式中，$l_k(x)(k=0,1,\cdots,n)$是次数不超过 n 的待定多项式（插值基函数）.

要 $L_n(x)$满足插值条件，即 $L_n(x_i)=\sum\limits_{k=0}^{n}l_k(x_i)y_k=y_i$，从而插值基函数满足条件

$$l_k(x_i)=\delta_{ki}=\begin{cases}1, & k=i\\ 0, & k\neq i\end{cases}\qquad (k,i=0,1,\cdots,n) \tag{5-6}$$

满足式（5-6）的插值基函数很容易求出，例如求 $l_k(x)$. 因为 $x_0,x_1,\cdots,x_{k-1},x_{k+1},\cdots,x_n$ 是 n 次多项式 $l_k(x)$ 的 n 个零点，可设

$$l_k(x)=A(x-x_0)(x-x_1)\cdots(x-x_{k-1})(x-x_{k+1})\cdots(x-x_n)$$

又由 $l_k(x_k)=1$，得到

$$A=\frac{1}{(x_k-x_0)(x_k-x_1)\cdots(x_k-x_{k-1})(x_k-x_{k+1})\cdots(x_k-x_n)}$$

因此，当 $k=0,1,\cdots,n$ 时，$l_k(x)=\prod\limits_{\substack{i=0\\i\neq k}}^{n}\left(\dfrac{x-x_i}{x_k-x_i}\right)$. n 次拉格朗日插值多项式为

$$L_n(x)=\sum_{k=0}^{n}l_k(x)y_k=\sum_{k=0}^{n}\left[\prod_{\substack{i=0\\i\neq k}}^{n}\left(\frac{x-x_i}{x_k-x_i}\right)\right]y_k \tag{5-7}$$

例 5-1 已知 $y=\sin x$ 的函数值 $y_0=\sin\dfrac{\pi}{6}=\dfrac{1}{2},\sin\dfrac{\pi}{4}=\dfrac{\sqrt{2}}{2}=y_1,\sin\dfrac{\pi}{3}=\dfrac{\sqrt{3}}{2}=y_2$，如表 5-2所示，求 $\sin(5\pi/24)$ 的近似值.

解 （1）用线性插值计算，因为 $5\pi/24$ 在 $\pi/6\sim\pi/4$ 之间，故取两点 $x_0=\pi/6,x_1=\pi/4$，则线性插值多项式为

$$L_1(x)=\frac{x-\dfrac{\pi}{4}}{\dfrac{\pi}{6}-\dfrac{\pi}{4}}\cdot\frac{1}{2}+\frac{x-\dfrac{\pi}{6}}{\dfrac{\pi}{4}-\dfrac{\pi}{6}}\cdot\frac{\sqrt{2}}{2}$$

所以 $\sin\dfrac{5\pi}{24}\approx L_1\left(\dfrac{5\pi}{24}\right)\approx 0.603\ 553$.

（2）用过 3 点的抛物插值计算，有

$$L_2(x)=\frac{\left(x-\dfrac{\pi}{4}\right)\left(x-\dfrac{\pi}{3}\right)}{\left(\dfrac{\pi}{6}-\dfrac{\pi}{4}\right)\left(\dfrac{\pi}{6}-\dfrac{\pi}{3}\right)}\cdot\frac{1}{2}+\frac{\left(x-\dfrac{\pi}{6}\right)\left(x-\dfrac{\pi}{3}\right)}{\left(\dfrac{\pi}{4}-\dfrac{\pi}{6}\right)\left(\dfrac{\pi}{4}-\dfrac{\pi}{3}\right)}\cdot\frac{\sqrt{2}}{2}+\frac{\left(x-\dfrac{\pi}{6}\right)\left(x-\dfrac{\pi}{4}\right)}{\left(\dfrac{\pi}{3}-\dfrac{\pi}{6}\right)\left(\dfrac{\pi}{3}-\dfrac{\pi}{4}\right)}\cdot\frac{\sqrt{3}}{2}$$

所以 $\sin\dfrac{5\pi}{24}\approx L_2\left(\dfrac{5\pi}{24}\right)\approx 0.609\ 577$.

注 因为 $\sin(5\pi/24)$ 的近似值为 0.608 761 4，且

$$\left|\sin\frac{5\pi}{24}-L_1\left(\frac{5\pi}{24}\right)\right|\approx 0.005\ 2,\quad\left|\sin\frac{5\pi}{24}-L_2\left(\frac{5\pi}{24}\right)\right|\approx 0.000\ 82$$

所以抛物插值比线性插值精确.

拉格朗日插值的优缺点：拉格朗日插值的优点是公式整齐对称，适合理论上的推导，并且计算机算法容易实现；拉格朗日插值的缺点是计算上不太方便.

5.2.3 插值余项与误差估计

若在 $[a,b]$ 上用 $L_n(x)$ 近似 $f(x)$，则其截断误差为 $R_n(x)=f(x)-L_n(x)$，也称为插值多

项式的余项（简称插值余项）. 关于插值余项估计有下面定理.

定理 2　设函数 $y=f(x)$ 在 $[a,b]$ 上的 n 阶导数 $f^{(n)}(x)$ 连续，$f^{(n+1)}(x)$ 在 (a,b) 内存在，$L_n(x)$ 是 $f(x)$ 在 $x_0,x_1,\cdots,x_n$ 处的 n 次拉格朗日插值多项式，则对 $[a,b]$ 中每一个点 x，存在依赖于 x 的点 $\xi_x\in[a,b]$，使

$$R_n(x)=f(x)-L_n(x)=\frac{f^{(n+1)}(\xi_x)}{(n+1)!}w(x) \tag{5-8}$$

式中，$w(x)=\prod_{j=0}^{n}(x-x_j)$.

证明　若 x 是节点，则式（5-8）两边均等于零，结论成立.

设 $x\neq x_i$，$i=0,1,\cdots,n$，由于在 x_i 处 $R_n(x_i)=0$，$i=0,1,\cdots,n$，于是有

$$R_n(x)=k(x)(x-x_0)(x-x_1)\cdots(x-x_n)=k(x)w(x)$$

其中 $k(x)$ 为与 x 有关的待定函数.

为了确定 $k(x)$，作辅助函数

$$\varphi(t)=f(t)-L_n(t)-k(x)w(t)$$

显然 $t=x_0,x_1,\cdots,x_n$，x 都是 $\varphi(t)$ 的零点（共 $n+2$ 个），且 $\varphi\in C^{n+1}[a,b]$.

由罗尔定理，$\varphi'(t)$ 在这 $n+2$ 个点的每两点间至少有一个零点. 再对 $\varphi'(t)$ 应用罗尔定理，则 $\varphi''(t)$ 至少有 n 个零点且都在 (a,b) 内. 以此类推，$\varphi^{(n+1)}(t)$ 在 (a,b) 内至少有一个零点 ξ_x，使 $\varphi^{(n+1)}(\xi_x)=f^{(n+1)}(\xi_x)-k(x)\cdot(n+1)!\ =0$，即有

$$R_n(x)=f(x)-L_n(x)=k(x)w(x)=\frac{f^{(n+1)}(\xi_x)}{(n+1)!}w(x)$$

由式（5-8），有如下结论：

（1）n 次插值的误差估计为 $|R_n(x)|\leqslant\frac{M_{n+1}}{(n+1)!}\cdot|w(x)|$，其中 $M_{n+1}=\max\limits_{x\in(a,b)}|f^{(n+1)}(x)|$；

（2）n 次插值的误差除与 x、M_{n+1} 有关外，还与节点的位置、个数 n 有关；

（3）当 $f(x)$ 是次数不超过 n 的多项式时，由于 $f^{(n+1)}(x)=0$，因此，$f(x)$ 的 n 次插值多项式就是它自身，即 $L_n(x)=f(x)$；

（4）当 $f(x)\equiv 1$ 时，有 $\sum_{k=0}^{n}l_k(x)\equiv 1$.

例 5-2　估计例 5-1 中 $L_1(5\pi/24)$ 与 $L_2(5\pi/24)$ 的误差.

解　由 $f(x)=\sin x$，有 $f''(x)=-\sin(x)$，$f'''(x)=-\cos(x)$.

（1）线性插值的误差估计. 因为 $|R_1(x)|\leqslant\frac{M_2}{2!}\cdot|(x-x_0)(x-x_1)|$，其中，$M_2=\max\limits_{x\in(x_0,x_1)}|f''(x)|$，$x\in\left[\frac{\pi}{6},\frac{\pi}{4}\right]$，所以

$$\left|R_1\left(\frac{5\pi}{24}\right)\right|\leqslant\frac{\sin\pi/4}{2!}\cdot\left|\left(\frac{5\pi}{24}-\frac{\pi}{6}\right)\left(\frac{5\pi}{24}-\frac{\pi}{4}\right)\right|\approx 0.006\ 1$$

（2）抛物插值的误差估计. 因为 $|R_2(x)|\leqslant\frac{M_3}{3!}\cdot|(x-x_0)(x-x_1)(x-x_2)|$，其中，

$M_3 = \max\limits_{x \in (x_0, x_2)} |f'''(x)|$，$x \in \left[\frac{\pi}{6}, \frac{\pi}{3}\right]$，所以

$$\left|R_2\left(\frac{5\pi}{24}\right)\right| \leqslant \frac{\cos\pi/6}{3!} \cdot \left|\left(\frac{5\pi}{24}-\frac{\pi}{6}\right)\left(\frac{5\pi}{24}-\frac{\pi}{4}\right)\left(\frac{5\pi}{24}-\frac{\pi}{3}\right)\right| \approx 0.000\ 97$$

拉格朗日插值的 Matlab 程序（Lagrange. m）如下：

```
functionyi = Lagrange(x,y,xi)
% 拉格朗日插值多项式,其中
% x 为向量,全部的插值节点;
% y 为向量,插值节点处的函数值;
% xi 为标量或向量,被估计函数的自变量;
% yi 为 xi 处的函数估计值.
n = length(x); m = length(y);
% 插值点与它的函数值应有相同个数.
if n ~ =m
    error('The lengths of X and Y must be equal! ');
    return;
end
yi = zeros(size(xi));
for k =1:n
    w = ones(size(xi));
    for j = [1:k -1 k +1:n]
        % 输入的插值节点必须互异
        If abs(x(k) -x(j)) <eps
            error('the DATA is error! ');
            return;
        end
        w = (xi -x(j))./(x(k) -x(j)).*w;
    end
    yi = yi +w * y(k);
end
```

例 5 -3 已知当 $x=0,1,2,3$ 时，$f(x) = -5, -6, -1, 16$，求 $f(x)$ 的拉格朗日插值多项式，并求 $f(1.5)$ 的近似值.

拉格朗日插值程序实现示例

调用函数 Lagrange 求插值，并画出插值函数图形：

```
x =0:3;y = [ -5 -6 -1 16];
xi = -.25:.01:3.25;
yi = Lagrange(x,y,1.5)
yi = Lagrange(x,y,xi);
plot(x,y,'o',xi,yi)
```

程序计算得，$f(1.5)$的近似值为

```
yi = -4.6250
```

插值函数如图5-4所示.

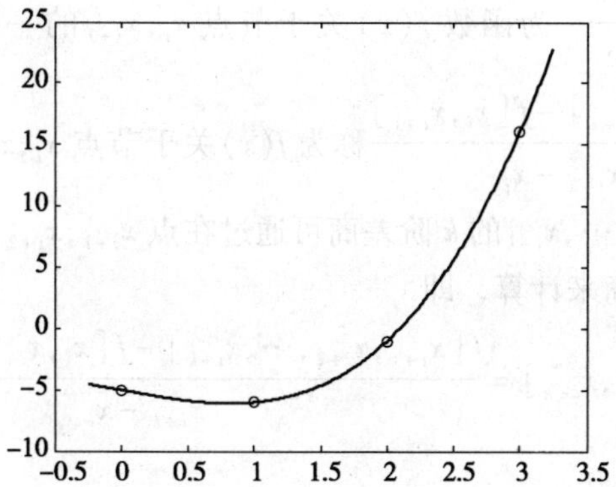

图5-4　插值函数

这4个数据的拉格朗日插值为

$$L(x) = \frac{(x-1)(x-2)(x-3)}{-6}(-5) + \frac{x(x-2)(x-3)}{2}(-6) + \frac{x(x-1)(x-3)}{-2}(-1) + \frac{x(x-1)(x-2)}{6}(16)$$

函数 Lagrange 也可以处理符号变量. 例如，创建符号变量 symx，计算并显示插值多项式的符号形式

```
symx = sym('x');L = Lagrange(x,y,symx); L = pretty(L)
```

计算得到

```
L = -5(-1/3 x+1)(-1/2 x+1)(-x+1)-6(-1/2 x+3/2)(-x+2)x
    -1/2(-x+3)(x-1)x+16/3(x-2)(1/2 x-1/2)x
```

这个表达式是插值多项式的拉格朗日形式，可以用命令函数 simplify 将其简化，从而得到 L 的幂形式

```
L = simplify(L)
```

运行得到

```
L = x^3 -2 * x -5
```

MOOC 5.3
牛顿插值

5.3　差商与牛顿插值

利用插值基函数很容易得到拉格朗日插值多项式，公式结构整齐紧凑，在理论分析中很方便，但当插值节点增减时全部插值基函数均要随之变化，整个公式也将发生变化，这在实际计算中是很不方便的，为了克服这一缺点，可以利用差商表示，得到牛顿插值公式，首先给出差商的概念和性质.

5.3.1 差商的概念和性质

定义 1 已知数据$(x_i, f(x_i))(i=0,1,\cdots,n)$（其中$x_i(i=0,1,\cdots,n)$是互异的节点）. 称$f[x_i,x_{i+1}]=\dfrac{f(x_{i+1})-f(x_i)}{x_{i+1}-x_i}$为函数$f(x)$关于节点$x_i,x_{i+1}$的一阶差商. 一阶差商的差商$f[x_i,x_{i+1},x_{i+2}]=\dfrac{f[x_{i+1},x_{i+2}]-f[x_i,x_{i+1}]}{x_{i+2}-x_i}$称为$f(x)$关于节点$x_i,x_{i+1},x_{i+2}$的二阶差商. 一般地，$f(x)$关于节点$x_i,x_{i+1},\cdots,x_{i+k}$的$k$阶差商可通过在点$x_{i+1},x_{i+2},\cdots,x_{i+k}$和在点$x_i,x_{i+1},\cdots,x_{i+k-1}$处的两个$k-1$阶差商来计算，即

$$f[x_i,x_{i+1},\cdots,x_{i+k}]=\frac{f[x_{i+1},x_{i+2},\cdots,x_{i+k}]-f[x_i,x_{i+1},\cdots,x_{i+k-1}]}{x_{i+k}-x_i}$$

差商有如下基本性质.

（1）$f(x)$在互异节点$x_j(j=0,1,\cdots,k)$上的k阶差商可由$f(x_j)(j=0,1,\cdots,k)$的线性组合表示，即

$$f[x_0,x_1,\cdots,x_k]=\sum_{j=0}^{k}\frac{f(x_j)}{(x_j-x_0)(x_j-x_1)\cdots(x_j-x_{j-1})(x_j-x_{j+1})\cdots(x_j-x_k)}$$

这个性质可用归纳法证明. 这个性质也表明差商与节点的排列次序无关，称为差商的对称性.

（2）差商的对称性：差商中任意对调节点次序，其值不变，即

$$f[x_0,x_1,\cdots,x_i,\cdots,x_j,\cdots,x_k]=f[x_0,x_1,\cdots,x_j,\cdots,x_i,\cdots,x_k]$$

（3）若$f^{(n+1)}(x)$在$[a,b]$上存在，则$f[x_0,x_1,\cdots,x_n,x]=\dfrac{f^{(n+1)}(\xi)}{(n+1)!}$，其中$\xi$位于包含$x_0,x_1,\cdots,x_n,x$的最小闭区间的内部.

例 5-4 已知$f(x)$的函数表，求四阶差商.

解 根据本章定义 1 计算各阶差商，如表 5-3 所示.

表 5-3 给定的数据及各阶差商

x_i	$f(x_i)$	$f[x_i,x_{i+1}]$	$f[x_i,x_{i+1},x_{i+2}]$	$f[x_i,x_{i+1},\cdots,x_{i+3}]$	$f[x_i,x_{i+1},\cdots,x_{i+4}]$
0	6				
1	10	4			
3	46	18	14/3		
4	82	36	6	1/3	
6	212	65	29/3	11/15	1/15

5.3.2 牛顿插值公式

问题的引入：拉格朗日插值具有公式整齐、程序容易实现的优点，然而，这种构造插值多项式的方法，有时显得不够灵活，如节点的个数变化时，均需要重新构造多项式.

设所求多项式为

$$N_n(x)=a_0+a_1(x-x_0)+a_2(x-x_0)(x-x_1)+\cdots+a_n(x-x_0)(x-x_1)\cdots(x-x_{n-1})$$

根据 $n+1$ 个插值条件 $N_n(x_i)=y_i(i=0,1,\cdots,n)$ 来确定系数 $a_0,a_1,\cdots,a_n$.

令 $x=x_0$，就有 $a_0=y_0$.

再令 $x=x_1$ 时，$N_n(x_1)=y_1$，有 $a_1=\dfrac{y_1-y_0}{x_1-x_0}=f[x_0,x_1]$.

令 $x=x_2$ 时，$N_n(x_2)=y_2$，有 $a_2=f[x_0,x_1,x_2]$.

一般地，令 $x=x_k$ 时，$N_n(x_k)=y_k$，有

$$y_k=a_0+a_1(x_k-x_0)+a_2(x_k-x_0)(x_k-x_1)+\cdots+a_k(x_k-x_0)(x_k-x_1)\cdots(x_k-x_{k-1})$$

可得 $a_k=f[x_0,x_1,\cdots,x_k]$. 对 k 取 $0,1,\cdots,n$ 值，则得到 $N_n(x)$ 的各系数. 插值多项式（即牛顿插值公式）为

$$\begin{aligned}N_n(x)&=a_0+a_1(x-x_0)+a_2(x-x_0)(x-x_1)+\cdots+a_n(x-x_0)(x-x_1)\cdots(x-x_{n-1})\\&=N_{n-1}(x)+a_n(x-x_0)(x-x_1)\cdots(x-x_{n-1})\end{aligned}$$

注 在 $n-1$ 次插值多项式的基础上，增加一个节点 x_n，只需要再由 $N_{n-1}(x)$ 加上一个 n 次项，便得到了 $N_n(x)$，而无须重新构造插值多项式. 这种插值方法，称为牛顿插值.

利用本章定义 1 可得到计算 a_k 的递推算法，如表 5－4 所示.

表 5－4 递推算法计算差商

x_i	$f(x_i)$	一阶差商	二阶差商	三阶差商	
x_0	$\boxed{f(x_0)}$				
x_1	$f(x_1)$	$\boxed{f[x_0,x_1]}$			
x_2	$f(x_2)$	$f[x_1,x_2]$	$\boxed{f[x_0,x_1,x_2]}$		
x_3	$f(x_3)$	$f[x_2,x_3]$	$f[x_1,x_2,x_3]$	$\boxed{f[x_0,x_1,x_2,x_3]}$	…
⋮	⋮	⋮	⋮	⋮	

表 5－4 各列第一个数据作为系数 a_k，得到牛顿插值公式为

$$\begin{aligned}N_n(x)=&f(x_0)+f[x_0,x_1](x-x_0)+f[x_0,x_1,x_2](x-x_0)(x-x_1)+\cdots+\\&f[x_0,x_1,x_2,\cdots,x_n](x-x_0)(x-x_1)\cdots(x-x_{n-1})\end{aligned} \tag{5-9}$$

例 5－5 对于例 5－1，用牛顿插值公式重新计算 $\sin(5\pi/24)$ 的近似值.

解 （1）首先构造差商表，如表 5－5 所示.

表 5－5 已知函数的数据及差商

x_i	$f(x_i)$	一阶	二阶
$\pi/6$	$1/2=0.5$		
$\pi/4$	$\sqrt{2}/2=0.707\ 107$	0.791 090	
$\pi/3$	$\sqrt{3}/2=0.866\ 025$	0.607 024	$-0.351\ 539$

由表 5 - 5 可得牛顿插值公式中各系数依次为

$$f(x_0)=0.5,\ f[x_0,x_1]=0.791\ 090,\ f[x_0,x_1,x_2]=-0.351\ 539$$

（2）用线性插值计算，求得的近似值为

$$\sin(5\pi/24)\approx N_1(5\pi/24)=0.5+0.791\ 090(5\pi/24-\pi/6)\approx 0.603\ 553$$

用抛物插值计算，求得的近似值为

$$\begin{aligned}\sin(5\pi/24)&\approx N_2(5\pi/24)\\&=N_1(5\pi/24)-0.351\ 539(5\pi/24-\pi/6)(5\pi/24-\pi/4)\approx 0.609\ 577\end{aligned}$$

所得结果与例 5 - 1 相同.

比较例 5 - 1 与例 5 - 5 的计算过程，可以看出，与拉格朗日插值相比较，牛顿插值在计算上的优点是明显的.

5.3.3 插值余项与误差估计

需要指出，由插值多项式的存在唯一性定理知，满足同一组插值条件的拉格朗日插值与牛顿插值实际上是同一个多项式，因此，式（5 - 8）也适用于牛顿插值，即

$$R_n(x)=f(x)-L_n(x)=\frac{f^{(n+1)}(\xi_x)}{(n+1)!}w(x)$$

$$R_n(x)=f(x)-N_n(x)=f[x_0,x_1,\cdots,x_n,x]w(x)$$

式中，$f[x_0,x_1,\cdots,x_n,x]=\dfrac{f^{(n+1)}(\xi_x)}{(n+1)!}$.

在实际计算中，有时也用差商表示的余项公式来估计截断误差，该公式对于 $y=f(x)$ 为数表函数而无解析表达式时，估计误差很有用.

在差商表示的余项公式中，因为式中的 $n+1$ 阶差商 $f[x_0,x_1,\cdots,x_n,x]$ 与 $f(x)$ 的值（它正是我们要计算的）有关，故不可能准确地计算出 $f[x_0,x_1,\cdots,x_n,x]$ 的精确值，只能对它作出一种估计. 例如，当四阶差商变化不大时，可用 $f[x_0,x_1,x_2,x_3,x_4]$ 近似代替 $f[x_0,x_1,x_2,x_3,x]$.

牛顿插值的 Matlab 程序（Newton_interp. m）如下：

```
function [yi,Y] = Newton_interp(x,y,xi)
% 牛顿插值公式,其中,
% x 为向量,全部的插值节点;
% y 为向量,插值节点处的函数值;
% xi 为标量,被估计函数的自变量;
% yi 为 xi 处的函数估计值;
% Y 为差商表.
n = length(x); m = length(y);
% 插值点与它的函数值应有相同个数.
if n ~ = m
```

```
        error('The lengths of X and Y must be equal! ');
        return;
    end
    % 计算差商表.
    Y=zeros(n);Y(:,1)=y';
    for k=1:n-1
        for i=1:n-k
            % 输入的插值节点必须互异.
            if abs(x(i+k)-x(i))<eps
                error('the DATA is error! ');
                return;
            end
            Y(i,k+1)=(Y(i+1,k)-Y(i,k))/(x(i+k)-x(i));
        end
    end
    % 计算牛顿插值公式 N(xi).
    yi=0;
    for i=1:n
        z=1;
        for k=1:i-1
            z=z*(xi-x(k));
        end
        yi=yi+Y(1,i)*z;
    end
```

例 5-6 已知当 $x=0,1,2,3$ 时，$f(x)=-5,-6,-1,16$，求 $f(x)$ 的牛顿插值公式，并求 $f(1.5)$ 的近似值.

解 调用函数 Newton_interp 求插值：

```
x=0:3;y=[-5 -6 -1 16];xi=1.5;[yi,Y]=Newton_interp(x,y,xi)
```

程序计算得，$f(1.5)$ 的近似值为

```
yi=-4.6250
```

输出差商表为

```
Y=-5    -1    3    1
  -6     5    6    0
  -1    17    0    0
  16     0    0    0
```

5.4 差分与等距节点插值

MOOC 5.4
差分

上节讨论了节点任意分布的插值公式，但实际应用时经常遇到等距节点的情形，这时插值公式可以进一步简化为等距节点的插值公式，计算也简单得多. 首先介绍差分的概念.

5.4.1 差分的概念和性质

设函数 $y=f(x)$ 在等距节点 $x_k=x_0+kh(k=0,1,\cdots,n)$ 上的值 $y_k=f(x_k)$ 为已知，这里 h 为常数，称为步长.

定义 2 将

$$\Delta y_k=y_{k+1}-y_k,\ \nabla y_k=y_k-y_{k-1},\delta y_k=y_{k+\frac{1}{2}}-y_{k-\frac{1}{2}}=f\left(x_k+\frac{h}{2}\right)-f\left(x_k-\frac{h}{2}\right)$$

分别称为 $f(x)$ 在 x_k 处以 h 为步长的向前差分、向后差分及中心差分. 符号 Δ、∇、δ 分别称为向前差分算子、向后差分算子及中心差分算子.

利用一阶差分可定义二阶差分.

二阶向前差分为

$$\begin{aligned}\Delta^2 f(x)&=\Delta\Delta f(x)=\Delta(f(x+h)-f(x))=\Delta f(x+h)-\Delta f(x)\\&=f(x+2h)-2f(x+h)+f(x)\end{aligned}$$

取 $x=x_k$ 时，则有 $\Delta^2 y_k=\Delta y_{k+1}-\Delta y_k=y_{k+2}-2y_{k+1}+y_k$.

一般地，由 $f(x)$ 的 $m-1$ 阶差分可定义 $f(x)$ 的 m 阶向前差分，即

$$\Delta^m f(x)=\Delta^{m-1}\Delta(f(x))=\Delta^{m-1}(f(x+h)-f(x))=\Delta^{m-1}f(x+h)-\Delta^{m-1}f(x)$$

定义 m 阶差分为

$$\Delta^m y_k=\Delta^{m-1}y_{k+1}-\Delta^{m-1}y_k,\ \nabla^m y_k=\nabla^{m-1}y_k-\nabla^{m-1}y_{k-1},\ \delta^m y_k=\delta^{m-1}y_{k+\frac{1}{2}}-\delta^{m-1}y_{k-\frac{1}{2}}$$

常用的算子符号还有恒等算子 I 和移位算子 E，定义为：$Iy_k=y_k$，$Ey_k=y_{k+1}$，则差分算子 Δ、δ、∇ 与 I 和 E 有如下关系

$$\Delta=E-I,\ \delta=E^{\frac{1}{2}}-E^{-\frac{1}{2}}=E^{-\frac{1}{2}}(E-I),\ \nabla=I-E^{-1}$$

利用这种关系，可以定义 m 阶差分. 因为

$$\Delta^m=(E-I)^m=\sum_{j=0}^{m}\binom{m}{j}(-1)^j E^{m-j}$$

$$\delta^m=E^{-m/2}\Delta^m=\sum_{j=0}^{m}\binom{m}{j}(-1)^j E^{\frac{m}{2}-j}$$

$$\nabla^m=(I-E^{-1})^m=\sum_{j=0}^{m}\binom{m}{j}(-1)^j E^{-j}$$

所以

$$\Delta^m y_k=\sum_{j=0}^{m}\binom{m}{j}(-1)^j y_{k+m-j}$$

$$\delta^m y_k = \sum_{j=0}^{m} \binom{m}{j} (-1)^j y_{k-j+m/2}$$

$$\nabla^m y_k = \sum_{j=0}^{m} \binom{m}{j} (-1)^j y_{k-j} = \Delta^m y_{k-m}$$

以上各式中$\binom{m}{j}$是二项式系数，即$\binom{m}{j} = \frac{m\ (m-1)\ \cdots\ (m-j+1)}{j!}$.

差分有如下的基本性质.

1） *差商与差分的关系*

因为

$$f[x_0, x_1] = \frac{y_1 - y_0}{x_1 - x_0} = \frac{1}{h}(y_1 - y_0) = \frac{1}{h}\Delta y_0$$

$$f[x_0, x_1, x_2] = f[x_1, x_0, x_2] = \frac{f[x_1, x_2] - f[x_1, x_0]}{x_2 - x_1} = \frac{1}{2h}\left[\frac{\Delta y_1}{h} - \frac{\Delta y_0}{h}\right] = \frac{1}{2h^2}\Delta^2 y_0$$

递推可得$f[x_0, x_1, \cdots, x_k] = \frac{1}{k!\ h^k}\Delta^k y_0$.

同理可得$f[x_n, x_{n-1}, \cdots, x_{n-k}] = \frac{1}{k!\ h^k}\nabla^k y_n$.

2） *差分与导数的关系*

因为

$$\Delta^k f(x_0) = f[x_0, x_1, \cdots, x_k]k!\ h^k = \frac{f^{(k)}(\xi)}{k!}k!\ h^k = f^{(k)}(\xi)h^k$$

所以$\Delta^k f(x_0) = h^k f^{(k)}(\xi)$，其中$\xi \in (x_0, x_k)$.

5.4.2 等距节点插值公式

将牛顿插值多项式中各阶差商用相应差分代替，就可得到各种形式的等距节点插值公式. 这里介绍常用的牛顿向前差分插值公式与牛顿向后差分插值公式.

1） *牛顿向前差分插值公式*

如果节点$x_k = x_0 + kh(k = 0, 1, \cdots, n)$，要计算$x_0$附近点$x$的函数$f(x)$的值，可令$x = x_0 + th(0 < t < 1)$（即$x$位于数据表的表头），于是$x - x_k = (t - k)h$. 又由差商与差分的关系，有

$$f[x_0, x_1, \cdots, x_k](x - x_0)(x - x_1)\cdots(x - x_{k-1})$$

$$= \frac{1}{k!\ h^k}\Delta^k y_0 (t-0)h \cdot (t-1)h \cdots (t-(k-1))h = \frac{1}{k!}\Delta^k y_0 t \cdot (t-1)\cdots(t-(k-1)).$$

因此，牛顿插值多项式

$$N_n(x)=f(x_0)+f[x_0,x_1](x-x_0)+f[x_0,x_1,x_2](x-x_0)(x-x_1)+\cdots+ f[x_0,x_1,x_2,\cdots,x_n](x-x_0)(x-x_1)\cdots(x-x_{n-1})$$

用向前差分代替，得到牛顿向前差分插值公式（简称为牛顿前插公式）为

$$N_n(x_0+th)=y_0+\Delta y_0 t+\Delta^2 y_0 t(t-1)/2+\cdots+\frac{\Delta^n y_0}{n!}t(t-1)\cdots(t-n+1) \quad (5-10)$$

其余项为 $R_n(x)=\dfrac{f^{(n+1)}(\xi)}{(n+1)!}h^{n+1}t(t-1)\cdots(t-n)$，$\xi\in(x_0,x_n)$.

2）牛顿向后差分插值公式

如果求 x_n 附近的函数值 $f(x)$，此时应用牛顿插值公式，插值点应按 $x_n,x_{n-1},\cdots,x_0$ 的次序排列，有

$$N_n(x)=f(x_n)+f[x_n,x_{n-1}](x-x_n)+f[x_n,x_{n-1},x_{n-2}](x-x_n)(x-x_{n-1})+\cdots+ f[x_n,x_{n-1},\cdots,x_0](x-x_n)(x-x_{n-1})\cdots(x-x_1)$$

令 $x=x_n+th(-1<t<0)$（即 x 位于数据表的表尾），并利用差商与差分的关系，得牛顿向后差分插值公式（简称为牛顿后插公式）为

$$N_n(x_n+th)=y_n+\nabla y_n t+\frac{\nabla^2 y_n}{2!}t(t+1)+\cdots+\frac{\nabla^n y_n}{n!}t(t+1)\cdots(t+n-1) \quad (5-11)$$

其余项为 $R_n(x)=\dfrac{f^{(n+1)}(\xi)}{(n+1)!}h^{n+1}t(t+1)\cdots(t+n)$，$\xi\in(x_0,x_n)$.

例 5－7 已知 $y=\cos x$ 在 $x_k=kh(k=0,1,\cdots,4,\ h=0.1)$ 处的函数值，求 $\cos 0.048$ 及 $\cos 0.35$ 的近似值并估计误差.

解 （1）首先构造差分表，如表 5－6 所示.

表 5－6 $y=\cos x$ 的数据及差分

x_i	y_i	$\Delta y(\nabla y)$	$\Delta^2 y(\nabla^2 y)$	$\Delta^3 y(\nabla^3 y)$	$\Delta^4 y(\nabla^4 y)$
0.0	1.000 00				
0.1	0.995 00	−0.005 00			
0.2	0.980 07	−0.014 93	−0.009 93		
0.3	0.955 34	−0.024 73	−0.009 80	0.000 13	
0.4	0.921 06	−0.034 28	−0.009 55	0.000 25	0.000 12

（2）用式（5－10）计算 $\cos 0.048$ 的近似值，取 $x=0.048$，$h=0.1$，$t=(x-0)/h=0.48$，由表 5－6 得

$$\cos 0.048\approx N_4(0.048)=1-0.005\times0.48-0.009\,93\times0.48(0.48-1)/2+ 0.000\,13\times0.48(0.48-1)(0.48-2)/6+ 0.000\,12\times0.48(0.48-1)(0.48-2)(0.48-3)/24\approx0.998\,84$$

误差估计为 $|R_4(0.048)| \leqslant \frac{M_5}{5!}h^5|t(t-1)(t-2)(t-3)(t-4)| \approx 1.0921\times10^{-7}$，其中 $M_5 = |\sin 0.4| \approx 0.3894$.

(3) 用式 (5-11) 计算 cos 0.35 的近似值，取 $x=0.35$，$h=0.1$，$t=(x-0.4)/h=-0.5$，由表5-6得

$$\begin{aligned}\cos 0.35 \approx N_4(0.35) = {} & 0.92106-0.03428\times(-0.5)-0.00955\times(-0.5)(-0.5+1)/2+ \\ & 0.00025\times(-0.5)(-0.5+1)(-0.5+2)/6+ \\ & 0.00012\times(-0.5)(-0.5+1)(-0.5+2)(-0.5+3)/24 \approx 0.93937\end{aligned}$$

误差估计为 $|R_4(0.35)| \leqslant \frac{M_5}{5!}h^5|t(t+1)(t+2)(t+3)(t+4)| \approx 1.0648\times10^{-7}$，其中 $M_5 = |\sin 0.4| \approx 0.3894$.

牛顿向前差分插值公式的 Matlab 程序（Newton_forward. m）如下：

```
function [yi, Y] =Newton_forward(x,y,xi)
% 牛顿前插公式,其中
% x 为行向量,等距插值节点;
% y 为行向量,插值节点处的函数值;
% xi 为标量,被估计函数的自变量;
% yi 为 xi 处的函数估计值;
% Y 为差分表.
% 计算初值.
h =x(2) -x(1);t = (xi -x(1))/h;
% 计算差分表 Y.
n =length(y);Y =zeros(n);Y(:,1) =y';
for k =1:n -1
    Y(:,k +1) =[diff(y',k);zeros(k,1)];
end
% 计算牛顿前插公式 N(xi).
yi =Y(1,1);
for i =1:n -1
    z =t;
    for k =1:i -1
        z =z * (t -k);
    end
    yi =yi +Y(1,i +1) * z/prod([1:i]);
end
```

牛顿向后差分插值公式的 Matlab 程序(Newton_backward. m) 如下:

```
function [yi,Y] =Newton_backward(x,y,xi)
% 牛顿后插公式,其中,
% x 为行向量,等距插值节点;
% y 为行向量,插值节点处的函数值;
% xi 为标量,被估计函数的自变量;
% yi 为 xi 处的函数估计值;
% Y 为差分表.
% 计算初值.
n =length(x); h =x(n) -x(n -1);t =(x(n) -xi)/h;
% 计算差分表 Y.
n =length(y); Y =zeros(n);Y(:,1) =y';
for k =1:n -1
      Y(:,k +1) =[zeros(k,1);diff(y',k)];
end
% 计算牛顿后插公式 N(xi).
yi =Y(n,1);
for i =1:n -1
      z =t;
      for k =1:i -1
          z =z * (t -k);
      end
      yi =yi +Y(n,i +1) * (-1)^i * z/prod([1:i]);
end
```

对于例 5 -7, 调用函数 Newton_forward 求插值:

```
x =0:0.1:0.4;y =[1 0.995 0.98007 0.95534 0.92106];xi =0.048;
[yi,Y] =Newton_forward(x,y,xi)
```

程序计算得, cos 0.048 的近似值为

```
yi =0.9988
```

输出差分表为

```
Y =1.0000   -0.0050   -0.0099   0.0001   0.0001
   0.9950   -0.0149   -0.0098   0.0003        0
   0.9801   -0.0247   -0.0095        0        0
   0.9553   -0.0343         0        0        0
   0.9211         0         0        0        0
```

再调用函数 Newton_backward 求插值:

```
x =0:0.1:0.4;y =[1 0.995 0.98007 0.95534 0.92106];xi =0.35;
[yi,Y] =Newton_backward(x,y,xi)
```

程序计算得，cos 0.35 的近似值为

```
yi =0.9394
```

输出差分表为

```
Y =1.0000         0         0         0         0
   0.9950   -0.0050         0         0         0
   0.9801   -0.0149   -0.0099         0         0
   0.9553   -0.0247   -0.0098    0.0001         0
   0.9211   -0.0343   -0.0095    0.0003    0.0001
```

MOOC 5.5
埃尔米特插值

5.5 埃尔米特插值

埃尔米特插值问题的来源：在某些实际问题中，希望近似多项式能更好地密合原函数，即不但要求插值函数在节点上等于已知函数值，而且还要求其导数值相等. 例如，飞机外形曲线，它由几条不同的曲线衔接，此时要求衔接处足够光滑. 这种要使插值函数和被插值函数密合程度更好的插值问题，称为埃尔米特插值问题.

埃尔米特插值问题的提法：这里只考虑满足连续和一阶光滑条件的埃尔米特插值问题. 假设在节点 $a\leqslant x_0<x_1<\cdots<x_n\leqslant b$ 上，$y_i=f(x_i)$，$m_i=f'(x_i)$，$(i=0,1,\cdots,n)$，即已知数据如表 5-7 所示.

表 5-7　给定的函数值与导数值数据

x_i	x_0	x_1	$\cdots$	x_n
$y_i=f(x_i)$	y_0	y_1	$\cdots$	y_n
$m_i=f'(x_i)$	m_0	m_1	$\cdots$	m_n

求插值多项式 $H(x)$，其满足条件:

$$H(x_i)=y_i,\ H'(x_i)=m_i\quad(i=0,1,\cdots,n)\tag{5-12}$$

这里给出了 $2n+2$ 个条件，可唯一确定一个次数不超过 $2n+1$ 的多项式，记为 $H_{2n+1}(x)=H(x)$，其形式为

$$H_{2n+1}(x)=c_0+c_1x+c_2x^2+\cdots+c_{2n+1}x^{2n+1}$$

5.5.1 埃尔米特插值多项式的存在唯一性

可以证明，满足式（5-12）的插值多项式是唯一的. 用反证法，假设 $H_{2n+1}(x)$ 及 $\tilde{H}_{2n+1}(x)$ 都是式（5-12）的解，则 $Q(x)=H_{2n+1}(x)-\tilde{H}_{2n+1}(x)$ 为次数不超过 $2n+1$ 的多项式，且满足条件

$$\begin{cases} Q(x_i) = 0 \\ Q'(x_i) = 0 \end{cases} \quad (i=0,1,\cdots,n)$$

这说明 $x=x_i(i=0,1,\cdots,n)$ 都是 $Q(x)$ 的二重零点，即 $Q(x)$ 共有 $2n+2$ 个零点，故 $Q(x)\equiv 0$，即 $H_{2n+1}(x)=\tilde{H}_{2n+1}(x)$.

下面用构造性方法来证明 $H_{2n+1}(x)$ 的存在性，即利用插值基函数的方法寻求 $H_{2n+1}(x)$. 设

$$H_{2n+1}(x) = \sum_{k=0}^{n}[\alpha_k(x)y_k + \beta_k(x)m_k]$$

式中，插值基函数 $\alpha_k(x)$，$\beta_k(x)(k=0,1,\cdots,n)$ 为待定的 $2n+1$ 次多项式. 为使 $H_{2n+1}(x)$ 满足插值条件，插值基函数应具有性质

$$\alpha_k(x_i)=\delta_{ki}=\begin{cases}1, k=i\\0, k\neq i\end{cases},\ \alpha_k'(x_i)=0,$$

$$\beta_k(x_i)=0,\ \beta_k'(x_i)=\delta_{ki}=\begin{cases}1, k=i\\0, k\neq i\end{cases} \quad (k,\ i=0,\ 1,\ \cdots,\ n)$$

令 $\alpha_k(x)=(a_1x+b_1)l_k^2(x)$，$\beta_k(x)=(a_2x+b_2)l_k^2(x)$，其中 a_i，b_i 由插值基函数的性质确定. 显然 $\alpha_k(x_k)=a_1x_k+b_1=1$，$\alpha_k'(x_k)=a_1+2l_k'(x_k)=0$，所以 $a_1=-2l_k'(x_k)$，$b_1=1-a_1x_k=1+2l_k'(x_k)x_k$，即

$$\alpha_k(x)=[1-2(x-x_k)l_k'(x_k)]l_k^2(x)$$

同理得 $\beta_k(x)=(x-x_k)l_k^2(x)$.

因此，埃尔米特插值多项式为

$$H_{2n+1}(x) = \sum_{k=0}^{n}\{[1-2(x-x_k)l'_k(x_k)]y_k + (x-x_k)m_k\}l_k^2(x) \tag{5-13}$$

5.5.2 埃尔米特插值余项

仿照插值余项的证明方法，若 $f(x)\in C^{2n+2}[a,b]$，$H_{2n+2}(x)$ 是 $[a,b]$ 上满足式（5-12）的埃尔米特插值多项式，则其插值余项为

$$R_{2n+1}(x)=\frac{f^{(2n+2)}(\xi)}{(2n+2)!}[(x-x_0)(x-x_1)\cdots(x-x_n)]^2 \tag{5-14}$$

式中，$\xi\in(a,b)$ 且与 x 有关.

证明 对于 $x_0<x<x_n$，作辅助函数

$$\varphi(t) = f(t) - H_{2n+1}(t) - k(x)\cdot\left[\prod_{i=0}^{n}(t-x_i)\right]^2$$

易知 $\varphi(x_i)=\varphi'(x_i)=0(i=0,1,\cdots,n)$，且 $\varphi(x)=0$（有 $2n+3$ 个零点）.

而由对 $f(x)$ 的假设及 $H_{2n+2}(x)$ 知，$\varphi(t)$ 具有 $2n+2$ 阶导数. 对 $\varphi(t)$ 反复应用罗尔定理，可知在 (a,b) 内至少有一点 ξ，使 $\varphi^{(2n+2)}(\xi)=f^{(2n+2)}(\xi)-k(x)\cdot(2n+2)!\ =0$，因此

$$R_{2n+1}(x)=f(x)-H_{2n+1}(x)=k(x)\cdot\left[\prod_{i=0}^{n}(x-x_i)\right]^2=\frac{f^{(2n+2)}(\xi)}{(2n+2)!}\left[\prod_{i=0}^{n}(x-x_i)\right]^2$$

5.5.3 三次埃尔米特插值多项式

式（5－13）的重要特例是 $n=1$ 的情形．此时，插值多项式为

$$H_3(x)=\alpha_0(x)y_0+\alpha_1(x)y_1+\beta_0(x)m_0+\beta_1(x)m_1 \tag{5-15}$$

式中，插值基函数为

$$\alpha_0(x)=\left(1+2\frac{x-x_0}{x_1-x_0}\right)\left(\frac{x_1-x}{x_1-x_0}\right)^2,\ \alpha_1(x)=\left(1+2\frac{x_1-x}{x_1-x_0}\right)\left(\frac{x-x_0}{x_1-x_0}\right)^2$$

$$\beta_0(x)=(x-x_0)\left(\frac{x_1-x}{x_1-x_0}\right)^2,\ \beta_1(x)=(x-x_1)\left(\frac{x-x_0}{x_1-x_0}\right)^2$$

插值余项为

$$R_3(x)=\frac{f^{(4)}(\xi)}{4!}\cdot(x-x_0)^2(x-x_1)^2,\quad \xi\in(x_0,x_1)$$

例 5－8 已知 $y=\sin x$ 在节点处的函数值及导数值如表 5－8 所示，求三次埃尔米特插值多项式 $H_3(0.5)$，并估计误差．

表 5－8 给定的函数值与导数值数据

x_i	0	1
$f(x_i)$	0	0.841 5
$f'(x_i)$	1	0.540 3

解 （1）由式（5－15），有

$\alpha_0(x)=(1+2x)(x-1)^2$，$\alpha_1(x)=[1-2(x-1)]x^2$，$\beta_0(x)=x(x-1)^2$，$\beta_1(x)=(x-1)x^2$

所以

$$\begin{aligned}H_3(x)&=\alpha_1(x)y_1+\beta_0(x)m_0+\beta_1(x)m_1\\&=(3-2x)x^2\times0.841\,5+(x-1)^2x+(x-1)x^2\times0.540\,3\end{aligned}$$

当 $x=0.5$ 时，$H_3(0.5)=0.478\,21$．

（2）估计误差．根据埃尔米特插值余项 $R_3(x)=\dfrac{f^{(4)}(\xi)}{4!}\cdot(x-x_0)^2(x-x_1)^2$，有

$$M_4=\max|f^{(4)}(x)|=\max|\sin x|=\sin 1\approx0.841\,5$$

因此

$$|R_3(0.5)|\leqslant\frac{0.841\,5}{4!}\cdot(0.5-0)^2(0.5-1)^2\approx0.002\,2$$

例 5－9 已知 $y=f(x)$ 的函数值及导数值如表 5－9 所示，求次数不超过 3 的插值多项式 $P_3(x)$，使其满足 $P_3(x_i)=y_i$，$(i=0,1,2)$，$P_3'(x_1)=f_1'$．

表5-9 给定的函数值与导数值数据

x	x_0	x_1	x_2
$f(x)$	y_0	y_1	y_2
$f'(x)$		f_1'	

解 (1) 求插值多项式$P_3(x)$. 由于$P_3(x)$通过点(x_0,y_0), (x_1,y_1), (x_2,y_2), 而通过这3点的二次插值多项式为$f(x_0)+f[x_0,x_1](x-x_0)+f[x_0,x_1,x_2](x-x_0)(x-x_1)$, 于是

$$P_3(x)=f(x_0)+f[x_0,x_1](x-x_0)-f[x_0,x_1,x_2]\cdot(x-x_0)(x-x_1)+A(x-x_0)(x-x_1)(x-x_2)$$

式中, A为待定系数, 可由条件$P_3'(x_1)=f_1'$来确定, 通过计算可得

$$A=\frac{f'(x_1)-f[x_0,x_1]-f[x_0,x_1,x_2](x_1-x_0)}{(x_1-x_0)(x_1-x_2)}$$

(2) 求插值余项$R(x)=f(x)-P_3(x)$.

设$f(x)$在$[x_0,x_2]$上具有连续的4阶导数, 由插值条件, x_0,x_1,x_2为$R(x)$的零点且x_1为二重零点, 于是$R(x)=k(x)(x-x_0)(x-x_1)^2(x-x_2)$, 其中$k(x)$为待定函数.

不妨设$x\in[x_0,x_2]$, 且$x\neq x_i$, $i=0,1,2$, 构造函数:

$$\varphi(t)=f(t)-P_3(t)-k(x)(t-x_0)(t-x_1)^2(t-x_2)$$

显然, $\varphi(x)=0$, $\varphi(x_0)=0$, $\varphi(x_1)=0$, $\varphi(x_2)=0$, 且x_1为$\varphi(t)$的二重零点 (共5个零点), 反复应用罗尔定理可知, $\varphi'(t)$在$[x_0,x_2]$内至少有4个互异的零点, …, $\varphi^{(4)}(t)$在$[x_0,x_2]$内至少存在一点ξ, 使$\varphi^{(4)}(\xi)=f^{(4)}(\xi)-k(x)4!=0$, 所以$k(x)=\frac{f^{(4)}(\xi)}{4!}$. 于是, 插值余项公式为

$$R(x)=f(x)-P_3(x)=\frac{f^{(4)}(\xi)}{4!}(x-x_0)(x-x_1)^2(x-x_2)$$

式中, $\xi\in(x_0,x_2)$, 且依赖于x.

埃尔米特插值的Matlab程序 (Hermite. m) 如下:

```
function yi = Hermite(x,y,ydot,xi)
% 埃尔米特插值多项式,其中
% x 为向量,全部的插值节点;
% y 为向量,插值节点处的函数值;
% ydot 为向量,插值节点处的导数值,
% 如果 ydot 缺省,则用差商代替导数,
% 端点用向前向后差商,中间点用中心差商
% xi 为标量,被估计函数的自变量;
% yi 为 xi 处的函数估计值.
% 如果没给出 ydot,则用差商代替导数.
if isempty(ydot) = =1
```

```
        ydot = gradient(y,x);
    end
    n = length(x); m1 = length(y);m2 = length(ydot);
    % 输入 x,y 和 ydot 的个数必须相同.
    if n ~ = m1 | n ~ = m2 | m1 ~ = m2
        error('The lengths of X ,Yand Ydot must be equal! ');
        return;
    end
    % 计算埃尔米特插值.
    P = zeros(1,n);q = zeros(1,n);yi =0;
    for k =1:n
        t =ones(1,n);z = zeros(1,n);
        for j =1:n
            if j ~ =k
                % 插值节点必须互异.
                if abs(x(k) -x(j)) <eps
                error('the DATA is error! ');
                return;
                end
                t(j) = (xi -x(j))/(x(k) -x(j));
                z(j) =1/(x(k) -x(j));
            end
        end
        p(k) =prod(t);q(k) = sum(z);
        yi = yi + y(k) * (1 -2 * (xi - x(k)) * q(k)) * p(k)^2 + ydot(k) *
(xi -x(k)) * p(k)^2;
    end
```

对于例 5 - 8，调用函数 Hermite 求插值：

```
x = [0 1];y = sin(x);ydot = cos(x);xi =0.5;yi = Hermite(x,y,ydot,xi)
```

程序计算得，sin 0.5 的近似值为

```
yi =0.4782
```

5.6 分段低次插值

MOOC 5.6
分段低次插值

5.6.1 高次插值的病态性质

根据区间$[a,b]$上给出的节点做插值多项式$L_n(x)$近似$f(x)$，一般总认为$L_n(x)$的次数n

越高逼近$f(x)$的精度越好，但实际上并非如此.

（1）Faber 于 1973 年发现，对$[a,b]$上任意给定的三角矩阵

龙格现象程序实现示例

$$\begin{pmatrix} x_0^{(0)} & & & \\ x_0^{(1)} & x_1^{(1)} & & \\ \vdots & \vdots & \ddots & \\ x_0^{(n)} & x_1^{(n)} & \cdots & x_n^{(n)} \end{pmatrix}$$

总存在$f(x)\in C[a,b]$，使得由三角矩阵中的任一行元素的插值节点所生成的n次拉格朗日插值多项式$L_n(x)$，当$n\to\infty$时，不能一致收敛到$f(x)$.

（2）20 世纪初，龙格（Runge）发现，即使$f(x)$为解析函数，等距节点的拉格朗日插值多项式也不一定收敛到$f(x)$，这种现象称为龙格现象. 例如，函数$f(x)=1/(1+x^2)$在$[-5,5]$上各阶导数均存在. 将$[-5,5]$区间n等分，取$n+1$个等距节点，构造拉格朗日插值多项式$L_n(x)=\sum\limits_{k=0}^{n} l_k(x)y_k$. 可以发现，当$n\to\infty$时，$L_n(x)$在$[-5,5]$上不收敛. 龙格证明了，存在一个常数$c\approx 3.63$，使得当$|x|\leqslant c$时，$\lim\limits_{n\to\infty} L_n(x)=f(x)$，而当$|x|>c$时，$\{L_n(x)\}$发散.

下面取$n=10$，以$x_k=-5+k(k=0,1,\cdots,10)$为节点，根据计算画出$y=1/(1+x^2)$及$y=L_{10}(x)$在$[-5,5]$上的图形，如图 5-5 所示.

从图 5-5 看到，在$x=\pm 5$附近$L_{10}(x)$与$f(x)=1/(1+x^2)$偏离很远，逼近效果很差. 这说明用高次插值多项式$L_n(x)$近似$f(x)$效果并不好，因而通常不用高次插值，而用分段低次插值（包括分段线性插值与分段三次埃尔米特插值）. 从本例看到，如果将$y=1/(1+x^2)$在节点$x=0,\pm 1,\pm 2,\pm 3,\pm 4,\pm 5$处用折线连起来（见图 5-6），显然比$L_{10}(x)$逼近$f(x)$好得多. 这正是我们讨论分段低次插值的出发点.

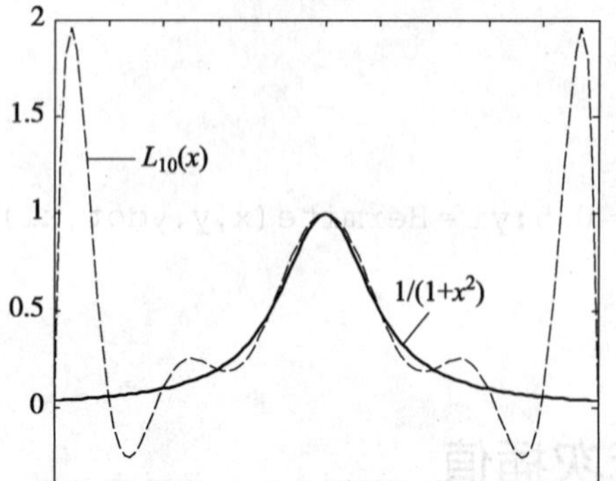

图 5-5　龙格现象的示意

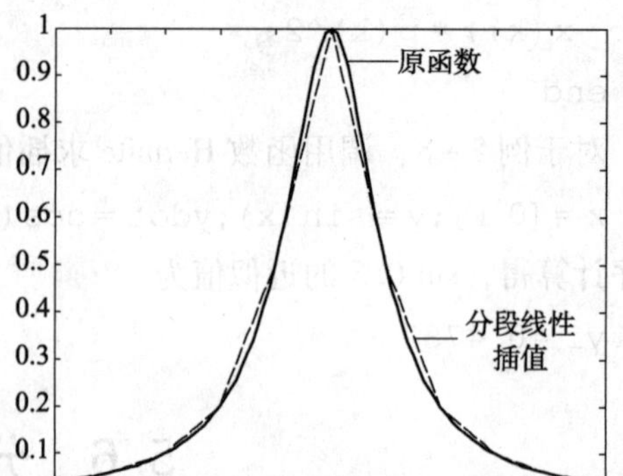

图 5-6　分段线性插值

5.6.2 分段低次插值方法

已知在区间$[a,b]$上各节点x_k处的函数值，即$a=x_0<x_1<x_2<\cdots<x_n=b$，$y_k=f(x_k)$ $(k=0,1,\cdots,n)$，求插值多项式$I_h(x)$，满足插值条件：$I_h(x_k)=y_k$，$k=0,1,\cdots,n$，且$I_h(x)$在小区间$[x_k,x_{k+1}]$上为低次插值多项式.

1） **分段线性插值**

在每个小区间$[x_k,x_{k+1}]$上，$I_h(x)$为

$$I_h(x)=\frac{x-x_{k+1}}{x_k-x_{k+1}}y_k+\frac{x-x_k}{x_{k+1}-x_k}y_{k+1}$$

式中，$x\in[x_k,x_{k+1}]$，$k=0,1,\cdots,n-1$.

2） **分段三次埃尔米特插值**

若在$x\in[x_k,x_{k+1}]$上，节点处的一阶导数已知，由式（5-15），在每个小区间$[x_k,x_{k+1}]$上，$I_h(x)$为

$$I_h(x)=\left(1+2\frac{x-x_k}{h}\right)\left(\frac{x_{k+1}-x}{h}\right)^2y_k+\left(1+2\frac{x_{k+1}-x}{h}\right)\left(\frac{x-x_k}{h}\right)^2y_{k+1}+$$
$$(x-x_k)\left(\frac{x_{k+1}-x}{h}\right)^2m_k+(x-x_{k+1})\left(\frac{x-x_k}{h}\right)^2m_{k+1}$$

式中，$x\in[x_k,x_{k+1}]$，$h=x_{k+1}-x_k$，$k=0,1,\cdots,n-1$.

5.6.3 分段低次插值余项

1） **分段线性插值**

设$f(x)\in C^1[a,b]$，f''在$[a,b]$上存在，$I_h(x)$是过节点$x_k(k=0,1,\cdots,n)$的分段线性插值多项式，则

$$|R(x)|=|f(x)-I_h(x)|\leqslant\frac{h^2}{8}M$$

且有$\lim\limits_{h\to 0}I_h(x)=f(x)$，$x\in[a,b]$. 其中$h=\max\limits_k|x_{k+1}-x_k|$，$M=\max\limits_{a\leqslant x\leqslant b}|f''(x)|$.

这是因为，由线性插值余项，在每个小区间$[x_k,x_{k+1}]$上，都有

$$|R(x)|\leqslant\frac{1}{2}\max_{x_k\leqslant x\leqslant x_{k+1}}|f''(x)|\cdot\max_{x_k\leqslant x\leqslant x_{k+1}}|(x-x_k)(x-x_{k+1})|\leqslant\frac{M}{2}\frac{(x_{k+1}-x_k)^2}{4},$$

因此，在$[a,b]$上，$|R(x)|=|f(x)-I_h(x)|\leqslant\frac{h^2}{8}M$，且有$\lim\limits_{h\to 0}I_h(x)=f(x)$.

2） **分段三次埃尔米特插值**

设$f(x)\in C^3[a,b]$，$f^{(4)}(x)$存在，$I_h(x)$是过节点$x_k(k=0,1,\cdots,n)$的分段三次埃尔米

特插值多项式，则

$$|R(x)| = |f(x) - I_h(x)| \leqslant \frac{h^4}{384} M_4$$

且有：$\lim_{h\to 0} I_h(x) = f(x)$，$x\in[a,b]$．其中 $h = \max_k |x_{k+1} - x_k|$，$M_4 = \max_{a\leqslant x\leqslant b} |f^{(4)}(x)|$．

这是因为，由埃尔米特插值余项，在每个小区间$[x_k, x_{k+1}]$上，总有

$$R(x) = \frac{f^{(4)}(\xi)}{4!}(x-x_k)^2(x-x_{k+1})^2$$

而由于$\max_k\{(x-x_k)^2(x-x_{k+1})^2\} = \frac{(x_{k+1}-x_k)^4}{16}$，所以

$$|R(x)| \leqslant \frac{(x_{k+1}-x_4)^4}{384} \cdot \max_{x_k\leqslant x\leqslant x_{k+1}} |f^{(4)}(x)|$$

因此在$[a,b]$上，$|R(x)| = |f(x) - I_h(x)| \leqslant \frac{h^4}{384} M_4$，且有$\lim_{h\to 0} I_h(x) = f(x)$．

分段线性插值的 Matlab 程序（Linear_piecewise. m）如下：

```
function yi = Linear_piecewise(x,y,xi)
% 分段线性插值公式,其中
% x 为向量,全部的插值节点;
% y 为向量,插值节点处的函数值;
% xi 为标量,被估计函数的自变量;
% yi 为 xi 处的函数估计值.
n = length(x); m = length(y);
% 输入的插值点及函数值个数相同.
if n ~ =m
    error('The lengths of X and Y must be equal! ');
    return;
end
% 计算分段线性插值.
for k =1:n -1
    % 插值节点必须互异.
    if abs(x(k) -x(k +1)) <eps
        error('the DATA is error! ');
        return;
    end
    h =x(k +1) -x(k);
    if x(k) < =xi & xi < =x(k +1)
```

```
        yi = y(k) * (x(k+1) - xi)/h + y(k+1) * (xi - x(k))/h;
      return;
      end
end
```

分段三次埃尔米特插值的 Matlab 计算程序（Hermite_piecewise. m）如下：

```
function yi = Hermite_piecewise(x,y,ydot,xi)
% 分段三次埃尔米特插值公式,其中
% x 为向量,全部的插值节点;
% y 为向量,插值节点处的函数值;
% ydot 为向量,插值节点处的导数值,
% 如果 ydot 缺省,则用差商代替导数,
% 端点用向前向后差商,中间点用中心差商
% xi 为标量,被估计函数的自变量;
% yi 为 xi 处的函数估计值.
% 如果没给出 ydot,则用差商代替导数.
if isempty(ydot) = =1
      ydot = gradient(y,x);
end
n = length(x); m1 = length(y);m2 = length(ydot);
% 输入 x,y 和 ydot 的个数必须相同.
if n ~ =m1 |n ~ =m2 |m1 ~ =m2
      error('The lengths of X ,Yand Ydot must be equal! ');
      return;
end
% 计算分段三次埃尔米特插值.
for k =1:n -1
      % 插值节点必须互异.
      if abs(x(k) - x(k+1)) <eps
            error('the DATA is error! ');
            return;
      end
      h = x(k+1) - x(k);
      if x(k) < =xi & xi < =x(k+1)
      yi = y(k) * (1 +2 * (xi - x(k))/h) * (xi - x(k+1))^2/h^2 + y(k +
1) * (1 -2 * (xi - x(k+1))/h) * (xi - x(k))^2/h^2 + ydot(k) * (xi - x(k)) *
```

```
(xi - x(k+1))^2/h^2 + ydot(k+1) * (xi - x(k+1)) * (xi - x(k))^2/h^2;
        return;
        end
    end
```

给定函数$f(x)=1/(1+x^2)$，取插值节点$x_k=-5+k$，$(k=0,1,\cdots,10)$，调用函数 Linear_piecewise 计算插值并画出$I_h(x)$与$f(x)$的图形，如图 5-7（a）所示，计算程序如下：

```
a = -5;b = 5;n = 10;h = (b - a)/n;x = a:h:b;y = 1./(1 + x.^2);
xx = a:0.01:b;yy = 1./(1 + xx.^2);m = length(xx);z = zeros(1,m);
for i = 1:m
    z(i) = Linear_piecewise(x,y,xx(i));
end
plot(x,y,'ko',xx,yy,'k:',xx,z,'k-')
```

调用函数 Hermite_piecewise 计算插值并画出$I_h(x)$与$f(x)$的图形，如图 5-7（b）所示，计算程序如下：

```
a = -5;b = 5;n = 10;h = (b - a)/n;x = a:h:b;y = 1./(1 + x.^2);
xx = a:0.01:b;yy = 1./(1 + xx.^2);m = length(xx);z = zeros(1,m);
for i = 1:m
    z(i) = Hermite _piecewise(x,y,[],xx(i));
end
plot(x,y,'ko',xx,yy,'k:',xx,z,'k-')
```

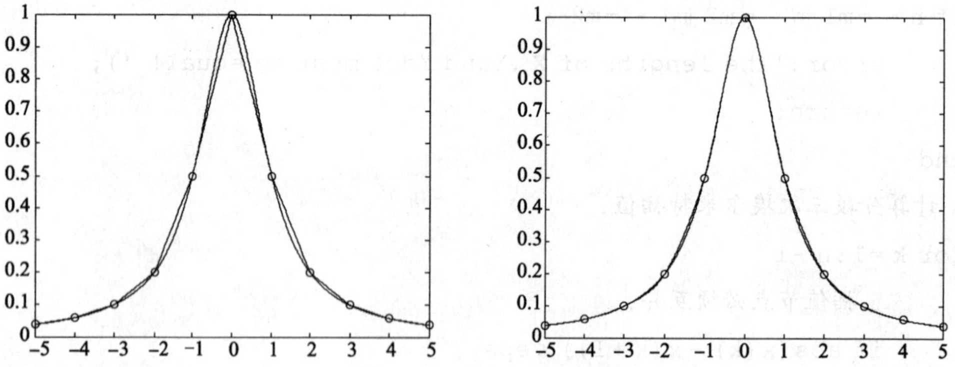

(a)　　(b)

图 5-7　分段低次插值

（a）分段线性插值；（b）分段三次埃尔米特插值

三次样条插值背景

5.7　三次样条插值

上节讨论的分段低次插值都有一致收敛性，但光滑性较差，对于像高速飞机的机翼形线、船体放样等型值线往往要求有二阶光滑度，即有二阶连续导数. 样条插值就是这样一种整体光滑度高、收敛性良好的插值方法. “样条（Spline）”一词来源于工程师制图的放大样问题. 在早期的放大样工作中，工程师使用一种富有弹性的细长木条（样条），用压铁让它经过点列$(x_i,y_i)(i=0,1,\cdots,n)$，且在两端处的斜率被给定，沿样条描绘出一条光滑曲线. 这种放大样工作在飞机、船舶、汽车等外形设计方面很重要. 人们称由样条描绘出的曲线为样条曲线. 从数学上看，它实际上是分段三次多项式首尾拼接而成的曲线，在拼接处不仅函数是连续的，而且一阶导数、二阶导数也是连续的，所以样条曲线具有良好的光滑性. 1946年由 I. J. Schoenberg 将样条概念引入数学中并加以深化.

样条函数不仅是函数逼近的一个活跃分支，而且也是现代数值计算中一个十分重要的数学工具，已经广泛应用于逼近论、曲线数据拟合、数值积分、数值微分、微分方程和积分方程的数值求解，以及计算机辅助外形设计与制造等方面.

5.7.1 三次样条插值函数

设$[a,b]$上有一划分：$a=x_0<x_1<\cdots<x_n=b$，给定节点x_k处的函数值为$y_k=f(x_k)(k=0,1,\cdots,n)$，若存在函数$S(x)$，满足：

（1）插值条件：$S(x_k)=y_k$，$k=0,1,\cdots,n$；

（2）分段条件：在小区间$[x_k,x_{k+1}]$，$k=0,1,\cdots,n-1$上，$S(x)$是三次代数多项式，即$S(x)=a_0+a_1x+a_2x^2+a_3x^3$；

（3）光滑条件：$S(x)\in C^2[a,b]$；

则称$S(x)$为样条节点x_k上的三次样条插值函数，称求$S(x)$的方法为三次样条插值方法. 称求$S(x)$的问题为三次样条插值问题.

分析确定$S(x)$的条件：由于$S(x)$在小区间$[x_k,x_{k+1}]$上是三次多项式，因此要确定4个待定系数，$[a,b]$上共有n个小区间，应确定$4n$个参数，所以共需要$4n$个条件.

根据光滑条件$S(x)\in C^2[a,b]$，$S(x)$在节点$x_k(k=1,2,\cdots,n-1)$处应满足

$$S(x_k-0)=S(x_k+0),S'(x_k-0)=S'(x_k+0),S''(x_k-0)=S''(x_k+0)$$

共有$3n-3$个条件，再加上$S(x)$满足的$n+1$个插值条件，共有$4n-2$个条件，因此还需要2个条件才能确定$S(x)$. 通常可在区间$[a,b]$端点上各加一个条件（称为边界条件），可根据实际问题的要求给定. 常见的有以下3种边界条件：

（1）第一种边界条件，即已知两端的一阶导数值，$S'(x_0)=f'_0,S'(x_n)=f'_n$；

（2）第二种边界条件，即已知两端的二阶导数值，$S''(x_0)=f''_0,S''(x_n)=f''_n$，其特殊情况为自然边界，即$S''(x_0)=S''(x_n)=0$；

（3）第三种边界条件，即周期特性$S^{(m)}(x_0)=S^{(m)}(x_n)$，$m=0,1,2$.

三种边界条件都有它们的实际背景和力学意义. 满足给定边界条件的三次样条插值函数是存在且唯一的.

例5-10 已知函数$f(x)$在三个点处的值为$f(-1)=1$，$f(0)=0$，$f(1)=1$，在区间$[-1,1]$上，求$f(x)$在自然边界条件下的三次样条插值函数.

解 利用待定系数法. 这里$n=2$，区间$[-1,1]$分成两个子区间，故设

$$S(x)=\begin{cases}s_0(x)=a_0x^3+b_0x^2+c_0x+d_0, & x\in[-1,0]\\ s_1(x)=a_1x^3+b_1x^2+c_1x+d_1, & x\in[0,1]\end{cases}$$

由插值和函数连续条件 $s_0(-1)=1, s_0(0)=0, s_1(0)=0, s_1(1)=1$，得

$$\begin{cases}-a_0+b_0-c_0=1, & d_0=0\\ a_1+b_1+c_1=1, & d_1=0\end{cases}$$

由内节点处一、二阶导数的连续条件 $s_0'(0)=s_1'(0), s_0''(0)=s_1''(0)$，得 $c_0=c_1, b_0=b_1$.

最后由自然边界条件 $s_0''(-1)=0, s_1''(1)=0$，得 $-6a_0+2b_0=0, 6a_1+2b_1=0$. 联立各方程，解关于待定系数的线性方程组，得

$$a_0=-a_1=\frac{1}{2}, b_0=b_1=\frac{3}{2}, c_0=c_1=d_0=d_1=0$$

因此，三次样条插值问题的解为 $S(x)=\begin{cases}\dfrac{1}{2}x^3+\dfrac{3}{2}x^2, & x\in[-1,0]\\ -\dfrac{1}{2}x^3+\dfrac{3}{2}x^2, & x\in[0,1]\end{cases}$.

5.7.2 三弯矩法

若用例 5-10 的待定系数法解一个 $4n$ 阶的线性方程组，则当 n 较大时工作量相当大. 下面介绍的三弯矩法只要解一个不超过 $n+1$ 阶的线性方程组，而且力学含义明确. 记 $S''(x_k)=M_k$，M_k 在力学上解释为细梁在 x_k 截面处的弯矩，称为 $S(x)$ 在节点 x_k 处的弯矩. 三弯矩法就是由 M_k 待定而构造出 $S(x)$ 的表达式.

因为 $S(x)$ 在每个小区间 $[x_k, x_{k+1}]$ $(k=0,1,\cdots,n-1)$ 上是三次多项式，故 $S''(x)$ 在 $[x_k, x_{k+1}]$ 上是线性函数，用拉格朗日插值公式得到

$$S''(x)=M_k\frac{x_{k+1}-x}{h_k}+M_{k+1}\frac{x-x_k}{h_k}, \quad x\in[x_k, x_{k+1}] \tag{5-16}$$

式中，$h_k=x_{k+1}-x_k$. 对式（5-16）积分两次，得到

$$S'(x)=-\frac{(x_{k+1}-x)^2}{2h_k}M_k+\frac{(x-x_k)^2}{2h_k}M_{k+1}+C_1 \tag{5-17}$$

$$S(x)=\frac{(x_{k+1}-x)^3}{6h_k}M_k+\frac{(x-x_k)^3}{6h_k}M_{k+1}+C_1x+C_2 \tag{5-18}$$

利用插值条件 $S(x_k)=y_k$，$S(x_{k+1})=y_{k+1}$ 可求出常数 C_1, C_2，即

$$C_1=\frac{y_{k+1}-y_k}{h_k}-\frac{h_k}{6}(M_{k+1}-M_k),\quad C_2=\frac{y_k}{h_k}x_{k+1}-\frac{y_{k+1}}{h_k}x_k-\frac{h_k}{6}M_kx_{k+1}+\frac{h_k}{6}M_{k+1}x_k$$

将 C_1, C_2 代回式（5-17）、式（5-18）中，得到

$$S'(x)=-\frac{(x_{k+1}-x)^2}{2h_k}M_k+\frac{(x-x_k)^2}{2h_k}M_{k+1}+\frac{y_{k+1}-y_k}{h_k}-\frac{h_k}{6}(M_{k+1}-M_k) \tag{5-19}$$

$$S(x)=\frac{(x_{k+1}-x)^3}{6h_k}M_k+\frac{(x-x_k)^3}{6h_k}M_{k+1}+\left(y_k-\frac{M_kh_k^2}{6}\right)\frac{x_{k+1}-x}{h_k}+$$

$$\left(y_{k+1}-\frac{M_{k+1}h_k^2}{6}\right)\frac{x-x_k}{h_k} \qquad x\in[x_k,x_{k+1}],\ k=0,1,\cdots,n-1 \tag{5-20}$$

这里 $M_k(k=0,1,\cdots,n)$ 未知. 为确定 M_k，利用连续条件 $S'(x_k-0)=S'(x_k+0)$，有

$$\frac{h_{k-1}}{3}M_k+\frac{h_{k-1}}{6}M_{k-1}+\frac{y_k-y_{k-1}}{h_{k-1}}=-\frac{h_k}{3}M_k-\frac{h_k}{6}M_{k+1}+\frac{y_{k+1}-y_k}{h_k}$$

整理成

$$\mu_k M_{k-1}+2M_k+\lambda_k M_{k+1}=d_k \qquad (k=1,2,\cdots,n-1) \tag{5-21}$$

式中，$\lambda_k=\dfrac{h_k}{h_k+h_{k-1}}$，$\mu_k=\dfrac{h_{k-1}}{h_k+h_{k-1}}$，$d_k=6f[x_{k-1},x_k,x_{k+1}]$.

这 $n-1$ 个方程中含有 $n+1$ 个未知数 $M_0,M_1,\cdots,M_n$，需利用边界条件补充 2 个方程，才能求解.

（1）对第一种边界条件 $S'(x_0)=f'_0$，$S'(x_n)=f'_n$，由式（5-19）可导出 2 个方程：

$$\begin{cases}2M_0+M_1=\dfrac{6}{h_0}(f[x_0,x_1]-f'(x_0))\\ M_{n-1}+2M_n=\dfrac{6}{h_{n-1}}(f'(x_n)-f[x_{n-1},x_n])\end{cases} \tag{5-22}$$

将式（5-21）、式（5-22）写成矩阵形式，为三对角方程组

$$\begin{pmatrix}2 & 1 & & & & \\ \mu_1 & 2 & \lambda_1 & & & \\ & \ddots & \ddots & \ddots & & \\ & & & \lambda_{n-2} & 0 & \\ & & \mu_{n-1} & 2 & \lambda_{n-1} \\ & & 0 & 1 & 2\end{pmatrix}\begin{pmatrix}M_0\\ M_1\\ \\ \vdots\\ \\ M_n\end{pmatrix}=\begin{pmatrix}\dfrac{6}{h_0}\ (f[x_0,\ x_1]\ -f'_0)\\ d_1\\ \vdots\\ d_{n-1}\\ \dfrac{6}{h_{n-1}}\ (f'_n-f[x_{n-1},\ x_n])\end{pmatrix} \tag{5-23}$$

这是严格对角占优的，因此存在唯一解，且可以用追赶法解出 $M_k(k=0,1,\cdots,n)$.

（2）对第二种边界条件 $S''(x_0)=f''_0$，$S''(x_n)=f''_n$，由式（5-21）取 $k=1$ 得到

$$2M_1+\lambda_1M_2=d_1-\mu_1M_0$$

由式（5-21）取 $k=n-1$，得到

$$\mu_{n-1}M_{n-2}+2M_{n-1}=d_{n-1}-\lambda_{n-1}M_n$$

从而得到求 $M_1,M_2,\cdots,M_{n-1}$ 的三对角方程组

$$\begin{pmatrix}2 & \lambda_1 & & & \\ \mu_2 & 2 & \lambda_2 & & \\ & \ddots & \ddots & \ddots & \\ & & \mu_{n-2} & 2 & \lambda_{n-2}\\ & & 0 & \mu_{n-1} & 2\end{pmatrix}\begin{pmatrix}M_1\\ M_2\\ \vdots\\ M_{n-2}\\ M_{n-1}\end{pmatrix}=\begin{pmatrix}d_1-\mu_1M_0\\ d_2\\ \vdots\\ d_{n-2}\\ d_{n-1}-\lambda_{n-1}M_n\end{pmatrix}. \tag{5-24}$$

这个方程组是严格对角占优的，因此可以由追赶法获得唯一解.

（3）对第三种边界条件，可得

$$M_0 = M_n,\ \lambda_n M_1 + \mu_n M_{n-1} + 2M_n = d_n$$

式中，$\lambda_n = \dfrac{h_0}{h_{n-1}+h_0}$；$\mu_n = 1-\lambda_n = \dfrac{h_{n-1}}{h_{n-1}+h_0}$；$d_n = 6\dfrac{f[x_0,x_1]-f[x_{n-1},x_n]}{h_0+h_{n-1}}$.

从而得到求 $M_1, M_2, \cdots, M_{n-1}$ 的三对角方程组

三次样条插值程序实现示例

$$\begin{pmatrix} 2 & \lambda_1 & & & \\ \mu_2 & 2 & \lambda_2 & & \\ & \ddots & \ddots & \ddots & \\ & & \mu_{n-2} & 2 & \lambda_{n-2} \\ & & 0 & \mu_{n-1} & 2 \end{pmatrix} \begin{pmatrix} M_1 \\ M_2 \\ \vdots \\ M_{n-2} \\ M_{n-1} \end{pmatrix} = \begin{pmatrix} d_1 - \mu_1 M_0 \\ d_2 \\ \vdots \\ d_{n-2} \\ d_{n-1} - \lambda_{n-1} M_n \end{pmatrix} \tag{5-25}$$

5.7.3 三次样条插值函数的收敛性与误差估计

三次样条插值函数的收敛性与误差估计比较复杂，这里不加证明地给出一个主要结果.

设 $f(x) \in C^4[a,b]$，$S(x)$ 是使 $y=f(x)$ 满足第一种或第二种边界条件的唯一的三次样条插值函数，则

$$\max_{a\leqslant x\leqslant b} |f^{(i)}(x) - S^{(i)}(x)| \leqslant C_i \max_{a\leqslant x\leqslant b} |f^{(4)}(x)| h^{4-i} \quad (i=0,1,2) \tag{5-26}$$

式中，$h = \max\limits_{0\leqslant k\leqslant n-1} h_k$，$h_k = x_{k+1} - x_k$，$k=0,1,\cdots,n$；$C_0 = 5/384$，$C_1 = 1/24$，$C_2 = 3/8$.

注 式（5－26）不但给出了三次样条插值函数 $S(x)$ 的误差估计，且当 $h\to 0$ 时，$S(x)$、$S'(x)$ 及 $S''(x)$ 于 $[a,b]$ 上均分别一致收敛于 $f(x)$、$f'(x)$ 及 $f''(x)$. 由式（5－26）可知，$S(x)$ 收敛最快，$S'(x)$ 次之，$S''(x)$ 最慢.

如果在实际应用中不需要规定内节点处的一阶导数值，那么使用三次样条插值比分段三次埃尔米特插值的效果更好.

例 5－11 已知函数 $y=f(x)$ 的函数值，如表 5－10 所示. 在区间 $[-1.5, 2]$ 上求三次样条插值函数 $S(x)$，使其满足边界条件 $S'(-1.5)=0.75$，$S'(2)=14$.

表 5－10 函数值数据

x	−1.5	0	1	2
y	0.125	−1	1	9

解 （1）根据给定数据和边界条件计算 λ_k, μ_k, d_k，写出确定 M_k 的线性方程组

$$\begin{pmatrix} 2 & 1 & 0 & 0 \\ 0.6 & 2 & 0.4 & 0 \\ 0 & 0.5 & 2 & 0.5 \\ 0 & 0 & 1 & 2 \end{pmatrix} \begin{pmatrix} M_0 \\ M_1 \\ M_2 \\ M_3 \end{pmatrix} = \begin{pmatrix} -6 \\ 6.6 \\ 18 \\ 36 \end{pmatrix}$$

（2）解方程组，得 $M_0 = -5$，$M_1 = 4$，$M_2 = 4$，$M_3 = 16$.

（3）将所得 M_k 代入式（5－20），得到 $S(x)$ 在各子区间上的表达式. 故所求三次样条插值函数为

$$S(x)=\begin{cases}x^3+2x^2-1 & -1.5\leqslant x<0\\2x^2-1 & 0\leqslant \quad x<1\\2x^3-4x^2+6x-3 & 1\leqslant \quad x\leqslant 2\end{cases}$$

第一种边界条件的三次样条插值函数的Matlab程序（Spline_cubic. m）如下：

```
function yi = Spline_cubic(x,y,ydot,xi)
% 三次样条插值公式(第一种边界条件),其中,
% x 为向量,全部的插值节点;
% y 为向量,插值节点处的函数值;
% ydot 为向量,端点处的导数值,
% 如果 ydot 缺省,则用差商代替导数;
% xi 为标量,被估计函数的自变量;
% yi 为 xi 处的函数估计值.
n = length(x); ny = length(y);
% 输入的 x 与 y 个数必须相同.
if n ~ =ny
      error('The lengths of X and Y must be equal! ');
      return;
end
% 若没有端点处导数值,则用差商代替.
if isempty(ydot) = =1
      ydot = [(y(2) -y(1))/(x(2) -x(1))(y(n) -y(n -1))/(x(n) -x(n -1))];
end
% 计算分段三次样条插值(即三次样条插值函数).
h = zeros(1,n);lambda = ones(1,n);
mu = ones(1,n);
M = zeros(n,1);d = zeros(n,1);
for k =2:n
      h(k) =x(k) -x(k -1);
      % 插值节点必须互异.
      if abs(h(k)) <eps
         error('the DATA is error! ');
         return;
      end
end
for k =2:n -1
      lambda(k) =h(k +1)/(h(k) +h(k +1));
      mu(k) =1 - lambda(k);     d(k) =6/(h(k) +h(k +1)) * ((y(k +1) -
y(k))/h(k +1) - (y(k) -y(k -1))/h(k));
end
```

```
d(1)=6/h(2)*((y(2)-y(1))/h(2)-ydot(1));
d(n)=6/h(n)*(ydot(2)-(y(n)-y(n-1))/h(n));
A=diag(2*ones(1,n));
for i=1:n-1
    A(i,i+1)=lambda(i);A(i+1,i)=mu(i+1);
end
M=A\d;
for k=2:n
    if x(k-1)<=xi & xi<=x(k)
    yi=M(k-1)/6/h(k)*(x(k)-xi)^3+M(k)/6/h(k)*(xi-x(k-1))^3+
1/h(k)*(y(k)-M(k)*h(k)^2/6)*(xi-x(k-1))+1/h(k)*(y(k-1)-M(k-1)*
h(k)^2/6)*(x(k)-xi);
        return;
    end
end
```

对于例 5-11，调用函数 Spline_cubic 计算插值：

```
x=[-1.5 0 1 2];y=[0.125 -1 1 9];ydot=[0.75 14];yi=Spline_cubic(x,
y,ydot,0.5)
```

计算得到 f (0.5) 的近似值为

```
yi= -0.5000
```

5.8 插值运算的 Matlab 函数

5.8.1 一维插值函数

1）interp1 函数

interp1 函数是 Matlab 中的一维插值函数，其命令格式为

```
yi=interp1(x,y,xi,'method')
```

其中，x 为插值节点构成的向量；y 是插值节点函数值构成的向量；yi 是被插值点 xi 的插值结果；'method'是采用的插值方法，缺省时表示分段线性插值. 'method'有以下几种选择：'nearest'为最邻近插值；'linear'为分段线性插值；'spline'为三次样条插值；'pchip'为保形分段三次插值；'cubic'与'pchip'相同.

（1）'linear'——分段线性插值，命令格式：

```
yi=interp1(x,y,xi,'linear')
```

例 5-12 画出 y=sin（x）在区间［0，10］的曲线，并取曲线上插值节点 $x_k=k,k=0,1,\cdots,10$ 及其函数值，画出分段线性插值折线图.

解 Matlab 计算程序如下：

```
x =0:10;y =sin(x);xi =0:.25:10;yi =interp1(x,y,xi);
plot(x,y,'o',xi,yi,'k -',xi,sin(xi),'k:'),
xlabel('x'),ylabel('y')
```

得到图 5-8，其中实线是分段线性插值，所以是折线；而虚线是 $\sin(x)$ 的曲线，“∘”处是插值节点.

(2) 'spline'——三次样条插值，命令格式：

```
yi =interp1(x,y,xi,'spline')
```

由于该函数没有提供导数的输入，因此采用“非扭结”端点条件，即强迫第一段、第二段多项式的三次系数相同，最后一段和倒数第二段的三次系数相同.

例 5-13 已知机翼上缘轮线数据，如表 5-11 所示.

表 5-11 机翼上缘轮线数据

x	0.00	4.74	9.50	19.00	38.00	57.00	76.00	95.00	114.0	133.0	152.0	171.0	190.0
y	0.00	5.32	8.10	11.97	16.15	17.10	16.34	14.63	12.16	9.69	7.03	3.99	0.00

用三次样条函数画出机翼曲线.

解 Matlab 计算程序如下：

```
x =[0.00 4.74 9.50 19.00 38.00 57.00 76.00 95.0 114.0 133.0 152.0 171.0
190.0];
y =[0.00 5.32 8.10 11.97 16.15 17.10 16.34 14.63 12.16 9.69 7.03 3.99
0.00];
xx =0.0:0.1:190;yy =interp1(x,y,xx,'spline');
plot(xx,yy),xlabel('x'),ylabel('y')
```

得到机翼上缘轮廓曲线，如图 5-9 所示.

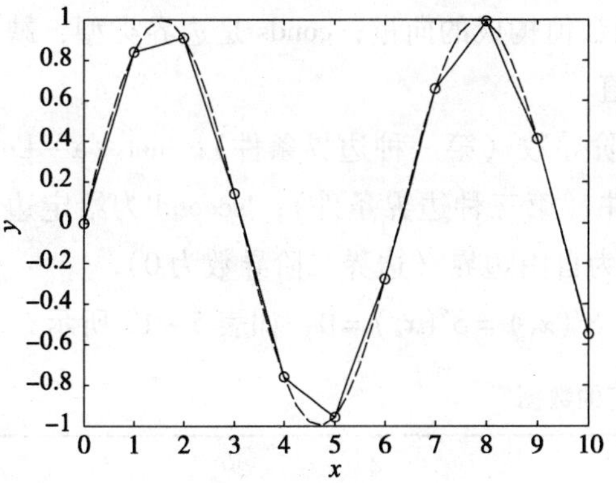

图 5-8 $y=\sin(x)$ 的曲线

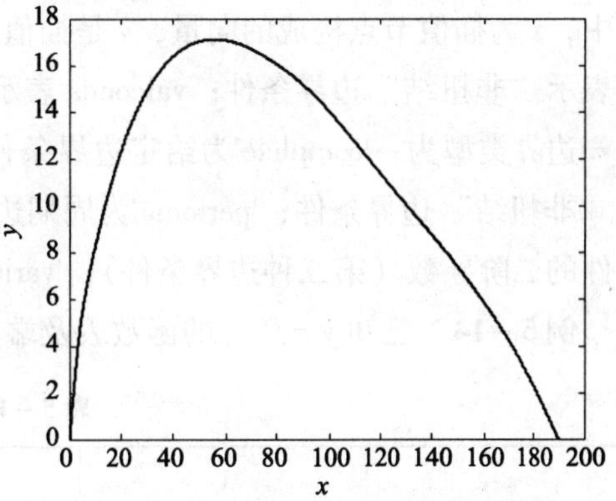

图 5-9 机翼上缘轮廓曲线

(3) 'pchip'或'cubic'——分段三次埃尔米特插值或分段三次插值.

参数'pchip'或'cubic'表示，在插值计算中采用三次埃尔米特插值，两者结果相同.

命令格式：

```
yi = interp1(x,y,xi,'pchip')
```

或

```
yi = interp1(x,y,xi,'cubic')
```

（4）参数'pchip'与'spline'之间的差别.

'pchip'采用三次埃尔米特插值，即插值函数和它的导数连续，但二阶导数不一定连续. 而'spline'采用三次样条函数，它不但有连续的函数和一阶导数，而且二阶导数也连续.

2）spline 函数

spline 函数是三次样条插值函数，有两种用法.

命令格式 1：

```
yi = spline(x,y,xi)
```

这种用法与函数 interp1（x,y,xi,'spline'）意义完全相同. Matlab 在执行 interp1（x,y,xi,'spline'）时，就是在调用 spline（x,y,xi）.

命令格式 2：

```
pp = spline(x,y)
```

这种用法输出三次样条插值函数分段表示的结构.

3）pchip 函数

pchip 函数的命令格式与 spline 函数完全相同.

4）csape 函数

csape 函数是三次样条插值函数，但可以输入边界条件.

命令格式：

```
pp = csape(x,y,conds,valconds)
```

其中，x 为插值节点构成的向量，y 是插值节点函数值构成的向量；conds 是边界类型，缺省时表示“非扭结”边界条件；valconds 表示边界值.

边界类型为：'complete'为给定边界条件的一阶导数（第一种边界条件）；'not - a - knot'为“非扭结”边界条件；'periodic'为周期边界条件（第三种边界条件）；'second'为给定边界条件的二阶导数（第二种边界条件）；'variational'为自由边界（边界二阶导数为 0）.

例 5 - 14 已知 $y=f(x)$ 的函数表及端点条件 $S''(x_1)=S''(x_4)=0$，如表 5 - 12 所示.

表 5 - 12 给定的数据

x	1	2	4	5
$f(x)$	1	3	4	2

求三次样条插值函数 $S(x)$，并计算 $f(3)$，$f(4.5)$ 的近似值.

解 Matlab 计算程序如下：

```
x = [1 2 4 5];y = [1 3 4 2];s = csape(x,y,'variation')
value = fnval(s,[3,4.5])
```

运行程序，得到

```
s =  form: 'pp'
  breaks: [1 2 4 5]
  coefs: [3x4 double]
  pieces: 3
  order: 4
  dim: 1
```

计算$f(3)$，$f(4.5)$ 的近似值分别为

```
value =4.2500   3.1406
```

再输入 s. coefs，得到三次样条插值分段表示的系数：

```
ans = -0.1250          0      2.1250   1.0000
      -0.1250    -0.3750      1.7500   3.0000
       0.3750    -1.1250     -1.2500   4.0000
```

例 5－15 已知函数 $y=\dfrac{1}{1+25x^2}$在［0,1］上的值，如表 5－13 所示．

表 5－13 给定的数据

x	0	0.25	0.5	0.75	1
y	1	0.390 3	0.137 9	0.066 4	0.038 5

求三次样条插值函数 $S(x)$，使满足 $S'(0)=0$，$S'(1)=-0.074$.

解 Matlab 计算程序如下：

```
x = [0:0.25:1];y =1./(1 +25 * x.^2);
% 求带第二种边界条件的三次样条插值函数,也可用 s = spline(x,([0,y,-0.074]))
s =csape(x,y,'complete',[0 -0.074]),fnplt(s,'r')
% fnbrk(s)  % 分解 PP 形式的样条函数
% fnplt(s)  % 画三次样条插值函数 s 的图形
```

运行程序，得到

```
s =form: 'pp'
breaks: [0 0.2500 0.5000 0.7500 1]
coefs: [4x4 double]
pieces: 4
order: 4
dim: 1
```

再输入 s. coefs，得到三次样条插值分段表示的系数：

```
ans =37.8353   -19.2149         0  1.0000
     -12.5809    9.1616   -2.5133  0.3902
       1.1811   -0.2741   -0.2915  0.1379
      -0.9218    0.6118   -0.2070  0.0664
```

注 第一种边界条件也可用 spline（x，（［value1，y，value2］）），其中，value1 和 value2 是左、右端点的一阶斜率.

5.8.2 高维插值函数

1）interp2 函数

interp2 函数是 Matlab 中的二维插值函数，其命令格式为

```
zi =interp2(X,Y,Z,xi,yi,'method')
```

其中，X 为插值节点构成的矩阵（$\boldsymbol{X}=\boldsymbol{e}^{\mathrm{T}}\boldsymbol{x}$，$\boldsymbol{e}=(1,1,\cdots,1)$，$\boldsymbol{x}$ 为行向量，插值节点的横坐标）；Y 是插值节点构成的矩阵（$\boldsymbol{Y}=\boldsymbol{y}^{\mathrm{T}}\boldsymbol{e}$，$\boldsymbol{y}$ 为行向量，插值节点的纵坐标）；Z 是插值节点函数值构成的矩阵，即 $z_{ij}=f(x_i,y_j)$；zi 是被插值点（xi，yi）的插值结果；'method'是采用的插值方法，缺省时表示双线性插值. 'method'有以下几种选择：'nearest'为最邻近插值；'linear'为双线性插值；'spline'为三次样条插值；'cubic'为双三次插值.

例 5－16 利用 Matlab 函数 peaks 产生一个山顶曲面. 程序如下，数据如图 5－10（a）所示.

解 山顶曲面数据的程序如下：

```
[x,y,z] =peaks(10);mesh(x,y,z),hold on,
plot3(x,y,z,'r*'),hold off
```

然后，通过插值作出更加精细的山顶曲面，山顶曲面插值如图 5－10（b）所示，程序如下：

```
figure(2)
[xi,yi] =meshgrid(-3:.1:3,-3:.1:3);
zi =interp2(x,y,z,xi,yi); mesh(xi,yi,zi)
```

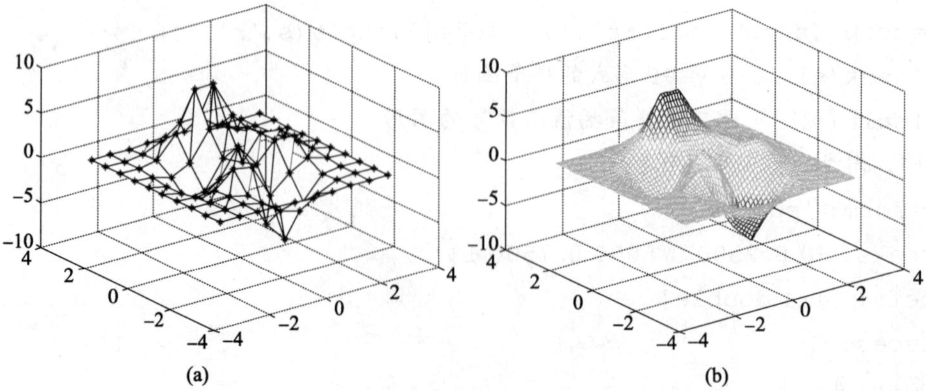

图 5－10 山顶曲面的二维插值函数
（a）山顶曲面数据；（b）山顶曲面插值

2）griddata 函数

当数据不完全，不能构造矩阵时，不能使用 interp2 函数，而要使用 griddata 函数，它采用三角形插值方法，命令格式为

```
zi=griddata(x,y,z,xi,yi,'method')
```

其中，x 为插值节点构成的向量（插值节点的横坐标）；y 是插值节点构成的向量（插值节点的纵坐标）；z 是插值节点函数值构成的向量，即 $z_k=f(x_k,y_k)$；zi 是被插值点（xi，yi）的插值结果；'method'是采用的插值方法，缺省时表示三角形线性插值．'method'有以下几种选择：'nearest'为最邻近插值；'linear'为三角形线性插值；'cubic'为三角形三次插值．

例 5－17　水道测量问题．这是 1986 年美国大学生数学建模竞赛 A 题，数据略有改动．水道测量数据如表 5－14 所示．

表 5－14　水道测量数据

x	129.0	140.0	108.5	88.0	185.5	195.0	105.5
y	7.5	141.5	28.0	147.0	22.5	137.5	85.5
z	1.22	2.44	1.83	2.44	1.83	2.44	2.44
x	157.5	107.5	77.0	81.0	162.0	162.0	117.5
y	−6.5	−81.5	3.0	56.5	−66.5	84.0	−38.5
z	2.74	2.74	2.44	2.44	2.74	1.22	2.74

解　表 5－14 给出了直角坐标(x,y)的水面一点处的水深（单位：m），水深数据在低潮时测得，利用 griddata 等 Matlab 函数，绘出水道的地形图和等高线的平面图．由于表5－14 给的数据是水深，因此将 z 值加一个负号．具体的 Matlab 计算程序如下：

```
x=[129.0 140.0 108.5 88.0 185.5 195.0 105.5 157.5 107.5 77.0 81.0 162.0
162.0 117.5];
y=[7.5 141.5 28.0 147.0 22.5 137.5 85.5 -6.5 -81.5 3.0 56.5 -66.5 84.0
-38.5];
z=-[1.22 2.44 1.83 2.44 1.83 2.44 2.44 2.74 2.74 2.44 2.44 2.74 1.22
2.74];
xi=linspace(min(x),max(x),40);
yi=linspace(min(y),max(y),40);
[Xi,Yi]=meshgrid(xi,yi);
[Xi,Yi,Zi]=griddata(x,y,z,Xi,Yi,'cubic');
mesh(Xi,Yi,Zi);xlabel('X');ylabel('Y');zlabel('Depth');
figure(2);[c,h]=contour(Xi,Yi,Zi,[-1.1:-0.1:-2.9]);
clabel(c,h);xlabel('X');ylabel('Y');
```

程序计算得到图5－11，图5－11（a）是水道地貌形状，图5－11（b）是水道深度等值线．图5－11（b）中的数据是由三角形三次插值得到的，等值线的深度从水深2.9 m到水深1.1 m，每条等值线水深相差0.1 m.

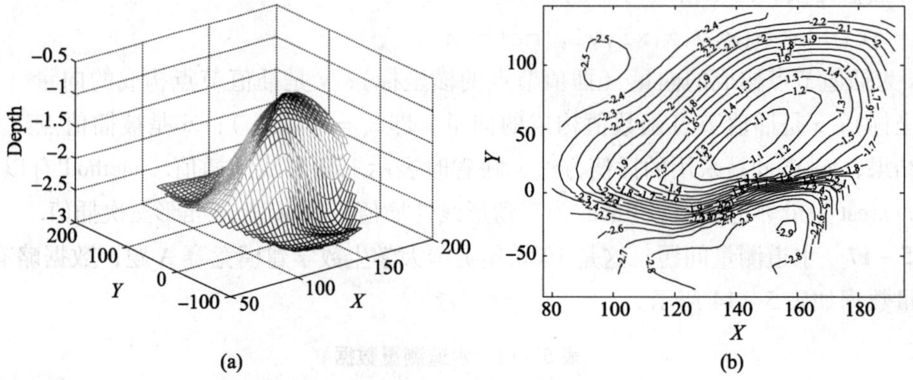

图5－11　水道地貌形状与水道深度等值线

（a）水道地貌形状；（b）水道深度等值线

3）interp3 函数

Interp3 函数是 Matlab 中的三维插值函数，其命令格式为

```
vi = interp3(X,Y,Z,V,xi,yi,zi,'method')
```

其中，X 为插值节点构成的三维矩阵（张量）；Y 是插值节点构成的三维矩阵；Z 是插值节点构成的三维矩阵；V 是插值节点函数值构成的三维矩阵，即 $v_{ijk}=f(x_i,y_j,z_k)$；vi 是被插值点（xi，yi，zi）的插值结果；'method'是采用的插值方法，与前面介绍的相同．'method'有以下几种选择：'nearest'为最邻近插值；'linear'为线性插值；'spline'为三次样条插值；'cubic'为三次插值.

4）interpn 函数

interpn 函数是 Matlab 中的 n 维插值函数，其命令格式为

```
vi = interpn(X1,X2,X3,…,V,y1,y2,y3,…,'method')
```

其中，'method'有以下几种选择：'nearest'为最邻近插值；'linear'为线性插值；'spline'为三次样条插值；'cubic'为三次插值.

评　注

本章小结

插值法是一个古老而实用的课题，它是函数逼近、数值微积分和微分方程数值解的基础．本章讨论了拉格朗日插值公式及牛顿插值公式，前者在理论上较为重要，后者在计算插值多项式及求函数近似值方面较为简便且节省计算量．等距节点插值是应用中最常见的，利用差分及牛顿前插与后插公式即可，还有利用中心差分得到的其他类型的

插值公式，因使用较少本章没有介绍.

对充分光滑的被插值函数可采用微分形式的误差估计给出误差限，其他情形可利用差商形式给出误差估计的近似值．由于高次插值存在病态性质，一般实际计算很少使用高次插值，更多使用分段低次插值，特别是三次样条插值，由于它具有良好的收敛性和稳定性，又有二阶光滑度，因此在理论分析和实际应用中均有重要意义，本章只对最常用的三弯矩法作了简单介绍，而没有涉及一般的样条函数理论和 B－样条等.

习 题

1. 令 $x_0=0$，$x_1=1$，求 $y(x)=e^{-x}$的一次插值多项式 $L_1(x)$，并估计插值误差.

2. 已知 $\sqrt{100}=10$，$\sqrt{121}=11$，$\sqrt{144}=12$，试利用拉格朗日插值计算 $\sqrt{115}$ 的近似值，并估计误差.

3. 设 $x_0,x_1,\cdots,x_n$ 为 $n+1$ 个互异的节点，$l_i(x)$ 为插值基函数，即 $l_i(x)=\prod\limits_{\substack{j=0\\j\neq i}}^{n}\dfrac{x-x_j}{x_i-x_j}$，证明：

（1）$\sum\limits_{i=0}^{n}x_i^k l_i(x)=x^k$，$k=0,1,\cdots,n$；

（2）$\sum\limits_{i=0}^{n}(x_i-x)^k l_i(x)=0$，$k=1,2,\cdots,n$；

（3）设 $p(x)$ 为任一个最高次项系数为 1 的 $n+1$ 次多项式，则

$$p(x)-\sum_{i=0}^{n}p(x_i)l_i(x)=\prod_{i=0}^{n}(x-x_i)$$

4. 设 $f(x)\in C^2[a,b]$ 且 $f(a)=f(b)=0$，求证：

$$\max_{a\leqslant x\leqslant b}|f(x)|\leqslant\frac{1}{8}(b-a)^2\max_{a\leqslant x\leqslant b}|f''(x)|$$

5. 给出 $f(x)=\cos x$ 的等距节点函数表，如用线性插值计算 $f(x)$ 的近似值，使其截断误差不超过 $\frac{1}{2}\times10^{-5}$，则函数表的步长应取多大？

6. 给定数据如表 5－15 所示，求 4 次牛顿插值公式，并写出插值余项.

表 5－15　给定的数据

x_i	1	2	4	6	7
$f(x_i)$	4	1	0	1	1

7. 已知 $x=0,2,3,5$ 对应的函数值为 $y=1,3,2,5$，作 3 次牛顿插值公式，如再增加 $x=6$ 时的函数值为 6，作 4 次牛顿插值公式.

8. 设$f(x)=x^7+5x^3+1$，求差商$f[2^0,2^1]$，$f[2^0,2^1,2^2]$，$f[2^0,2^1,\cdots,2^7]$和$f[2^0,2^1,\cdots,2^7,2^8]$.

9. 证明n阶差商有下列性质：

（1）若$F(x)=cf(x)$，则$F[x_0,x_1,\cdots,x_n]=cf[x_0,x_1,\cdots,x_n]$；

（2）若$F(x)=f(x)+g(x)$，则$F[x_0,x_1,\cdots,x_n]=f[x_0,x_1,\cdots,x_n]+g[x_0,x_1,\cdots,x_n]$.

10. 证明$\sum_{i=0}^{n-1}\Delta^2 y_i=\Delta y_n-\Delta y_0$.

11. 给定数据如表5－16所示，试计算差分表，并写出牛顿前插公式.

表5－16　给定的数据

x_i	0	1	2	3	4
$f(x_i)$	3	6	11	18	27

12. 已知函数$y=f(x)$的数据如表5－17所示.

表5－17　给定的数据

x	0.0	0.1	0.2	0.3	0.4	0.5
$f(x)$	1.00	1.32	1.68	2.08	2.52	3.00

试列出向后差分表，并写出牛顿后插公式，用其估计$f(0.45)$.

13. 求一个不高于四次的多项式$P(x)$，使它满足$P(0)=P'(0)=0$，$P(1)=P'(1)=1$，$P(2)=1$.

14. 求一个三次多项式$P_3(x)$，使在节点$x_0=0$，$x_1=1$上满足条件$P_3(0)=f(0)=0$，$P_3(1)=f(1)=1$，$P_3'(0)=f'(0)=-3$，$P_3'(1)=f'(1)=9$，并估计余项.

15. 已知函数$y=f(x)$的数据如表5－18所示.

表5－18　给定的数据

x	0	1	4	5
$f(x)$	0	－2	－8	－4

在区间［0,5］上求满足条件$S'(0)=\frac{5}{2}$，$S'(5)=\frac{19}{4}$的三次样条插值函数$S(x)$，并分别计算$S(x)$在$x=0.5,3,5$处的值.

实 验 题

1. 实验目的：研究人口数据的插值与预测.

实验内容：本章表5－1给出了从1940年到1990年的美国人口，用插值方法推测1930年、1965年、2010年人口的近似值.

1930年美国的人口大约是123 203千人，你认为你得到的1965年和2010年的人口数字精确度如何?

2. 实验目的：理解插值的基本原理.

实验内容：已知数据如表 5－19 所示 .

表 5－19　给定的数据

x_i	0.2	0.4	0.6	0.8	1.0
$f(x_i)$	0.979 865 2	0.917 771 0	0.808 034 8	0.638 609 3	0.384 373 5

(1) 设计全区间上拉格朗日插值或者牛顿插值程序，并在第 1 个图中画出离散数据及插值函数曲线.

(2) 在第 1 个图中画出分段线性插值函数，并与 (1) 作对比说明.

(3) 对于自然边界条件 $S''(0.2)=S''(1.0)=0$，在第 2 个图中画出离散数据及满足边界条件的三次样条插值函数.

(4) 对于第一种边界条件 $S'(0.2)=0.20271$, $S'(1.0)=1.55741$，在第 3 个图中画出离散数据及满足边界条件的三次样条插值函数.

3. 实验目的：研究高次插值的数值不稳定性.

实验内容：这是龙格提出的著名的多项式插值问题. 设函数 $f(x)=1/(1+25x^2)$，在 $[-1,1]$ 上取 $n+1$ 个等距节点，构造 n 次拉格朗日插值多项式 $L_n(x)$. 龙格提出一个问题，随着 n 的增加，$L_n(x)$是否收敛于$f(x)$? 答案是，对一些 x 是收敛的，但对另一些不成立.

(1) 在同一个图上，分别画出 $n=2,4,6,8,10$ 的 $L_n(x)$ 与 $y=f(x)$. 对龙格现象进行分析，试述什么样的 x 有，当 $n\to\infty$时 $L_n(x)\to f(x)$?

(2) 改变插值点的分布，使它们不等间距，这样做对收敛有何影响? 能否找到一种分布，使得 $L_n(x)\to f(x)$对 $[-1,1]$ 区间内所有 x 都成立?

4. 实验目的：一维插值的应用——画图.

实验内容：画你自己手的形状，在 Matlab 中输入

```
figure('position',get(0,'screensize'))
axes('position',[0 0 1 1])
[x,y] =ginput;
```

将你的手掌张开放在计算机屏幕上，然后使用计算机鼠标选取一系列点勾勒出手的轮廓，按〈Enter〉键结束 ginput 过程，这样就获得了一系列你的手掌外形数据点(x,y). 也可以这样获得数据点(x,y)，先把手放在一张白纸上，并用笔画出它的轮廓线，然后将纸贴在计算机屏幕上，透过纸能看到平面上的鼠标，并通过 ginput 记录下轮廓上的点.

将 x 和 y 坐标值看作两个独立变量的函数，独立变量的取值为从 1 到记录的点的数目. 利用 Matlab 的插值函数进行插值，并画出你的手掌外形轮廓，程序如下：

```
n =length(x);
s = (1:n)';t = (1:0.05:n)';
u =interp1(s,x,t,'spline');
v =interp1(s,y,t,'spline');
```

```
clf reset,
plot(x,y,'.',u,v,'-'),
% xlabel('X'),ylabel('Y')
```

5. 实验目的：一维插值的应用——机床加工.

实验内容：待加工零件的外形根据工艺要求由一组数据(x,y)给出（在平面情况下），用数控铣床加工时每一刀只能沿x方向和y方向走非常小的一步，这就需要从已知数据得到加工所要求的步长很小的(x,y)坐标．机翼断面的下轮廓线上的部分数据如表5－20所示．

表5－20　机翼断面的下轮廓线上的部分数据

x/m	0	3	5	7	9	11	12	13	14	15
y/m	0	1.2	1.7	2.0	2.1	2.0	1.8	1.2	1.0	1.6

求出加工时x每改变0.1 m时的y坐标，并画出相应的轮廓曲线.

6. 实验目的：二维插值的应用——山区地貌图.

实验内容：利用Matlab的peaks函数生成某山区的一些地点及其高度三维数据（单位：m）．命令格式：[x,y,z] =peaks（n），生成的n阶矩阵$\boldsymbol{x}$、$\boldsymbol{y}$、$\boldsymbol{z}$为测量的山区地点三维数据．根据peaks函数生成的数据画出该山区的地貌图和等值线图.

第 6 章 函数逼近

本章导读

MOOC 6.1
函数逼近
基本概念

6.1 引 言

所谓函数逼近问题，就是利用最简单的函数来代替复杂函数. 它来源于数学的理论研究，又促进了纯数学和应用数学的发展. 在应用数学中，函数逼近论已成为数值分析的基本工具和方法之一.

6.1.1 科学计算中的两类逼近问题

（1）关于数学函数的逼近问题. 由于计算机只能作算术运算，因此，在计算机上计算数学函数（例如 $f(x)=\sqrt{x}$, $f(x)=e^x$ 等在有限区间上计算）必须用其他简单的函数来逼近（例如用多项式来逼近数学函数），且用它来代替原来精确的数学函数的计算.

（2）建立实验数据的数学模型. 给定函数的实验数据，需要用较简单和合适的函数（例如多项式）来逼近（或拟合实验数据）.

例如第 5 章的美国人口预测问题，利用表 5-1 从 1940 年到 1990 年的人口数据，建立数学模型，进而可以推测 1930 年、1965 年、2010 年的人口.

6.1.2 已学过的多项式逼近方法

设给定函数 $f(x)$，求多项式 $P_n(x)$，使在给定区间 $[a,b]$ 上，$P_n(x)$ 逼近于 $f(x)$.

（1）用插值多项式逼近函数. 在第 5 章中，我们讨论的插值法就是一种函数逼近，它要求逼近函数（插值多项式）在插值节点处完全吻合给出的被插值函数的数据.

（2）用在 $x=x_0$ 处的泰勒展开多项式逼近函数. 当 $f(x)\in C^{n+1}[a,b]$ 时，$P_n(x)$ 就是泰勒展开多项式的 n 项和.

例 6-1 对被逼近函数 $f(x)=\sqrt{x}$，在区间 $[0,1]$ 上求形如 $P_1(x)=a_0+a_1x$ 的逼近函数.

解 （1）插值方法. 以 $x_0=0$，$x_1=1$ 为插值节点对 $f(x)$ 作线性插值，得到 $P_1(x)=x$.

（2）泰勒展开方法. 用在 $x_0=0.5$ 处展开的 1 次泰勒展开多项式逼近 $f(x)$，得到 $P_1(x)=\sqrt{2}(x+0.5)/2$.

两种方法作为函数逼近的局限性在于：前者只对一些性质较好的函数，有 $P_n(x)$ 收敛于 $f(x)$；后者必须在 $x=x_0$ 附近时，有 $P_n(x)$ 收敛于 $f(x)$.

6.1.3 函数逼近的基本问题

本章讨论的函数逼近的基本问题为：从指定的函数类中求一个函数，使其在某种意义下

“最接近于”某个给定的函数. 即设$f(x)$为$[a,b]$上的连续函数，求一个近似函数（多项式$P_n(x)$），使在$[a,b]$上误差$f(x)-P_n(x)$在某种度量意义下最小.

本章研究最佳一致意义和最佳平方意义下的多项式逼近问题.

（1）最佳一致逼近（即∞－范数意义下的最佳逼近）. 设$f(x)\in C[a,b]$，以

$$\|f(x)-P_n(x)\|_\infty=\max_{a\leqslant x\leqslant b}|f(x)-P_n(x)|$$

作为度量误差的“大小”标准. 寻求次数小于或等于n的多项式$P_n^*(x)\in H_n$，使最大误差达到最小，即

$$\|f(x)-P_n^*(x)\|_\infty=\min_{P_n(x)\in H_n}\|f(x)-P_n(x)\|_\infty$$

或$\max\limits_{a\leqslant x\leqslant b}|f(x)-P_n^*(x)|=\min\limits_{P_n(x)\in H_n}\max\limits_{a\leqslant x\leqslant b}|f(x)-P_n(x)|$. 此时称$P_n^*(x)$为$[a,b]$上$f(x)$的最佳一致逼近多项式.

（2）最佳平方逼近（即2－范数意义下的最佳逼近）. 设$f(x)\in C[a,b]$，$\rho(x)$为定义在$[a,b]$上的权函数. 以均方误差

$$\|f(x)-P_n(x)\|_2=\left[\int_a^b\rho(x)\,(f(x)-P_n(x))^2\mathrm{d}x\right]^{1/2}$$

作为度量误差的“大小”标准. 寻求次数小于或等于n的多项式$P_n^*(x)\in H_n$，使均方误差达到最小，即

$$\|f(x)-P_n^*(x)\|_2=\min_{P_n(x)\in H_n}\|f(x)-P_n(x)\|_2$$

或

$$\left[\int_a^b\rho(x)\,(f(x)-P_n^*(x))^2\mathrm{d}x\right]^{1/2}=\min_{P_n(x)\in H_n}\left[\int_a^b\rho(x)\,(f(x)-P_n(x))^2\mathrm{d}x\right]^{1/2}$$

此时称$P_n^*(x)$为$[a,b]$上$f(x)$的最佳平方逼近多项式.

对于例6－1中的函数$f(x)=\sqrt{x}$. 利用连续函数的最佳一致逼近求形如$P_1(x)=a_0+a_1x$的逼近函数，得到$P_1^*(x)=x+1/8$. 利用连续函数的最佳平方逼近求形如$P_1(x)=a_0+a_1x$的逼近函数，得到$P_1^*(x)=\dfrac{4}{5}x+\dfrac{4}{15}$. 可见，对同一个被逼近函数，不同度量意义下的逼近，逼近函数是不同的.

（3）离散数据的最小二乘法（即离散情形的最佳平方逼近）. 设已知$y=f(x)$的实验数据，如表6－1所示.

表6－1　实验数据

x	x_1	x_2	…	x_n
$y=f(x)$	y_1	y_2	…	y_n

寻求次数小于或等于n的多项式$P_n^*(x)\in H_n$，使误差（或带权误差）的平方和达到最小，即

$$\|f(x)-P_n^*(x)\|_2^2=\min_{P_n(x)\in H_n}\|f(x)-P_n(x)\|_2^2$$

或

$$\sum_{i=1}^m\rho(x_i)\,(f(x_i)-P_n^*(x_i))^2=\min_{P_n(x)\in H_n}\sum_{i=1}^m\rho(x_i)\,(f(x_i)-P_n(x_i))^2$$

此时称 $P_n^*(x)$ 为实验数据的最小二乘逼近函数，或称为实验数据的最小二乘拟合多项式，或称为 $y=f(x)$ 的经验公式.

对于给定的 $f(x)$，需要讨论的问题为：在各种度量意义下最佳逼近多项式 $P_n^*(x)\in H_n$ 是否存在、是否唯一；如何具体寻求或构造各种最佳逼近意义下的多项式 $P_n^*(x)$.

6.2 最佳一致逼近

MOOC 6.2.1 最佳一致逼近 1

魏尔斯特拉斯简介

设 $f(x)\in C[a,b]$，$f(x)$ 的 ∞ - 范数定义为 $\|f(x)\|_\infty=\max\limits_{a\leqslant x\leqslant b}|f(x)|$，则 $f(x)$ 与 $P_n(x)$ 在 ∞ - 范数意义下的距离定义为

$$\|f(x)-P_n(x)\|_\infty=\max_{a\leqslant x\leqslant b}|f(x)-P_n(x)| \tag{6-1}$$

6.2.1 最佳一致逼近问题

定理 1 （魏尔斯特拉斯逼近定理）设 $f(x)\in C[a,b]$，则对于任意给定的 $\varepsilon>0$，总存在多项式 $p(x)$，使

$$\|f(x)-p(x)\|_\infty<\varepsilon$$

成立.

注 魏尔斯特拉斯逼近定理说明，连续函数 $f(x)$ 可以用多项式 $p(x)$ 逼近到任意精确的程度. 因此，我们希望寻找一个逼近 $f(x)$ 最快的 n 次多项式的方法. 首先引入偏差概念.

定义 1 设 $f(x)\in C[a,b]$，对于 n 次多项式 $P_n(x)$，称

$$\|f(x)-P_n(x)\|_\infty=\max_{a\leqslant x\leqslant b}|f(x)-P_n(x)|$$

为 $f(x)$ 与 $P_n(x)$ 在区间 $[a,b]$ 上的偏差.

记 $I(a_0,a_1,\cdots,a_n)=\max\limits_{a\leqslant x\leqslant b}|f(x)-P_n(x)|$，若 $x_0\in[a,b]$ 使

$$\|f(x_0)-P_n(x_0)\|_\infty=\max_{a\leqslant x\leqslant b}|f(x)-P_n(x)|$$

则称点 x_0 为偏差点.

函数 $I(a_0,a_1,\cdots,a_n)$ 的最小值称为 $f(x)$ 与 $P_n(x)$ 的最小偏差，记为 E_n，即

$$E_n=\min_{a_k}I(a_0,a_1,\cdots,a_n)=\min_{a_k}\max_{a\leqslant x\leqslant b}|f(x)-P_n(x)| \tag{6-2}$$

称达到最小偏差的多项式为最佳一致逼近多项式. 满足式(6-2)的点 x_0 为最小偏差点.

注 最佳一致逼近多项式这个问题，首先由切比雪夫提出并加以研究，他发现了重要的切比雪夫定理. 这一定理指出了最佳一致逼近的特征，并解决了解的存在唯一性问题.

6.2.2 最佳一致逼近多项式的存在唯一性

定理 2 设 $f(x)\in C[a,b]$，则总存在最佳一致逼近多项式 $P_n(x)$.

证明略. 以上定理 2 指出，存在最小偏差点 x_0，使 $E_n=|f(x_0)-P_n(x_0)|$. 其中，正偏差点 x_0 满足：$E_n=P_n(x_0)-f(x_0)$；负偏差点 x_0 满足：$-E_n=P_n(x_0)-f(x_0)$.

定理 3 最佳一致逼近问题同时存在正偏差点和负偏差点.

以上定理3的证明略，通过具体求解下面的0次、1次最佳一致逼近来理解.

1）0次最佳一致逼近

设 $P_0(x)=A$（A 为常数）为 $f(x)$ 的最佳一致逼近多项式. 因为 $f(x)\in C[a,b]$，因而有最大值 M 和最小值 m，即有点 x_1 和 x_2，使 $f(x_1)=m$，$f(x_2)=M$. 显然，$A=\frac{M+m}{2}$，如图6－1所示.

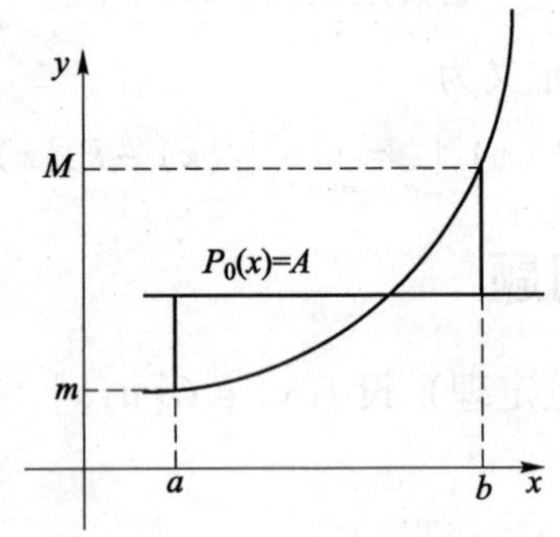

图6－1　0次最佳一致逼近

事实上，由于 $A-f(x_1)=\frac{M-m}{2}$，$A-f(x_2)=-\frac{M-m}{2}$，而对任何 $x\in[a,b]$，$-\frac{M-m}{2}\leqslant A-f(x)\leqslant\frac{M-m}{2}$，即 $\frac{M-m}{2}$ 为最小偏差，x_1,x_2 为正、负偏差点.

2）1次最佳一致逼近

1次最佳一致逼近示意如图6－2所示.

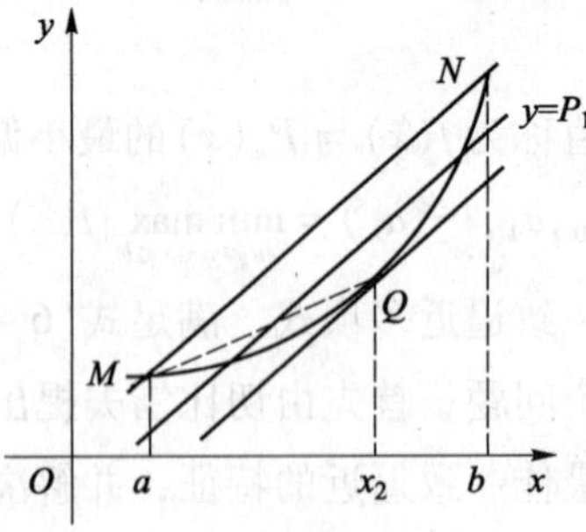

图6－2　1次最佳一致逼近示意

设 $f(x)\in C^2[a,b]$ 且 $f''(x)$ 不变号. 不妨设 $f''(x)>0$，此时根据图6－2，所求 $P_1(x)$ 即为平行于 $\widehat{MN}$ 的直线，且满足 $E_1=\min\limits_{a_i}\max\limits_{a\leqslant x\leqslant b}|f(x)-(a_0+a_1x)|$.

由于 $f''(x)>0$，$f'(x)$ 必单调增加，而偏差点必在 $f(x)-P_1(x)$ 的最大、最小值点达到，

因此，两端点和使 $f'(x)-P_1'(x)=0$ 的点都是偏差点．即有

$$\begin{cases} f(a)-(a_0+a_1a)=E_1=f(b)-(a_0+a_1b) & (1) \\ f(a)-(a_0+a_1a)=-E_1=a_0+a_1x_2-f(x_2) & (2) \\ f'(x_2)=a_1 & (3) \end{cases}$$

由方程（1）解出 $a_1=\dfrac{f(b)-f(a)}{b-a}$；由方程（2）解出 $a_0=\dfrac{f(a)+f(x_2)}{2}-a_1\dfrac{a+x_2}{2}$，其中 x_2 由 $f'(x_2)=a_1$ 求出．从而 $P_1(x)=a_0+a_1x$ 为所求 1 次最佳一致逼近多项式，其几何意义如图 6－2 所示．直线 $P_1(x)=a_0+a_1x$ 与 $\widehat{MN}$ 平行，且通过 MQ 的中点．

注 $n=0$ 时，0 次最佳一致逼近有两个偏差点；$n=1$ 时，1 次最佳一致逼近有三个偏差点，且偏差点正、负交替出现．切比雪夫发现了最佳一致逼近多项式存在的条件．

定理 4 （切比雪夫定理） n 次多项式 $P_n(x)$ 是 $f(x)\in C[a,b]$ 的最佳一致逼近多项式的充要条件是：$[a,b]$ 上存在 $n+2$ 个点所构成的点组 $a\leqslant x_1<x_2<\cdots<x_{n+2}\leqslant b$，它们交替为正、负偏差点．

注 切比雪夫定理中的 $n+2$ 个交替的正、负偏差点称为切比雪夫交错点组．

推论 1 设 $f(x)\in C[a,b]$，则在小于等于 n 次的多项式集合 H_n 中，存在唯一的多项式 $P_n(x)$ 最佳一致逼近 $f(x)$．

证明 假定 H_n 中存在两个不同的最小偏差多项式 $P_n(x),Q_n(x)$，则对 $x\in[a,b]$ 有

$$-E_n\leqslant P_n(x)-f(x)\leqslant E_n,\ -E_n\leqslant Q_n(x)-f(x)\leqslant E_n$$

从而

$$-E_n\leqslant\frac{P_n(x)+Q_n(x)}{2}-f(x)\leqslant E_n$$

即 $S(x)=(P_n(x)+Q_n(x))/2$ 也是 H_n 中 $f(x)$ 的最小偏差多项式．

根据切比雪夫定理，存在 $n+2$ 个点，构成交错点组 $x_1<x_2<\cdots<x_{n+2}$，使得对 $\varepsilon=\pm E_n$，有

$$f(x_i)-(P_n(x_i)+Q_n(x_i))/2=(-1)^i\varepsilon$$

即 $\dfrac{1}{2}[f(x_i)-P_n(x_i)]+\dfrac{1}{2}[f(x_i)-Q_n(x_i)]=(-1)^i\varepsilon$．

由于方括号内的数的绝对值都不超过 E_n，可知

$$f(x_i)-P_n(x_i)=f(x_i)-Q_n(x_i)=(-1)^i\varepsilon$$

因此，$P_n(x)$ 和 $Q_n(x)$ 在 $n+2$ 个点处相等，这与 $P_n(x),Q_n(x)$ 都是 n 次多项式且不相同发生矛盾，因此证明了唯一性．

推论 2 若 $f^{(n+1)}(x)$ 在 (a,b) 内存在，且 $f^{(n+1)}(x)$ 不变号，则 a 和 b 都是交错点组中的点．

证明 用反证法．设 b（或 a）不属于交错点组．

由切比雪夫定理，$[a,b]$内至少存在 $n+2$ 个点构成交错点组，因而 $P_n(x)-f(x)$ 至少在 (a,b) 内有 $n+1$ 个最大、最小值点，即有 $a<\xi_1<\xi_2<\cdots<\xi_n<\xi_{n+1}<b$，使 $P'_n(\xi_k)-f'(\xi_k)=0,\quad k=0,1,\cdots,n+1$.

反复对 $P_n(x)-f(x)$ 应用罗尔定理，则至少有一点 $\xi\in(a,b)$，使

$$P_n^{(n+1)}(\xi)-f^{(n+1)}(\xi)=-f^{(n+1)}(\xi)=0$$

这与 $f^{(n+1)}(\xi)$ 保号矛盾，即结论为真.

6.2.3 最佳一致逼近多项式的解法

设 $f(x)$ 的最佳一致逼近多项式为 $P_n(x)=\sum_{k=0}^{n}a_kx^k$，由切比雪夫定理及推论，$a_k(k=0,1,\cdots,n)$、偏差 E_n 及交错点组 $a\leqslant x_1<x_2<\cdots<x_{n+1}<x_{n+2}\leqslant b$ 满足

$$\begin{cases}[f(x_k)-P_n(x_k)]^2=E_n^2\\(x_k-a)(x_k-b)[f'(x_k)-P'_n(x_k)]=0\end{cases}\quad(k=1,2\cdots,n+2)\qquad(6-3)$$

注 （1）理论上求最佳一致逼近多项式的方法转化为求解式（6－3），其精确求解是困难的，可以利用迭代方法求其数值解. 例如采用 Remes 逐次逼近算法，构造偏差点组 $\{x^{(i)}\}$，逐次逼近切比雪夫交错点组，当 $i\to\infty$ 时，相应的多项式系数收敛，即

$$a_k^{(i)}\to a_k\qquad(k=0,1,2,\cdots,n)$$

（2）实际计算时，常用切比雪夫多项式求近似最佳一致逼近多项式，具体方法见下节.

6.3 切比雪夫多项式及其应用

本节利用切比雪夫正交多项式，研究多项式的最佳一致逼近算法、近似最佳一致逼近算法. 首先介绍正交多项式的基本概念.

6.3.1 正交多项式

定义 2 若非负函数 $\rho(x)$ 在 $[a,b]$ 上满足：

（1）对一切 $n\geqslant0$，$\int_a^b x^n\rho(x)\mathrm{d}x$ 存在；

（2）对非负连续函数 $f(x)$，若 $\int_a^b\rho(x)f(x)\mathrm{d}x=0$，则在 $[a,b]$ 上 $f(x)=0$.

那么，称 $\rho(x)$ 为 $[a,b]$ 上的权函数.

定义 3 给定 $f(x),g(x)\in C[a,b]$，$\rho(x)$ 是 (a,b) 上的权函数，称

$$(f,g)=\int_a^b\rho(x)f(x)g(x)\mathrm{d}x$$

为 f 与 g 在 (a,b) 上的内积.

内积的性质：

(1) $(f,g)=(g,f)$;

(2) $(kf,g)=(f,kg)=k(f,g)$, k 为常数;

(3) $(f_1+f_2,g)=(f_1,g)+(f_2,g)$;

(4) 当 $f(x)\neq 0$ 时, $(f,f)>0$.

定义4 若 f 与 g 的内积 $(f,g)=\int_a^b \rho(x)f(x)g(x)\mathrm{d}x=0$, 则称 $f(x)$ 与 $g(x)$ 在区间 $[a,b]$ 上权函数 $\rho(x)$ 正交.

注 (1) 若函数序列 $\{\varphi_0(x),\varphi_1(x),\cdots,\varphi_n(x),\cdots\}$ 满足

$$(\varphi_i,\varphi_j)=\int_a^b \rho(x)\varphi_i(x)\varphi_j(x)\mathrm{d}x=\begin{cases}0, & i\neq j\\ a_i>0, & i=j\end{cases}$$

则称 $\{\varphi_i(x)\}$ 是 $[a,b]$ 上关于权函数 $\rho(x)$ 的正交函数序列.

(2) 当正交函数序列的 $\varphi_i(x)$ 是 i $(i=0,1,2,\cdots)$ 次多项式时, 则称 $\{\varphi_i(x)\}$ 是区间 $[a,b]$ 上关于权函数 $\rho(x)$ 的正交多项式序列.

(3) 正交多项式序列一定是线性无关序列.

6.3.2 切比雪夫多项式及其性质

切比雪夫多项式可表示为

$$T_n(x)=\cos(n\arccos x),\quad |x|\leqslant 1 \tag{6-4}$$

定理5 $T_n(x)$ 是最高次幂系数为 2^{n-1} 的 n 次多项式.

令 $\theta=\arccos x$, 则

$$T_n(x)=\cos n\theta=2^{n-1}\cos^n\theta+\sum_{k=0}^{n-1}\lambda_k^{(n)}\cos^k\theta\qquad (n=1,2,3,\cdots) \tag{6-5}$$

式中, $\lambda_k^{(n)}(k=0,1,\cdots,n-1)$ 为常数.

证明 $n=1$ 时式 (6-5) 显然成立.

假设 $n\leqslant m$ 时式 (6-5) 成立, 即

$$\cos m\theta=2^{m-1}\cos^m\theta+\sum_{k=0}^{m-1}\lambda_k^{(m)}\cos^k\theta \tag{6-6}$$

则当 $n=m+1$ 时, 由三角恒等式

$$\cos\alpha+\cos\beta=2\cos\frac{\alpha-\beta}{2}\cos\frac{\alpha+\beta}{2}$$

得到

$$\cos[(m+1)\theta]+\cos[(m-1)\theta]=2\cos\theta\cos m\theta \tag{6-7}$$

将式 (6-6) 代入式 (6-7), 得到

$$\begin{aligned}\cos(m+1)\theta &= 2\cos\theta\cos m\theta-\cos(m-1)\theta\\ &= 2\cos\theta\{2^{m-1}\cos^m\theta+\sum_{k=0}^{m-1}\lambda_k^{(m)}\cos^k\theta\}-\sum_{k=0}^{m-1}u_k^{(m)}\cos^k\theta\end{aligned}$$

$$= 2^m \cos^{m+1}\theta + \sum_{k=0}^{m} u_k \cos^k\theta$$

式中，u_k 由合并 $\cos\theta$ 同次幂系数得到.

依归纳法，对任意正整数 n，式（6－5）都成立.

$T_n(x)$是最高次幂系数为2^{n-1}的 n 次多项式，即 $T_n(x) = 2^{n-1}x^n + \sum_{k=0}^{n-1}\lambda_k^{(n)}x^k, |x|\leqslant 1$. 利用式（6－7）可得切比雪夫多项式的三项递推关系.

性质 1 $T_0(x)=1$， $T_1(x)=x$，$T_{n+1}(x)=2xT_n(x)-T_{n-1}(x)$， $n=1,2,\cdots$.

由性质 1 直接得到前面几个切比雪夫多项式为

$$T_0(x)=1, T_1(x)=x, T_2(x)=2x^2-1, T_3(x)=4x^3-3x,$$
$$T_4(x)=8x^4-8x^2+1, T_5(x)=16x^5-20x^3+5x, \cdots$$

显然有如下性质.

性质 2 n 为偶数时 $T_n(x)$是偶函数，而 n 为奇数时 $T_n(x)$是奇函数.

从式（6－4）直接得到

$$T_n(x)=\cos(n\cdot\arccos x)=\cos(n\theta)$$

零点为 $n\theta=k\pi-\dfrac{\pi}{2}$，即 $\theta=\dfrac{2k-1}{2n}\pi$，$(k=1,2,\cdots,n)$；极值点为 $n\theta=k\pi$，即 $\theta=\dfrac{k\pi}{n}(k=0,1,\cdots,n)$.

性质 3 （1）$T_n(x)$在$[-1,1]$上的 n 个零点为 $x_k=\cos\dfrac{2k-1}{2n}\pi(k=1,2,\cdots,n)$；

（2）$T_n(x)$的极值点为 $x_k=\cos\dfrac{k\pi}{n}(k=0,1,\cdots,n)$，其极大、极小值交替为 ±1.

利用正交多项式的概念，又得到如下性质.

性质 4 在区间$[-1,1]$上，多项式序列$\{T_n(x)\}_{n=0}^{\infty}$关于权函数$\rho(x)=(1-x^2)^{-\frac{1}{2}}$为正交多项式序列，即有

$$\int_{-1}^{1}\frac{T_m(x)T_n(x)}{\sqrt{1-x^2}}dx = \begin{cases}0, & m\neq n\\ \dfrac{\pi}{2}, & m=n\neq 0\\ \pi, & m=n=0\end{cases}$$

证明 由切比雪夫多项式及正交概念，有

$$\int_{-1}^{1}\rho(x)T_m(x)T_n(x)dx = \int_{-1}^{1}\frac{T_m(x)T_n(x)}{\sqrt{1-x^2}}dx = \int_{\pi}^{0}\frac{\cos m\theta\cos n\theta}{\sin\theta}(-\sin\theta)d\theta$$

$$= \int_{0}^{\pi}\cos m\theta\cos n\theta d\theta = \begin{cases}0, & m\neq n\\ \dfrac{\pi}{2}, & m=n\neq 0\\ \pi, & m=n=0\end{cases}$$

因此结论成立.

6.3.3 $f(x)$ 为多项式时的逼近方法

MOOC 6.2.1
最佳一致
逼近 2

将切比雪夫多项式改写为

$$\frac{1}{2^{n-1}}T_n(x)=x^n-P_{n-1}(x)\triangleq f(x)-P_{n-1}(x)$$

式中，$P_{n-1}(x)=2^{1-n}\sum_{k=0}^{n-1}\lambda_k^{(n)}x^k$. 利用极大值性质，有

$$\max_{-1\leqslant x\leqslant 1}\left|\frac{1}{2^{n-1}}T_n(x)-0\right|=\max_{-1\leqslant x\leqslant 1}|x^n-P_{n-1}(x)|=\frac{1}{2^{n-1}}$$

即 $P_{n-1}(x)$ 与 x^n 的偏差为$\frac{1}{2^{n-1}}$.

由切比雪夫定理可知，$P_{n-1}(x)$ 为 x^n 的最佳一致逼近多项式$\Leftrightarrow$存在 $n+1$ 个交错点组. 因此有如下定理.

定理 6 在最高次项系数是 1 的一切 n 次多项式中，于区间 $[-1,1]$ 上与零有最小偏差的多项式为$\frac{1}{2^{n-1}}T_n(x)$.

以上定理 6 又指出：$P_{n-1}(x)$ 是 x^n 的最佳一致逼近多项式，且

$$P_{n-1}(x)=x^n-\frac{1}{2^{n-1}}T_n(x) \tag{6-8}$$

例 6-2 利用切比雪夫多项式，求 $f(x)=x^3+x^2+2x-1$ 在 $[-1,1]$ 上的 2 次最佳一致逼近多项式 $P_2(x)$.

解 $f(x)$ 是 3 次多项式，利用式 (6-8)，有

$$f(x)-P_2(x)=\frac{1}{2^{3-1}}T_3(x)=x^3-\frac{3}{4}x$$

所以

$$P_2(x)=f(x)-x^3+\frac{3}{4}x=x^2+\frac{11}{4}x-1$$

6.3.4 近似最佳一致逼近算法

近似最佳一致逼近算法，即拉格朗日插值余项极小化方法. 设在 $[-1,1]$ 上 $f(x)$ 的拉格朗日插值多项式为 $L_{n-1}(x)$，则余项为

$$f(x)-L_{n-1}(x)=\frac{f^{(n)}(\xi)}{n!}w_n(x)$$

其中节点为 $x_k(k=1,2,\cdots,n)$，$w_n(x)=(x-x_1)(x-x_2)\cdots(x-x_n)$.

如果以任意节点作插值，$L_{n-1}(x)$ 不可能一致逼近 $f(x)$. 但经适当地安排节点，再利用

切比雪夫多项式使余项达到极小，就能近似地得到最佳一致逼近多项式（即近似最佳一致逼近多项式）的插值算法. 由本章定理6 可知，区间$[-1,1]$上使余项极小化（即与零有最小偏差）的多项式为$\frac{1}{2^{n-1}}T_n(x)$，取

$$w_n(x)=(x-x_1)(x-x_2)\cdots(x-x_n)=\frac{1}{2^{n-1}}T_n(x)$$

插值节点为切比雪夫多项式的零点，即$x_k=\cos\frac{2k-1}{2n}\pi(k=1,2,\cdots,n)$，因此

$$\max_{-1\leqslant x\leqslant 1}|f(x)-L_{n-1}(x)|\leqslant\frac{M_n}{n!}\frac{1}{2^{n-1}}$$

式中，$M_n=\max\limits_{-1\leqslant x\leqslant 1}|f^{(n)}(x)|$.

注 在区间$[-1,1]$上，取切比雪夫多项式的零点为插值节点，得到的$L_{n-1}(x)$是$f(x)$的近似最佳一致逼近多项式.

一般地，对于$f(x)\in C[a,b]$，令$x=\frac{a+b}{2}+\frac{b-a}{2}t$，则$t\in[-1,1]$，从而把$[a,b]$上的$f(x)$化为$f\left(\frac{a+b}{2}+\frac{b-a}{2}t\right)$在区间$[-1,1]$上的插值问题. 此时，有

$$\begin{aligned}w_n(x)&=(x-x_1)(x-x_2)\cdots(x-x_n)=w_n\left(\frac{a+b}{2}+\frac{b-a}{2}t\right)\\&=\frac{(b-a)^n}{2^n}(t-t_1)(t-t_2)\cdots(t-t_n)=\frac{(b-a)^n}{2^n}w_n^*(t)\end{aligned}$$

只要选取$t_k=\cos\frac{2k-1}{2n}\pi(k=1,2,\cdots,n)$，即节点为

$$x_k=\frac{a+b}{2}+\frac{b-a}{2}\cos\frac{2k-1}{2n}\pi\qquad(k=1,2,\cdots,n)$$

就能使

$$\max_{a\leqslant x\leqslant b}|f(x)-L_{n-1}(x)|\leqslant\frac{M_n}{n!}\frac{(b-a)^n}{2^n}\max_{-1\leqslant t\leqslant 1}|w_n{}^*(t)|=\frac{M_n(b-a)^n}{n!\ 2^{2n-1}}$$

近似最佳一致逼近程序实现示例

例 6－3 求函数$f(x)=e^{x/4}$在$[0,1]$上的近似最佳一致逼近多项式，使其误差不超过5×10^{-4}.

解 （1）确定多项式的次数：因为$f^{(n)}(x)=e^{x/4}/4^n$，$M_n=e^{1/4}/4^h=1.284/4^n$，且

$$|R_{n-1}(x)|\leqslant\max_{0\leqslant x\leqslant 1}|f(x)-L_{n-1}(x)|\leqslant\frac{1.284}{n!2^{2n-1}\cdot4^n}$$

所以只要取$n=3$，则满足$|R_{n-1}(x)|\leqslant1.284/(n!\ 2^{2n-1}\cdot4^n)<5\times10^{-4}$.

（2）确定插值节点：由 $x_k=\frac{1}{2}\left(1+\cos\frac{2k-1}{6}\pi\right)$，$k=1,2,3$，得插值节点为

$$x_1=0.933\,01,\quad x_2=0.500\,0,\quad x_3=0.066\,99$$

（3）用拉格朗日插值公式得到 $e^{x/4}$ 的近似最佳一致逼近多项式为

$$L_2(x)=0.035\,44x^2+0.248\,4x+1.001$$

例6－4 在区间［1,4］上求函数 $f(x)=(1+x)\sin x\cdot e^{-x^2}$ 的近似最佳一致逼近多项式.

解 首先编写被逼近的函数的m文件（Uniformfun. m）：

```
function f = Uniformfun(x)
f = (1 +x).*exp(-x.^2).*sin(x);
```

编写近似最佳一致逼近多项式的Matlab计算程序（Uniformopt. m）：

```
% Uniformity Optimal Approximation f = (1 +x).*exp(-x.^2).*sin(x);
clear all
n = input('Input the degree of approximation polynomial: n = ')
a = input('Input the end point of interval a = ')
b = input('Input the end point of interval b = ')
x = a:0.001*(b-a):b;f = feval('Uniformfun',x);
for i =1:n +1;
    xk(i) = (a +b)/2 + (b -a)/2*cos((2*i -1)*pi/(2*(n +1)));
end
xk = fliplr(xk);y = feval('Uniformfun',xk);L = ones(length(y),length
(x));
for i =1:n +1;
    for j =1:n +1;
        if j ~ =i
            L(i,:) = (xk(i) -xk(j)).\(x -xk(j)).*L(i,:);
        else
            L(i,:) =L(i,:);
        end
    end
end
PN = y*L;plot(x,f,x,PN,'-.'),axis equal
title('Suboptimal Uniformity Approximation')
legend('f(x) = sinx(1 +x)exp(-x^2)','Optimal Uniformity Approxima-
tion Polynomial')
```

运行程序Uniformopt. m. 根据程序提示，分别输入 $n=8$，$n=10$，输入 $a=1$，$b=4$，得到近似最佳一致逼近多项式图形，如图6－3所示．图6－3（a）为 $n=8$ 的图形，图6－3（b）为 $n=10$ 的图形.

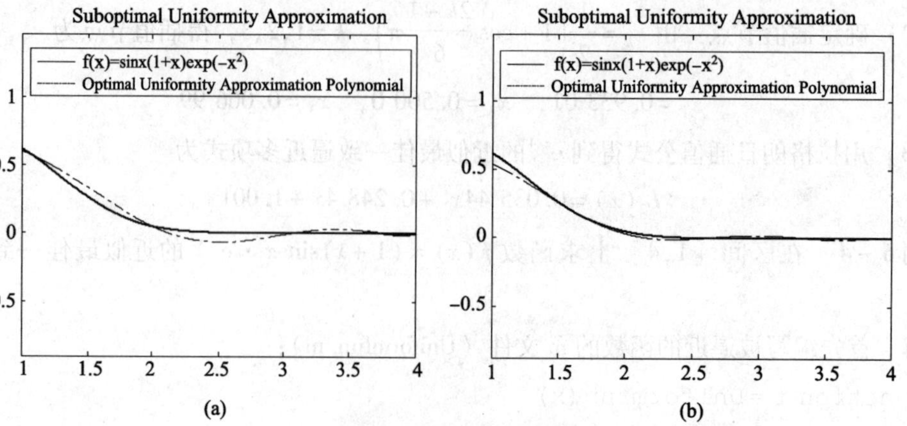

图 6－3　近似最佳一致逼近多项式图形

（a）$n=8$；（b）$n=10$

MOOC 6.4　最佳平方逼近

6.4　最佳平方逼近

设 $f(x)\in C[a,b]$，$f(x)$ 的 2－范数定义为 $\|f(x)\|_2=\left[\int_a^b\rho(x)\,(f(x))^2\mathrm{d}x\right]^{1/2}$，则 $f(x)$ 与 $S_n(x)$ 在 2－范数意义下的距离定义为

$$\|f(x)-S_n(x)\|_2=\left[\int_a^b\rho(x)\,(f(x)-S_n(x))^2\mathrm{d}x\right]^{1/2} \tag{6-9}$$

式中，$\rho(x)$ 为定义在 $[a,b]$ 上的权函数.

次数不超过 n 的多项式构成的线性空间记为：$H_n=\mathrm{span}\{1,x,x^2,\cdots,x^n\}$，即

$$H_n=\{S_n(x)\mid S_n(x)=a_0+a_1x+\cdots+a_nx^n,a_i\in\mathbf{R};i=0,1,\cdots,n\}$$

设 $\{\varphi_k(x)\}$ 是无限多个函数构成的函数序列，若 $\{\varphi_k(x)\}$ 中任意有限个函数 $\varphi_0,\varphi_1,\cdots,\varphi_n$ 线性无关，即当常数 $a_i(i=0,1,\cdots,n)$ 使得

$$a_0\varphi_0(x)+a_1\varphi_1(x)+\cdots+a_n\varphi_n(x)=0$$

时，必有 $a_i=0(i=0,1,\cdots,n)$，则称函数序列 $\{\varphi_k(x)\}$ 线性无关.

显然，$\{x^k\}$ 是一个线性无关的函数序列.

将 $S_n(x)=a_0\varphi_0(x)+a_1\varphi_1(x)+\cdots+a_n\varphi_n(x)$ 称为广义多项式，这种多项式的全体之集记为 Φ，即

$$\Phi=\{S_n(x)\mid S_n(x)=\sum_{i=0}^{n}a_i\varphi_i(x),a_i\in\mathbf{R};i=0,1,\cdots,n\}$$

6.4.1　最佳平方逼近多项式及其计算

1）最佳平方逼近

最佳平方逼近问题：设 $f(x)\in C[a,b]$，求一个多项式 $S_n^*(x)\in H_n$，使其满足：

$$\|f(x)-S_n^*(x)\|_2=\min_{S_n(x)\in H_n}\|f(x)-S_n(x)\|_2$$

在广义多项式构成的线性空间 Φ 中讨论，设 $f(x)\in C[a,b]$，求广义多项式 $S_n^*(x)\in\Phi$，使其满足 $\|f(x)-S_n^*(x)\|_2=\min\limits_{S_n(x)\in\Phi}\|f(x)-S_n(x)\|_2$.

令

$$\psi(a_0,a_1,\cdots,a_n)=\|f(x)-S_n(x)\|_2^2=\int_a^b\rho(x)\left[f(x)-\sum_{i=0}^n a_i\varphi_i(x)\right]^2\mathrm{d}x$$

求 $S_n^*\in\Phi$，等价于求多元函数 $\psi(a_0,a_1,\cdots,a_n)$ 的最小值问题.

对 $k=0,1,\cdots,n$，总有

$$\frac{\partial\psi}{\partial a_k}=2\int_a^b\rho(x)\left[f(x)-\sum_{i=0}^n a_i\varphi_i(x)\right]\cdot\varphi_k(x)\mathrm{d}x=0 \tag{6-10}$$

即 $\sum\limits_{i=0}^n\left[\int_a^b\varphi_i(x)\varphi_k(x)\rho(x)\mathrm{d}x\right]a_i=\int_a^b\rho(x)f(x)\varphi_k(x)\mathrm{d}x$.

利用函数的内积记号 $(\varphi_i,\varphi_k)=\int_a^b\rho(x)\varphi_i(x)\varphi_k(x)\mathrm{d}x$，则有最佳平方逼近的法方程

$$\sum_{i=0}^n(\varphi_i,\varphi_k)a_i=(f,\varphi_k)\qquad(k=0,1,\cdots,n) \tag{6-11}$$

即

$$\begin{pmatrix}(\varphi_0,\varphi_0)&(\varphi_0,\varphi_1)&\cdots&(\varphi_0,\varphi_n)\\(\varphi_1,\varphi_0)&(\varphi_1,\varphi_1)&\cdots&(\varphi_1,\varphi_n)\\\vdots&\vdots&&\vdots\\(\varphi_n,\varphi_0)&(\varphi_n,\varphi_1)&\cdots&(\varphi_n,\varphi_n)\end{pmatrix}\begin{pmatrix}a_0\\a_1\\\vdots\\a_n\end{pmatrix}=\begin{pmatrix}(f,\varphi_0)\\(f,\varphi_1)\\\vdots\\(f,\varphi_n)\end{pmatrix}$$

这是 $n+1$ 阶线性方程组．法方程的系数矩阵是对称的．可以证明，它有唯一解存在，即存在 $a_0^*,a_1^*,\cdots,a_n^*$，使

$$S_n^*(x)=a_0^*\varphi_0(x)+a_1^*\varphi_1(x)+\cdots+a_n^*\varphi_n(x)$$

2）最佳平方逼近的计算

由式（6-11）解出 $a_i^*,i=0,1,\cdots,n$，然后由 $\{\varphi_i(x)\}$ 写出 $S_n^*(x)$.

$S_n^*(x)$ 为最佳平方逼近：即对任何 $S_n(x)\in\Phi$，总有

$$\|f(x)-S_n^*(x)\|_2^2=\min\|f(x)-S_n(x)\|_2^2$$

也即 $(f-S_n^*,f-S_n^*)\leqslant(f-S_n,f-S_n)$.

证明 因为 $a_0^*,a_1^*,\cdots,a_n^*$ 是式（6-11）的解，所以满足式（6-10），即

$$\left(f-\sum_{i=0}^n a_i^*\varphi_i,\varphi_k\right)=0$$

也即 $(f-S_n^*,\varphi_k)=0$，所以 $(f-S_n^*,S_n^*)=0$，$(f-S_n^*,S_n)=0$，故 $(f-S_n^*,S_n^*-S_n)=0$．于是

$$\begin{aligned}\|f-S_n\|_2^2&=\|f-S_n^*+S_n^*-S_n\|_2^2\\&=\|f-S_n^*\|_2^2+2(f-S_n^*,S_n^*-S_n)+\|S_n^*-S_n\|_2^2\geqslant\|f-S_n^*\|_2^2\end{aligned}$$

3）最佳平方逼近误差（即平方误差）

最佳平方逼近误差为

$$\|f(x)-S_n^*(x)\|_2^2=(f-S_n^*,f-S_n^*)=(f,f)-(f,S_n^*)=\|f\|_2^2-\sum_{k=0}^{n}a_k^*\cdot(f,\varphi_k)$$

$$=\|f\|_2^2-\sum_{k=0}^{n}a_k^*\cdot d_k$$

式中，$d_k=(f,\varphi_k)$.

4）常用的最佳平方逼近

对于$f(x)\in C[0,1]$，取$\Phi=\mathrm{span}\{1,x,x^2,\cdots,x^n\}$，$\rho(x)=1$. 由于

$$a_{ik}=(\varphi_i,\varphi_k)=\int_0^1 x^{i+k}\mathrm{d}x=\frac{1}{i+k+1},\ d_k=(f,\varphi_k)=\int_0^1 x^k f(x)\mathrm{d}x$$

则法方程的系数矩阵为

$$\boldsymbol{H}=\begin{pmatrix}1 & 1/2 & \cdots & 1/(n+1)\\ 1/2 & 1/3 & \cdots & 1/(n+2)\\ \vdots & \vdots & & \vdots\\ 1/(n+1) & 1/(n+2) & \cdots & 1/(2n+1)\end{pmatrix}\tag{6-12}$$

记$\boldsymbol{a}=(a_0,a_1,\cdots,a_n)^{\mathrm{T}}$，$\boldsymbol{d}=(d_0,d_1,\cdots,d_n)^{\mathrm{T}}$，则

$$\boldsymbol{Ha}=\boldsymbol{d}\tag{6-13}$$

的解$\boldsymbol{a}^*=(a_0^*,a_1^*,\cdots,a_n^*)^{\mathrm{T}}$即为所求.

例 6-5 在$\Phi=\mathrm{span}\{1,x,x^2\}$中求定义在［0,1］上的函数$f(x)=\sqrt{1+x}$的最佳平方逼近多项式$S_2^*(x)$.

解 由于$\varphi_i(x)=x^i$，$i=0,1,2$，有

$$a_{ik}=\frac{1}{i+k+1},\ d_0=\int_0^1\sqrt{1+x}\,\mathrm{d}x\approx 1.218\,95$$

$$d_1=\int_0^1 x\sqrt{1+x}\,\mathrm{d}x\approx 0.643\,79,\ d_2\approx 0.440\,24$$

得法方程

$$\begin{pmatrix}1 & 1/2 & 1/3\\ 1/2 & 1/3 & 1/4\\ 1/3 & 1/4 & 1/5\end{pmatrix}\begin{pmatrix}a_0\\ a_1\\ a_2\end{pmatrix}=\begin{pmatrix}1.218\,95\\ 0.643\,79\\ 0.440\,24\end{pmatrix}$$

用列主元消去法解得$a_0^*\approx 1.001\,3$，$a_1^*\approx 0.482\,35$，$a_2^*\approx -0.070\,567$. 因此所求解为

$$S_2^*(x)=1.001\,3+0.482\,35x-0.070\,567x^2$$

平方误差为

$$\begin{aligned}\|f(x)-S_n^*(x)\|_2^2&=\|f\|_2^2-\sum_{k=0}^{n}a_k^*\cdot d_k\\&=1.5-(1.001\,3\times 1.218\,95+0.482\,35\times 0.643\,79-0.070\,567\times 0.440\,24)\\&=3.25\times 10^{-7}\end{aligned}$$

注 用$\{1,x,x^2,\cdots,x^n\}$作基底求最佳平方逼近多项式，得到法方程的系数矩阵$\boldsymbol{H}$为希尔伯特矩阵，当n较大时，是高度病态的. 对于例 6-5 的 3 阶希尔伯特矩阵，它的条件

数为 $\mathrm{cond}(\boldsymbol{H})_\infty=\|\boldsymbol{H}\|_\infty\|\boldsymbol{H}^{-1}\|_\infty=748$. 为克服法方程的“病态”，用正交多项式基底来构造逼近多项式.

6.4.2 正交多项式

只要给定区间$[a,b]$及权函数$\rho(x)$，就可构造出正交多项式序列.

定理7 由下列公式递推定义的多项式序列$\{\varphi_n(x)\}_{n=0}^{\infty}$是正交的

$$\varphi_{n+1}(x)=(x-a_n)\varphi_n(x)-b_n\varphi_{n-1}(x)\qquad(n=1,2,\cdots)\tag{6-14}$$

其中 $\varphi_0(x)=1$，$\varphi_1(x)=x-a_0$，$a_n=(x\varphi_n,\varphi_n)/(\varphi_n,\varphi_n)$，$b_n=(\varphi_n,\varphi_n)/(\varphi_{n-1},\varphi_{n-1})$.

这样得到的正交多项式序列有以下性质：

(1) $\varphi_n(x)$是具有最高次项系数为1的n次多项式；

(2) 任何n次多项式$p_n(x)\in H_n$均可表示为$\varphi_0(x),\varphi_1(x),\cdots,\varphi_n(x)$的线性组合；

(3) 当$k\neq j$时，$(\varphi_k,\varphi_j)=0$，且$\varphi_k(x)$与任一次数小于k的多项式正交.

(4) 若$\{\varphi_n(x)\}_{n=0}^{\infty}$是在区间$[a,b]$上带权函数$\rho(x)$的正交多项式序列，则$\varphi_n(x)(n\geqslant 1)$的$n$个根都是在区间$(a,b)$内的单重实根.

下面给出常用的正交多项式序列.

1) 勒让德多项式

勒让德简介

在 $[-1,1]$ 上，取权函数$\rho(x)=1$，由式（6-14）得勒让德多项式

$$\tilde{P}_0(x)=1,\ \tilde{P}_1(x)=x,\ \tilde{P}_2(x)=x^2-\frac{1}{3},\ \tilde{P}_3(x)=x^3-\frac{3}{5}x,\ \tilde{P}_4(x)=x^4-\frac{6}{7}x^2+\frac{3}{35},\ \cdots$$

这是勒让德于1785年引进的. 1814年罗德利克给出了简单的表达式，即

$$P_0(x)=1,P_n(x)=\frac{1}{2^n n!}\frac{\mathrm{d}^n}{\mathrm{d}x^n}(x^2-1)^n\qquad(n=1,2,\cdots)$$

由于$(x^2-1)^n$是$2n$次多项式，求n阶导数后得

$$P_n(x)=\frac{1}{2^n n!}(2n)(2n-1)\cdots(n+1)x^n+a_{n-1}x^{n-1}+\cdots+a_0$$

于是得首项x^n的系数$a_n=\dfrac{(2n)!}{2^n(n!)^2}$. 显然最高项系数为1的勒让德多项式为

$$\tilde{P}_n(x)=\frac{n!}{(2n)!}\frac{d^n}{dx^n}\{(x^2-1)^n\},\quad n=1,2,\cdots.$$

勒让德多项式有下述几个重要性质.

(1) 正交性：$(P_n,P_m)=\int_{-1}^{1}P_n(x)P_m(x)\mathrm{d}x=\begin{cases}0, m\neq n\\ \dfrac{2}{2n+1}, m=n\end{cases}$. 证明省略.

(2) 奇偶性：$P_n(-x)=(-1)^nP_n(x)$.

(3) 递推关系：

$$(n+1)P_{n+1}(x)=(2n+1)xP_n(x)-nP_{n-1}(x)\qquad(n=1,2,\cdots)$$

由 $P_0(x)=1, P_1(x)=x$，三项递推可得

$$P_2(x)=(3x^2-1)/2, P_3(x)=(5x^3-3x)/2, P_4(x)=(35x^4-30x^2+3)/8,$$
$$P_5(x)=(63x^5-70x^3+15x)/8, P_6(x)=(231x^6-315x^4+105x^2-5)/16, \cdots$$

证明省略. 勒让德多项式 $P_1(x), P_2(x), P_3(x)$ 的图形如图 6-4 所示.

（4）勒让德多项式 $P_n(x)$ 在区间 $[-1,1]$ 内有 n 个不同的实零点.

2）切比雪夫多项式

在区间 $[-1,1]$ 上，取权函数 $\rho(x)=(1-x^2)^{-1/2}$，可得切比雪夫多项式 $\{T_n(x)\}_{n=0}^{\infty}$，$T_1(x), T_2(x), T_3(x)$ 的图形如图 6-5 所示. 切比雪夫多项式的性质详见 6.3 节.

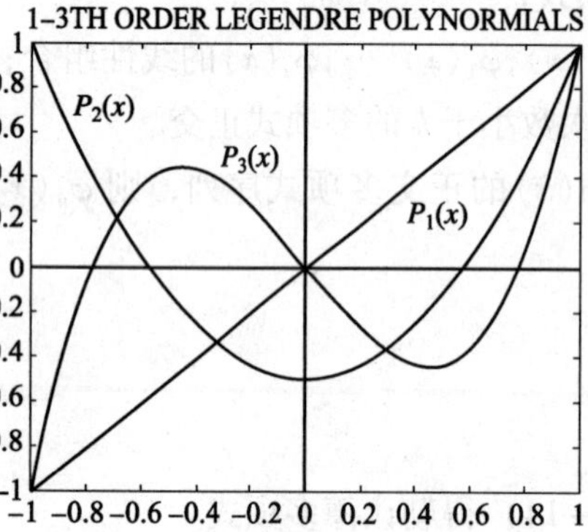

图 6-4 勒让德多项式

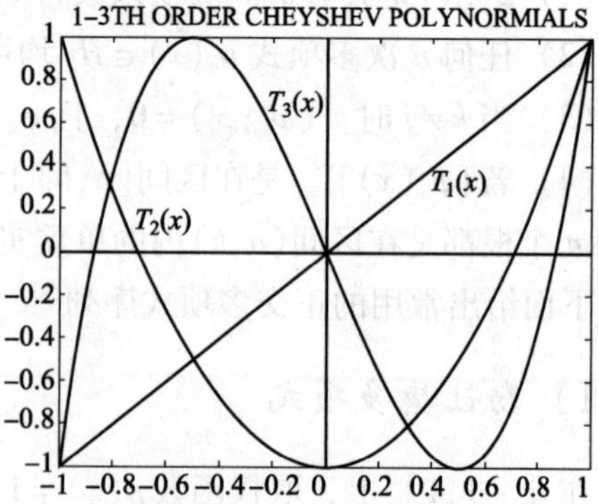

图 6-5 切比雪夫多项式

3）拉盖尔多项式

在 $[0,+\infty)$ 上，取权函数 $\rho(x)=e^{-x}$，可得拉盖尔多项式，其表达式为

$$L_n(x)=e^x \frac{d^n}{dx^n}(x^n e^{-x}) \quad (n=1,2,\cdots)$$

它满足正交性质

$$(L_n, L_m) = \int_0^{\infty} e^{-x} L_n(x) L_m(x) dx = \begin{cases} 0, & m \neq n \\ (n!)2, & m=n \end{cases}$$

并具有递推关系

$$L_{n+1}(x)=(1+2n-x)L_n(x)-n^2 L_{n-1}(x) \quad (n=1,2,\cdots)$$
$$L_0(x)=1, \ L_1(x)=1-x$$

4）第二类切比雪夫多项式

在区间 $[-1,1]$ 上，取权函数 $\rho(x)=\sqrt{1-x^2}$，可得第二类切比雪夫多项式，表达式为

$$U_n(x)=\frac{\sin[(n+1)\arccos x]}{\sqrt{1-x^2}} \quad (n=1,2,\cdots)$$

它满足正交性质

$$(U_n,U_m) = \int_{-1}^{1} \sqrt{1-x^2}\,U_n(x)U_m(x)\,\mathrm{d}x = \begin{cases} 0, & m \neq n \\ \dfrac{\pi}{2}, & m = n \end{cases}$$

并具有递推关系

$$U_{n+1}(x) = 2xU_n(x) - U_{n-1}(x) \qquad (n=1,2,\cdots)$$

$$U_0(x)=1,\ U_1(x)=2x$$

5)埃尔米特多项式

在区间$(-\infty,+\infty)$上，取权函数$\rho(x)=\mathrm{e}^{-x^2}$，可得埃尔米特多项式，其表达式为

$$H_n(x) = (-1)^n \mathrm{e}^{x^2} \frac{\mathrm{d}^n}{\mathrm{d}x^n}(\mathrm{e}^{-x^2}) \qquad (n=1,2,\cdots)$$

它满足正交性质

$$(H_n,H_m) = \int_{-\infty}^{\infty} \mathrm{e}^{-x^2} H_n(x)H_m(x)\,\mathrm{d}x = \begin{cases} 0, & m \neq n \\ 2^n n!\sqrt{\pi}, & m = n \end{cases}$$

并具有递推关系

$$H_{n+1}(x) = 2xH_n(x) - 2nH_{n-1}(x) \qquad (n=1,2,\cdots)$$

$$H_0(x)=1, H_1(x)=2x.$$

切比雪夫多项式的画图程序（Chebyshev_Curve. m）如下：

```
% plot Chebyshev polynomiales
clear,clf,x = -1:0.01:1;
n = input('Input the Number of Chebyshev polynomiales Ploted: n = ')
Tn = [];Tn(1,:) = x.^0;Tn(2,:) = x;
if n < =2
        error('the degree n of Chebyshev polynomiales must be higher than 1')
else
    for k =3:n;
        Tn(k,:) =2 * x. * Tn(k -1,:) - Tn(k -2,:);
    end
end
for k =1:n;
    plot(x,0. * x,0. * x,x),plot(x,Tn(k,:))
    title('nTH ORDER CHEYSHEV POLYNORMIALS')
    pause
end
```

勒让德多项式的画图程序（Legendre _Curve. m）如下：

```
% The Curves of nth Order Legendre Polynomial
clear
x = -1:0.01:1;n =15;AL = zeros(n +1,length(x),n);
% Computes The Associated Legendre Functions of Degree n and order
m =0,1,…,n, Evaluated at x.
for n =1:10;
    AL(1:n,:,n) =legendre(n -1,x);
end
% The Legendre Polynormial of Degree n is The Associated Legendre
Functions of Degree n and order m =0.
for n =1:10;
    L(n,:) =AL(1,:,n);
end
for n =1:10
    plot(x,L(n,:),x,0 * x,'r',0 * x,x,'r')
    title('nTH ORDER LEGENDRE POLYNORMIALS')
    pause
end
```

画图程序中的 pause 为暂停，按任意键后，继续画第二个图，直至 n 次多项式都画完.

6.4.3 正交多项式族作最佳平方逼近

取 $\Phi = \text{span}\{\varphi_0(x),\varphi_1(x),\cdots,\varphi_n(x)\}$，其中$\{\varphi_i(x)\}$是区间$[a,b]$上带权函数的正交多项式，即

$$(\varphi_i,\varphi_k) = \int_a^b \rho(x)\varphi_i(x)\varphi_k(x)\mathrm{d}x = 0 \qquad (i \neq k)$$

因此,法方程简化为

$$(\varphi_k(x),\varphi_k(x))a_k = (f,\varphi_k(x)) \qquad (k=0,1,\cdots,n)$$

其解为

$$a_k^* = \frac{(f,\varphi_k)}{(\varphi_k,\varphi_k)} \qquad (k=0,1,\cdots,n)$$

所得最佳平方逼近多项式为

$$S_n(x) = \sum_{k=0}^{n} \frac{(f,\varphi_k)}{(\varphi_k,\varphi_k)}\varphi_k(x)$$

平方误差为

$$\|f(x) - S_n^*(x)\|_2^2 = \|f\|_2^2 - \sum_{k=0}^{n} a_k^* \cdot (f,\varphi_k) = \|f\|_2^2 - \sum_{k=0}^{n} (a_k^*)^2 \cdot (\varphi_k,\varphi_k)$$

若取$\{\varphi_i(x)\}$为切比雪夫多项式，即 $\varphi_i(x)=T_i(x)(i=0,1,\cdots,n)$，则有最佳平方逼近多项式

$$S_n(x) = \sum_{k=0}^{n} \frac{(f,T_k)}{(T_k,T_k)} T_k(x) = \frac{2}{\pi}\sum_{k=0}^{n}\left[\int_{-1}^{1}\frac{f(x)T_k(x)}{\sqrt{1-x^2}}\mathrm{d}x\right]T_k(x)$$

若取勒让德多项式为基函数,则有

$$S_n(x) = \sum_{k=0}^{n}\left[\frac{2k+1}{2}\int_{-1}^{1}P_k(x)f(x)\mathrm{d}x\right]\cdot P_k(x)$$

平方误差为

$$\|f(x)-S_n^*(x)\|_2^2 = \|f\|_2^2 - \sum_{k=0}^{n}(a_k^*)^2\cdot(P_k,P_k) = \int_{-1}^{1}f^2(x)\mathrm{d}x - \sum_{k=0}^{n}\frac{2}{2k+1}(a_k^*)^2$$

注 (1)用正交函数族作最佳平方逼近与直接由$\{1,x,x^2,\cdots,x^n\}$为基底得到的 $S_n^*(x)$是一致的，但避免了法方程组的病态.

(2) 在所有系数为 1 的 n 次多项式中勒让德多项式在 $[-1,1]$ 上与零的平方误差最小.

(3) 若所给的区间是$[a,b]$，可以通过变换 $x=\frac{a+b}{2}+\frac{b-a}{2}t$ 将其转化为 $[-1,1]$.

最佳平方逼近程序实现示例

例 6-6 求函数$f(x)=\mathrm{e}^{-x}$在区间 $[-1,1]$ 上的 2 次最佳平方逼近多项式.

解 利用勒让德多项式 $P_0(x)=1$，$P_1(x)=x$，$P_2(x)=(3x^2-1)/2$，求 2 次最佳平方逼近多项式

$$a_0^* = \frac{1}{2}\int_{-1}^{1}\mathrm{e}^{-x}\mathrm{d}x = \frac{1}{2}\left(\mathrm{e}-\frac{1}{\mathrm{e}}\right)\approx 1.175\ 2$$

$$a_1^* = \frac{3}{2}\int_{-1}^{1}x\mathrm{e}^{-x}\mathrm{d}x = -\frac{3}{\mathrm{e}}\approx -1.103\ 6$$

$$a_2^* = \frac{5}{2}\int_{-1}^{1}\frac{3x^2-1}{2}\mathrm{e}^{-x}\mathrm{d}x \approx 0.357\ 8$$

因此逼近多项式为

$$S_2^*(x) = 1.175\ 2-1.103\ 6x+0.357\ 8\frac{3x^2-1}{2} = 0.536\ 7x^2-1.103\ 6x+0.996\ 3$$

逼近多项式的平方误差为

$$\|f(x)-S_2^*(x)\|_2^2 = \int_{-1}^{1}f^2(x)\mathrm{d}x - \sum_{k=0}^{2}\frac{2}{2k+1}(a_k^*)^2 \approx 0.001\ 5$$

例 6-7 求函数$f(x)=(1+x)\mathrm{e}^{-x^2}$在区间 $[-2,1]$ 上的最佳平方逼近多项式.

最佳平方逼近计算与画图程序（Legendre_Approx. m）如下：

```
% The Optimazation Square Approximation of function(1 +x) * exp( - x^
2)with Legendre Polynomial Integral Interval:[a,b]
```

```
clear all,clf
syms x t;N =7;a = -2;b =1;F = (1 +x) * exp( -x^2);
% Evaluate Legendre Polynormial up to nth Order
for n =1:N;
    P(n) =diff((t^2 -1)^(n -1),n -1);Q(n) =2^(n -1) * prod([1:n -1]);
end
P(1) =1;Q = sym(Q);INVQ = inv(diag(Q));LN = P * INVQ;
% Conversion Interval [a,b] Between [ -1 1],and Expression of Func-
tions
s =2 \((b -a) * t +a +b);f = subs(F,x,s); % Symbolic substitution.
% Evaluate Those Expression of Integrated Functions
B = LN * diag(f);A = LN' * LN;
INTC = double(int(A, -1,1)); INTB = double(int(B, -1,1)); c = INTC \
(INTB');
Optf = LN * c;Optf = subs(Optf,t,(b -a) \(2 * x -a -b));
ezplot(Optf,[a,b]),hold on
fplot('(1 +x) * exp( -x^2)',[a,b],':')
title('Optimal Square Approximation of(1 +x)exp( -x^2)')
legend('Optimal Square Approximation Polynomial','Function(1 +x)
exp( -x^2)',4)
hold off
f = subs(f,t,(b - a) \(2 * x - a - b));g = char((f - Optf)^2);e = double
(sqrt(int(g,a,b)))
```

分别取逼近多项式的次数为 $n=4$、$n=7$，运行程序得最佳平方逼近图形，如图 6 -6 所示. 4 次与 7 次逼近多项式的均方误差分别为 0. 125 4、0. 007 7.

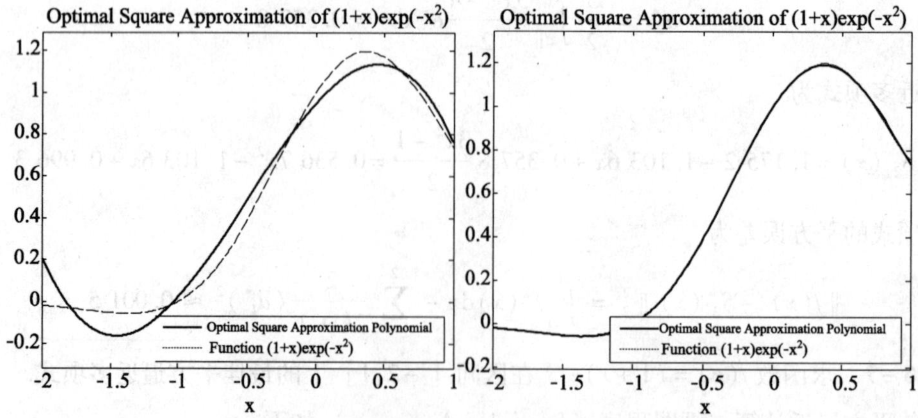

图 6 -6　利用勒让德多项式作最佳平方逼近

(a) $n=4$；(b) $n=7$

MOOC 6.5
最小二乘法

6.5 离散数据的最小二乘法

二百多年前，高斯在研究天文观测数据的处理时，创立了最小二乘法. 最小二乘法可用于曲线拟合、线性预测以及超定方程组的求解.

在科学实验和生产实际中，经常要从一组实验数据出发，寻求函数 $f(x)$ 的一个近似表达式 $S(x)$. 从几何上看，曲线拟合问题就是希望根据给定的 m 个点 $(x_i,y_i)(i=1,2,\cdots,m)$，求曲线 $y=f(x)$ 的一条近似曲线 $y=S(x)$.

曲线拟合问题的提法：对于给定的数据，如表 6 – 2 所示.

表 6 – 2　$y=f(x)$ 数据

x	x_1	x_2	$\cdots$	x_m
$y=f(x)$	y_1	y_2	$\cdots$	y_m

在 $\Phi=\mathrm{span}\{\varphi_0(x),\varphi_1(x),\cdots,\varphi_n(x)\}$ 中寻找 $f(x)$ 的逼近函数，即求 $a_k^*\ (k=0,1,\cdots,n)$，使 Φ 中的 $S^*(x)=\sum_{k=0}^{n}a_k^*\varphi_k(x)$ 作为 $f(x)$ 的最好的近似函数.

"最好"曲线的度量：采用最佳平方逼近的作法，令 $\delta_i=f(x_i)-S(x_i)(i=1,2,\cdots,m)$ 为数据误差，按误差平方和最小的原则求 a_k^*，使

$$\|f(x)-S^*(x)\|_2^2=\sum_{i=1}^{m}\rho(x_i)\left[f(x_i)-S^*(x_i)\right]^2=\min_{S_n(x)\in\Phi}\|f(x)-S(x)\|_2^2$$

则称最佳平方逼近的曲线拟合方法为最小二乘法. 其中，$\rho(x_i)$ 表示不同点处的权函数值.

6.5.1 最小二乘解的计算

求最小二乘解 $S^*(x)$，等价于求多元函数极值的问题. 令

$$\psi(a_0,a_1,\cdots,a_n)=\sum_{i=1}^{m}\rho(x_i)\left[f(x_i)-\sum_{k=0}^{n}a_k\varphi_k(x_i)\right]^2 \tag{6-15}$$

利用极值的必要条件

$$\frac{\partial\psi}{\partial a_j}=2\sum_{i=1}^{m}\rho(x_i)\left[f(x_i)-\sum_{k=0}^{n}a_k\varphi_k(x_i)\right]\cdot\varphi_j(x_i)=0\qquad(j=0,1,\cdots,n)$$

记 $(\varphi_k,\varphi_j)=\sum_{i=1}^{m}\rho(x_i)\varphi_k(x_i)\varphi_j(x_i),(f,\varphi_j)=\sum_{i=1}^{m}\rho(x_i)f(x_i)\varphi_j(x_i)$，由式(6 – 15)，得

$$\sum_{k=0}^{n}(\varphi_k,\varphi_j)a_k=(f,\varphi_j)\qquad(j=0,1,\cdots,n) \tag{6-16}$$

即

$$\begin{pmatrix} (\varphi_0,\ \varphi_0) & (\varphi_0,\ \varphi_1) & \cdots & (\varphi_0,\ \varphi_n) \\ (\varphi_1,\ \varphi_0) & (\varphi_1,\ \varphi_1) & \cdots & (\varphi_1,\ \varphi_n) \\ \vdots & \vdots & & \vdots \\ (\varphi_n,\ \varphi_0) & (\varphi_n,\ \varphi_1) & \cdots & (\varphi_n,\ \varphi_n) \end{pmatrix} \begin{pmatrix} a_0 \\ a_1 \\ \vdots \\ a_n \end{pmatrix} = \begin{pmatrix} (f,\ \varphi_0) \\ (f,\ \varphi_1) \\ \vdots \\ (f,\ \varphi_n) \end{pmatrix}$$

这是关于 $a_k(k=0,1,\cdots,n)$ 的 $n+1$ 阶线性方程组，称为最小二乘曲线拟合的法方程. 由于 $\varphi_0,\varphi_1,\cdots,\varphi_n$ 线性无关，可证得方程组存在唯一解 $a_k^*(k=0,1,\cdots,n)$，从而

$$S^*(x) = \sum_{k=0}^{n} a_k^* \varphi_k(x)$$

$S^*(x)$ 就是拟合问题的唯一最小二乘意义下的逼近解.

描述拟合曲线 $S^*(x)$ 对已知数据 $(x_i,y_i)(i=1,2,\cdots,m)$ 拟合精度的平方误差为

$$\| f(x) - S^*(x) \|_2^2 = \sum_{i=1}^{m} \rho(x_i)\left[f(x_i) - S^*(x_i)\right]^2 = (f,f) - \sum_{k=0}^{n} a_k^*(f,\varphi_k)$$

均方误差为 $\| f(x) - S^*(x) \|_2 = \sqrt{(f,f) - \sum_{k=0}^{n} a_k^*(f,\varphi_k)}$.

6.5.2 常用的多项式拟合

如果取基函数 $\varphi_j(x)=x^j,(j=0,1,\cdots,n)$，称最小二乘拟合问题为多项式拟合. 取权重 $\rho(x_i)\equiv 1(i=0,1,\cdots,n)$ 的常用拟合多项式有以下 2 种.

(1) 一次多项式拟合（又称直线拟合）$(n=1)$：取 $\varphi_0(x)=1,\varphi_1(x)=x$，一次多项式拟合曲线为 $S^*(x)=a_0^*+a_1^*x$，其中 a_0^*,a_1^* 满足法方程：

$$\begin{pmatrix} m & \sum_{i=1}^{m} x_i \\ \sum_{i=1}^{m} x_i & \sum_{i=1}^{m} x_i^2 \end{pmatrix} \begin{pmatrix} a_0 \\ a_1 \end{pmatrix} = \begin{pmatrix} \sum_{i=1}^{m} y_i \\ \sum_{i=1}^{m} x_i y_i \end{pmatrix}$$

(2) 二次多项式拟合 $(n=2)$. 取 $\varphi_0(x)=1,\varphi_1(x)=x,\varphi_2(x)=x^2$，二次多项式拟合曲线为 $S^*(x)=a_0^*+a_1^*x+a_2^*x^2$，求 a_0^*,a_1^*,a_2^* 的法方程为

$$\begin{pmatrix} m & \sum_{i=1}^{m} x_i & \sum_{i=1}^{m} x_i^2 \\ \sum_{i=1}^{m} x_i & \sum_{i=1}^{m} x_i^2 & \sum_{i=1}^{m} x_i^3 \\ \sum_{i=1}^{m} x_i^2 & \sum_{i=1}^{m} x_i^3 & \sum_{i=1}^{m} x_i^4 \end{pmatrix} \begin{pmatrix} a_0 \\ a_1 \\ a_2 \end{pmatrix} = \begin{pmatrix} \sum_{i=1}^{m} y_i \\ \sum_{i=1}^{m} x_i y_i \\ \sum_{i=1}^{m} x_i^2 y_i \end{pmatrix}$$

最小二乘
逼近程序
实现示例

例6-8 某实验测得数据如表6-3所示，求最小二乘拟合曲线.

表6-3 实验数据

x_i	-2	-1	0	1	2	3	4
y_i	19.5	10.2	3.5	4.8	12.4	26.1	43.9

解 首先描点作图，如图6-7（a）所示，从中看出，这些点分布在一条抛物线附近，因此选取 $S(x)=a_0+a_1x+a_2x^2$ 为拟合多项式. 由拟合数据计算得到

$$m=7,\sum_{i=1}^{7}x_i=7,\sum_{i=1}^{7}x_i^2=35,\sum_{i=1}^{7}x_i^3=91,\sum_{i=1}^{7}x_i^4=371$$

$$\sum_{i=1}^{7}y_i=120.4,\sum_{i=1}^{7}x_iy_i=234.3,\sum_{i=1}^{7}x_iy_i^2=1\,079.9$$

列出法方程

$$\begin{cases}7a_0+7a_1+35a_2=120.4\\7a_0+35a_1+91a_2=234.3\\35a_0+91a_1+371a_2=1\,079.9\end{cases}$$

解得 $a_0^*\approx4.199\,0,a_1^*\approx-1.887\,0,a_2^*\approx2.977\,5$，因此得到最小二乘拟合曲线［见图6-7（b）］为

$$S^*(x)=4.199\,0-1.887\,0x+2.977\,5x^2$$

平方误差为 $\|f(x)-S^*(x)\|_2^2=\sum_{i=1}^{7}[f(x_i)-S^*(x_i)]^2=1.705\,3$.

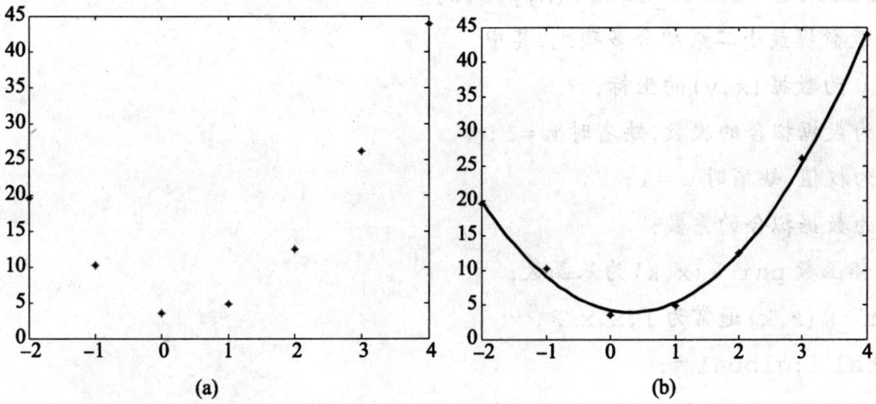

图6-7 最小二乘拟合

（a）实验数据；（b）最小二乘拟合曲线

例6-9 求一形如 $y=Ae^{Bx}$ 的经验公式，使其与表6-4的数据拟合.

表 6-4　拟合数据

x_i	1	2	3	4
y_i	7	11	17	27

解　很多非线性函数的拟合，都可以通过适当的变换，转化为多项式拟合问题. 在本题中，对 $y=Ae^{Bx}$ 两边取对数，得到 $\bar{y}=a_0+a_1x$，其中 $a_0=\ln A, a_1=B, \bar{y}=\ln y$，经计算得

$$\sum_{i=1}^{4} x_i = 10,\ \sum_{i=1}^{4} x_i^2 = 30,\ \sum_{i=1}^{4} \bar{y}_i = 10.48,\ \sum_{i=1}^{4} x_i\bar{y} = 28.44$$

因此法方程为

$$\begin{cases} 4a_0+10a_1=10.48 \\ 10a_0+30a_1=28.44 \end{cases}$$

解得 $a_0=1.5, a_1=0.45$，所以 $A=4.48, B=0.45$，所求最小二乘拟合的经验公式为

$$y=4.48e^{0.45x}$$

平方误差为 $\sum_{i=1}^{4}(4.48e^{0.45x_i}-y_i)^2=0.0904$.

注　Matlab 配有自动选择数学模型的程序，可供选择的因变量与自变量变换的函数类型较多，通过计算比较误差找到拟合得较好的曲线，最后输出曲线图形及数学表达式.

用最小二乘法得到的式（6-16），其系数矩阵是病态的. 为克服法方程的"病态"，与 6.4 节类似，可用正交多项式基底来构造逼近多项式.

编写计算离散数据最小二乘拟合多项式的系数的 Matlab 计算程序（Least_squar.m）如下：

```
function S = Least_squar(x,y,n,w)
% 离散数据最小二乘拟合多项式,其中,
% x,y 为数据(x,y)的坐标;
% n 为数据拟合的次数,缺省时 n =1;
% w 为权值,缺省时 w =1;
% S 为数据拟合的系数;
% 外部函数 phi_k(x,k)为基函数;
% phi_k(x,k)通常为 1,x,x^2,…
global i;global j;
if nargin <4 w =1;end
if nargin <3 n =1;end
Phi = zeros(n +1);
for i =0:n
    for j =0:n  Phi(i +1,j +1) = sum((w.*phi_k(x,i)).*phi_k(x,j));
    end
```

```
end
PhiF = zeros(n +1,1);
for i =0:n
    PhiF(i +1) = sum((w. * phi_k(x,i)). * y);
end
S = Phi \PhiF;
```

编写多项式函数 $\varphi_k(x)$ 的 Matlab 计算程序（phi_k. m）如下：

```
function y = phi_k(x,k)
if k = =0
    y = ones(size(x));
else
    y = x.^k;
end
```

对于例 6 - 8，首先画散点图，观察曲线的分布情况，程序如下：

```
x = [ -2 -1 0 1 2 3 4];y = [19.5 10.2 3.5 4.8 12.4 26.1 43.9];plot(x,y,' * ')
```

选择二次拟合，利用计算程序 Least_squar. m 输出二次多项式的系数：

```
S = least_squar(x,y,2)
```

运行得到二次多项式的系数为

```
S =4.2000 -1.8869 2.9774
```

6.6 离散数据拟合的 Matlab 函数

6.6.1 polyfit

1）polyfit 函数

polyfit 函数是求离散数据的多项式拟合，其命令格式为

```
a = polyfit(x,y,n)
```

其中，x,y 是离散数据自变量与因变量构成的向量；n 为拟合多项式的次数；输出项 a 为拟合多项式的系数，系数由高向低排列.

如果已知 n 个点处的函数值，当拟合多项式的次数为 $n-1$ 时，则 polyfit 函数就是计算 $n-1$ 阶插值多项式的值.

2）polyval 函数

polyval 函数是求多项式在某一点处的函数值，其命令格式为

```
y = polyval(p,x)
```

其中，p 为多项式的系数；y 是拟合多项式在点 x 处的值.

对于例6-8，利用polyfit函数作二次拟合，输出多项式的系数，并利用polyval函数计算拟合多项式值，画出拟合曲线，Matlab计算程序如下：

```
x=[-2 -1 0 1 2 3 4];y=[19.5 10.2 3.5 4.8 12.4 26.1 43.9];
a=polyfit(x,y,2)
xx=-2:0.1:4;yy=polyval(a,xx);
plot(xx,yy,x,y,'*')
```

运行程序得到二次拟合的系数为

```
a=2.9774   -1.8869  4.2000
```

拟合曲线如图6-7所示.

6.6.2 lsqcurvefit

lsqcurvefit函数是非线性最小二乘拟合函数，其命令格式为

```
x=lsqcurvefit(fun,x0,xdata,ydata)
```

其中，fun是要拟合的非线性函数；x0是初始参数向量；xdata,ydata是拟合点的数据.

函数x=lsqcurvefit（fun，x0，xdata，ydata）本质上是求解最优化问题：$\min\limits_x \sum\limits_i (\mathrm{fun}(x, xdata_i) - ydata_i)^2$，输出项x为优化问题的最优解.

对于例6-9，利用lsqcurvefit函数作非线性最小二乘拟合，Matlab计算程序如下：

```
x=[1 2 3 4];y=[7 11 17 27];
f=inline('a(1)*exp(a(2).*x)','a','x');
a=lsqcurvefit(f,[4 0.4],x,y)
```

运行程序得到拟合经验公式的参数为

```
a=4.4274  0.4515
```

6.6.3 lsqnonlin

lsqnonlin函数是另一种非线性最小二乘拟合函数，其命令格式为

```
HTKx=lsqnonlin(fun,x0)
```

其中，fun的定义与lsqcurvefit函数中的fun有差别；x0是初始参数向量.

函数x=lsqnonlin（fun，x0）本质上是求解最优化问题$\min\limits_x \sum\limits_i (\mathrm{fun}(x_i))^2$，输出项x为优化问题的最优解.

对于例6-9，利用lsqnonlin函数作非线性最小二乘拟合. 首先编写拟合的目标函数，其Matlab计算程序（curve_fun.m）如下：

```
function y=curve_fun(p)
x=[1 2 3 4];y=[7 11 17 27];
y=p(1)*exp(p(2).*x)-y;
```

利用lsqnonlin函数求解，其Matlab计算程序如下：

```
a=lsqnonlin('curve_fun',[4 0.4])
```

运行程序得到拟合经验公式的参数为

```
a =4.4274  0.4515
```

6.6.4 nlinfit

nlinfit 函数实际上是非线性回归函数，当然可用于求非线性最小二乘问题，其命令格式为

```
beta = nlinfit(x,y,fun,beta0)
```

其中，x,y 是离散数据自变量与因变量构成的向量；fun 是被回归（拟合）的函数；beta0 是初始参数向量.

对于例 6 -9，利用 nlinfit 函数作非线性最小二乘拟合，程序如下：

```
x = [1 2 3 4];y = [7 11 17 27];
f = inline('a(1) * exp(a(2). * x)','a','x');
a = nlinfit(x,y,f,[4 0.4])
```

运行程序得到拟合经验公式的参数为

```
a =4.4274  0.4515
```

对于非线性最小二乘拟合的 3 种方法，每种方法在使用上有所不同，得到的答案也许会有微小的差别，这是由于这些函数是为不同目的编写的. lsqcurvefit 与 lsqnonlin 函数是用于求解非线性最小二乘问题的，函数所处的位置是优化工具箱；而 nlinfit 函数是用于非线性回归的，函数所处的位置是统计工具箱.

通常情况下，如果一个非线性拟合问题可以化为线性拟合（或多项式拟合）问题来处理，则尽量采用线性（多项式）拟合的方法来处理，这样处理的好处是，计算量少，而且计算精度高. 对于例 6 -9，将非线性函数线性化后，利用 polyfit 函数求解，Matlab 计算程序如下：

```
x = [1 2 3 4];y = [7 11 17 27];y = log(y);
a = polyfit(x,y,1);a(2) = exp(a(2));a
```

运行得到拟合经验公式的参数为

```
a =0.4485  4.4680
```

本章小结

评　注

函数逼近是数学中的经典课题，它与数学中其他分支有着密切的联系，也是计算数学的基础，本章仅讨论最佳一致逼近和最佳平方逼近的基本概念及正交多项式.

曲线拟合的最小二乘法在应用科学中具有重要作用，它是离散点的最佳平方逼近. 曲线拟合模型分线性和非线性两种. 常用的线性模型是多项式，即多项式拟合，求拟合参数的法方程往往是病态的. 采用离散点正交多项式可避免解法方程时出现的病态问题，为用多项式作最小二乘模型提供了可行的算法.

正交多项式在函数逼近中有重要作用，它在高斯求积中也有重要应用. 离散点列上的正

交多项式用于本章的多项式拟合，连续区间上的正交多项式还可用于下章的高斯求积公式. 特别地，本章对勒让德多项式及切比雪夫多项式作了详细的讨论，因为这是两个十分重要又经常使用的正交多项式，应引起读者关注.

习　题

1. 计算下列函数 $f(x)$ 关于 $C[0,1]$ 的 $\|f\|_\infty$，$\|f\|_1$ 与 $\|f\|_2$：

（1）$f(x)=(x-1)^2$；（2）$f(x)=\left|x-\dfrac{1}{2}\right|$.

2. 设 $f(x)=\cos x, x\in[-\pi,\pi]$，试求：

（1）$f(x)$ 的 0 次最佳一致逼近多项式 $p_0(x)$；

（2）$f(x)$ 的 1 次最佳一致逼近多项式 $p_1(x)$.

3. 求 $f(x)=e^x$ 在 $[0,1]$ 上的 1 次最佳一致逼近多项式.

4. 选择常数 a，使 $\max\limits_{0\leqslant x\leqslant 1}|x^3-ax|$ 达到极小，又问这个解是否唯一？

5. 求 $f(x)=x^4+3x^3-1$ 在区间 $[0,1]$ 上的 3 次最佳一致逼近多项式.

6. 用拉格朗日插值余项极小化方法，求：

（1）$f(x)=\arctan x$ 在 $[-1,1]$ 上的 3 次近似最佳一致逼近多项式；

（2）$f(x)=e^{-x}$ 在 $[0,1]$ 上的近似最佳一致逼近多项式，使其误差不超过 0.5×10^{-3}.

7. 求 a,b，使 $\int_0^{\frac{\pi}{2}}[ax+b-\sin x]^2\mathrm{d}x$ 达到最小.

8. 设 $f(x)=x^4$，$x\in[0,1]$，分别求 $f(x)$ 的 0 次、1 次、2 次最佳平方逼近多项式 $P_0(x)$、$P_1(x)$、$P_2(x)$.

9. 设 $f(x)=\cos x$，$x\in[-\pi,\pi]$，试求 $f(x)$ 的形如 $P(x)=a+bx^2$ 的最佳平方逼近多项式.

10. $f(x)=\sin\dfrac{\pi}{2}x$，在 $[-1,1]$ 上按勒让德多项式展开求 1 次最佳平方逼近多项式.

11. 观测物体的直线运动，得出数据如表 6－5 所示，试求运动方程.

表 6－5　物体的直线运动数据

t/s	0	0.9	1.9	3.0	3.9	5.0
f/m	0	10	30	51	80	111

12. 给定数据如表 6－6 所示，求形如 $y=\dfrac{1}{a+bx}$ 的拟合函数.

表 6－6　给定的数据

x	1.0	1.4	1.8	2.2	2.6
y	0.931	0.473	0.297	0.224	0.168

13. 单原子波函数的形式为 $y = ae^{-bx}$，试按最小二乘法决定参数 a, b，已知数据如表 6－7 所示．

表 6－7　单原子波函数的数据

x	0	1	2	4
y	2.010	1.210	0.740	0.450

实　验　题

1. 实验目的：理解多项式拟合．

实验内容：对给定数据如表 6－8 所示．

表 6－8　给定的数据

x	−0.75	−0.5	−0.25	0	0.25	0.5	0.75
y	0.33	0.88	1.44	2.00	2.56	3.13	3.71

试分别用 Matlab 中的 polyfit 函数作一次、二次、三次多项式拟合，并比较优劣．

2. 实验目的：最小二乘拟合经验公式．

实验内容：某类疾病发病率为 y‰和年龄段 x（每 5 年为一段，例如 0～5 岁为第一段，6～10 岁为第二段，…）之间有形如 $y = ae^{bx}$ 的经验关系，观测得到的数据如表 6－9 所示．

表 6－9　观测数据

x	1	2	3	4	5	6	7	8	9	
y	0.898	2.38	3.07	1.84	2.02	1.94	2.22	2.77	4.02	
x	10	11	12	13	14	15	16	17	18	19
y	4.76	5.46	6.53	10.9	16.5	22.5	35.7	50.6	61.6	81.8

（1）用最小二乘法确定模型 $y = ae^{bx}$ 中的参数 a 和 b．

（2）利用 Matlab 画出离散数据及拟合函数 $y = ae^{bx}$ 的图形．

（3）利用 Matlab 画出离散点处的误差图，并计算相应的均方误差．

（4）谈一谈你对最小二乘法的理解，并举出一个应用此方法的例子．

3. 实验目的：最小二乘拟合经验公式．

实验内容：在某次实验中，观察水分的渗透速度，测得时间 t 与水的质量 w 的数据如表 6－10 所示．

表 6－10　实验数据

t/s	1	2	4	8	16	32	64
w/g	4.22	4.02	3.85	3.59	3.44	3.02	2.59

已知 t 与 w 之间的关系有经验公式 $w=ct^{\lambda}$，试用最小二乘法（用 Matlab 中的 polyfit 函数或 nlinfit 函数）确定 c 和 λ.

4. 实验目的：最小二乘拟合模型的应用.

实验内容：某年美国轿车价格的调查资料如表 6－11 所示，其中 x_i 表示轿车的使用年数，y_i 表示相应的平均价格，试分析用什么形式的曲线来拟合表中的数据，并预测使用 4.5 年后轿车的平均价格大致为多少？

表 6－11　某年美国轿车价格的调查资料

x_i	1	2	3	4	5	6	7	8	9	10
y_i	2 615	1 943	1 494	1 087	765	538	484	290	226	204

5. 实验目的：理解不同的逼近方法.

实验内容：对被逼近函数 $f(x)=e^x$，在区间 $[0,1]$ 上分别利用插值方法、最佳一致逼近以及最佳平方逼近三种方法求形如 $P_1(x)=a_0+a_1x$ 的逼近函数，并进行比较. 再画出每种方法的逼近函数曲线以及误差图.

6. 实验目的：研究最佳平方逼近多项式的收敛性质.

实验内容：取函数 $f(x)=e^x$，在区间 $[-1,1]$ 上以勒让德多项式为基函数，对于 $n=0,1,\cdots,10$ 构造最佳平方逼近多项式 $p_n(x)$，令 $\varepsilon_n(x)=|f(x)-p_n(x)|$，将 $\varepsilon_n(x)\sim x$ 的曲线画在一幅图上.

令 $\varepsilon_n(x)=\max\limits_{-1\leqslant x\leqslant 1}|f(x)-p_n(x)|$，画出 $\varepsilon_n\sim n$ 的曲线. 作出 $\varepsilon_n\sim n$ 之间的最小二乘曲线，能否提出关于收敛性的猜测.

第 7 章 数值积分与数值微分

7.1 引　言

本章导读

波形屋顶平材的长度：一个波形屋顶（见图 7－1）是通过将一张平的铝材料压成横断面具有正弦波形式的材料而构造出来的. 现在需要一个 48 英寸（1 英寸＝2.54 cm）长的波形屋顶，每个波的高度均离开中心线 1 英寸，每个波的周期大约为 2π 英寸. 求原来平材的长度问题为给定 $f(x)=\sin x$（从 $x=0$ 英寸到 $x=48$ 英寸），确定此曲线的长度. 根据微积分理论，此长度为

$$L=\int_0^{48}\sqrt{1+(f'(x))^2}\,\mathrm{d}x=\int_0^{48}\sqrt{1+(\cos x)^2}\,\mathrm{d}x$$

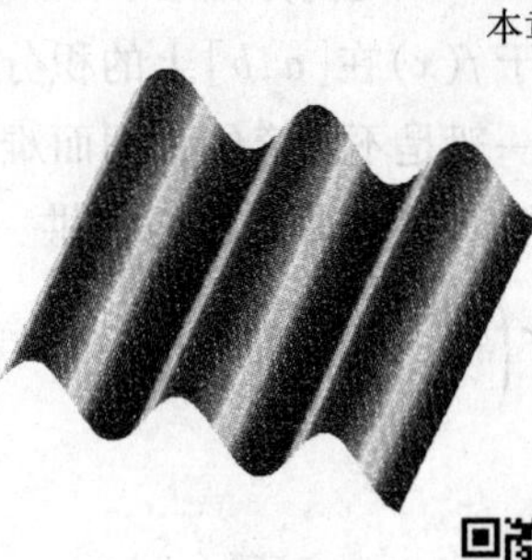

图 7－1　波形屋顶

从而这个问题归结为求数值积分问题.

MOOC 7.1　数值微积分引言

人口相对增长率：已知 20 世纪美国人口统计数据如表 7－1 所示.

表 7－1　20 世纪美国人口统计数据

年份	1900	1910	1920	1930	1940	1950	1960	1970	1980	1990
人口/($\times 10^6$)	76.0	92.0	106.5	123.2	131.7	150.7	179.3	204.0	226.5	251.4

为了计算表中这些年份的人口相对增长率，记时刻 t 的人口为 $x(t)$，则人口相对增长率为 $r(t)=\dfrac{\mathrm{d}x/\mathrm{d}t}{x(t)}$，它表示每年人口增长的比例. 从而这个问题归结为求数值微分问题.

类似上面的问题，在许多实际工程中，直接或间接地涉及计算导数和计算定积分. 有些数值方法，如微分方程和积分方程的求解，也都和微积分计算有关. 在微积分学里，导数和定积分的计算与 $f(x)$ 的形式及性态有关.

根据微积分基本定理，可以利用牛顿－莱布尼茨公式计算定积分

$$I=\int_a^b f(x)\,\mathrm{d}x=F(b)-F(a)$$

式中，$F(x)$ 为被积函数 $f(x)$ 的原函数. 但是实际使用这种求积方法往往有困难，例如，积分 $\int_0^1\dfrac{\sin x}{x}\mathrm{d}x$ 就无法用牛顿－莱布尼茨公式计算. 大量的被积函数找不到用初等函数表示的原函数；有时原函数能找到，但表达式复杂，无法用初等函数表示；当 $f(x)$ 是由测量或数值计算给出的一张数据表时，微积分理论无法精确求积分，也无法精确求导数. 因此有必要研究积分的数值计算问题.

对于计算导数的问题，从导数定义想到用差商近似的算法，即

$$f'(x) \approx \frac{f(x+h)-f(x)}{h}$$

虽然这种近似计算的精度较差，但是它启示我们可以用两个点上的函数值来近似求导，如果用有限个点上的函数值，能否建立一个求导公式并估计误差呢？这是数值微分研究的问题.

对于计算定积分的问题，根据积分中值定理，存在点$\xi \in [a,b]$，使

$$\int_a^b f(x)\,\mathrm{d}x = f(\xi)(b-a) \tag{7-1}$$

从几何方面看，式（7-1）表示以区间$[a,b]$的长度为底而高为$f(\xi)$的矩形面积，恰等于$f(x)$在$[a,b]$上的积分值，即曲边梯形的面积，如图 7-2 所示．问题在于ξ的具体位置一般是不知道的，因而难以准确算出$f(\xi)$的值. $f(\xi)$称为区间$[a,b]$上函数的平均高度，只要对平均高度$f(\xi)$提供一种算法，相应地便获得一种数值求积方法. 如果近似地取$f(\xi)=f\left(\frac{a+b}{2}\right)$，则式（7-1）称为中矩形公式

$$\int_a^b f(x)\,\mathrm{d}x \approx f\left(\frac{a+b}{2}\right)(b-a)$$

如果近似地取$f(\xi)=[f(a)+f(b)]/2$，则式（7-1）称为梯形公式

$$\int_a^b f(x)\,\mathrm{d}x \approx \frac{b-a}{2}[f(a)+f(b)]$$

其几何意义如图 7-3 所示.

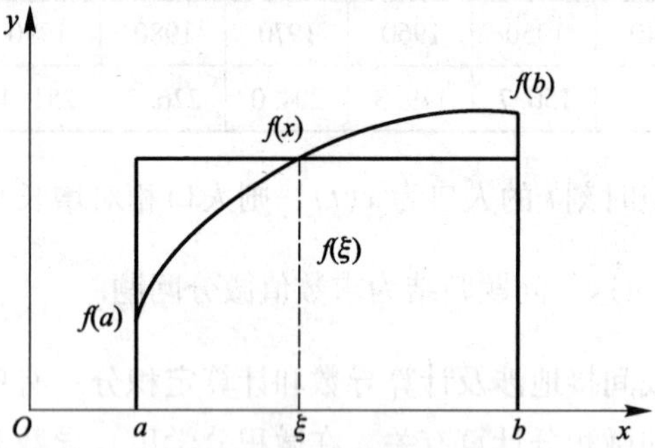

图 7-2　矩形公式的几何意义

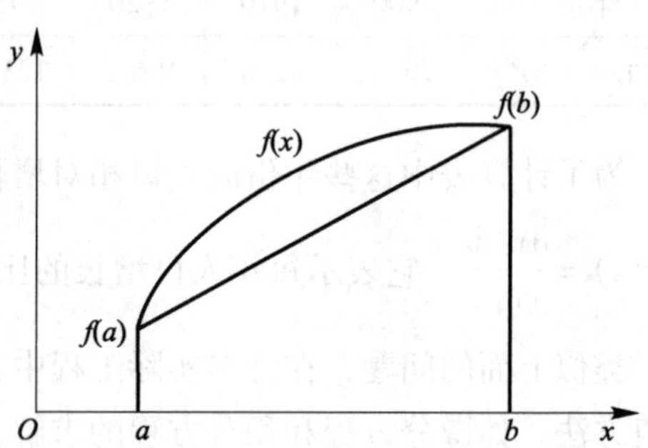

图 7-3　梯形公式的几何意义

由此得到启发，如果取$[a,b]$上有限个节点x_k的函数值$f(x_k)$的加权平均值为$f(\xi)$，则式（7-1）称为机械求积公式，即

$$I = \int_a^b f(x)\,\mathrm{d}x \approx \sum_{k=0}^{n} A_k f(x_k) \tag{7-2}$$

式中，$x_k(k=0,1,\cdots,n)$称为求积节点；$A_k(k=0,1,\cdots,n)$称为求积系数. A_k仅仅与节点x_k的选取有关，而不依赖于被积函数$f(x)$的具体形式. 下面需要研究如何安排求积节点x_k的位置并确定求积系数A_k，才能使求得的积分值具有预先给定的任意的精确度，以及怎样估计数值计算的误差.

数值积分与数值微分的基本内容：寻找便于数值计算，又能满足精度要求的微积分公式和方法.

7.2 牛顿－柯特斯求积公式

MOOC 7.2 牛顿－柯特斯求积公式

7.2.1 牛顿－柯特斯求积公式

插值型求积公式的基本思想为：在$[a,b]$上取定$n+1$个点$x_k(k=0,1,\cdots,n)$，经过这些点作插值多项式，用插值多项式代替被积函数$f(x)$，进而确定A_k.

如果利用拉格朗日插值多项式$L_n(x)\approx f(x)$，则有插值型求积公式

$$I=\int_a^b f(x)\mathrm{d}x\approx\int_a^b L_n(x)\mathrm{d}x=\sum_{k=0}^{n}\left[\int_a^b l_k(x)\mathrm{d}x\right]f(x_k)=\sum_{k=0}^{n}A_k f(x_k) \tag{7-3}$$

式中，$A_k=\int_a^b l_k(x),\mathrm{d}x(k=0,1,\cdots,n)$.

考虑等距节点情形，即将区间$[a,b]$划分为n等份，步长$h=\dfrac{b-a}{n}$，选取等距节点$x_k=a+kh,k=0,1,\cdots,n$，此时，有

$$\begin{aligned}A_k&=\int_a^b l_k(x)\mathrm{d}x=\int_a^b\prod_{\substack{j=0\\j\neq k}}^{n}\left(\frac{x-x_j}{x_k-x_j}\right)\mathrm{d}x\xlongequal{x=a+th}\int_0^n\prod_{\substack{j=0\\j\neq k}}^{n}\left(\frac{(t-j)h}{(k-j)h}\right)\cdot h\mathrm{d}t\\&=h\cdot\int_0^n\frac{t(t-1)\cdots(t-k+1)(t-k-1)\cdots(t-n)}{k(k-1)\cdots(k-k+1)(k-k-1)\cdots(k-n)}\mathrm{d}t\\&=h\cdot\frac{(-1)^{n-k}}{k!(n-k)!}\int_0^n t(t-1)\cdots(t-k+1)(t-k-1)(t-k-2)\cdots(t-n)\mathrm{d}t\\&=\frac{(-1)^{n-k}h}{k!(n-k)!}\int_0^n\prod_{\substack{j=0\\j\neq k}}^{n}(t-j)\mathrm{d}t.\end{aligned}$$

记柯特斯系数为

$$C_k^{(n)}=\frac{A_k}{b-a}=\frac{(-1)^{n-k}}{n\cdot k!\cdot(n-k)!}\int_0^n\prod_{\substack{j=0\\j\neq k}}^{n}(t-j)\mathrm{d}t \tag{7-4}$$

则$A_k=(b-a)C_k^{(n)}$，将其代入式（7－3），得到牛顿－柯特斯求积公式

$$I=\int_a^b f(x)\mathrm{d}x\approx\sum_{k=0}^{n}(b-a)C_k^{(n)}f(x_k) \tag{7-5}$$

对不同的n，柯特斯系数可按式（7－4）计算.

当$n=1$时（有两个等距求积节点），$C_0^{(1)}=C_1^{(1)}=1/2$，相应的求积公式就是梯形公式

$$T=\frac{1}{2}(b-a)\cdot[f(a)+f(b)] \tag{7-6}$$

当$n=2$时（有三个等距求积节点），$C_0^{(2)}=1/6,C_1^{(2)}=4/6,C_2^{(2)}=1/6$，相应的求积公式就是辛普森公式

$$S=\frac{b-a}{6}\left[f(a)+4f\left(\frac{a+b}{2}\right)+f(b)\right] \tag{7-7}$$

当 $n=4$ 时的牛顿 - 柯特斯求积公式则特别称为柯特斯公式

$$C=\frac{b-a}{90}[7f(x_0)+32f(x_1)+12f(x_2)+32f(x_3)+7f(x_4)] \tag{7-8}$$

式中，$x_k=a+kh$，$k=0,1,\cdots,4$；$h=(b-a)/4$.

柯特斯系数的部分数据如表 7-2 所示.

表 7-2　柯特斯系数的部分数据

n	$C_k^{(n)}$								
	$k=0$	$k=1$	$k=2$	$k=3$	$k=4$	$k=5$	$k=6$	$k=7$	$k=8$
1	$\frac{1}{2}$	$\frac{1}{2}$							
2	$\frac{1}{6}$	$\frac{4}{6}$	$\frac{1}{6}$						
3	$\frac{1}{8}$	$\frac{3}{8}$	$\frac{3}{8}$	$\frac{1}{8}$					
4	$\frac{7}{90}$	$\frac{16}{45}$	$\frac{2}{15}$	$\frac{16}{45}$	$\frac{7}{90}$				
5	$\frac{19}{288}$	$\frac{25}{96}$	$\frac{25}{144}$	$\frac{25}{144}$	$\frac{25}{96}$	$\frac{19}{288}$			
6	$\frac{41}{840}$	$\frac{9}{35}$	$\frac{9}{280}$	$\frac{34}{105}$	$\frac{9}{280}$	$\frac{9}{35}$	$\frac{41}{840}$		
7	$\frac{751}{17\ 280}$	$\frac{3\ 577}{17\ 280}$	$\frac{1\ 323}{17\ 280}$	$\frac{2\ 989}{17\ 280}$	$\frac{2\ 989}{17\ 280}$	$\frac{1\ 323}{17\ 280}$	$\frac{3\ 577}{17\ 280}$	$\frac{751}{17\ 280}$	
8	$\frac{989}{28\ 350}$	$\frac{5\ 888}{28\ 350}$	$\frac{-928}{28\ 350}$	$\frac{10\ 496}{28\ 350}$	$\frac{-4\ 540}{28\ 350}$	$\frac{10\ 496}{28\ 350}$	$\frac{-928}{28\ 350}$	$\frac{5\ 888}{28\ 350}$	$\frac{989}{28\ 350}$

注　①柯特斯系数的和恒为 1，即 $\sum_{k=0}^{n} C_k^{(n)} \equiv 1$. 这是因为 $f(x)\equiv 1$ 时，式（7-5）准确成立. 这说明：求积系数与被积函数、节点的选取均无关，其和恒为 1.

②根据表 7-2，当 $n\geqslant 8$ 时，柯特斯系数 $C_k^{(n)}$ 出现负值，计算不稳定，故不能应用 $n\geqslant 8$ 的牛顿 - 柯特斯求积公式.

7.2.2　截断误差

已知 $[a,b]$ 上 $n+1$ 个等距节点 $x_k(k=0,1,\cdots,n)$，得到 $f(x)$ 的插值多项式 $L_n(x)$. 由于 $f(x)=L_n(x)+R_n(x)$，因此

$$I=\int_a^b f(x)\mathrm{d}x=\int_a^b L_n(x)\mathrm{d}x+\int_a^b R_n(x)\mathrm{d}x$$

牛顿 - 柯特斯求积公式的截断误差（即余项）为

$$R[f]=\int_a^b R_n(x)\mathrm{d}x=\int_a^b \frac{f^{(n+1)}(\xi)}{(n+1)!}w(x)\mathrm{d}x$$

$$= \int_a^b \frac{f^{(n+1)}(\xi)}{(n+1)!}(x-x_0)(x-x_1)\cdots(x-x_n)\,\mathrm{d}x$$

$$\xlongequal{x=a+th} \int_0^n \frac{f^{(n+1)}(\xi)}{(n+1)!}\cdot th\cdot(t-1)h\cdots(t-n)h\cdot h\mathrm{d}t$$

$$= \frac{h^{n+2}}{(n+1)!}\cdot\int_0^n f^{(n+1)}(\xi)\cdot t\cdot(t-1)\cdots(t-n)\,\mathrm{d}t \qquad (7-9)$$

当 $n=1$ 时，梯形公式的截断误差为

$$R_T = I - T = \int_a^b R_1(x)\,\mathrm{d}x = \frac{h^3}{2!}\cdot\int_0^1 f^{(2)}(\xi)\cdot t\cdot(t-1)\,\mathrm{d}t$$

注意到 $t\cdot(t-1)<0$，若要求 $f^{(2)}(x)$ 连续，根据积分中值定理，则梯形公式的截断误差为

$$R_T = \frac{h^3}{2}\cdot f^{(2)}(\eta)\cdot\int_0^1 t\cdot(t-1)\,\mathrm{d}t$$

$$= -\frac{(b-a)^3}{12}f^{(2)}(\eta) \qquad \eta\in[a,b] \qquad (7-10)$$

如果 $f^{(4)}(x)$ 连续，类似于梯形公式的推导，用埃尔米特插值函数代替 $f(x)$，可导出辛普森公式的截断误差为

$$R_S = I - S = -\frac{b-a}{180}\cdot\left(\frac{b-a}{2}\right)^4 f^{(4)}(\eta) \qquad \eta\in[a,b] \qquad (7-11)$$

柯特斯公式的截断误差为

$$R_C = I - C = -\frac{2(b-a)}{945}\cdot\left(\frac{b-a}{4}\right)^6 f^{(6)}(\eta) \qquad \eta\in[a,b]$$

例 7-1 计算积分 $I=\int_0^1 \mathrm{e}^x\mathrm{d}x$，并估计误差.

解 (1) 用梯形公式计算，则

$$I\approx T=\frac{1-0}{2}(\mathrm{e}^0+\mathrm{e}^1)\approx 1.859\ 140\ 9$$

由于 $f(x)=\mathrm{e}^x$，所以 $f''(x)=\mathrm{e}^x$，于是，梯形公式的误差为

$$|R_T| = |I-T| \leqslant \frac{1}{12}\max_{0\leqslant x\leqslant 1}|f''(x)| = \frac{\mathrm{e}}{12}\approx 0.23$$

(2) 用辛普森公式计算，则

$$I\approx S=\frac{1-0}{6}(\mathrm{e}^0+4\mathrm{e}^{1/2}+\mathrm{e}^1)\approx 1.718\ 861\ 2$$

由于 $f^{(4)}(x)=\mathrm{e}^x$，于是，辛普森公式的误差为

$$|R_S| = |I-S| \leqslant \frac{1}{2\ 880}\max_{0\leqslant x\leqslant 1}|f^{(4)}(x)| = \frac{\mathrm{e}}{2\ 880}\approx 0.000\ 94$$

注 (1) 当 $f^{(2)}(x)=0$ 时，梯形公式准确成立；当 $f^{(4)}(x)=0$ 时，辛普森公式准确成立. 即梯形公式对一次多项式准确成立，而辛普森公式对三次多项式准确成立.

(2) 一般地，由式 (7-9) 可知，当 $f(x)$ 是 n 次多项式时，积分余项为零，从而牛

顿－柯特斯求积公式准确成立.

(3) 数值求积方法是一种近似方法，因此，要求求积公式对尽可能多的被积函数 $f(x)$ 能准确计算积分值. 作为衡量公式逼近好坏的标准之一，下面给出代数精度的概念.

7.2.3 代数精度

定义1 如果某求积公式对于次数小于等于 m 的多项式能准确求出积分值，而对某个 $m+1$ 次多项式就不能准确求出积分值，则称该求积公式具有 m 次代数精度.

由定义1可知，具有 m 次代数精度的式 (7－3) 对 $f(x)=1,x,\cdots,x^m$ 时准确成立，而对 $f(x)=x^{m+1}$ 不能准确成立. 为了构造形如式 (7－3) 的求积公式，通过解方程组

$$\begin{cases} \sum_{k=0}^{n} A_k = \int_a^b 1\mathrm{d}x = b-a \\ \sum_{k=0}^{n} A_k x_k = \int_a^b x\mathrm{d}x = \dfrac{b^2-a^2}{2} \\ \quad\vdots \\ \sum_{k=0}^{n} A_k x_k^m = \int_a^b x^m\mathrm{d}x = \dfrac{b^{m+1}-a^{m+1}}{m+1} \end{cases}$$

可得求积节点 x_k 与求积系数 A_k，由此求得具有 m 次代数精度的求积公式.

不难验证，梯形公式和矩形公式均具有1次代数精度，而辛普森公式具有3次代数精度. 对牛顿－柯特斯求积公式，有如下结论.

定理1 牛顿－柯特斯求积公式至少具有 n 次代数精度，而当 n 为偶数时，至少具有 $n+1$ 次代数精度.

证明 当 $f(x)$ 为次数不高于 n 的多项式时，$f^{(n+1)}(x)\equiv 0$，所以 $\int_a^b R_n(x)\mathrm{d}x=0$，显然结论成立.

当 n 为偶数时，只需对 $f(x)=x^{n+1}$ 时的结论验证. 因为 $f^{(n+1)}(x)=(n+1)!$，由截断误差公式

$$\int_a^b R_n(x)\mathrm{d}x = \int_a^b \prod_{j=0}^{n}(x-x_j)\mathrm{d}x = h^{n+2}\int_0^n \prod_{j=0}^{n}(t-j)\mathrm{d}t$$

若令 $t=u+\dfrac{n}{2}$，则有

$$\int_a^b R_n(x)\mathrm{d}x = h^{n+2}\int_{-\frac{n}{2}}^{\frac{n}{2}} \prod_{j=0}^{n}\left(u+\frac{n}{2}-j\right)\mathrm{d}u$$

注意到 $\prod_{j=0}^{n}\left(u+\dfrac{n}{2}-j\right)$ 是 u 的奇函数(n 为偶数)，因此 $\int_a^b R_n(x)\mathrm{d}x=0$，结论成立.

7.2.4 求积公式的收敛性与稳定性

在式 (7－3) 中，若 $\lim\limits_{\substack{n\to\infty \\ h\to 0}} \sum_{k=0}^{n} A_k f(x_k) = \int_a^b f(x)\mathrm{d}x$，其中 $h=\max\limits_{1\leqslant k\leqslant n}(x_k-x_{k-1})$，则称式

(7－3)是收敛的.

在式（7－3）中，由于计算$f(x_k)$可能产生误差δ_k，实际得到$f^*(x_k)$，即$f(x_k)=f^*(x_k)+\delta_k$. 记

$$I_n(f)=\sum_{k=0}^{n}A_k f(x_k),\ I_n(f^*)=\sum_{k=0}^{n}A_k f^*(x_k)$$

如果对任意$\varepsilon>0$，只要$|\delta_k|$充分小就有

$$|I_n(f)-I_n(f^*)|=\left|\sum_{k=0}^{n}A_k[f(x_k)-f^*(x_k)]\right|\leqslant\varepsilon$$

则求积公式的计算是稳定的，即在计算过程中舍入误差不增长.

定理2 若式（7－3）的系数$A_k>0(k=0,1,\cdots,n)$，则它是收敛的、稳定的.

证明 只证明式（7－3）的稳定性.

对任意$\varepsilon>0$，若取$\delta=\varepsilon/(b-a)$，且$|f(x_k)-f^*(x_k)|\leqslant\delta$，$k=0,1,\cdots,n$，则有

$$|I_n(f)-I_n(f^*)|=\left|\sum_{k=0}^{n}A_k[f(x_k)-f^*(x_k)]\right|\leqslant\sum_{k=0}^{n}|A_k|\cdot|f(x_k)-f^*(x_k)|\leqslant$$

$$\delta\sum_{k=0}^{n}A_k\leqslant\delta(b-a)=\varepsilon$$

证毕.

注 若牛顿－柯特斯求积公式中系数$A_k>0(k=0,1,\cdots,n)$，则它是收敛的、稳定的. $n\geqslant8$的牛顿－柯特斯求积公式是不稳定的.

7.3 复化求积公式

MOOC 7.3 复化求积公式

为了提高求积公式的精度，通常可把积分区间分成若干子区间，再在每个子区间上用低阶求积公式，这种方法称为复化求积方法. 复化求积方法的实质是利用分段低次插值公式的积分，去逼近$f(x)$的积分. 本节讨论复化梯形公式、复化辛普森公式和复化柯特斯公式.

将$[a,b]$区间n等分，步长$h=\dfrac{b-a}{n}$，分点$x_k=a+kh(k=0,1,\cdots,n)$，则$[a,b]$等分为n个子区间，即$[a,b]=\sum\limits_{k=0}^{n-1}I_k$，子区间$I_k=[x_k,x_{k+1}]$.

7.3.1 复化梯形公式

复化梯形公式程序实现示例

在每个子区间$I_k(K=0,1,\cdots,n-1)$上利用梯形公式，则

$$\int_{I_k}f(x)\,\mathrm{d}x\approx\frac{x_{k+1}-x_k}{2}\cdot[f(x_k)+f(x_{k+1})]=\frac{h}{2}[f(x_k)+f(x_{k+1})]$$

从而

$$I=\int_a^b f(x)\,\mathrm{d}x=\sum_{k=0}^{n-1}\int_{I_k}f(x)\,\mathrm{d}x\approx\sum_{k=0}^{n-1}\frac{h}{2}[f(x_k)+f(x_{k+1})]$$

$$=\frac{h}{2}[f(a)+f(b)+2\sum_{k=1}^{n-1}f(x_k)]$$

则复化梯形公式为

$$T_n = \sum_{k=0}^{n-1} \frac{h}{2}[f(x_k) + f(x_{k+1})] = \frac{h}{2}[f(a) + f(b) + 2\sum_{k=1}^{n-1} f(x_k)] \tag{7-12}$$

7.3.2 复化辛普森公式

在 $I_k(k=0,1,\cdots,n-1)$ 上利用辛普森公式，则

$$\int_{I_k} f(x)\mathrm{d}x \approx \frac{h}{6}[f(x_k) + 4f(x_{k+\frac{1}{2}}) + f(x_{k+1})]$$

式中，$x_{k+\frac{1}{2}} = \dfrac{x_k + x_{k+1}}{2}$ 是区间 I_k 的中点. 从而

$$I = \int_a^b f(x)\mathrm{d}x = \sum_{k=0}^{n-1} \int_{I_k} f(x)\mathrm{d}x \approx \sum_{k=0}^{n-1} \frac{h}{6}[f(x_k) + 4f(x_{k+\frac{1}{2}}) + f(x_{k+1})]$$

$$= \frac{h}{6}[f(a) + f(b) + 2\sum_{k=1}^{n-1} f(x_k) + 4\sum_{k=0}^{n-1} f(x_{k+\frac{1}{2}})]$$

则复化辛普森公式为

$$S_n = \frac{h}{6}[f(a) + f(b) + 2\sum_{k=1}^{n-1} f(x_k) + 4\sum_{k=0}^{n-1} f(x_{k+\frac{1}{2}})] \tag{7-13}$$

7.3.3 复化柯特斯公式

在 $I_k = [x_k, x_{k+1}](k=0,1,\cdots,n-1)$ 上取 $n=4$ 的柯特斯公式，则

$$\int_{I_k} f(x)\mathrm{d}x \approx \left\{\frac{7}{90}[f(x_k) + f(x_{k+1})] + \frac{16}{45}[f(x_{k+\frac{1}{4}}) + f(x_{k+\frac{3}{4}})] + \frac{2}{15} f(x_{k+\frac{1}{2}})\right\}h$$

$$= \frac{h}{90}\left\{7\cdot[f(x_k) + f(x_{k+1})] + 32[f(x_{k+\frac{1}{4}}) + f(x_{k+\frac{3}{4}})] + 12f(x_{k+\frac{1}{2}})\right\}$$

式中，$h = x_{k+1} - x_k$；$x_{k+\frac{1}{2}} = \dfrac{x_k + x_{k+1}}{2}$；$x_{k+\frac{1}{4}} = x_k + \dfrac{h}{4}$；$x_{k+\frac{3}{4}} = x_k + \dfrac{3h}{4}$. 因此

$$I = \int_a^b f(x)\mathrm{d}x = \sum_{k=0}^{n-1} \int_{I_k} f(x)\mathrm{d}x$$

$$\approx \sum_{k=0}^{n-1} \cdot \frac{h}{90}\left\{7\cdot[f(x_k) + f(x_{k+1})] + 32[f(x_{k+\frac{1}{4}}) + f(x_{k+\frac{3}{4}})] + 12f(x_{k+\frac{1}{2}})\right\}$$

$$= \frac{h}{90}\left\{7\cdot[f(a) + f(b)] + 32\cdot\sum_{k=0}^{n-1}[f(x_{k+\frac{1}{4}}) + f(x_{k+\frac{3}{4}})] + 12\sum_{k=0}^{n-1} f(x_{k+\frac{1}{2}}) + 14\sum_{k=1}^{n-1} f(x_k)\right\}$$

则复化柯特斯公式为

$$C_n = \frac{h}{90}\{7\cdot[f(a) + f(b)] + 32\cdot\sum_{k=0}^{n-1}[f(x_{k+\frac{1}{4}}) + f(x_{k+\frac{3}{4}})] + 12\sum_{k=0}^{n-1} f(x_{k+\frac{1}{2}}) + 14\sum_{k=1}^{n-1} f(x_k)\} \tag{7-14}$$

7.3.4 复化求积公式的截断误差

设 $I = \int_a^b f(x)\mathrm{d}x$,则复化梯形公式的截断误差为

$$I - T_n = \sum_{k=0}^{n-1}\left[-\frac{h^3}{12}f''(\eta_k)\right] = -\frac{b-a}{12}h^2 f''(\eta) \tag{7-15}$$

式中，$\eta \in [a,b]$；$\eta_k \in [x_k, x_{k+1}]$.

证明 因为在 I_k 上梯形公式的截断误差为 $-\frac{h^3}{12}f''(\eta_k)$，$\eta_k \in [x_k, x_{k+1}]$，所以

$$I - T_n = \sum_{k=0}^{n-1}\left[-\frac{h^3}{12}f''(\eta_k)\right]$$

$f''(x)$在$[a,b]$上连续，由连续函数的性质可知，在$[a,b]$中存在点 η，使

$$\frac{1}{n}\sum_{k=0}^{n-1}f''(\eta_k) = f''(\eta)$$

因此

$$I - T_n = \sum_{k=0}^{n-1}\left[-\frac{h^3}{12}f''(\eta_k)\right] = -\frac{h^2}{12}\cdot(b-a)\cdot\frac{1}{n}\sum_{k=0}^{n-1}f''(\eta_k) = -\frac{b-a}{12}h^2\cdot f''(\eta)$$

证毕.

类似于复化梯形公式的截断误差的推导，可得复化辛普森公式的截断误差为

$$\begin{aligned} I - S_n &= \sum_{k=0}^{n-1}\left[-\frac{h}{180}\left(\frac{h}{2}\right)^4 f^{(4)}(\eta_k)\right] \\ &= -\frac{b-a}{180}\cdot\left(\frac{h}{2}\right)^4\cdot f^{(4)}(\eta) \qquad \eta \in [a,b] \end{aligned} \tag{7-16}$$

复化柯特斯公式的截断误差为

$$I - C_n = -\frac{2(b-a)}{945}\left(\frac{h}{4}\right)^6 f^{(6)}(\eta) \qquad \eta \in [a,b] \tag{7-17}$$

注 复化梯形公式、复化辛普森公式和复化柯特斯公式都是有效的求积计算公式.

(1) 收敛性. 由式（7-15）、式（7-16）、式（7-17）可知，复化梯形公式、复化辛普森公式和复化柯特斯公式的误差阶分别为 h^2、h^4、h^6，收敛性都是显然的. 实际上，只要 $f(x) \in C[a,b]$，则可得到收敛性，即

$$\lim_{n\to\infty}T_n = \int_a^b f(x)\mathrm{d}x,\ \lim_{n\to\infty}S_n = \int_a^b f(x)\mathrm{d}x,\ \lim_{n\to\infty}C_n = \int_a^b f(x)\mathrm{d}x$$

(2) 稳定性. 由于 T_n、S_n 和 C_n 的求积系数均为正数，所以由本章定理 2 可知复化梯形公式、复化辛普森公式和复化柯特斯公式均是稳定的求积公式.

例 7-2 计算积分 $\pi = \int_0^1 \frac{4}{1+x^2}\mathrm{d}x$.

解 (1) 将积分区间［0,1］8 等分，分点及分点处的函数值如表 7-3 所示，用复化梯形公式计算，得

$$\pi \approx T_8 = \frac{1}{16}\left\{f(0)+f(1)+2\left[f\left(\frac{1}{8}\right)+f\left(\frac{1}{4}\right)+f\left(\frac{3}{8}\right)+f\left(\frac{1}{2}\right)+f\left(\frac{5}{8}\right)+f\left(\frac{3}{4}\right)+f\left(\frac{7}{8}\right)\right]\right\}$$

$$\approx 3.138\,988$$

表 7－3 例 7－2 的数据

x	0	1/8	1/4	3/8	1/2
$f(x)$	4.000 000 00	3.938 461 54	3.764 705 88	3.506 849 32	3.200 000 00
x	5/8	3/8	7/8	1	
$f(x)$	2.876 404 49	2.560 000 00	2.265 486 73	2.000 000 00	

（2）将积分区间［0,1］4 等分，用复化辛普森公式计算，得

$$\pi \approx S_4 = \frac{1}{4\times 6}\left\{f(0)+f(1)+2\left[f\left(\frac{1}{4}\right)+f\left(\frac{1}{2}\right)+f\left(\frac{3}{4}\right)\right]+4\left[f\left(\frac{1}{8}\right)+f\left(\frac{3}{8}\right)+f\left(\frac{5}{8}\right)+f\left(\frac{7}{8}\right)\right]\right\}$$

$$\approx 3.141\,593$$

两种复化方法都用到表 7－3 中 9 个点上的函数值，它们的计算工作量基本上相同，但所得结果与积分真值 $\pi=3.141\,592\,65\cdots$ 相比较，复化辛普森公式所得近似值 S_4 远比复化梯形公式所得近似值 T_8 要精确．因此，在实际计算时，复化辛普森公式应用较多．

例 7－3 分别用复化梯形公式和复化辛普森公式计算 $\int_0^{\pi}\sin x\mathrm{d}x$，使误差不超过 2×10^{-5}，问各取多少个节点？

解 由复化梯形公式的截断误差，有

$$|I-T_n| = \left|-\frac{b-a}{12}h^2\cdot f''(\eta)\right| \leqslant \frac{\pi}{12}\left(\frac{\pi}{n}\right)^2\max_{0\leqslant x\leqslant \pi}|\sin x| \leqslant 2\times 10^{-5}$$

所以，$n^2 \geqslant \frac{\pi^3}{24}\times 10^5$，$n\geqslant 360$，因此复化梯形公式至少应取 361 个节点．

由复化辛普森公式的截断误差，有

$$|I-S_n| = \left|-\frac{b-a}{180}\left(\frac{h}{2}\right)^4\cdot f^{(4)}(\eta)\right| \leqslant \frac{\pi}{180}\left(\frac{\pi}{2n}\right)^4\max_{0\leqslant x\leqslant \pi}|\sin x| \leqslant 2\times 10^{-5}$$

所以，$n^4 \geqslant \frac{\pi^5}{5\,760}\times 10^5$，$n\geqslant 9$，因此复化辛普森公式至少应取 10 个节点．

7.3.5 计算机算法

1）复化梯形公式

通过 $f(x)$ 的 $n+1$ 个等步长采样点：$x_k=a+kh$，$k=0,1,\cdots,n$，其中 $x_0=a, x_n=b$，得算法公式为 $\int_a^b f(x)\mathrm{d}x \approx \frac{h}{2}[f(a)+f(b)]+h\sum_{k=1}^{n-1}f(x_k)$．

复化梯形公式的 Matlab 计算程序（Trap_rule. m）如下：

```
function s = Trap_rule(f,a,b,n)
% 求积分的复化梯形公式,其中,
%  f 为被积函数;
%  a 和 b 为积分区间的下限、上限;
%  n 为复化区间个数;
% 输出项 s 为复化梯形公式计算值.
h = (b - a)/n;s =0;
for k =1:(n -1)
    x =a +h * k; s =s + feval(f,x);
end
s =h * (feval(f,a) +feval(f,b))/2 +h * s;
```

例 7 -4 计算积分 $\int_0^1 e^x dx$.

解 利用符号积分，则 Matlab 计算程序如下：

```
exact = int('exp(x)',0,1);exact = vpa(exact,10)
```

得到符号积分为

```
exact = exp(1) -1
```

10 位有效数字的近似值为

```
exact =1.718 281 828
```

利用复化梯形公式求积函数 Trap_rule 计算，首先编写被积函数 $f(x)$：

```
f = inline('exp(x)');
```

将积分区间 5 等分，利用函数 Trap_rule，则 Matlab 计算程序如下：

```
a =0;b =1;n =5;s = Trap_rule(f,a,b,n);s = vpa(s,10)
```

计算得

```
s =1.724 005 620
```

将积分区间 50 等分，则 Matlab 计算程序如下：

```
a =0;b =1;n =50;s = Trap_rule (f, a, b, n); s = vpa (s, 10)
```

计算得

```
s =1.718 339 104
```

2）复化辛普森公式

通过 $f(x)$ 的 $2n+1$ 个等步长采样点：$x_k = a + kh$，$k = 0, 1, \cdots, 2n$，其中 $x_0 = a, x_{2n} = b$，得逼近积分的数值公式为

$$\int_a^b f(x)\,dx \approx \frac{h}{3}[f(a) + f(b)] + \frac{2h}{3}\sum_{k=1}^{n-1} f(x_{2k}) + \frac{4h}{3}\sum_{k=1}^{n} f(x_{2k-1})$$

复化辛普森公式的 Matlab 计算程序（Simp_rule. m）如下：

```
function s = Simp_rule(f,a,b,n)
% 求积分的复化辛普森公式,其中,
```

```
% f为被积函数;
% a和b为积分区间的下限、上限;
% n为复化区间个数;
% 输出项s为复化辛普森公式计算值.
h=(b-a)/(2*n);s1=0;s2=0;
for k=1:n
      x=a+h*(2*k-1); s1=s1+feval(f,x);
end
for k=1:(n-1)
      x=a+h*2*k; s2=s2+feval(f,x);
end
s=h*(feval(f,a)+feval(f,b)+4*s1+2*s2)/3;
```

对于例 7-4，利用复化辛普森公式求积函数 Simp_rule 计算，首先编写被积函数 $f(x)$：

```
f=inline('exp(x)');
```

将积分区间 1 等分，利用函数 Simp_rule，则 Matlab 计算程序如下：

```
a=0;b=1;n=1;s=Simp_rule(f,a,b,n);s=vpa(s,10)
```

计算得

```
s=1.718 861 152
```

将积分区间 5 等分，利用函数 Simp_rule，则 Matlab 计算程序如下：

```
a=0;b=1;n=5;s=Simp_rule(f,a,b,n);s=vpa(s,10)
```

计算得

```
s=1.718 282 782
```

显然，复化辛普森公式比复化梯形公式精度高.

MOOC 7.4 龙贝格求积公式

7.4 龙贝格求积公式

龙贝格积分以逐次对分区间和复化求积为出发点，逐次修正近似值的方法构造出一种新的求积算法，称为龙贝格算法.

7.4.1 梯形公式的递推化

在区间 $[a,b]$ 上取步长 $h=\frac{b-a}{n}$，$n=2^k$，k 可取正整数 $0,1,2,\cdots$. 用复化梯形公式求积，可得

$$T_{2^k}=\frac{h}{2}\cdot\sum_{j=0}^{2^k-1}\left[f(x_j)+f(x_{j+1})\right]$$

将每个子区间对分，即将区间 $[a,b]$ 进行 $2n=2^{k+1}$ 等分，$h_1=\frac{b-a}{2^{k+1}}$，每个子区间的新增

分点为$f(x_{j+\frac{1}{2}})$，则

$$T_{2^{k+1}} = \frac{h_1}{2}\cdot\sum_{j=0}^{2^k-1}\{[f(x_j)+f(x_{j+\frac{1}{2}})]+[f(x_{j+\frac{1}{2}})+f(x_{j+1})]\}$$

$$=\frac{1}{2}\left\{\frac{h}{2}\cdot\sum_{j=0}^{2^k-1}[f(x_j)+f(x_{j+1})]+\frac{h}{2}\cdot 2\sum_{j=0}^{2^k-1}f(x_{j+\frac{1}{2}})\right\}$$

$$=\frac{T_{2^k}}{2}+\frac{h}{2}\sum_{j=0}^{2^k-1}f(x_{j+\frac{1}{2}})=\frac{T_{2^k}}{2}+\frac{b-a}{2^{k+1}}\sum_{j=0}^{2^k-1}f(x_{j+\frac{1}{2}})$$

即对$k=0,1,2,\cdots$，求得梯形公式的递推计算，称为变步长梯形公式

$$T_{2^0}=\frac{b-a}{2}[f(a)+f(b)]$$

$$T_{2^{k+1}}=\frac{T_{2^k}}{2}+\frac{b-a}{2^{k+1}}\sum_{j=0}^{2^k-1}f(x_{j+\frac{1}{2}}) \tag{7-18}$$

由式（7－18）可知，在已经算出T_{2^k}的基础上再计算$T_{2^{k+1}}$时，只要计算2^k个区间上新增分点的函数值．这与直接利用复化梯形公式求$T_{2^{k+1}}$相比较，计算量几乎节省了一半．

例7－5 利用式（7－18）重新计算积分$\pi=\int_0^1\frac{4}{1+x^2}dx$．

解 （1）首先对区间［0,1］使用梯形公式，得

$$T_1=\frac{1-0}{2}[f(0)+f(1)]=\frac{1}{2}(4+2)=3$$

（2）将区间二等分，新增分点$x=1/2$，由式（7－18）得

$$T_2=\frac{1}{2}T_1+\frac{1}{2}f\left(\frac{1}{2}\right)=3.1$$

（3）再将各小区间二等分，新增分点$x=1/4,3/4$，由式（7－18）得

$$T_4=\frac{1}{2}T_2+\frac{1}{4}\left[f\left(\frac{1}{4}\right)+f\left(\frac{3}{4}\right)\right]=3.131\ 176\ 47$$

（4）将区间8等分，新增分点$x=1/8,3/8,5/8,7/8$，由式（7－18）得

$$T_8=\frac{1}{2}T_4+\frac{1}{8}\left[f\left(\frac{1}{8}\right)+f\left(\frac{3}{8}\right)+f\left(\frac{5}{8}\right)+f\left(\frac{7}{8}\right)\right]=3.138\ 988\ 49$$

这样不断二分下去，计算结果如表7－4所示，其中k代表二分的次数，区间等分数$n=2^k$．

表7－4 梯形公式的递推计算结果

k	0	1	2	3	4	5	6
T_n	3	3.1	3.131 176 47	3.138 988 49	3.140 941 61	3.141 429 89	3.141 551 96
k	7	8	9				
T_n	3.141 582 48	3.141 590 11	3.141 592 02				

表7-4说明用复化梯形公式计算积分，将区间二分9次，即有分点513个，达到7位有效数字，计算量很大.

变步长梯形算法：由 $T(0)=\frac{h}{2}[f(a)+f(b)]$ 开始，由如下递推公式可生成一个梯形公式 $\{T(j)\}$ 的序列：$T(j)=\frac{T(j-1)}{2}+h\sum_{k=1}^{n}f(x_{2k-1}),j=1,2,\cdots$，其中 $h=(b-a)/2^j$，$n=2^{j-1}$，$x_k=a+kh$.

变步长梯形公式的Matlab计算程序（Rctrap.m）如下：

```
function T = Rctrap(f,a,b,n)
% 求积分的变步长梯形算法,其中,
%  f 为被积函数;
%  a 和 b 为积分区间的下限、上限;
%  n 为复化区间个数;
% 输出项 T 为变步长梯形公式计算值.
m =1;h =b -a;T =zeros(1,n +1);
T(1) =h * (feval(f,a) +feval(f,b))/2;
for j =1:n
      m =2 * m;h =h/2;s =0;
      for k =1:m/2
            x =a +h * (2 * k -1);s =s +feval(f,x);
      end
      T(j +1) =T(j)/2 +h * s;
end
```

对于例7-5，利用符号积分，则Matlab计算程序如下：

```
exact =int('4/(1 +x^2)',0,1),exact =vpa(exact,10)
```

得到符号积分为

```
exact =pi,
```

10位有效数字的近似值为

```
exact =3.141 592 654.
```

利用变步长梯形公式求积函数Rctrap计算，首先编写被积函数f(x)：

```
f =inline('4/(1 +x^2)');
```

将积分区间对分9次，利用函数Rctrap，则Matlab计算程序如下：

```
a =0;b =1;n =9;T =Rctrap(f,a,b,n);T =vpa(T,9)
```

计算得

```
T = [ 3., 3.10000000, 3.13117647, 3.13898849, 3.14094161, 3.14142989,
3.14155196, 3.14158248, 3.14159011, 3.14159202]
```

7.4.2 龙贝格算法

梯形公式的递推计算简单但收敛慢，本节将讨论利用龙贝格算法提高收敛速度以节省计算量. 龙贝格算法是在积分区间逐次分半的过程中，对用变步长梯形公式产生的近似值进行加权平均，以获得准确程度较高的近似值的一种方法，具有公式简练、使用方便、结果较可靠等优点.

1）第一次外推计算（将梯形公式用余项修正为辛普森公式）

对于 $I=\int_a^b f(x)\,\mathrm{d}x$，由复化梯形公式的余项，得到

$$I-T_{2^k}=-\frac{b-a}{12}\cdot h^2f''(\eta_{2^k})\qquad \eta_{2^k}\in(a,b)$$

$$I-T_{2^{k+1}}=-\frac{b-a}{12}\cdot\left(\frac{h}{2}\right)^2f''(\eta_{2^{k+1}})\qquad \eta_{2^{k+1}}\in(a,b)$$

当 $f''(x)$ 连续时，$f''(\eta_{2^k})\approx f''(\eta_{2^{k+1}})$，因此

$$\frac{I-T_{2^{k+1}}}{I-T_{2^k}}\approx\frac{1}{4}$$

移项整理可得

$$I-T_{2^{k+1}}\approx\frac{1}{3}(T_{2^{k+1}}-T_{2^k})$$

注 上式说明，用 $T_{2^{k+1}}$ 近似积分，其余项大约是对分区间前后两次结果之差的 $\frac{1}{3}$.

用余项来修正梯形公式，则有

$$I\approx T_{2^{k+1}}+\frac{1}{3}(T_{2^{k+1}}-T_{2^k})=\frac{4}{3}T_{2^{k+1}}-\frac{1}{3}T_{2^k}$$

通过验证可知

$$\begin{aligned}I&\approx\frac{1}{3}(4T_{2^{k+1}}-T_{2^k})=\frac{1}{3}\cdot\left[T_{2^k}+2h\cdot\sum_{j=0}^{2^k-1}f(x_{j+\frac{1}{2}})\right]\\&=\frac{1}{3}\left\{\frac{h}{2}\sum_{j=0}^{2^k-1}\left[f(x_j)+f(x_{j+1})\right]+2h\cdot\sum_{j=0}^{2^k-1}f(x_{j+\frac{1}{2}})\right\}\\&=\frac{h}{6}\cdot\left\{f(a)+f(b)+2\sum_{j=1}^{2^k-1}f(x_j)+4\sum_{j=0}^{2^k-1}f(x_{j+\frac{1}{2}})\right\}\end{aligned}$$

这恰好是复化辛普森公式 S_{2^k}，即

$$S_{2^k}=\frac{4}{3}T_{2^{k+1}}-\frac{1}{3}T_{2^k}\qquad(7-19)$$

注 将 $T_{2^{k+1}}$ 用余项修正后得到辛普森公式 S_{2^k}，加速了收敛，提高了计算精度.

2）第二次外推计算（将 $S_{2^{k+1}}$ 用余项修正为柯特斯公式）

因为

$$I-S_{2^k}=-\frac{b-a}{180}\left(\frac{h}{2}\right)^4f^{(4)}(\eta_{2^k})\qquad \eta_{2^k}\in(a,b)$$

$$I-S_{2^{k+1}}=-\frac{b-a}{180}\left(\frac{h/2}{2}\right)^4 f^{(4)}(\eta_{2^{k+1}})=-\frac{b-a}{180}\left(\frac{h}{4}\right)^4 f^{(4)}(\eta_{2^{k+1}}) \qquad \eta_{2^{k+1}}\in(a,b)$$

所以$(I-S_{2^{k+1}})/(I-S_{2^k})\approx\frac{1}{16}$，因此$I-S_{2^{k+1}}\approx\frac{1}{15}(S_{2^{k+1}}-S_{2^k})$，从而

$$I\approx S_{2^{k+1}}+\frac{1}{15}(S_{2^{k+1}}-S_{2^k})=\frac{16}{15}S_{2^{k+1}}-\frac{1}{15}S_{2^k} \tag{7-20}$$

可验证此式就是柯特斯公式C_{2^k}，则

$$C_{2^k}=\frac{16}{15}S_{2^{k+1}}-\frac{1}{15}S_{2^k} \tag{7-21}$$

3）**第三次外推计算（将柯特斯公式修正为龙贝格公式）**

类似上述的加速公式，可得

$$R_{2^k}=\frac{64}{63}C_{2^{k+1}}-\frac{1}{63}C_{2^k} \tag{7-22}$$

注 （1）在积分区间逐次分半的过程中利用式（7－19）、式（7－21）与式（7－22），将粗糙的近似值T_{2^k}逐步地“加工”成越来越精确的近似值S_{2^k}、C_{2^k}、R_{2^k}，也就是说，将收敛速度缓慢的梯形序列逐步地“加工”成收敛速度越来越快的新序列. 式（7－19）、式(7－21)与式（7－22）结合就构成了龙贝格算法.

（2）若由龙贝格公式求出的积分精度不够时，可以将求积区间对分，求出$R_{2^{k+1}}$，对给定的允许误差ε，当$|R_{2^{k+1}}-R_{2^k}|<\varepsilon$时，$R_{2^{k+1}}$就是所求的解，否则再对分区间（$k$增加1），直至满足要求为止.

例7－6 用龙贝格算法计算积分$\pi=\int_0^1\frac{4}{1+x^2}\mathrm{d}x$.

解 用龙贝格加速算法公式,即式(7－19)、式(7－20)与式(7－21),加工例7－5得到的梯形值,计算结果如表7－5所示.

表7－5 龙贝格算法计算值

k	T_{2^k}	$S_{2^{k-1}}$	$C_{2^{k-2}}$	$R_{2^{k-3}}$
0	3			
1	3.1	3.133 333		
2	3.131 176	3.141 569	3.142 118	
3	3.138 988	3.141 593	3.141 594	3.141 586
4	3.140 941	3.141 592	3.141 592	3.141 593

由表7－5可知，这里利用二分4次的数据（它们的精度都很差，只有两三位有效数字），通过三次加速求得$R_1=3.141\ 593$，这个结果的每一位都是有效数字，加速的效果十分显著. 而对于加速算法的计算量，因只需作少量的四则运算，没有涉及求函数值，可以忽略不计.

龙贝格算法：龙贝格积分$R(j,k)$保存在下三角矩阵中，第0列的元素$R(j,0)$用基于2^j

个$[a,b]$子区间的变步长梯形公式计算，然后利用龙贝格公式计算$R(j,k)$.

第j行的元素为：$R(j,k)=R(j,k-1)+\dfrac{R(j,k-1)-R(j-1,k-1)}{4^k-1}$，$1\leqslant k\leqslant j$.

通过生成$j\geqslant k$的龙贝格积分$R(j,k)$，并以$R(j+1,j+1)$为最终解来逼近积分：$\int_a^b f(x)\,\mathrm{d}x\approx R(j,j)$.

龙贝格公式的Matlab计算程序(Romberg.m)如下：

```
function [R,quad,err,h]=Romberg(f,a,b,n,tol)
% 求积分的龙贝格算法,其中,
% f 为被积函数;
% a 和 b 为积分区间的下限、上限;
% n 为复化区间个数;
% tol 为容差;
% 输出项 R 为龙贝格计算表;
% quad 为积分值;
% err 为误差估计;
% h 为最小步长.
m=1; h=b-a; err=1; j=0; R=zeros(4,4);
R(1,1)=h*(feval(f,a)+feval(f,b))/2;
while((err>tol)&(j<n))|(j<4)
      j=j+1; h=h/2; s=0;
      for k=1:m
            x=a+h*(2*k-1); s=s+feval(f,x);
      end
      R(j+1,1)=R(j,1)/2+h*s; m=2*m;
      for k=1:j      R(j+1,k+1)=R(j+1,k)+(R(j+1,k)-R(j,k))/(4
^k-1);
      end
      err=abs(R(j,j)-R(j+1,k+1));
end
quad=R(j+1,j+1);
```

对于例7-6，利用函数Romberg，则Matlab计算程序如下：

```
f=inline('4/(1+x^2)');a=0;b=1;n=4;tol=0.0001;
[R,quad,err,h]=Romberg(f,a,b,n,tol)
```

计算得

```
R=3.0000        0        0        0        0
  3.1000   3.1333        0        0        0
  3.1312   3.1416   3.1421        0        0
  3.1390   3.1416   3.1416   3.1416        0
  3.1409   3.1416   3.1416   3.1416   3.1416
```

```
quad =3.1416
err =6.8815e -006
h =0.0625
```

7.5 自适应辛普森求积公式

对于数值积分 $I = \int_a^b f(x)\,\mathrm{d}x$，我们可以用插值型求积公式、龙贝格公式等来实现. 当 $f(x)$ 充分光滑时，利用余项公式可以确定区间等分数 n. 但是，这些求积公式都是把被积函数在整个区间上作整体处理的，没有对被积函数在积分区间不同位置上性质的差异区别对待. 当被积函数值在一个子区间变化较大时，就足以影响整个积分区间上的精度要求. 前面介绍的求积方法，只要积分近似值未达到要求，就将区间再细分增加求积节点，这种做法增加了很多不必要的点上函数值的计算. 自适应算法，就是根据 $f(x)$ 在不同子区间的性质作不同的处理，自动调节积分步长，将被积函数值变化大的区间上积分步长取小一些，而被积函数值变化小的区间上积分步长取大一些，这种做法能在较少的函数计算前提下达到误差要求. 本节将介绍自适应辛普森积分，就是在每个小区间采用辛普森公式为基本求积公式，当然也可用其他的基本求积公式来实现自适应求积.

将复化辛普森公式逐次自动分半，得对分区间前后两个积分值 S_{2^k} 和 $S_{2^{k+1}}$，分别记为 Σ_1 和 Σ_2，由式（7 -20）得

$$I \approx \Sigma_2 + \frac{1}{15}(\Sigma_2 - \Sigma_1)$$

此式说明，用 Σ_2 近似积分，其余项大约是对分区间前后两次结果之差的 1/15. 因此，自适应辛普森积分就是根据被积函数在积分区间上的变化陡缓来自动确定每个子区间的积分步长，自适应算法终止的准则为 $|\Sigma_2 - \Sigma_1| \leqslant 15\varepsilon$，此时 $|I - \Sigma_2| \leqslant \varepsilon$.

自适应辛普森积分步骤如下. 记 $H = b - a$，设预先规定起始误差 ε.

（1）自适应算法从 $[a,b]$ 开始计算，分别计算出对分区间前后两个结果 $\Sigma_1[a,a+H]$ 和 $\Sigma_2[a,a+H]$，若 $|\Sigma_2[a,a+H] - \Sigma_1[a,a+H]| \leqslant 15\varepsilon$，则取 $I[a,b]$ 的近似值为 $\Sigma_2[a,a+H]$，计算结束.

（2）若 $|\Sigma_2[a,a+H] - \Sigma_1[a,a+H]| \geqslant 15\varepsilon$，再将 $[a,a+H]$ 左右两个区间分别计算，对于这个长度为 $H/2$ 的区间，要求误差小于 $\varepsilon/2$，以左半区间 $[a,a+H/2]$ 为例，即检验

$$|\Sigma_2[a,a+H/2] - \Sigma_1[a,a+H/2]| \leqslant 15\varepsilon/2$$

是否成立？若成立，则区间 $[a,a+H/2]$ 计算通过，否则再将 $[a,a+H/2]$ 分成两个长度为 $H/4$ 的二级子区间.

（3）重复上述过程，最后得到一组划分 $a = a_0 < a_1 < \cdots < a_n = b$，在每个小区间上都满足

$$|\Sigma_2[a_{k-1},a_k] - \Sigma_1[a_{k-1},a_k]| \leqslant 15\,\frac{a_k - a_{k-1}}{b - a}\varepsilon$$

取

$$I = \int_a^b f(x)\,\mathrm{d}x \approx \Sigma_2[a_0,a_1] + \Sigma_2[a_1,a_2] + \cdots + \Sigma_2[a_{n-1},a_n]\text{（自适应辛普森求积公式）}$$

为所求的数值积分值. 若取

$$I[a,b] \approx \frac{16}{15}\{\Sigma_2[a_0,a_1] + \Sigma_2[a_1,a_2] + \cdots + \Sigma_2[a_{n-1},a_n]\} - \frac{1}{15}\{\Sigma_1[a_0,a_1] + \Sigma_1[a_1,a_2] + \cdots + \Sigma_1[a_{n-1},a_n]\}$$

则结果更准确些.

自适应辛普森求积公式的计算机算法：设对分前子区间为$[a_k,b_k]$，将$[a_k,b_k]$对分为2个相等子区间$[a_{k1},b_{k1}]$和$[a_{k2},b_{k2}]$，2个子区间的辛普森积分值为

$$S[a_{k1},b_{k1}] + S[a_{k2},b_{k2}] = \frac{h}{6}[f(a_{k1}) + 4f(c_{k1}) + f(b_{k1})] + \frac{h}{6}[f(a_{k2}) + 4f(c_{k2}) + f(b_{k2})]$$

自适应辛普森积分的Matlab计算程序（Adapt. m）如下：

```
function [SRmat,quad,err] =Adapt(f,a,b,tol)
% 求积分的自适应辛普森算法,其中,
% f为被积函数;
% a和b为积分区间的下限、上限;
% tol为容差;
% 输出项SRmat为计算表;
% quad为积分值;
% err为误差估计;
% Initial values.
SRmat =zeros(30,6); iterating =0; done =1; SRvec =zeros(1,6);
SRvec =Srule(f,a,b,tol); SRmat(1,1:6) =SRvec; m =1; state =iterating;
while(state = =iterating)
    n =m;
    for j =n: -1:1
        p =j;SR0vec =SRmat(p,:);
        err =SR0vec(5); tol =SR0vec(6);
        if(tol < =err)
            % Bisect interval,apply Simpson's rule
            % recursively,and determine error
            state =done; SR1vec =SR0vec; SR2vec =SR0vec;
            a =SR0vec(1); b =SR0vec(2); c =(a +b)/2;
            err =SR0vec(5); tol =SR0vec(6); tol2 =tol/2;
            SR1vec =Srule(f,a,c,tol2); SR2vec =Srule(f,c,b,tol2);
            err =abs(SR0vec(3) -SR1vec(3) -SR2vec(3))/15;
            % Accuracy test
```

```
            if(err<tol)
                SRmat(p,:)=SR0vec;
                SRmat(p,4)=SR1vec(3)+SR2vec(3); SRmat(p,5)=err;
            else
                SRmat(p+1:m+1,:)=SRmat(p:m,:); m=m+1;
                SRmat(p,:)=SR1vec; SRmat(p+1,:)=SR2vec; state=
iterating;
            end
        end
    end
end
quad=sum(SRmat(:,4));err=sum(abs(SRmat(:,5)));SRmat=SRmat
(1:m,1:6);
```

子程序 Srule. m 用于实现自适应积分过程中产生的子区间的辛普森求积公式：

$$\int_{a_0}^{b_0} f(x)\,dx \approx \frac{h}{3}(f(a_0)+4f(c_0)+f(b_0))$$

式中，$c_0=(a_0+b_0)/2$.

子程序 Srule. m 的 Matlab 计算程序如下：

```
function Z=Srule(f,a0,b0,tol0)
% 求子区间积分的辛普森算法,其中,
% f 为被积函数;
% a0 和 b0 为积分区间的下限、上限;
% tol0 为容差;
% 输出项 Z 为 1x6 向量[a0 b0 s s2 err tol1].
h=(b0-a0)/2; c=zeros(1,3); c=feval(f,[a0 (a0+b0)/2 b0]);
s=h*(c(1)+4*c(2)+c(3))/3; s2=s; tol1=tol0; err=tol0;
Z=[a0 b0 s s2 err tol1];
```

例 7-7 计算 $\int_0^4 13(x-x^2)e^{-3x/2}dx$. 起始误差为 $\varepsilon_0=0.001$.

解 利用符号积分，则 Matlab 计算程序如下：

```
I_exact=int('13*(x-x^2)*exp(-3*x/2)',0,4);I_exact=vpa(I_ex-
act,10)
```

计算得到积分准确值为

```
I_exact=-1.548788373
```

利用自适应辛普森积分的计算程序 Adapt，该方法的实现需要 6 个子区间，输出项的 6 列依次为：每个子区间 a_k,b_k，复化辛普森公式对分前 $s(a_k,b_k)$，对分后 $s(a_k,b_k)$，该方法的误差界以及相应的误差 ε_k. Matlab 计算程序如下：

```
f=inline('13.*(x-x.^2).*exp(-3*x./2)');a=0;b=4;tol=0.001;
[SRmat,quad,err]=Adapt(f,a,b,tol),quad=vpa(quad,10)
```

计算得到

```
SRmat =
        0   0.2500    0.2663    0.2664   0.0000   0.0001
   0.2500   0.5000    0.4231    0.4232   0.0000   0.0001
   0.5000   1.0000    0.3917    0.3926   0.0001   0.0001
   1.0000   2.0000   -0.9008   -0.8988   0.0001   0.0003
   2.0000   3.0000   -1.1245   -1.1253   0.0001   0.0003
   3.0000   4.0000   -0.6068   -0.6070   0.0000   0.0003
quad = -1.5490
err =2.7107e-004
```

自适应辛普森积分值为

```
quad = -1.548980753
```

MOOC 7.6
高斯求积公式

7.6 高斯求积公式

高斯简介

7.6.1 高斯求积公式简介

设在$[a,b]$上给定了权函数$\rho(x)$，考虑$I=\int_a^b \rho(x)f(x)\mathrm{d}x$. 利用拉格朗日插值方法，得到插值型求积公式

$$I=\int_a^b \rho(x)f(x)\mathrm{d}x \approx \sum_{k=0}^{n} A_k f(x_k) \tag{7-23}$$

式中，求积系数可由插值基函数计算得到，即

$$A_k=\int_a^b \rho(x)l_k(x)\mathrm{d}x=\int_a^b \frac{\rho(x)w_n(x)}{(x-x_k)w'_n(x_k)}\mathrm{d}x \quad (k=0,1,\cdots,n) \tag{7-24}$$

注 对于牛顿－柯特斯公式，插值节点等距的限制一方面简化了求积公式，但另一方面也限制了求积公式的代数精度.

如果我们将求积节点和求积系数都作为参数，是否存在$n+1$个节点和系数，使求积公式的代数精度高于$n+1$？最高是多少？

高斯在1814年得到了如下结论.

定理3 插值型求积公式$\int_a^b \rho(x)f(x)\mathrm{d}x \approx \sum_{k=0}^{n} A_k f(x_k)$的代数精度不超过$2n+1$.

证明 只需证明对$2n+2$次多项式，插值型求积公式不能准确成立即可.

取$f(x)=\left[\prod_{k=0}^{n}(x-x_k)\right]^2$，则$f(x_k)=0$且为$2n+2$次多项式，此时

$$\int_a^b \rho(x)f(x)\mathrm{d}x=\int_a^b \rho(x)\left[\prod_{k=0}^{n}(x-x_k)\right]^2\mathrm{d}x>0$$

而另一方面，$\sum_{k=0}^{n} A_k f(x_k) = 0$．因此，结论成立.

定义 2 具有 $2n+1$ 次代数精度的插值型求积公式 $\int_a^b \rho(x) f(x) \mathrm{d}x \approx \sum_{k=0}^{n} A_k f(x_k)$ 称为高斯求积公式，相应的求积节点 $x_k(k=0,1,\cdots,n)$ 称为高斯点.

定理 4 设 $w(x)$ 为 $n+1$ 次多项式，它与所有次数不超过 n 的多项式关于权函数 $\rho(x)$ 都正交，则节点 $x_k(k=0,1,\cdots,n)$ 为高斯点的充要条件是：x_k 是 $w(x)$ 的根.

证明 （1）必要性．若节点 $x_k(k=0,1,\cdots,n)$ 是高斯点，则 x_k 是与所有次数不超过 n 的关于权函数 $\rho(x)$ 都正交的 $n+1$ 次多项式的根.

令 $w(x)=(x-x_0)(x-x_1)\cdots(x-x_n)$，并设 $Q(x)$ 为次数小于等于 n 的任意多项式，记

$$f(x) = Q(x) w(x)$$

则 $f(x)$ 是次数小于等于 $2n+1$ 的多项式.

因为节点 $x_k(k=0,1,\cdots,n)$ 是高斯点，则有精确的等式

$$\int_a^b \rho(x) f(x) \mathrm{d}x = \sum_{k=0}^{n} A_k f(x_k)$$

上式右端因 $f(x_k)=0$ 而等于零，即有 $\int_a^b \rho(x) Q(x) w(x) \mathrm{d}x = 0$，因此 $Q(x)$ 与 $w(x)$ 正交.

（2）充分性．设 $x_k(k=0,1,\cdots,n)$ 是 $[a,b]$ 上关于权函数 $\rho(x)$ 正交的 $n+1$ 次多项式 $w(x)$ 的零点，$f(x)$ 是任意不超过 $2n+1$ 次的多项式，用 $w(x)$ 除 $f(x)$，记商为 $M(x)$，余式为 $N(x)$，则

$$f(x) = M(x) w(x) + N(x)$$

由于 $M(x), N(x)$ 的次数都小于等于 n，而 $w(x_k)=0$，则 $f(x_k)=N(x_k)$，$k=0,1,\cdots,n$，从而得到

$$\begin{aligned}\int_a^b \rho(x) f(x) \mathrm{d}x &= \int_a^b \rho(x) M(x) w(x) \mathrm{d}x + \int_a^b \rho(x) N(x) \mathrm{d}x \\ &= \int_a^b \rho(x) N(x) \mathrm{d}x = \sum_{k=0}^{n} A_k N(x_k) = \sum_{k=0}^{n} A_k f(x_k)\end{aligned}$$

即 x_k 是高斯点.

注 （1）高斯点与正交多项式的联系．以上定理 4 表明，若要求积分公式达到 $2n+1$ 次代数精度，只要把节点取为 $[a,b]$ 上与小于等于 n 次多项式都正交的 $n+1$ 次多项式的零点，即高斯点为 $[a,b]$ 上带权函数 $\rho(x)$ 的 $n+1$ 次正交多项式的零点.

（2）有了求积节点 $x_k(k=0,1,\cdots,n)$，再根据代数精度的定义，得到一组关于求积系数 $A_k(k=0,1,\cdots,n)$ 的线性方程组，解方程组得 $A_k(k=0,1,\cdots,n)$．或者利用插值基函数带权积分公式，即式（7-24），求出求积系数.

7.6.2 高斯求积公式的截断误差及稳定性、收敛性

1）高斯求积公式的截断误差

设 $x_k(k=0,1,\cdots,n)$ 是高斯点，对 $f(x)$ 在这些节点上作埃尔米特插值，得到

$$f(x)=H_{2n+1}(x)+\frac{f^{(2n+2)}(\xi)}{(2n+2)!}w^2(x) \tag{7-25}$$

式中，$x\in[a,b]$；$\xi\in(a,b)$且依赖于x；而$H_{2n+1}(x)$满足插值条件

$$H_{2n+1}(x_k)=f(x_k),\ H'_{2n+1}(x_k)=m_k \qquad (k=0,1,\cdots,n)$$

对式（7-25）乘$\rho(x)$并积分，得

$$\int_a^b\rho(x)f(x)\mathrm{d}x=\int_a^b\rho(x)H_{2n+1}(x)\mathrm{d}x+\int_a^b\frac{f^{(2n+2)}(\xi)}{(2n+2)!}w^2(x)\rho(x)\mathrm{d}x$$

由于x_k是高斯点，且$H_{2n+1}(x)$满足插值条件，则有

$$\int_a^b\rho(x)H_{2n+1}(x)\mathrm{d}x=\sum_{k=0}^{n}A_kH_{2n+1}(x_k)=\sum_{k=0}^{n}A_kf(x_k)$$

而由$\rho(x)w^2(x)$在(a,b)上不变号，当$f^{(2n+2)}(x)\in C[a,b]$时，有

$$\int_a^b\frac{\rho(x)f^{(2n+2)}(\xi)}{(2n+2)!}w^2(x)\mathrm{d}x=\frac{f^{(2n+2)}(\eta)}{(2n+2)!}\cdot\int_a^b\rho(x)w^2(x)x \qquad \eta\in[a,b]$$

因此，高斯求积公式的截断误差为

$$R_n[f]=\int_a^b\rho(x)f(x)\mathrm{d}x-\sum_{k=0}^{n}A_kf(x_k)=\frac{f^{(2n+2)}(\xi)}{(2n+2)!}\int_a^b\rho(x)w^2(x)\mathrm{d}x \tag{7-26}$$

2）**高斯求积公式的稳定性**

定理5 高斯求积公式的系数$A_k(k=0,1,\cdots,n)$全为正，且$\sum\limits_{k=0}^{n}A_k=\int_a^b\rho(x)\mathrm{d}x$.

证明 对高斯点x_k，令$\varphi_i(x)=\prod\limits_{\substack{j=0\\j\neq i}}^{n}(x-x_j)^2$，$i=0,1,2,\cdots,n$，显然$\varphi_i(x)$是$2n$次多项式，因而

$$\int_a^b\rho(x)\varphi_i(x)\mathrm{d}x=\sum_{k=0}^{n}A_k\varphi_i(x_k)=A_i\varphi_i(x_i)>0$$

而$\varphi_i(x_i)>0$，因此必须$A_k>0$，$k=0,1,\cdots,n$.

当取$\varphi(x)\equiv1$时，显然$\int_a^b\rho(x)\mathrm{d}x=\sum\limits_{k=0}^{n}A_k$.

由$\sum\limits_{k=0}^{n}|A_k|=\sum\limits_{k=0}^{n}A_k=\int_a^b\rho(x)\mathrm{d}x$，则有如下的数值稳定性.

当节点处函数值带有舍入误差，其值为$f(x_k)$，准确值为$f^*(x_k)$，利用高斯求积公式则有

$$\begin{aligned}\left|\sum_{k=0}^{n}A_kf^*(x_k)-\sum_{k=0}^{n}A_kf(x_k)\right|&\leqslant\sum_{k=0}^{n}|A_k|\cdot|f^*(x_k)-f(x_k)|\\&\leqslant\max_{0\leqslant k\leqslant n}|f^*(x_k)-f(x_k)|\cdot\int_a^b\rho(x)\mathrm{d}x\end{aligned}$$

即数值求积计算的误差不超过原始函数值最大误差的$\int_a^b\rho(x)\mathrm{d}x$倍. 因此，高斯求积公式是数值稳定的.

3）高斯求积公式的收敛性

定理 6 设对任意 $f(x)\in C[a,b]$，高斯求积公式都收敛，即有

$$\lim_{n\to\infty}\sum_{k=0}^{n}A_k f(x_k) = \int_a^b \rho(x)f(x)\,dx$$

证明 因为 $f(x)\in C[a,b]$，对任意 $\varepsilon>0$，由第 6 章的魏尔斯特拉斯逼近定理，存在多项式 $p(x)$，使得

$$|f(x)-p(x)| < \frac{\varepsilon}{2}\left[\int_a^b \rho(x)\,dx\right]^{-1} \tag{7-27}$$

令 $Q_n(f) = \sum_{k=0}^{n}A_k f(x_k)$，则有

$$\left|\int_a^b \rho(x)f(x)\,dx - Q_n(f)\right| \leqslant \left|\int_a^b \rho(x)f(x)\,dx - \int_a^b \rho(x)p(x)\,dx\right| + \left|\int_a^b \rho(x)p(x)\,dx - Q_n(p)\right| + |Q_n(p)-Q_n(f)|$$

由式（7-27），则有

$$\left|\int_a^b \rho(x)f(x)\,dx - \int_a^b \rho(x)p(x)\,dx\right| \leqslant \frac{\varepsilon}{2} \tag{7-28}$$

而由高斯求积公式，对 $p(x)$ 为小于等于 $2n+1$ 次的多项式，有

$$\left|\int_a^b \rho(x)p(x)\,dx - Q_n(p)\right| = 0 \tag{7-29}$$

再根据 $A_k>0$，得

$$|Q_n(p)-Q_n(f)| \leqslant \sum_{k=0}^{n}A_k|p(x_k)-f(x_k)| < \frac{\varepsilon}{2} \tag{7-30}$$

由式（7-28）、式（7-29）、式（7-30），有

$$\left|\int_a^b f(x)\rho(x)\,dx - Q_n(f)\right| < \varepsilon$$

7.6.3 常用的高斯求积公式

1）高斯-勒让德求积公式

勒让德多项式 $\{P_n(x)\}_{n=0}^{\infty}$ 是区间 $[-1,1]$ 上权函数 $\rho(x)\equiv1$ 的正交多项式. 在 $[-1,1]$ 上，若取权函数 $\rho(x)\equiv1$，取高斯点为勒让德多项式的零点，则得高斯-勒让德求积公式，即

$$\int_{-1}^{1} f(x)\,dx \approx \sum_{k=0}^{n}A_k f(x_k) \tag{7-31}$$

（1）单点高斯-勒让德求积公式（$n=0$）. 取 $P_1(x)=x$ 的零点 $x_0=0$ 为节点构造求积公式：

$$\int_{-1}^{1} f(x)\,dx \approx A_0 f(0)$$

令它对 $f(x)=1$ 准确成立，可求出 $A_0=2$. 这样构造的单点高斯-勒让德求积公式即为中矩

形公式 $\int_{-1}^{1} f(x)\,\mathrm{d}x \approx 2f(0)$.

（2）两点高斯 – 勒让德求积公式（$n=1$）. 取 $P_2(x)=\frac{1}{2}(3x^2-1)$ 的两个零点 $\pm\frac{1}{\sqrt{3}}$ 为节点构造求积公式

$$\int_{-1}^{1} f(x)\,\mathrm{d}x \approx A_0 f\left(-\frac{1}{\sqrt{3}}\right)+A_1 f\left(\frac{1}{\sqrt{3}}\right)$$

令它对 $f(x)=1,x$ 都准确成立，则

$$\begin{cases} A_0+A_1=2 \\ A_0\left(-\frac{1}{\sqrt{3}}\right)+A_1\left(\frac{1}{\sqrt{3}}\right)=0 \end{cases}$$

解得 $A_0=A_1=1$，因此得到两点高斯 – 勒让德求积公式

$$\int_{-1}^{1} f(x)\,\mathrm{d}x \approx f\left(-\frac{1}{\sqrt{3}}\right)+f\left(\frac{1}{\sqrt{3}}\right)$$

同理可得三点高斯 – 勒让德求积公式

$$\int_{-1}^{1} f(x)\,\mathrm{d}x \approx \frac{5}{9}f\left(-\frac{\sqrt{15}}{5}\right)+\frac{8}{9}f(0)+\frac{5}{9}f\left(\frac{\sqrt{15}}{5}\right)$$

一般地，对应不同的 n 值，可以构造不同的求积公式. 高斯 – 勒让德求积节点和求积系数如表7 – 6所示.

表 7 – 6　高斯 – 勒让德求积节点和求积系数

n	x_k	A_k	n	x_k	A_k
0	0. 000 000 000 0	2. 000 000 000 0	4	±0. 906 179 845 9	0. 236 926 885 1
1	±0. 577 350 269 2	1. 000 000 000 0		±0. 538 469 310 1	0. 478 628 670 5
2	±0. 774 596 669 2	0. 555 555 555 6		0. 000 000 000 0	0. 568 888 888 9
	0. 000 000 000 0	0. 888 888 888 9			
3	±0. 861 136 311 6	0. 347 854 845 1	5	±0. 932 469 514 2	0. 171 324 492 4
	±0. 339 981 043 6	0. 652 145 154 9		±0. 661 209 386 5	0. 360 761 573 0
				±0. 238 619 186 1	0. 467 913 934 6

式（7 – 31）的余项为

$$R_n[f]=\frac{2^{2n+3}[(n+1)!]^4}{(2n+3)[(2n+2)!]^3}f^{(2n+2)}(\xi) \qquad \xi\in(-1,1)$$

当 $n=1$ 时，有 $R_1[f]=\frac{1}{135}f^{(4)}(\xi)$，它比辛普森公式的余项 $R_1[f]=-\frac{1}{90}f^{(4)}(\xi)$（区间为 $[-1,1]$）还小，且比辛普森公式少算一个函数值.

注　如果积分区间是 $[a,b]$，则可经过变换 $x=\frac{b-a}{2}t+\frac{a+b}{2}$ 转化为区间 $[-1,1]$，此

时有

$$\int_a^b f(x)\mathrm{d}x \approx \frac{b-a}{2}\int_{-1}^{1} f\left(\frac{b-a}{2}t+\frac{b+a}{2}\right)\mathrm{d}t$$

对等式右端的积分即可使用高斯－勒让德求积公式.

例 7－8 用高斯－勒让德求积公式计算积分 $I=\int_0^1 \frac{\sin x}{x}\mathrm{d}x$（准确值 $I=0.946\ 083\ 07\cdots$）.

解 令 $x=\frac{1}{2}(t+1)$，则有 $\int_0^1 \frac{\sin x}{x}\mathrm{d}x=\int_{-1}^{1}\frac{\sin\frac{1}{2}(t+1)}{(t+1)}\mathrm{d}t$，被积函数 $f(t)=\frac{\sin\frac{1}{2}(t+1)}{(t+1)}$.

利用两点高斯－勒让德求积公式，有

$$I\approx f\left(-\frac{1}{\sqrt{3}}\right)+f\left(\frac{1}{\sqrt{3}}\right)\approx 0.496\ 286\ 78+0.449\ 754\ 35\approx 0.946\ 041\ 1$$

利用三点高斯－勒让德求积公式，有

$$I\approx \frac{5}{9}f\left(-\frac{\sqrt{15}}{5}\right)+\frac{8}{9}f(0)+\frac{5}{9}f\left(\frac{\sqrt{15}}{5}\right)\approx 0.946\ 083\ 1$$

下面用牛顿－柯特斯公式计算. 被积函数 $f(x)=\frac{\sin x}{x}$，利用两点梯形公式计算，得

$$I\approx T=\frac{1}{2}[f(0)+f(1)]\approx 0.920\ 735\ 5$$

利用三点辛普森公式计算，得 $I\approx S=\frac{1}{6}\left[f(0)+4f\left(\frac{1}{2}\right)+f(1)\right]\approx 0.946\ 145\ 9$. 对比可知，两点高斯－勒让德求积公式比三点辛普森公式精度还要高，且比辛普森公式少算一个函数值.

2）高斯－切比雪夫求积公式

切比雪夫多项式 $\{T_n(x)\}_{n=0}^{\infty}$ 是区间 $[-1,1]$ 上权函数 $\rho(x)=\frac{1}{\sqrt{1-x^2}}$ 的正交多项式. 在 $[-1,1]$ 上，取高斯点为切比雪夫多项式的零点，则得高斯－切比雪夫求积公式，即

$$\int_{-1}^{1}\frac{f(x)}{\sqrt{1-x^2}}\mathrm{d}x \approx \sum_{k=0}^{n} A_k f(x_k)$$

使用时，将 $n+1$ 个节点的公式改为 n 个节点. n 次切比雪夫多项式 $T_n(x)$ 的零点为 $x_k=\cos\frac{2k-1}{2n}\pi, k=1,2,\cdots,n$，求积系数为 $A_k=\frac{\pi}{n}$，则高斯－切比雪夫求积公式写成

$$\int_{-1}^{1}\frac{f(x)}{\sqrt{1-x^2}}\mathrm{d}x \approx \sum_{k=1}^{n}\frac{\pi}{n}f(x_k),\ x_k=\cos\frac{2k-1}{2n}\pi \tag{7-32}$$

它的余项为 $R_n[f]=\frac{2\pi}{2^{2n}(2n)!}f^{(2n)}(\xi)$，$\xi\in(-1,1)$.

3）高斯 - 拉盖尔求积公式

$[0,\infty)$ 上关于权函数 $\rho(x)=\mathrm{e}^{-x}$ 的高斯公式为 $\int_0^{+\infty}\mathrm{e}^{-x}f(x)\,\mathrm{d}x\approx\sum\limits_{k=0}^{n}A_kf(x_k)$，对应的高斯点和求积系数如表 7 - 7 所示.

表 7 - 7　高斯 - 拉盖尔求积公式的高斯点和求积系数

n	x_k	A_k	n	x_k	A_k
0	1	1	3	0.322 547 689 6 1.745 761 101 2 4.536 620 296 9 9.395 070 912 3	0.603 154 104 3 0.357 418 692 4 0.038 887 908 5 0.000 539 294 7
1	0.585 786 437 6 3.414 213 562 4	0.853 553 390 6 0.146 446 609 4			
2	0.415 774 556 8 2.294 280 360 3 6.289 945 082 9	0.711 093 009 9 0.278 517 733 6 0.010 389 256 5			

4）高斯 - 埃尔米特求积公式

在区间 $(-\infty,\infty)$ 上关于权函数 $\rho(x)=\mathrm{e}^{-x^2}$ 的高斯公式为 $\int_{-\infty}^{+\infty}\mathrm{e}^{-x^2}f(x)\,\mathrm{d}x\approx\sum\limits_{k=0}^{n}A_kf(x_k)$，对应的高斯点和求积系数如表 7 - 8 所示.

表 7 - 8　高斯 - 埃尔米特求积公式的高斯点和求积系数

n	x_k	A_k	n	x_k	A_k
0	0	1.772 453 850 9	4	±2.020 182 870 5 ±0.958 572 464 60	0.019 953 242 06 0.393 619 323 2 0.945 308 720 5
1	±0.707 167 812	0.886 226 925 5			
2	±1.224 744 871 40	0.295 408 975 2 1.181 635 900 6			
3	±1.650 680 123 9 ±0.524 647 623 3	0.081 312 835 45 0.804 914 090 0	5	±2.350 604 973 7 ±1.335 849 074 0 ±0.436 077 411 9	0.004 530 009 9 0.157 067 320 3 0.724 629 595 2

注　高斯求积方法具有代数精度高的优点，带权函数的高斯求积方法，能把复杂积分化简，还可以直接计算无界函数的广义积分、无穷限的广义积分. 为了满足精度要求，工程计算中可采用复化高斯求积方法.

复化高斯 - 勒让德积分的计算机算法：令 $h=\dfrac{b-a}{n}$，$x_k=a+kh$，$k=0,1,\cdots,n$，则有

$$\int_a^b f(x)\,\mathrm{d}x=\sum_{k=1}^{n}\int_{x_{k-1}}^{x_k}f(x)\,\mathrm{d}x=\frac{h}{2}\sum_{k=1}^{n}\int_{-1}^{1}f\left[\frac{h}{2}t+a+\left(k-\frac{1}{2}\right)h\right]\mathrm{d}t=\frac{h}{2}\sum_{k=1}^{n}\int_{-1}^{1}F_k(t)\,\mathrm{d}t$$

高斯求积公式程序实现示例

式中，$F_k(t)=f\left[\frac{h}{2}t+a+\left(k-\frac{1}{2}\right)h\right]$.

如果在子区间上用两点高斯－勒让德求积公式计算，则得到复化两点高斯－勒让德求积公式

$$\int_a^b f(x)\,dx \approx \frac{h}{2}\sum_{k=1}^{n}\left[F_k\left(-\frac{1}{\sqrt{3}}\right)+F_k\left(\frac{1}{\sqrt{3}}\right)\right]$$

如果在子区间上用三点高斯－勒让德求积公式计算，则得到复化三点高斯－勒让德求积公式

$$\int_a^b f(x)\,dx \approx \frac{h}{2}\sum_{k=1}^{n}\left[\frac{5}{9}F_k\left(-\sqrt{\frac{3}{5}}\right)+\frac{8}{9}F_k(0)+\frac{5}{9}F_k\left(\sqrt{\frac{3}{5}}\right)\right]$$

复化两点（或三点）高斯－勒让德求积公式的 Matlab 计算程序（Gauss_Legendre. m）如下：

```
function quad = Gauss_Legendre(f,a,b,n)
% 求积分的复化高斯-勒让德积分,其中,
% f为被积函数;
% a和b为积分区间的下限、上限;
% n为复化区间的个数;
% 输出项 quad 为复化高斯-勒让德计算值.
h = (b - a)/n;quad = 0;
for k = 1:n
      t = [ -1/sqrt(3),1/sqrt(3)];A = [1,1];  % t = [ - sqrt(3/5),0,
sqrt(3/5)];A = [5/9,8/9,5/9];
      F = feval(f,h/2 * t + a + (k - 1/2) * h); quad = quad + sum(A. * F);
end
quad = h/2 * quad;
```

例 7－9 利用复化两点高斯－勒让德求积公式计算 $\int_{-1}^{1}\frac{1}{x+2}dx$.（准确值 $\ln 3-\ln 1\approx 1.098\,612\,289$）

利用复化两点高斯－勒让德求积公式的计算程序（Gauss_Legendre. m）：

```
f = inline('1./(x +2)');a = -1;b = 1;
n = 10;quad = Gauss_Legendre(f,a,b,n);quad = vpa(quad,7)
```

得积分近似值为

```
quad = 1.098610
```

7.7 二重积分

多重积分求值是常见的求积问题，一般地，我们可以将多重积分化成多层积分求值. 下

面仅以二重积分为例说明其数值算法，其结果不难推广到多重积分情形.

考虑一般区域上的二重积分

$$I = \int_a^b \int_{c(x)}^{d(x)} f(x,y)\,\mathrm{d}x\mathrm{d}y \tag{7-33}$$

式中，$f(x,y)$是积分域上的连续函数；$c(x),d(x)$是$[a,b]$上的连续函数. 将二重积分化成两层积分，即

$$\int_a^b \int_{c(x)}^{d(x)} f(x,y)\,\mathrm{d}x\mathrm{d}y = \int_a^b \left(\int_{c(x)}^{d(x)} f(x,y)\,\mathrm{d}y\right)\mathrm{d}x \tag{7-34}$$

若记 $g(x) = \int_{c(x)}^{d(x)} f(x,y)\,\mathrm{d}y$，则

$$I = \int_a^b g(x)\,\mathrm{d}x$$

7.7.1 复化辛普森求积公式

如果对式（7-34）用定步长辛普森公式，而对$g(x)$用变步长辛普森公式，则得到复化辛普森求积公式. 取 $h = \dfrac{b-a}{2n}$，$x_i = a + ih$，$i = 0,1,\cdots,2n$，因此有

$$I \approx \frac{h}{3}\left[g(a) + g(b) + 2\sum_{i=1}^{n-1} g(a+2ih) + 4\sum_{i=1}^{n} g(a+(2i-1)h)\right] \tag{7-35}$$

其中

$$g(a+ih) = \int_{c(a+ih)}^{d(a+ih)} f(a+ih,y)\,\mathrm{d}y \qquad (n = 0,1,\cdots,2n)$$

对上式采用变步长为 $k(a+ih) = \dfrac{d(a+ih)-c(a+ih)}{2m}$的辛普森求积公式计算，得到（对 $i = 0,1,\cdots,2n$）

$$\begin{aligned} g(a+ih) \approx \frac{k(a+ih)}{3}\Big[&f(a+ih,c(a+ih)) + f(a+ih,d(a+ih)) + \\ &2\sum_{j=1}^{m-1} f(a+ih,c(a+ih)+2jk(a+ih)) + 4\sum_{j=1}^{m} f(a+ \\ &ih,c(a+ih)+(2j-1)k(a+ih))\Big] \end{aligned} \tag{7-36}$$

式（7-35）和（7-36）就构成了求二重积分的复化辛普森求积公式.

特别地：当$c(x) = c,d(x) = d$时，积分区域为矩形，此时，$k = \dfrac{d-c}{2m}$也是常数，求积公式简化为

$$\begin{aligned} g(a+ih) \approx \frac{k}{3}\Big[&f(a+ih,c) + f(a+ih,d) + 2\sum_{j=1}^{m-1} f(a+ih,c+2jk) + \\ &4\sum_{j=1}^{m} f(a+ih,c+(2j-1)k)\Big] \qquad (i = 0,1,\cdots,2n) \end{aligned} \tag{7-37}$$

$$I \approx \frac{h}{3}\left[g(a)+g(b)+2\sum_{i=1}^{n-1}g(a+2ih)+4\sum_{i=1}^{n}g(a+(2i-1)h)\right] \tag{7-38}$$

注 对于二重积分，虽然思想方法简单，但函数求值的计算量非常大，精度较低.

例 7-10 计算积分 $I=\int_0^1\int_0^1(x^2+y^2)\mathrm{d}x\mathrm{d}y$.

解 取 $n=m=2$ 计算，此时 $h=k=\frac{1}{4}=0.25$，被积函数 $f(x,y)=x^2+y^2$ 在各节点的函数值如表 7-9 所示.

表 7-9 各节点的函数值

x	y				
	0.000	0.250	0.500	0.750	1.000
0.000	0.000	0.062 5	0.250	0.563	1.000
0.250	0.062 5	0.125	0.313	0.625	1.060
0.500	0.250	0.313	0.500	0.813	1.25
0.750	0.563	0.625	0.813	1.13	1.56
1.000	1.00	1.06	1.25	1.56	2.00

利用表 7-9 中函数值，由式（7-38）得

$$g(0)=\frac{0.250}{3}[0.000+1.00+2\times0.250+4(0.0625+0.563)]=0.334$$

$$g(0.250)=\frac{0.250}{3}[0.0625+1.06+2\times0.313+4(0.125+0.625)]=0.396$$

$$g(0.50)=\frac{0.250}{3}[0.250+1.25+2\times0.500+4(0.313+0.813)]=0.583$$

$$g(0.750)=\frac{0.250}{3}[0.563+1.56+2\times0.813+4(0.625+1.13)]=0.896$$

$$g(1.00)=\frac{0.250}{3}[1.00+2.00+2\times1.25+4(1.06+1.56)]=1.33$$

再由式（7-37）得

$$I\approx\frac{0.250}{3}[0.334+1.33+2\times0.583+4(0.396+0.896)]=0.667$$

与准确值 $I=\frac{2}{3}$ 相比，计算本题的复化辛普森求积公式较精确.

7.7.2 二重积分的高斯求积公式

不失一般性，取 $a=-1,b=1$，考查积分 $I=\int_{-1}^1\int_{-1}^1 f(x,y)\mathrm{d}x\mathrm{d}y$，利用高斯-勒让德求

积公式计算，得

$$\int_{-1}^{1} f(x)\,\mathrm{d}x \approx \sum_{k=0}^{n} A_k f(x_k) \tag{7-39}$$

式中，x_k 为求积节点；A_k 为求积系数. 可得重积分的高斯求积公式

$$\int_{-1}^{1}\int_{-1}^{1} f(x,y)\,\mathrm{d}x\mathrm{d}y = \sum_{i=0}^{n}\sum_{j=0}^{n} A_i A_j f(x_i, y_i) \tag{7-40}$$

由于式（7-39）具有 $2n+1$ 次代数精度，易证明式（7-40）对于二元函数

$$f(x,y) = x^{m_1} y^{m_2} \qquad 0 \leqslant m_1, m_2 \leqslant 2n+1$$

余项为0. 则式（7-40）对于任意的二元 $4n+2$ 次多项式余项为0.

7.7.3 蒙特卡罗方法

数值积分方法对于一重情况不难实现，但是，对于二重及以上的积分，再用常规方法求解就不合适了，特别是算法的稳定性和精度都得不到保证. 我们可以用基于随机取样统计的方法，即蒙特卡罗方法来解决这类问题.

蒙特卡罗方法的基本思想：任何一个积分都可以看作某个随机变量的期望值. 因此，我们可以用这个随机变量的平均值来近似积分值.

1） 均值估计方法

概率论中随机变量的函数有性质：若随机变量 X 的概率密度是 $p(x)\,(a \leqslant x \leqslant b)$，则随机变量函数 $y = f(X)$ 的数学期望为

$$E(f(X)) = \int_a^b f(x)p(x)\,\mathrm{d}x$$

特别地，当 X 为区间 $(0,1)$ 上均匀分布的随机变量时，$p(x)=1$，$0 \leqslant x \leqslant 1$，所以

$$E(f(X)) = \int_0^1 f(x)\,\mathrm{d}x \tag{7-41}$$

只要产生 $(0,1)$ 中的随机数 $x_k\,(k=1,2,\cdots,n)$，当 n 很大时，数学期望 $E(f(X))$ 就可以用 $f(x_k)$ 的平均值近似，所以由式（7-41）得到

$$\int_0^1 f(x)\,\mathrm{d}x \approx \frac{1}{n}\sum_{k=1}^{n} f(x_k) \tag{7-42}$$

这种方法称为随机模拟方法，即蒙特卡罗方法. 若计算任意区间的积分 $I = \int_a^b f(x)\,\mathrm{d}x$ ，需要先作变量代换 $x = a + (b-a)t$，将其化为 $(0,1)$ 区间上的积分，则有

$$I = \int_a^b f(x)\,\mathrm{d}x = (b-a)\int_0^1 f(a+(b-a)t)\,\mathrm{d}t \approx \frac{b-a}{n}\sum_{k=1}^{n} f(a+(b-a)t_k)$$

式中，$t_k\,(k=1,2,\cdots,n)$ 为 $(0,1)$ 中的随机数.

2） 重积分的计算

蒙特卡罗方法作数值积分的优点不仅是计算简单，而且它可以方便地推广到计算多重积分，而不少多重积分是其他方法很难或者根本无法计算的. 例如可以用均值估计方法计算二

重积分

$$\iint_{\Omega} f(x,y)\,\mathrm{d}x\mathrm{d}y \qquad \Omega: 0 \leqslant x \leqslant 1, 0 \leqslant g_1(x) \leqslant y \leqslant g_2(x) \leqslant 1$$

设 $x_k, y_k (k=1,2,\cdots,n)$ 是相互独立的 $(0,1)$ 中的随机数，判断每个点 (x_k, y_k) 是否落在区域 Ω 内，将落在区域 Ω 内的 m 个点记作 (x_j, y_j) $(j=1,2,\cdots,m)$，则

$$\iint_{\Omega} f(x,y)\,\mathrm{d}x\mathrm{d}y \approx \frac{1}{n}\sum_{j=1}^{m} f(x_j, y_j)$$

注 (1) 当积分区域 Ω 不属于 $0 \leqslant x \leqslant 1, 0 \leqslant y \leqslant 1$ 时，需要先作变换.

(2) 蒙特卡罗方法的精度和收敛速度 $(n \to \infty)$ 与问题的维数无关.

(3) 蒙特卡罗方法最大的缺点是计算量大，结果具有随机性，精度较低. 一般而言精度为 $n^{-1/2}$ 阶，n 增加时精度提高较慢.

3) 数学建模实例——射击命中概率

假设炮弹射击的目标为一正椭圆形区域，当瞄准目标的中心发射时，在众多因素的影响下，弹着点与目标中心有随机偏差. 可以合理地假设弹着点围绕中心成二维正态分布，且偏差在 X 方向和 Y 方向相互独立. 若椭圆形区域在 X 方向半轴长 120 m，Y 方向半轴长 80 m，设弹着点偏差的均方差在 X 方向和 Y 方向均为 100 m，求炮弹落在椭圆形区域内的概率.

问题分析：由已知，设弹着点与目标中心的偏差服从二维正态分布，且在 X 方向和 Y 方向相互独立. 设目标中心为 $x=0, y=0$，则弹着点 (x,y) 的概率密度为

$$p(x,y) = \frac{1}{2\pi\sigma_x\sigma_y} \mathrm{e}^{-\frac{1}{2}\left(\frac{x^2}{\sigma_x^2}+\frac{y^2}{\sigma_y^2}\right)}$$

式中，$\sigma_x = \sigma_y = 100$ m. 炮弹命中椭圆形区域的概率为

$$P = \iint_{\Omega} p(x,y)\,\mathrm{d}x\mathrm{d}y \qquad \Omega: \frac{x^2}{a^2} + \frac{y^2}{b^2} \leqslant 1$$

式中，$a=120$ m；$b=80$ m. 这个公式无法用解析方法求解，我们用蒙特卡罗方法计算.

作变换 $x=au, y=bv$，且以 100 m 为 1 单位，即 $\sigma_x = \sigma_y = 1, a=1.2, b=0.8$，于是

$$P = ab\iint_{\Omega} \bar{p}(u,v)\,\mathrm{d}u\mathrm{d}v$$

$$\bar{p}(u,v) = \frac{1}{2\pi}\mathrm{e}^{-\frac{1}{2}(a^2u^2+b^2v^2)} \qquad \bar{\Omega}: u^2 + v^2 \leqslant 1$$

化为蒙特卡罗方法计算二重积分的形式，Matlab 计算程序如下：

```
a =1.2;b =0.8;m =0;z =0;n =100000;
for i =1:n
    x = rand(1,2); y =0;
    if x(1)^2 +x(2)^2 < =1
    y = exp( -0.5 * (a^2 * x(1)^2 +b^2 * x(2)^2)); z = z + y; m =m +1;
    end
end
```

```
p=4*a*b*z/2/pi/n,m
```

这里 $n=100\ 000$，运行程序得到：命中概率 $P=0.375\ 2, m=785\ 52$. 实际上，结果具有随机性，不过概率在 0.37 ~ 0.38 之间时是可信的.

7.8 数值微分

MOOC 7.8
数值微分

龙格现象
在插值微
分里体现

数值微分就是用函数值的线性组合近似函数在某点的导数值. 设函数 $y=f(x)$ 在节点 x_k 上的函数值为 $f(x_k)(k=1,2,\cdots,n)$，则我们可以用插值多项式的导数近似函数的导数，也可以按导数定义用差商近似导数，这些方法都可以得到数值微分的计算方法.

7.8.1 差商求导方法

1）一阶求导公式

设 $y=f(x)$ 在 x_i 附近可以作泰勒展开，即

$$f(x_i+h)=f(x_i)+hf'(x_i)+\frac{h^2}{2!}f''(x_i)+\frac{h^3}{3!}f'''(x_i)+\cdots \tag{7-43}$$

由式（7-43）解出 $f'(x_i)$，得到

$$\begin{aligned} f'(x_i) &= \frac{f(x_i+h)-f(x_i)}{h}-\frac{h}{2}f''(x_i)-\frac{h^2}{6}f'''(x_i)-\cdots \\ &= \frac{f(x_i+h)-f(x_i)}{h}+E(x_i) \end{aligned}$$

式中，h 为步长；$E(x_i)$ 为截断误差. 若略去截断误差，则得到一阶向前差商求导公式

$$f'(x_i)\approx\frac{f(x_i+h)-f(x_i)}{h} \tag{7-44}$$

以 x_i-h 代替 x_i，又可得到一阶向后差商求导公式

$$f'(x_i)\approx\frac{f(x_i)-f(x_i-h)}{h} \tag{7-45}$$

若将式（7-44）与式（7-45）相加，则有一阶求导中点公式

$$f'(x_i)\approx\frac{f(x_i+h)-f(x_i-h)}{2h}\triangleq G(h) \tag{7-46}$$

截断误差为 $E(x_i)=-\frac{h^2}{6}f'''(x_i)-\cdots$.

注 式（7-44）、式（7-45）、式（7-46）均可用于计算一阶导数，尤其是中点公式更为常用. 由导数定义知，当 $h\to0$ 时，按公式去计算导数，精度会高些；但此时公式右端的分子是两相近的数相减，有可能造成有效数字的严重损失. 因此需要选择适当的 h.

2） 二阶求导公式

以 x_i-h 代替 x_i+h，利用式（7-43）得到

$$f(x_i-h)=f(x_i)-hf'(x_i)+\frac{h^2}{2!}f''(x_i)-\frac{h^3}{3!}f'''(x_i)+\cdots \tag{7-47}$$

将式（7-47）与式（7-43）相加，约去 $f'(x_i)$ 项，可得

$$\begin{aligned}f''(x_i)&=\frac{f(x_i+h)-2f(x_i)+f(x_i-h)}{h^2}-\frac{h^2}{12}f^{(4)}(x_i)+\cdots\\&=\frac{f(x_i+h)-2f(x_i)+f(x_i-h)}{h^2}+E(x_i)\end{aligned}$$

式中，$E(x_i)$ 为截断误差. 若略去截断误差，则得到二阶求导公式

$$f''(x_i)\approx\frac{f(x_i+h)-2f(x_i)+f(x_i-h)}{h^2} \tag{7-48}$$

例 7-11 利用一阶求导中点公式计算 $f(x)=e^x$ 在 $x=0$ 处的一阶导数（计算过程保留 3 位有效数字）.

解 利用一阶求导中点公式

$$f'(0)\approx G(h)=\frac{e^h-e^{-h}}{2h}$$

取不同的步长 h，计算结果如表 7-10 所示（准确值为 $f'(0)=1$）.

表 7-10 例 7-11 计算值

h	1	0.5	0.1	0.05	0.01	0.005	0.001	0.000 5
$G(h)$	1.18	1.04	1.03	0.99	1.00	1.50	0.50	0.00

由表 7-10 可知，$h=0.01$ 的逼近效果最好，步长越增大（或越减小）的逼近效果都越差. 因此，步长的选择不能太大也不能太小，最优步长的选择可根据误差分析得到.

3） 误差分析

对于一阶求导公式 $G(h)=\dfrac{f(x_i+h)-f(x_i-h)}{2h}$. 由截断误差 $E(x_i)=-\dfrac{h^2}{6}f'''(x_i)-\cdots$ 可得

$$|f'(x_i)-G(h)|=|E(x_i)|\leqslant\frac{h^2}{6}M \tag{7-49}$$

式中，$M\geqslant\max\limits_{|x-x_i|\leqslant h}|f'''(x)|$. 显然，步长 h 越小，截断误差越小.

再根据舍入误差，设 $f(x_i+h)$ 和 $f(x_i-h)$ 分别有舍入误差 ε_1 和 ε_2，则计算 $f'(x_i)$ 的舍入误差上限为

$$\delta(f'(x_i)) = |f'(x_i) - G(h)| \leqslant \frac{|\varepsilon_1| + |\varepsilon_2|}{2h} \leqslant \frac{\varepsilon}{h} \tag{7-50}$$

式中，$\varepsilon = \max\{|\varepsilon_1|, |\varepsilon_2|\}$. 显然，步长 h 越小，舍入误差 $\delta(f'(x_i))$ 越大，所以一阶求导公式是病态的.

由式（7-49）和式（7-50）可得计算 $f'(x_i)$ 的误差上限为 $E(h) = \frac{h^2}{6}M + \frac{\varepsilon}{h}$. 要使 $E(h)$ 最小，最优步长应为 $h_{\mathrm{opt}} = \sqrt[3]{3\varepsilon/M}$.

同理，对于二阶求导公式 $f''(x_i) = \frac{f(x_i+h) - 2f(x_i) + f(x_i-h)}{h^2} - \frac{h^2}{12}f^{(4)}(x_i) - \cdots$，由截断误差和舍入误差可得计算 $f''(x_i)$ 的误差上限为 $E(h) = \frac{h^2}{12}M + \frac{4\varepsilon}{h^2}$. 要使 $E(h)$ 最小，最优步长应为 $h_{\mathrm{opt}} = \sqrt[4]{48\varepsilon/M}$. 其中，$M \geqslant \max\limits_{|x-x_i|\leqslant h} |f^{(4)}(x)|$.

7.8.2 插值型求导方法

插值型数值微分的基本思想为：用插值多项式近似函数 $f(x)$，从而用插值多项式在节点上的导数近似计算 $f'(x_k)$.

设函数 $y=f(x)$ 定义在区间 $[a,b]$ 上，在节点 $x_k(k=0,1,2,\cdots,n)$ 处的函数值为 y_k，利用拉格朗日插值，则有

$$\begin{aligned} f(x) &= L_n(x) + R_n(x) \\ &= \sum_{k=0}^{n}\left(\prod_{\substack{i=0\\ i\neq k}}^{n} \frac{x - x_i}{x_k - x_i}\right)y_k + \frac{f^{(n+1)}(\xi)}{(n+1)!}(x-x_0)(x-x_1)\cdots(x-x_n) \end{aligned}$$

从而 $f'(x) = L_n'(x) + R_n'(x)$. 因此，得到插值型求导公式 $f'(x) \approx L_n'(x)$，$R_n'(x)$ 为数值求导的截断误差.

当讨论节点处的导数时，求导公式和截断误差公式都比较简单，例如截断误差为

$$\begin{aligned} R_n'(x) &= \left\{\frac{f^{(n+1)}(\xi)}{(n+1)!} \cdot [(x-x_0)(x-x_1)\cdots(x-x_n)]\right\}' \\ &= \frac{1}{(n+1)!} \cdot \frac{\mathrm{d}f^{(n+1)}(\xi)}{\mathrm{d}x} \cdot (x-x_0)(x-x_1)\cdots(x-x_n) + \\ &\quad \frac{f^{(n+1)}(\xi)}{(n+1)!} \cdot [(x-x_0)(x-x_1)\cdots(x-x_n)]' \end{aligned}$$

当 $x = x_k$ 时，上式右端第一项为零，此时

$$R_n'(x_k) = \frac{f^{(n+1)}(\xi)}{(n+1)!}[(x-x_0)(x-x_1)\cdots(x-x_n)]'$$

几个常用的等距节点的求导公式如下.

1) 两点公式

设 $h = x_1 - x_0$，对经过两点的插值多项式 $L_1(x)$ 求导，得到

$$f'(x)\approx L_1'(x)=\left(\frac{x-x_1}{-h}y_0+\frac{x-x_0}{h}y_1\right)'=\frac{1}{h}(y_1-y_0)$$

因此，当 $x=x_0,x_1$ 时均有

$$f'(x_0)=f'(x_1)\approx\frac{1}{h}(y_1-y_0) \tag{7-51}$$

截断误差为

$$R_1'(x_k)=\left[\frac{f''(\xi)}{2}\cdot(x-x_0)(x-x_1)\right]'\Bigg|_{x=x_k}=\frac{f''(\xi)}{2}\cdot[x-x_1+x-x_0]\Bigg|_{x=x_k}$$

当 $k=0$ 时，$R_1'(x_0)=-\dfrac{h}{2}f''(\xi)$；当 $k=1$ 时，$R_1'(x_1)=\dfrac{h}{2}f''(\xi)$，其中，$\xi$ 在 x_0 与 x_1 之间.

2） **三点公式**

设 $x_2-x_1=x_1-x_0=h$，二次插值多项式为

$$L_2(x)=\frac{(x-x_1)(x-x_2)}{(x_0-x_1)(x_0-x_2)}y_0+\frac{(x-x_0)(x-x_2)}{(x_1-x_0)(x_1-x_2)}y_1+\frac{(x-x_0)(x-x_1)}{(x_2-x_0)(x_2-x_1)}y_2$$

则有

$$f'(x)=L_2'(x)+R_2'(x) \tag{7-52}$$

其中

$$L_2'(x)=\frac{y_0}{2h^2}[x-x_2+x-x_1]-\frac{y_1}{h^2}[x-x_2+x-x_0]+\frac{y_2}{2h^2}(x-x_1+x-x_0)$$

$$R_2'(x)=\frac{1}{3!}\frac{\mathrm{d}}{\mathrm{d}x}f^{(3)}(\xi)\cdot(x-x_0)(x-x_1)(x-x_2)+\frac{f^{(3)}(\xi)}{3!}[(x-x_1)(x-x_2)+(x-x_0)(x-x_2)+(x-x_0)(x-x_1)]$$

当 $x=x_0,x_1,x_2$ 时，分别得到

$$f'(x_0)=-\frac{3y_0}{2h}+\frac{4y_1}{2h}-\frac{y_2}{2h}+\frac{h^2}{3}f'''(\xi) \tag{7-53}$$

$$f'(x_1)=-\frac{y_0}{2h}+\frac{y_2}{2h}-\frac{h^2}{6}f'''(\xi) \tag{7-54}$$

$$f'(x_2)=\frac{y_0}{2h}-\frac{4y_1}{2h}+\frac{3y_2}{2h}+\frac{h^2}{3}f'''(\xi) \tag{7-55}$$

式（7-54）为一阶求导中点公式，它只用两点函数值的组合，便达到三点精度.

由于对 $L_2(x)$ 求二阶导数，得到 $L_2''(x)=\dfrac{y_0}{h^2}-\dfrac{2y_1}{h^2}+\dfrac{y_2}{h^2}$，因此二阶求导中点公式为

$$f''(x_1)=\frac{1}{h^2}(y_0-2y_1+y_2)-\frac{h^2}{12}f^{(4)}(\xi) \tag{7-56}$$

利用 n 次插值多项式 $L_n(x)$ 作为 $f(x)$ 的近似函数，则可以得到高阶数值微分公式

$$f^{(k)}(x)=L_n^{(k)}(x)+R_n^{(k)}(x)\qquad(k=1,2,\cdots)$$

高阶数值微分公式需要作误差分析，相应的数值计算精度更差.

类似地，可利用样条函数建立数值微分公式.

7.8.3 数值微分的外推算法

利用中点公式计算一阶导数公式$f'(x)\approx G(h)=\frac{1}{2h}[f(x+h)-f(x-h)]$. 对$f(x)$在点$x$处作泰勒展开，有

$$f'(x)=G(h)+c_1h^2+c_2h^4+\cdots$$

式中，$c_i(i=1,2,\cdots)$与h无关. 将h分半，则

$$f'(x)=G(h/2)+c_1(h/2)^2+c_2(h/2)^4+\cdots$$

将上面两式消去h^2项，则得

$$f'(x)=\frac{4G(h/2)-G(h)}{4-1}+d_1h^4+d_2h^6+\cdots.$$

式中，$d_i(i=1,2,\cdots)$与h无关. 若记$G_0(h)=G(h)$，则有$G_1(h)=\frac{4G_0(h/2)-G_0(h)}{4-1}$.

同理，将h逐次分半，则有理查逊外推公式

$$G_m(h)=\frac{4^mG_{m-1}(h/2)-G_{m-1}(h)}{4^m-1}\qquad(m=1,2,\cdots)\tag{7-57}$$

截断误差为$f'(x)-G(h)=o(h^{2(m+1)})$. 由此可知，当m越大时，计算越精确. 考虑到舍入误差，一般m不能取太大，在例7-12中，$m=2$.

例7-12 设$f(x)=x^2e^{-x}$，当h分别取0.1,0.05,0.025时，用一阶求导中点公式求出$x=0.5$的一阶导数，进行外推，并与精确值$f'(0.5)=0.454\,897\,994$进行比较.

解 先分别取$h=0.1,0.05,0.025$，用一阶求导中点公式有

$$G_0(h)=\frac{1}{2h}[(0.5+h)^2e^{-(0.5+h)}-(0.5-h)^2e^{-(0.5-h)}]$$

求出$x=0.5$的一阶导数值，如表7-11所示. 再由式（7-57）外推两次，将计算值列于表7-11中.

表7-11 例7-12的外推计算值

h	$G_0(h)$	$G_1(h)$	$G_2(h)$
0.1	0.451 604 908 1	0.454 899 923 1	0.454 897 99 4
0.05	0.454 076 169 3	0.454 898 115 2	
0.025	0.454 692 628 8		

从表7-11可以看出，$h=0.025$时只有3位有效数字，外推一次达到5位有效数字，外推两次达到9位有效数字，通常外推一次就能达到满意的结果.

7.8.4 Matlab 的微分函数

1) Matlab 的符号微分

diff 函数用于计算导数，其命令格式为

```
diff(S,'v',n)
```

表示求函数 S 关于变量 v 的 n 阶导数.

例如，对于函数 $f(x)=\sin x^2$，求 $f'(x)$. 利用 Matlab 的 diff 函数，输入

```
syms x,diff(sin(x^2),'x',1)
```

或

```
syms x,diff(sin(x^2))
```

得到

```
ans =2 * cos(x^2) * x
```

2) Matlab 的数值微分

diff 函数也用于计算数值微分，其命令格式为

```
diff(S,n)
```

表示求函数 S 的 n 阶差分.

例如，对于函数 $f(x)=\sin x^2$，求 $f'(x)$. 利用 Matlab 的 diff 函数，输入

```
h =0.001; x =0:h:pi;yy =diff(sin(x.^2))/h;
```

显然，取 h =0.001 时，差分 diff (sin (x.^2)) /h 是导函数 2 * cos (x.^2). * x 的近似函数.

7.9 数值积分的 Matlab 函数

7.9.1 常用的 Matlab 函数

1) trapz

trapz 函数是用复化梯形公式求定积分，其命令格式为

```
I =trapz(x,y)
```

其中，x 是积分区间内的离散数据点向量；y 是 x 的各分量函数值构成的向量；输出项 I 为积分的近似值.

例如，将积分区间 5 等分，计算积分 $\int_0^1 e^x dx$.

输入

```
x =0:0.2:1;y =exp(x);I =trapz(x,y)
```

得到

```
I =1.7240
```

2） quad

quad 函数采用自适应辛普森求积公式求定积分，其命令格式为

```
I = quad(fun,a,b,tol)
```

其中，fun 是被积函数；a,b 是积分区间的左、右端点；tol 为积分的精度要求，缺省值为 1e－6；输出项 I 为积分的近似值.

例如，用 quad 函数计算积分 $\int_0^1 e^x dx$,且精度要求为10^{-6}.

输入

```
fun = inline('exp(x)');I = quad(fun,0,1)
```

得到

```
I =1.7183
```

3） quadl

quadl 函数采用自适应步长的 Lobatto 公式求定积分，其命令格式为

```
I = quadl(fun,a,b,tol)
```

其变量的意义与使用方法与 quad 函数相同.

4） dblquad

dblquad 函数是在矩形区域上求二重积分，其命令格式为

```
I = dblquad(fun,a,b,c,d,tol,method)
```

其中，fun 是二元被积函数 f (x,y)；a,b 是变量 x 的上、下限；c,d 是变量 y 的上、下限；tol 为积分的精度要求，缺省值为 1e－6；method 为求积分的方法，有两种形式，一种是 quad，另一种是 quadl，此项缺省值为 quad；输出项 I 为积分的近似值.

例如，用 dblquad 函数计算二重积分 $I = \int_0^1 \int_0^1 (x^2 + y^2) dxdy$,且精度要求为10^{-6}.

输入

```
I = dblquad(inline('x.^2 + y.^2'), 0, 1, 0, 1)
```

得到

```
I =0.6667
```

如果用符号法求解，则输入

```
syms x y,I = int(int(x^2 + y^2,'y',0,1),'x',0,1)
```

得到精确解为

```
I =2/3
```

对于非矩形积分区域，也可以用矩形积分区域来处理，但需要令超出边界的部分函数值为0.

例如，用 dblquad 函数计算二重积分 $I=\iint\limits_D \sqrt{1-x^2-y^2}\,dxdy$，其中 $D=\{(x,y)\mid x^2+y^2\leqslant 1\}$.

有两种形式构造函数 fun (x,y)：

```
fun = inline('sqrt(max(1 - (x.^2 + y.^2),0))','x','y')
fun = inline('sqrt(1 - (x.^2 + y.^2)).*(x.^2 + y.^2 < =1)','x','y')
```

在很多情况下，第二种方法更便于构造复杂的边界函数. 用 dblquad 函数计算矩形区域上的积分，输入

```
I = dblquad(fun, -1,1, -1,1)
```

得到

```
I =2.0944
```

该积分的精确值是 $2\pi/3$，其计算误差为 1.5843×10^{-5}.

5) triplequad

triplequad 函数是在立方体区域上求三重积分，其命令格式为

```
I = triplequad(fun,a,b,c,d,e,f,tol,method)
```

其中，fun 是三元被积函数 f (x,y,z)；a,b 是变量 x 的上、下限；c,d 是变量 y 的上、下限；e,f 是变量 z 的上、下限；tol 为积分的精度要求，缺省值为 10^{-6}；method 为求积分的方法，有两种形式，一种是 quad，另一种是 quadl，此项缺省值为 quad；输出项 I 为积分的近似值.

例如，用 triplequad 函数计算三重积分 $I=\iiint\limits_{\Omega}[y\sin(x)+z\cos(x)]dv$，其中 $\Omega=\{(x,y,z)\mid 0\leqslant x\leqslant\pi, 0\leqslant y\leqslant 1, -1\leqslant z\leqslant 1\}$.

输入

```
I = triplequad(inline('y.*sin(x) + z.*cos(x)'), 0,pi,0,1, -1,1)
```

得到

```
I =2.0000
```

如果用符号法求解，输入

```
syms x y z,I = int(int(int(y*sin(x) + z*cos(x),'z', -1,1),'y',0,1),
'x',0,pi)
```

得到精确解为

```
I =2
```

7.9.2 广义积分的数值方法

假设所计算的广义积分是收敛的，下面介绍基于 Matlab 函数求广义积分的数值方法.

1) *无界函数的广义积分*

对被积函数在积分区间某点附近无界的广义积分的数值计算，可以去掉相应的无界点(即奇点)，然后利用数值方法求解. 计算时最好使用高精度求积方法.

例如，计算积分$\int_0^1 \frac{1}{\sqrt{x}} dx$. 因为$x=0$是奇点,因此,积分时去掉0点即可. 输入

```
I =quadl(inline('1./sqrt(x)'), eps,1)
```

得到

```
I =2.0000
```

如果奇点在积分区间的中间，可以分成几段积分.

2）积分限为无穷的广义积分

对于积分限为无穷的广义积分，前面介绍的数值方法无法直接利用. 下面介绍两种方法.

(1) 极限方法.

由于$\int_0^{\infty} f(x)\,dx = \lim_{c\to\infty}\int_0^c f(x)\,dx$,因此取$0<c_0<c_1<\cdots<c_n<\cdots$，且$c_n\to\infty(n\to\infty)$，有

$$\int_0^{\infty} f(x)\,dx = \int_0^{c_0} f(x)\,dx + \int_{c_0}^{c_1} f(x)\,dx + \cdots + \int_{c_n}^{c_{n+1}} f(x)\,dx + \cdots$$

上式右端每个积分都是正常积分,可以用前面介绍的数值方法求解. 当$\left|\int_{c_n}^{c_{n+1}} f(x)\,dx\right| \leqslant \varepsilon$时，停止计算. 需要注意,这个终止准则仅是一个实用的计算准则,在理论上并不确切.

类似地,对于$(-\infty,0)$上的积分处理方法相同. 而对于$(-\infty,+\infty)$上的积分，可以分成2个区间$(-\infty,0)$和$[0,+\infty)$来计算.

积分限为无穷的广义积分的 Matlab 通用程序（inf_quad. m）如下：

```
function I =inf_quad(fun,a,b,tol,ep)
% 求无穷区间的积分,其中,
% fun 为被积函数;
% a,b 为积分区间端点,a<b,且至少一点为无穷;
% tol 为精度,用于正常积分,缺省值为 1e-6;
% ep 为精度,迭代终止准则,缺省值为 1e-5.
if nargin <5 ep =1e-5;end;
if nargin <4 |isempty(tol)tol =1e-6;end;
N =2;I =0;
if isinf(a) = =1&isinf(b) = =1     I = inf_quad(fun, -inf,0) + inf_quad(fun,0,inf);
elseif isinf(b) = =1
   while 1
      b =a +N; T =quadl(fun,a,b,tol); I =I +T;
      if abs(T) <ep
         break;
```

```
            end
            a=b;N=2*N;
        end
    elseif isinf(a)==1
        while 1
            a=b-N; T=quadl(fun,a,b,tol); =I+T;
            if abs(T)<ep
               break;
            end
            b=a;N=2*N;
        end
    else
        I=quad(fun,a,b,tol);
    end
```

在 inf_quad. m 中，采用递归的方法编写程序求($-\infty$, $+\infty$)上的积分，这样的编写方法使程序简单.

例如，用函数 inf _quad 计算积分 $\int_0^{\infty} e^{-x^2}dx$. 输入

```
fun=inline('exp(-x.^2)');I=inf_quad(fun,0,inf)
```

得到

```
I=0.8862
```

(2) 变量置换.

对于积分限为无穷的广义积分，有时可通过变量置换，将其变为有限区间的积分. 例如，用变量置换 $t=\frac{x}{1+x}\left(x=\frac{t}{1-t},dx=\frac{1}{(1-t)^2}dt\right)$ 或 $t=e^{-x}\left(x=-\ln t,dx=-\frac{1}{t}dt\right)$，可以将区间$[0,+\infty)$变换为区间 $[0,1]$ 或 $[1,0]$，用变换 $t=\frac{e^x-1}{e^x+1}\left(x=\ln\left(\frac{1+t}{1-t}\right),dx=\frac{2}{1-t^2}dt\right)$将区间$(-\infty,+\infty)$变换为区间 $[-1,1]$. 如果变换后被积函数是有界的，则可用正常积分的数值方法求解.

例如，用变量置换方法计算积分 $\int_0^{\infty} e^{-x^2}dx$.

令 $x=\frac{t}{1-t}$，则有 $\int_0^1 e^{-x^2}dx = \int_0^{\infty} e^{-(\frac{t}{1-t})^2}\frac{1}{(1-t)^2}dt$. 去掉被积函数无意义的点 $t=1$，输入

```
fun=inline('exp(-(t./(1-t)).^2)./(1-t).^2)');I=quad(fun,0,1-
eps)
```

得到

```
I=0.8862
```

评　注

本章小结

本章介绍了数值积分和数值微分. 积分和微分是两种分析运算，都是用极限来定义的，而数值积分和数值微分则归结为函数值的四则运算，从而使计算过程可以在计算机上完成. 处理数值微积分的基本方法是逼近法：利用某个简单函数 $P(x)$ 近似 $f(x)$，然后对 $P(x)$ 求积（求导）得到 $f(x)$ 的积分（导数）的近似值，本章基于插值原理推导了数值微积分的基本公式.

插值求积公式包括牛顿－柯特斯求积公式和高斯求积公式两类，前者为等距节点，但 $n\geqslant 8$ 时计算不稳定，实际计算时通常采用低阶的复化求积方法，它们有很好的收敛性质. 工程计算时涉及步长的选取，如对复化辛普森公式，可以根据误差自动整体折半，称为复化辛普森求积方法；或根据被积函数性质自动选取局部步长，称为自适应辛普森方法. 高斯求积公式用正交多项式的零点作为其求积节点，是非等距节点的插值型求积公式，精度高，达到 $2n+1$ 次代数精度，计算稳定. 当被积函数充分光滑时，高斯求积公式及其复化公式都是很好的方法. 带权函数的高斯求积方法能把复杂积分化简，还可直接计算某些广义积分. 牛顿－柯特斯求积公式和高斯求积公式也可通过求积公式的代数精度建立.

基于理查逊外推的龙贝格求积方法由于计算程序简单，精度较高，是一个在计算机上求积的有效算法，在数值微分中也有相似的外推算法. 外推方法和思想是数值分析中一种很重要的方法，应用很广泛，特别是应用于数值微分、数值积分、常微分方程和偏微分方程数值解法中.

二重积分、广义积分、振荡积分的求积方法及蒙特卡罗方法都是数值积分的重要课题，本章作了简单介绍，并介绍了相应的 Matlab 程序，深入的研究可参考有关专著.

数值微分公式的构造原理，可以利用泰勒展开法、插值求导法（包括三次样条求导法），也可以利用数值积分的原理去构造. 数值微分由于计算的不稳定性，步长选取是很重要的，通常数值微分的外推法可得到较满意结果，但步长也不能太小.

习　题

1. 用 $n=1,2,4$ 的牛顿－柯特斯求积公式计算定积分 $I=\int_0^1 \frac{1}{1+x}\mathrm{d}x$.

2. 如果 $f''(x)>0$，证明用梯形公式计算积分 $I=\int_a^b f(x)\,\mathrm{d}x$ 所得结果比准确值 I 大，并说明其几何意义.

3. 求下列积分公式的代数精度.

(1) $\int_0^3 f(x)\,\mathrm{d}x\approx\frac{3}{2}[f(1)+f(2)]$；　(2) $\int_{-1}^1 f(x)\,\mathrm{d}x\approx\frac{1}{2}[f(-1)+2f(0)+f(1)]$；

(3) $\int_{-1}^1 f(x)\,\mathrm{d}x\approx f\left(-\frac{1}{\sqrt{3}}\right)+f\left(\frac{1}{\sqrt{3}}\right)$.

4. 确定下列求积公式中的待定系数，使其代数精度尽量高，并指出其所具有的代数精度.

(1) $\int_0^2 f(x)\,dx \approx A_0 f(0) + A_1 f(1) + A_2 f(2)$；

(2) $\int_a^b f(x)\,dx \approx A_0 f(a) + A_1 f(b) + A_2 f'(a)$.

5. 用复化梯形与复化辛普森公式计算下列积分.

(1) $I = \int_0^1 \frac{x}{4+x^2}dx, n = 8$；(2) $I = \int_0^{\frac{\pi}{6}} \sqrt{4-\sin^2\varphi}\,d\varphi$（取 11 个点）.

6. 分别用两点和三点牛顿－柯特斯求积公式计算 $I = \int_0^1 e^x dx$，并求其截断误差；若采用复化梯形与复化辛普森公式计算，要求截断误差不超过 0.5×10^{-5}，则区间 $[0,1]$ 分别至少分成多少等份？

7. 用复化辛普森公式计算积分 $I = \int_1^2 3\ln x dx$，要求截断误差不超过 $\frac{1}{2}\times10^{-5}$，并将计算结果与精确值比较.

8. 设 $R_T[f]$、$R_S[f]$ 分别为复化梯形公式与复化辛普森公式的截断误差，$h = \frac{b-a}{n}$，证明：

(1) 当 $f(x)\in C^2[a,b]$ 时，$\lim\limits_{n\to\infty}\frac{R_T[f]}{h^2} = -\frac{1}{12}[f'(b)-f'(a)]$；

(2) 当 $f(x)\in C^4[a,b]$ 时，$\lim\limits_{n\to\infty}\frac{R_S[f]}{h^4} = -\frac{1}{2\,880}[f^{(3)}(b)-f^{(3)}(a)]$.

9. 用龙贝格求积方法计算下列积分，使误差不超过 10^{-5}.

(1) $I = \int_1^2 e^{\frac{1}{x}}dx$；(2) $I = \int_0^{\pi/2}\sin x dx$.

10. 利用两点及三点牛顿－柯特斯求积公式和高斯－勒让德求积公式计算积分 $\int_{-1}^1 \sqrt{x+1.5}\,dx$.

11. 用两点与三点高斯－勒让德求积公式计算积分 $I = \int_1^3 e^x \sin x dx$.

12. 证明：高斯求积公式 $\int_a^b f(x)\,dx \approx \sum\limits_{i=0}^n A_i f(x_i)$ 中的求积系数 A_i 可表示为 $A_i = \int_a^b l_i(x)\,dx = \int_a^b l_i^2(x)\,dx$，其中，$l_i(x)$ 是 n 次拉格朗日插值基函数.

13. 用三点公式求 $f(x) = \frac{1}{(1+x)^2}$ 在 $x = 1.0, 1.1$ 和 1.2 处的导数值，并估计误差. $f(x)$ 的值由表 7－12 给出.

表 7－12 函数值

x	1.0	1.1	1.2
$f(x)$	0.250 0	0.226 8	0.206 6

14. 设$f''(x_i)=\dfrac{f(x_i+h)-2f(x_i)+f(x_i-h)}{h^2}-\dfrac{h^2}{12}f^{(4)}(\xi)$，$\xi\in(x_i-h,x_i+h)$，$f^{(4)}(\xi)\leqslant M$，计算$f(x_i)$的误差不超过$\varepsilon=\dfrac{1}{2}\times10^{-k}$，证明：当$h$取$h_{\mathrm{opt}}=\sqrt[4]{24\times10^{-k}/M}$时，可使计算二阶导数的中心差商公式的截断误差和舍入误差的总和达到最小.

实 验 题

1. 实验目的：理解复化求积公式.

实验内容：对于定积分$I=\int_0^1\dfrac{x}{4+x^2}\mathrm{d}x$.

(1)分别取$n=2,3,\cdots,10$，利用复化梯形公式计算，并与真值比较. 再画出计算误差与n之间的曲线.

(2) 取 $[0,1]$ 上的 9 个点，分别用复化梯形公式和复化辛普森公式计算，并比较精度.

(3) 利用复化高斯公式计算，与 (2) 比较精度.

2. 实验目的：数值积分的应用（选择适当的求积函数计算定积分）.

实验内容：地球卫星的飞行轨道是一个椭圆，椭圆周长的计算公式为

$$S=a\int_0^{\pi/2}\sqrt{1-\left(\frac{c}{a}\right)^2\sin^2\theta}\,\mathrm{d}\theta$$

其中，a是椭圆的长半轴，c是地球中心与轨道中心（椭圆中心）的距离. 令h为近地点距离，H为远地点距离，$R=6\ 371$ km为地球半径，则$a=(2R+H+h)/2, c=(H-h)/2$.

我国第一颗人造地球卫星近地点距离$h=439$ km，远地点距离$H=2\ 384$ km，试求卫星轨道的周长.

3. 实验目的：数值微分的应用.

实验内容：已知20世纪美国人口统计数据，如表7－13所示，计算表中这些年份的人口相对增长率.

表7－13　20世纪美国人口统计数据

年份	1900	1910	1920	1930	1940	1950	1960	1970	1980	1990
人口/($\times10^6$)	76.0	92.0	106.5	123.2	131.7	150.7	179.3	204.0	226.5	251.4

分析：若记时刻t的人口为$x(t)$，则人口相对增长率为$r(t)=\dfrac{\mathrm{d}x/\mathrm{d}t}{x(t)}$，表示每年人口增长的比例. 对于表中给出的人口数据，记1900年为$k=0$，1910，1920，…，1990年依次为$k=1,2,\cdots,9$. 相应地，人口记为x_k，年增长率为r_k，可以利用数值微分的三点公式计算（将每10年的增长率变为每年的增长率）.

$$r_k=\frac{x_{k+1}-x_{k-1}}{20x_k},\ k=1,2,\cdots,8,\ r_0=\frac{-3x_0+4x_1-x_2}{20x_0},\ r_9=\frac{x_7-4x_8+3x_9}{20x_9}$$

第 8 章 常微分方程数值解法

本章导读

MOOC 8.1 常微分方程数值方法基本概念

8.1 引 言

单摆运动：图 8－1 中一根长为 l 的（无弹性）细线，一端固定，另一端悬挂一个质量为 m 的小球，在重力作用下小球处于竖直的平衡位置．若使小球偏离平衡位置一个小的角度 θ，然后让它自由，它就会沿圆弧摆动．在不考虑空气阻力的情况下，小球将作周期一定的简谐运动．

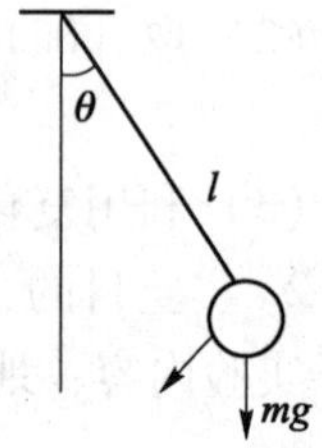

图 8－1 单摆运动

以 $\theta=0$ 为平衡位置，以右边为正方向建立摆角 θ 的坐标系．在小球摆动过程中的任一位置 θ，小球所受重力沿运动轨迹方向的分力为 $-mg\sin\theta$（负号表示力的方向与 θ 的正向相反），利用牛顿第二定律得到如下的微分方程

$$ml\theta''=-mg\sin\theta,\ \theta(0)=\theta_0,\ \theta'(0)=0 \qquad (8-1)$$

式中，θ 表示单摆在任意时刻 t 的位置（与铅垂方向的夹角），l 为单摆的长度，θ_0 为小球初始偏离角度，且小球无初始速度．

对于较小的 θ_0 值，可以使用近似 $\sin\theta\approx\theta$ 将问题简化为线性常系数微分方程

$$\theta''+\frac{g}{l}\theta=0,\ \theta(0)=\theta_0,\ \theta'(0)=0 \qquad (8-2)$$

容易计算得到式（8－2）的解析解为 $\theta(t)=\theta_0\cos\omega t$，$\omega=\sqrt{g/l}$．显然，简谐运动的周期为 $T=2\pi\sqrt{l/g}$．

对于较大的 θ_0 值，若用近似 $\sin\theta\approx\theta$，则误差太大，必须使用近似方法．而式（8－1）没有解析解．因此，这类问题必须利用数值方法求解．

常微分方程是描述确定性现象的常用数学工具．然而，由科学技术和工程实际问题所提出的数学模型，因其问题的复杂性，只有很少的方程能解析求解．实际问题所提炼出的微分方程，很多情况下，求出数值规律就能满足要求．因此，研究常微分方程定解问题的数值解法就显得十分必要了．本章首先考察一阶方程的初值问题

$$\begin{cases} y'=f(x,y) \\ y(x_0)=y_0 \end{cases} \quad x>x_0 \qquad (8-3)$$

假设定解问题是适定的，即式（8－3）的解 $y=y(x)$ 存在、唯一且足够光滑，而且 $y(x)$ 连续地依赖于初值及右端函数．

事实上，只要函数 $f(x,y)$ 适当光滑，例如满足对 y 的李普希茨条件．即存在常数 $L>0$

(称为李氏常数)，使得对一切 $x\in[a,b]$ 及 $y_1,y_2\in\mathbf{R}$，满足

$$|f(x,y_1)-f(x,y_2)|\leqslant L|y_1-y_2|$$

则对任意 $x_0\in[a,b]$，$y_0\in\mathbf{R}$，式 (8-3) 存在唯一的连续可微解 $y(x)$.

对于一个存在唯一解的初值问题，还要注意方程的条件. 描述初值问题的条件，关键在于：如果在包含解曲线的区域中，$\partial f/\partial y<\alpha$ (正的小量)，那么初始条件的微小误差 (摄动) 对解的摄动随 x 的增加而消失或增长不大，这种问题称为好条件的. 若 $\partial f/\partial y>\alpha$ (正的小量)，随 x 的增加，摄动后的解曲线 $\tilde{y}(x)$ 离 $y(x)$ 越来越远，这种问题称为坏条件的.

例如，对于初值问题 $\begin{cases}y'=\mathrm{e}^{-x}-y\\ y(0)=y_0\end{cases}$ 易求得方程有唯一解 $y(x)=(x+y_0)\mathrm{e}^{-x}$. 若初值有微小摄动 $\tilde{y}(0)=y_0+\varepsilon$，摄动后的解为 $y(x)=(x+y_0+\varepsilon)\mathrm{e}^{-x}$，则有

$$|y(x)-\tilde{y}(x)|=|\varepsilon|\mathrm{e}^{-x}\leqslant|\varepsilon|x\geqslant 0$$

其中，$\partial f/\partial y=-1<\alpha$ (正的小量)，从而 ε 的系数是 e^{-x}. 这说明初始条件的微小摄动对解的影响随 x 的增加而减小，所以这个问题是好条件的.

又如，对于初值问题 $\begin{cases}y'=y-100\mathrm{e}^{-100x}\\ y(0)=y_0\end{cases}$，易求得方程有唯一解

$$y(x)=\left(y_0-\frac{100}{101}\right)\mathrm{e}^{x}+\frac{100}{101}\mathrm{e}^{-100x}$$

若初值有微小摄动 $\tilde{y}(0)=y_0+\varepsilon$，摄动后的解为 $y(x)=\left(y_0+\varepsilon-\frac{100}{101}\right)\mathrm{e}^{x}+\frac{100}{101}\mathrm{e}^{-100x}$，则有

$$|y(x)-\tilde{y}(x)|=|\varepsilon|\mathrm{e}^{x}x\geqslant 0$$

其中，$\partial f/\partial y=1>\alpha$ (正的小量)，从而 ε 的系数是 e^{x}，解对初值非常灵敏. 初始条件的微小摄动对解的影响随 x 的增加不是消失，而是迅速增加，所以这个问题是坏条件的.

所谓数值解法，就是用计算机求解微分方程近似解的方法，即寻求定解问题在一系列离散点 $a\leqslant x_0<x_1<x_2<\cdots<x_n\leqslant b$ 上的近似值 $y_0,y_1,\cdots,y_n$ 的方法. 为求 $y(x)$ 在离散点上的近似值，将区间 $x\in[a,b]$ 进行 n 等分，即令

$$x_i=a+ih,h=x_{i+1}-x_i=\frac{b-a}{n}\qquad(i=0,1,\cdots,n-1)$$

式中，h 为步长；x_i 为节点.

式 (8-3) 的数值解法一般都采取"步进式"，即求解过程顺着节点排列的次序一步一步地向前推进. 描述这类算法，只要给出用已知信息 $y_k,y_{k-1},\cdots$ 计算 y_{k+1} 的递推公式. 单步法是常用的"步进式"方法，它是指利用节点 x_k,x_{k+1} 及 $y(x_k)$ 的近似值 y_k，直接计算 $y(x_{k+1})$ 的近似值 y_{k+1} 的各种算法. 另一类方法称为 l 步法，是指计算 y_{k+1} 时用到前面 l 点的值 $y_k,y_{k-1},\cdots,y_{k-l+1}$.

本章研究常微分方程初值问题、边值问题的数值方法及方法的可靠性理论. 基本问

题为：

（1）如何将定解问题数值离散化；

（2）数值方法的局部截断误差和方法的阶；

（3）数值解的误差估计、收敛性及算法的数值稳定性问题.

MOOC 8.2 欧拉方法

8.2 一阶初值问题的欧拉方法

将一阶初值问题转化为单步法，常用的离散化方法有：有限差分离散化方法、泰勒展开离散化方法、数值积分离散化方法. 首先介绍欧拉方法.

欧拉简介

8.2.1 欧拉方法

设 $y_k \approx y(x_k), y_{k+1} \approx y(x_{k+1})$，给定初值 $y_0 = y(x_0)$ 及步长 h，下面分别利用 3 种离散化方法建立欧拉公式.

（1）有限差分离散化方法，利用一阶向前差分公式

$$\frac{y_{k+1}-y_k}{h} \approx y'(x_k) = f(x_k, y(x_k))$$

得到欧拉公式

$$y_{k+1} = y_k + hf(x_k, y_k) \quad (k = 0, 1, \cdots, n-1) \tag{8-4}$$

（2）泰勒展开离散化方法. 将 $y(x)$ 在节点 x_k 处作泰勒展开，即有

$$\begin{aligned} y(x_k + h) &= y(x_k) + hy'(x_k) + \frac{h^2}{2} y''(x_k) + \cdots \\ &= y(x_k) + hf(x_k, y(x_k)) + O(h^2) \end{aligned} \tag{8-5}$$

略去高阶项，则有欧拉公式 $y_{k+1} = y_k + hf(x_k, y_k)$，$k = 0, 1, \cdots, n-1$.

（3）数值积分离散化方法. 利用左矩形数值积分公式，对式（8-3）两端在 $[x_k, x_{k+1}]$ 上积分，得

$$y(x_{k+1}) - y(x_k) = \int_{x_k}^{x_{k+1}} f(x, y(x))\,\mathrm{d}x \approx f(x_k, y(x_k))(x_{k+1} - x_k)$$

则有欧拉公式 $y_{k+1} = y_k + hf(x_k, y_k)$，$k = 0, 1, \cdots, n-1$.

当给定初值 $y_0 = y(x_0)$ 及步长 h 时，按式（8-4）逐步递推，求出 $y_k (k = 1, 2, \cdots, n)$ 的值，称此方法为欧拉方法.

欧拉方法（即折线法）的几何意义（见图 8-2）：在 $[0,1]$ 的每个区间 $[x_k, x_{k+1}]$ 上，用过点 (x_k, y_k) 且斜率等于函数值 $f(x_k, y_k)$ 的折线，来逼近式（8-3）的解 $y = y(x)$.

通过图 8-3 来考察欧拉方法的精度. 假设 $y_k = y(x_k)$，即顶点 P_k 落在 $y = y(x)$ 上，那么按欧拉方法作出的折线 $P_k P_{k+1}$ 就是 $y = y(x)$ 过点 P_k 的切线. 从图 8-3 可知，这样求出的顶点 P_{k+1} 显著地偏离了原曲线，可见欧拉方法是相当粗糙的.

为了分析数值计算公式的精度，引入局部截断误差的概念. 假设点 x_k 处的函数值是准

确的，即 $y_k=y(x_k)$，则称 $T_{k+1}=y(x_{k+1})-y_{k+1}$ 为局部截断误差.

若某方法的局部截断误差为 $T_{k+1}=O(h^{p+1})$，则称该方法具有 p 阶精度.

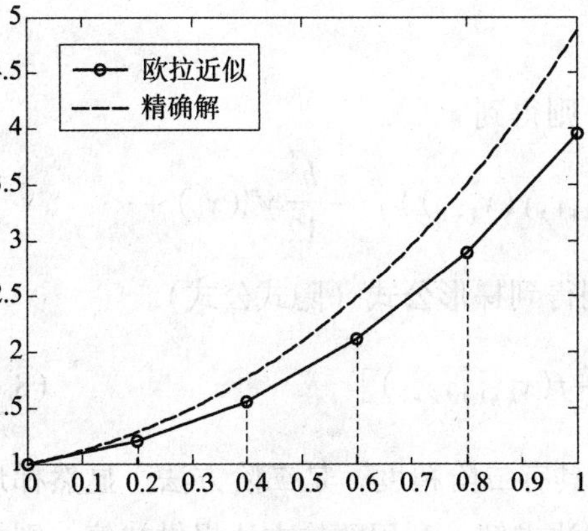

图 8－2　欧拉方法的几何意义

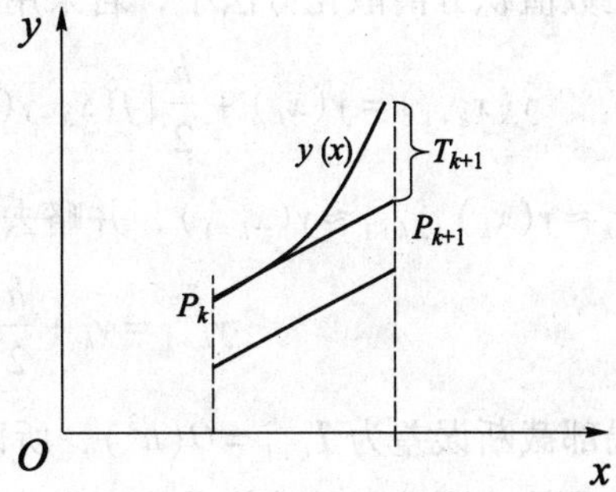

图 8－3　局部截断误差

由式（8－5）可知，$y(x_{k+1})-y_{k+1}=\dfrac{h^2}{2}y''(x_k)+\cdots$，即局部截断误差为 $T_{k+1}=O(h^2)$，所以欧拉方法具有一阶精度，是一阶方法.

8.2.2　后退的欧拉方法

利用右矩形数值积分公式，对式（8－3）两端在 $[x_k,x_{k+1}]$ 上积分

$$y(x_{k+1})-y(x_k)=\int_{x_k}^{x_{k+1}}f(x,y(x))\mathrm{d}x\approx f(x_{k+1},y(x_{k+1}))(x_{k+1}-x_k)$$

则有后退的欧拉公式

$$y_{k+1}=y_k+hf(x_{k+1},y_{k+1})\qquad(k=0,1,\cdots,n-1)\tag{8-6}$$

与欧拉公式相比，后退的欧拉公式有明显的区别，前者是关于 y_{k+1} 的一个直接的计算公式，称为显式的，即显式公式；后者公式的右端含有未知的 y_{k+1}，它实际上是关于 y_{k+1} 的一个函数方程，称为隐式的，即隐式公式.

注　(1) 显式与隐式各有优点. 在计算时显式公式比隐式方便，但考虑到数值稳定性等因素时，隐式公式比显式公式优越.

(2) 隐式公式通常用迭代法求解，而迭代过程的实质是逐步显式化.

(3) 后退的欧拉公式与欧拉公式的误差相似，也是一阶方法. 这是因为局部截断误差为

$$\begin{aligned}T_{k+1}&=y(x_{k+1})-y_{k+1}=y(x_{k+1})-[y(x_k)+hf(x_{k+1},y(x_{k+1}))]\\&=y(x_k)+hy'(x_k)+\frac{h^2}{2}y''(x_k)+\cdots-[y(x_k)+hy'(x_k)+h^2y''(x_k)+\cdots]\end{aligned}$$

$$= -\frac{h^2}{2}y''(x_k) + \cdots$$

8.2.3 梯形方法

在数值积分离散化方法中，若采用梯形公式，则得到

$$y(x_{k+1}) = y(x_k) + \frac{h}{2}[f(x_k, y(x_k)) + f(x_{k+1}, y(x_{k+1}))] - \frac{h^3}{12}y'''(x_k) + \cdots$$

若以 $y_k \approx y(x_k), y_{k+1} \approx y(x_{k+1})$，并略去高阶项，则得到梯形公式（隐式公式）

$$y_{k+1} = y_k + \frac{h}{2}[f(x_k, y_k) + f(x_{k+1}, y_{k+1})] \tag{8-7}$$

它的局部截断误差为 $T_{k+1} = O(h^3)$，所以梯形方法具有二阶精度，是二阶方法．显然梯形方法是隐式的，同后退的欧拉方法一样，可以用迭代法求解．利用欧拉方法提供初值，则梯形方法的迭代公式为

$$\begin{aligned} y_{k+1}^{(0)} &= y_k + hf(x_k, y_k) \\ y_{k+1}^{(i)} &= y_k + \frac{h}{2}[f(x_k, y_k) + f(x_{k+1}, y_{k+1}^{(i-1)})] \quad (i = 1, 2, \cdots) \end{aligned} \tag{8-8}$$

迭代过程的实质是逐步显式化，这样就可以求出 y_{k+1} 的近似解序列 $\{y_{k+1}^{(i)}\}$.

分析式（8-8）的收敛性.

若 $f(x,y)$ 满足李氏条件：$|f(x_1,y_1) - f(x_2,y_2)| \leqslant L|y_1 - y_2|$，则用式（8-7）减去式（8-8），得到

$$|y_{k+1} - y_{k+1}^{(i)}| \leqslant \frac{h}{2}|f(x_{k+1}, y_{k+1}) - f(x_{k+1}, y_{k+1}^{(i-1)})| \leqslant \frac{h \cdot L}{2}|y_{k+1} - y_{k+1}^{(i-1)}|$$

从而递推得到

$$|y_{k+1} - y_{k+1}^{(i)}| \leqslant \left(\frac{h \cdot L}{2}\right)^i \cdot |y_{k+1} - y_{k+1}^{(0)}|$$

如果选取 h 充分小，使 $h \cdot L < 2$，则当 $i \to \infty$ 时，就有迭代序列 $\{y_{k+1}^{(i)}\}$ 收敛到 y_{k+1}.

注 这里指出了迭代序列收敛到式（8-7）的解，并不能由此断定迭代序列是否收敛到式（8-3）的解.

8.2.4 改进的欧拉方法

梯形方法虽然提高了精度，但计算复杂，每迭代一次都要计算函数值，若干次的迭代使得计算量很大，而且很难预测．实际计算时，为简化计算，通常只迭代一两次就转入下一步的计算.

具体地，先用欧拉公式求得预测值 $y_{k+1}^{(0)}$，这个预测值的精度较差，然后用式（8-7）将它校正一次得校正值 y_{k+1}，这样建立的预测-校正系统通常称为改进的欧拉方法，改进的欧拉公式为

$$\begin{cases} y_{k+1}^{(0)} = y_k + hf(x_k, y_k) \\ y_{k+1} = y_k + \dfrac{h}{2}\left[f(x_{k+1}, y_{k+1}^{(0)}) + f(x_k, y_k)\right] \quad (k=0, 1, \cdots, n-1) \end{cases} \tag{8-9}$$

欧拉方法程序实现示例

例 8-1 分别用欧拉方法、改进的欧拉方法解初值问题

$$\begin{cases} y' = y + 3x \\ y(0) = 1 \end{cases} \quad x \in [0,1]$$

解 取 $n=5$，则 $h=\frac{1}{5}=0.2, x_k = kh = 0.2k$，$k=0,1,2,3,4,5$.

（1）用欧拉方法的计算公式为

$$\begin{cases} y_{k+1} = y_k + 0.2(3x_k + y_k) \\ y_0 = 1 \end{cases} \quad (k=0,1,\cdots,4)$$

（2）用改进的欧拉方法的计算公式为

$$\begin{cases} y_{k+1}^{(0)} = y_k + 0.2(3x_k + y_k) \\ y_{k+1} = y_k + 0.1[3(x_k + x_{k+1}) + y_k + y_{k+1}^{(0)}] \quad (k=0,1,\cdots,4) \\ y_0 = 1 \end{cases}$$

计算结果如表 8-1 所示.

表 8-1 欧拉方法与改进的欧拉方法计算结果对比

x_k	y_k（欧拉方法）	y_k（改进的欧拉方法）	$y(x_k)$
0	1	1	1
0.2	1.2	1.28	1.285 61
0.4	1.560 0	1.753 6	1.767 30
0.6	2.112 0	2.463 392	2.488 48
0.8	2.894 4	3.461 338 2	3.502 16
1	3.953 3	4.810 832 7	4.873 13

利用 Matlab 解析求解例 8-1 的微分方程，输入

```
y=dsolve('Dy=y+3*x','y(0)=1','x')
```

得到解析解为

```
y=-3*x-3+4*exp(x)
```

由解析解 $y=-3x-3+4e^x$ 计算出准确值 $y(x_k)$，与近似值 y_k 一起列在表 8-1 中，两者比较可知，改进的欧拉方法比欧拉方法精度高.

改进的欧拉方法具有二阶精度，这是因为 $y_k = y(x_k), y'(x_k) = f(x_k, y_k)$，有

$$f(x_{k+1}, y_{k+1}) = f(x_k, y_k) + hf'(x_k, y_k) + O(h^2) = y'(x_k) + hy''(x_k) + O(h^2)$$

则改进的欧拉方法的计算公式为

$$y_{k+1} = y_k + \frac{h}{2}[f(x_k, y_k) + f(x_{k+1}, y_{k+1})] = y_k + hy'(x_k) + \frac{h^2}{2}y''(x_k) + O(h^3)$$

比较泰勒展开式，有

$$y(x_{k+1}) = y(x_k + h) = y(x_k) + hy'(x_k) + \frac{h^2}{2}y''(x_k) + \cdots$$

得到 $y(x_{k+1}) - y_{k+1} = O(h^3)$.

欧拉公式的 Matlab 计算程序（Euler. m）如下：

```
function [x,y] =Euler(fun,a,b,n,y0)
% 欧拉公式,其中,
% fun 为一阶微分方程的函数;
% a,b 为求解区间的左、右端点;
% n 为等分区间数;
% y0 为初始条件.
x = zeros(1,n +1);y = zeros(1,n +1);
h = (b - a)/n;
x(1) =a;y(1) =y0;
for k =1:n
    x(k +1) =x(k) +h;
    y(k +1) =y(k) +h * feval(fun,x(k),y(k));
end
```

后退的欧拉公式的 Matlab 计算程序（Euler_back. m）如下：

```
function [x,y] =Euler_back(fun,a,b,n,y0)
% 后退的欧拉公式,其中,
% fun 为一阶微分方程的函数;
% a,b 为求解区间的左、右端点;
% n 为等分区间数;
% y0 为初始条件.
x = zeros(1,n +1);y = zeros(1,n +1);
h = (b - a)/n;
x(1) =a;y(1) =y0;
for k =1:n
    x(k +1) =x(k) +h;
    % 用迭代法求 y(k +1)
    z0 =y(k) +h * feval(fun,x(k),y(k));
    for i =1:5
        z1 =y(k) +h * feval(fun,x(k +1),z0);
        if abs(z1 - z0) <1e -3
            break;
```

```
        end
        z0 = z1;
    end
    y(k+1) = z1;
end
```

梯形公式的 Matlab 计算程序（Euler_trap. m）如下：

```
function [x,y] = Euler_trap(fun,a,b,n,y0)
% 梯形公式,其中,
% fun 为一阶微分方程的函数;
% a,b 为求解区间的左、右端点;
% n 为等分区间数;
% y0 为初始条件.
x = zeros(1,n+1);y = zeros(1,n+1);
h = (b-a)/n;
x(1) = a;y(1) = y0;
for k = 1:n
     x(k+1) = x(k) + h;
     % 用迭代法求 y(k+1)
     z0 = y(k) + h * feval(fun,x(k),y(k));
     for i = 1:5     z1 = y(k) + h/2 * (feval(fun,x(k),y(k)) + feval
(fun,x(k+1),z0));
          if abs(z1 - z0) <1e-3
               break;
          end
          z0 = z1;
     end
     y(k+1) = z1;
end
```

改进的欧拉公式的 Matlab 计算程序（Euler_correct. m）如下：

```
function [x,y] = Euler_correct(fun,a,b,n,y0)
% 改进的欧拉公式,其中,
% fun 为一阶微分方程的函数;
% a,b 为求解区间的左、右端点;
% n 为等分区间数;
% y0 为初始条件.
x = zeros(1,n+1);y = zeros(1,n+1);
```

```
h = (b - a)/n;
x(1) = a;y(1) = y0;
for k = 1:n
    x(k+1) = x(k) + h;
    y0 = y(k) + h * feval(fun,x(k),y(k));
    y(k+1) = y(k) + h/2 * (feval(fun,x(k),y(k)) + feval(fun,x(k+1),y0));
end
```

(1) 对于例 8-1，利用欧拉公式的函数 Euler 递推求解：

```
fun = inline('y+3*x','x','y')
a = 0;b = 1;n = 5;y0 = 1;[x,y] = Euler(fun,a,b,n,y0)
```

计算得

```
x =        0   0.2000   0.4000   0.6000   0.8000   1.0000
y =   1.0000   1.2000   1.5600   2.1120   2.8944   3.9533
```

(2) 对于例 8-1，利用后退的欧拉公式的函数 Euler_back 递推求解：

```
fun = inline('y+3*x','x','y')
a = 0;b = 1;n = 5;y0 = 1;[x,y] = Euler_back(fun,a,b,n,y0)
```

计算得

```
x =        0   0.2000   0.4000   0.6000   0.8000   1.0000
y =   1.0000   1.3999   2.0498   3.0122   4.3651   6.2063
```

(3) 对于例 8-1，利用梯形公式的函数 Euler_trap. m 递推求解：

```
fun = inline('y+3*x','x','y')
a = 0;b = 1;n = 5;y0 = 1;[x,y] = Euler_trap(fun,a,b,n,y0)
```

计算得

```
x =        0   0.2000   0.4000   0.6000   0.8000   1.0000
y =   1.0000   1.2888   1.7751   2.5029   3.5257   4.9092
```

(4) 对于例 8-1，利用改进的欧拉公式的函数 Euler_correct 递推求解：

```
fun = inline('y+3*x','x','y')
a = 0;b = 1;n = 5;y0 = 1;[x,y] = Euler_correct(fun,a,b,n,y0)
```

计算得

```
x =        0   0.2000   0.4000   0.6000   0.8000   1.0000
y =   1.0000   1.2800   1.7536   2.4634   3.4613   4.8108
```

注 改进的欧拉公式与梯形公式的精度高于欧拉公式与后退的欧拉公式. 前者采用两个节点上斜率（即节点函数值 $f(x,y)$）的平均值为斜率；而后者只用一个节点上的斜率. 由此启发我们用多个节点斜率的加权平均为斜率，可能构造出精度更高的数值方法.

8.3 龙格 – 库塔方法

8.3 龙格 – 库塔方法

龙格 – 库塔方法(R – K 方法)的基本思想：以多个节点上的 $f(x,y)$ 值的线性组合为加权平均斜率，构造出近似公式，再把近似公式与解的泰勒展开式比较，使尽量多的项吻合，从而使近似公式的局部截断误差阶数尽可能地高，得到高阶的单步法.

构造近似公式为

$$y_{k+1} = y_k + \sum_{i=1}^{r} c_i K_i \tag{8-10}$$

其中

$$K_1 = hf(x_k, y_k)$$

$$K_i = hf\left(x_k + \alpha_i h, y_k + \sum_{j=1}^{i-1} \beta_{ij} K_j\right) \quad (i = 2,3,\cdots,r)$$

参数 $c_i, \alpha_i, \beta_{ij}$ 的选取，遵循使式（8 – 10）与 $y(x_{k+1})$ 的展开式有尽量多的项重合，从而截断误差阶数尽可能高的原则.

式（8 – 10）称为 r 级显式龙格 – 库塔公式，简称 R – K 公式. 当 $r=1$ 时就是欧拉公式，此时公式的阶为 $p=1$. 当 $r=2$ 时，改进的欧拉公式就是其中一种，公式的阶为 $p=2$. 若使式（8 – 10）具有更高的阶，就要增加点数. 下面只对 $r=2$ 推导二阶 R – K 公式

$$y_{k+1} = y_k + c_1 K_1 + c_2 K_2 \tag{8-11}$$

$$K_1 = hf(x_k, y_k), K_2 = hf(x_k + \alpha h, y_k + \beta K_1)$$

为确定参数 c_1, c_2, α, β，将 K_2 进行二元函数的泰勒展开，即有

$$K_2 = h\{f(x_k, y_k) + [\alpha h f_x(x_k, y_k) + \beta f_y(x_k, y_k) \cdot K_1] + \cdots\}$$

将 K_1, K_2 代入式（8 – 11）中，得到

$$\begin{aligned} y_{k+1} &= y_k + c_1 hf(x_k, y_k) + c_2 h\{f(x_k, y_k) + \alpha h f_x(x_k, y_k) + \beta h f_y(x_k, y_k) \cdot f(x_k, y_k) + \cdots\} \\ &= y_k + (c_1 + c_2) hf(x_k, y_k) + h^2[c_2 \alpha f_x(x_k, y_k) + c_2 \beta f_y(x_k, y_k) f(x_k, y_k)] + O(h^3) \end{aligned}$$

另一方面，将 $y(x)$ 在 x_k 附近进行泰勒展开，即有

$$\begin{aligned} y(x_{k+1}) &= y(x_k) + hy'(x_k) + \frac{h^2}{2} y''(x_k) + O(h^3) \\ &= y(x_k) + hf(x_k, y(x_k)) + \frac{h^2}{2}\{f_x(x_k, y(x_k)) + f_y(x_k, y(x_k)) \cdot f(x_k, y(x_k))\} + O(h^3) \end{aligned}$$

当 $y_k = y(x_k)$ 时，将上面两式比较，得到

$$\begin{cases} c_1 + c_2 = 1 \\ c_2 \alpha = \dfrac{1}{2} = c_2 \beta \end{cases}$$

此方程的解不唯一. 若取 $c_1 = c_2 = 1/2, \alpha = \beta = 1$，则得如下的二阶 R – K 公式，即为改进的欧拉公式

$$\begin{cases} y_{k+1} = y_k + \frac{1}{2}(K_1 + K_2) \\ K_1 = hf(x_k,\ y_k) \\ K_2 = hf(x_k + h,\ y_k + K_1) \end{cases}$$

若取 $c_1 = 0, c_2 = 1, \alpha = \beta = 1/2$，则得二阶中点公式

$$y_{k+1} = y_k + hf\left(x_k + \frac{h}{2}, y_k + \frac{h}{2}f(x_k, y_k)\right) \tag{8-12}$$

若取 $c_1 = 1/4, c_2 = 3/4, \alpha = \beta = 2/3$，则得二阶 Heun 公式

$$y_{k+1} = y_k + \frac{h}{4}\left[f(x_k, y_k) + 3f\left(x_k + \frac{2}{3}h, y_k + \frac{2}{3}hf(x_k, y_k)\right)\right] \tag{8-13}$$

注 $r = 2$ 的显式 R－K 公式的局部截断误差不能提高到 $O(h^4)$，所以公式的阶最高只能达到 $p = 2$，而不能得到三阶公式.

同理，在三级显式 R－K 公式中不存在超过三阶的公式. 类似于 $r = 2$ 的公式推导，可以得到各种三阶 R－K 公式，有两个常见的三级三阶 R－K 公式，它们是三阶 Heun 公式：

$$y_{k+1} = y_k + h(K_1/4 + 3K_3/4)$$

$$K_1 = f(x_k, y_k), K_2 = f(x_k + h/3, y_k + hK_1/3), K_3 = f(x_k + 2h/3, y_k + 2hK_2/3)$$

三阶 R－K 公式

$$y_{k+1} = y_k + \frac{h}{6}(K_1 + 4K_2 + K_3)$$

$$K_1 = f(x_k, y_k),\ K_2 = f(x_k + h/2, y_k + hK_1/2),\ K_3 = f(x_k + h, y_k - hK_1 + 2hK_2)$$

要得到四阶显式 R－K 公式，必须 $r = 4$，局部截断误差为 $O(h^5)$. 常用的公式有四阶经典 R－K 公式

$$y_{k+1} = y_k + \frac{h}{6}(K_1 + 2K_2 + 2K_3 + K_4) \tag{8-14}$$

$$K_1 = f(x_k, y_k),\ K_2 = f(x_k + h/2, y_k + hK_1/2)$$

$$K_3 = f(x_k + h/2, y_k + hK_2/2),\ K_4 = f(x_k + h, y_k + hK_3)$$

四阶龙格－库塔－吉尔公式

$$y_{k+1} = y_k + \frac{h}{6}(K_1 + (2 - \sqrt{2})K_2 + (2 + \sqrt{2})K_3 + K_4) \tag{8-15}$$

$$K_1 = f(x_k, y_k),\ K_2 = f(x_k + h/2, y_k + hK_1/2)$$

$$K_3 = f\left(x_k + h/2,\ y_k + \frac{\sqrt{2} - 1}{2}hK_1 + \frac{2 - \sqrt{2}}{2}hK_2\right)$$

$$K_4 = f\left(x_k + h,\ y_k - \frac{\sqrt{2}}{2}hK_2 + \frac{2 + \sqrt{2}}{2}hK_3\right)$$

龙格－库塔方法 Matlab 命令讲解

例 8－2 用四阶经典 R－K 公式求下列初值问题的数值解.

$$\begin{cases} y' = y + 3x, & 0 \leqslant x \leqslant 1 \\ y(0) = 1 \end{cases}$$

解 与例 8－1 对比，仍取 $h=0.2$，节点 $x_k=0.2k, k=0,1,\cdots,4,5$，四阶经典 R－K 公式为

$$y_{k+1}=y_k+h(K_1+2K_2+2K_3+K_4)/6$$
$$K_1=y_k+3x_k,\ K_2=y_k+(hK_1/2)+3(x_k+h/2)$$
$$K_3=3(x_k+h/2)+(y_k+hK_2/2), K_4=3(x_k+h)+y_k+hK_3$$

计算结果如表 8－2 所示．

表 8－2 例 8－2 计算结果

k	x_k	y_k
0	0	1
1	0.2	1.285 6
2	0.4	1.767 3
3	0.6	2.488 5
4	0.8	3.502 2
5	1	4.873 1

注 （1）比较例 8－1 的欧拉公式（一阶公式）与改进的欧拉公式（二阶公式）的计算结果，显然四阶经典 R－K 公式精度高．

（2）在相同步长下，四阶经典 R－K 公式的计算量是欧拉公式的 4 倍，是改进的欧拉公式的 2 倍．若四阶 R－K 公式的步长为 h，欧拉公式的步长为 $h/4$，改进的欧拉公式的步长为 $h/2$，它们的计算量将大致相等，但四阶经典 R－K 公式仍是精度最高的．

（3）对于 $r=1,2,3,4$ 的显式 R－K 公式，可以得到 r 阶的公式，当然也可以建立低于 r 阶的公式．不同的是，当 $r\geqslant5$ 时，可以证明不存在五级五阶显式 R－K 公式．设 $p(r)$ 为 r 级显式 R－K 公式能够达到的最高阶，已经证明了 r 与 $p(r)$ 的关系，如表 8－3 所示．由表 8－3 可知，五阶显式 R－K 公式至少是六级的，要比四阶显式 R－K 公式每步多计算 2 次 $f(x,y)$ 函数值，这是四阶经典 R－K 公式比较流行的原因之一．

表 8－3 R－K 公式的阶 $p(r)$ 与级 r 的关系

r	1, 2, 3, 4	5, 6, 7	8, 9	$\geqslant 10$
$p(r)$	r	$r-1$	$r-2$	$\leqslant r-2$

四阶经典 R－K 公式的 Matlab 计算程序（Runge_kutta4. m）如下：

```
function [x,y] = Runge_kutta4(fun,a,b,n,y0)
% 四阶经典 R-K 公式,其中,
% fun 为一阶微分方程的函数;
% a,b 为求解区间的左、右端点;
% n 为等分区间数;
% y0 为初始条件.
x = zeros(1,n+1);y = zeros(1,n+1);
h = (b-a)/n;
x(1) = a;y(1) = y0;
```

```
for k=1:n
    x(k+1)=x(k)+h;
    K1=feval(fun,x(k),y(k));
    K2=feval(fun,x(k)+h/2,y(k)+h/2*K1);
    K3=feval(fun,x(k)+h/2,y(k)+h/2*K2);
    K4=feval(fun,x(k)+h,y(k)+h*K3);
    y(k+1)=y(k)+h/6*(K1+2*K2+2*K3+K4);
end
```

对于例 8-2，利用四阶经典 R-K 公式的函数 Runge_kutta4 递推求解：

```
fun=inline('y+3*x','x','y')
a=0;b=1;n=5;y0=1;[x,y]=Runge_kutta4(fun,a,b,n,y0)
```

计算得

```
x=        0  0.2000  0.4000  0.6000  0.8000  1.0000
y=   1.0000  1.2856  1.7673  2.4884  3.5021  4.8730
```

8.4 单步法的收敛性与稳定性

MOOC 8.4 单步法的稳定性

常微分方程数值解法的基本思想是，通过某种离散化手段将式（8-3）转化为差分方程，例如显式单步法的统一公式

$$y_{k+1}=y_k+h\varphi(x_k,y_k,h) \tag{8-16}$$

其中 $\varphi(x,y,h)$ 称为增量函数，它是各变量的连续函数. 显然不同的 φ 表示不同的单步法.

如果将式（8-16）移项，则 $\dfrac{y_{k+1}-y_k}{h}=\varphi(x_k,y_k,h)$. 这样的差分公式在理论上是否合理，要看差分方程的解 y_k 是否收敛到原微分方程的精确解 $y(x_k)$，这是差分格式的收敛性问题. 令 $h\to0$，就有

$$\lim_{h\to0}\frac{y(x+h)-y(x)}{h}=y'(x)=f(x,y(x))$$

由于 φ 连续，即有

$$\varphi(x,y,0)=\lim_{h\to0}\varphi(x,y,h)=\lim_{h\to0}\frac{y(x+h)-y(x)}{h}=f(x,y(x)) \tag{8-17}$$

定义 1 如果式（8-17）成立，称单步法 $y_{k+1}=y_k+h\varphi(x_k,y_k,h)$ 的差分格式与微分方程初值问题，即式（8-3），相容；并称式（8-17）为相容性条件.

本节讨论的单步法都是相容的，我们首先介绍收敛性. 对于一种收敛的相容的差分格式，重点讨论其数值稳定性，一个不稳定的差分格式会使计算解失真或计算失败.

8.4.1 收敛性

定义 2 将 $e_k=y_k-y(x_k)$ 称为整体截断误差，其中 y_k 是 $y(x)$ 在点 x_k 处的近似值. 若当

$h \to 0$ 时有 $\lim\limits_{h\to 0} e_k = 0$，则称求 y_k 的数值方法是收敛的.

关于单步法的收敛性及误差估计，有如下定理.

定理 1 若式（8-16）是相容的，函数 $\varphi(x,y,h)$ 在有界闭域 $G=[a,b]\times[y_0-I,y_0+I]\times[0,h_0]$ 关于 y 满足李氏条件，则单步法的解收敛到准确解，且有估计式成立

$$|e_k| = |e_0|e^{L(b-a)} + \frac{ch^p}{L}(e^{L(b-a)}-1) \tag{8-18}$$

式中，L 为李氏常数；h_0 为正常数；$I>0$ 为任意正数.

证明 设式（8-16）有 p 阶精度，即

$$y(x_{k+1}) = y(x_k) + h\varphi(x_k, y(x_k), h) + O(h^{p+1})$$

又因为 $y_{k+1} = y_k + h\varphi(x_k, y_k, h)$，两式相减，并利用李氏条件，则有

$$|y(x_{k+1}) - y_{k+1}| \leqslant |y(x_k) - y_k| + hL|y(x_k) - y_k| + ch^{p+1} = (1+hL)|y(x_k) - y_k| + ch^{p+1}$$

从而有

$$|e_{k+1}| \leqslant (1+hL)|e_k| + ch^{p+1}$$

由上式递推得到

$$\begin{aligned}|e_k| &\leqslant (1+hL)^k|e_0| + ch^{p+1}\,[1+(1+hL)+(1+hL)^2+\cdots+(1+hL)^k] \\ &\leqslant (1+hL)^k|e_0| + ch^{p+1}\cdot\frac{(1+hL)^k-1}{1+hL-1} = (1+hL)^k|e_0| + \frac{c}{L}h^p\,[(1+hL)^k-1]\end{aligned}$$

因为 $(1+hL)\leqslant e^{hL}, kh\leqslant b-a$，所以

$$|e_k| \leqslant e^{khL}\cdot|e_0| + \frac{c}{L}h^p(e^{khL}-1) \leqslant e^{L(b-a)}\cdot|e_0| + \frac{c}{L}h^p(e^{L(b-a)}-1)$$

注 （1）这个定理解决了问题：差分方程的解是否收敛到微分方程定解问题的解，以及如何估计方法的误差.

（2）在误差估计式中，若 $e_0 = y_0 - y(x_0) = 0$，则

$$|e_k| = |e_0|e^{L(b-a)} + \frac{ch^p}{L}(e^{L(b-a)}-1) = \frac{ch^p}{L}(e^{L(b-a)}-1) = O(h^p)$$

这说明计算 y_k 的整体截断误差是 $O(h^p)$，还说明一个方法的整体截断误差比局部截断误差低一阶，所以常常通过求出局部截断误差去了解整体截断误差的大小.

（3）单步法收敛性归结为增量函数 $\varphi(x,y,h)$ 是否满足李氏条件. 这说明 $f(x,y)$ 关于 y 满足李氏条件不仅能使微分方程初值问题的解存在唯一和对初值适定，而且是使单步法收敛的一个重要的充分条件.

例 8-3 考察二阶 R-K 公式的收敛性.

解 （1）二阶 R-K 公式的增量函数为 $\varphi(x,y,h) = \frac{1}{2}[f(x,y) + f(x+h, y+hf(x,y))]$. 当 $h=0$ 时，$\varphi(x,y,0) = f(x,y)$，即方法相容.

（2）当 $f(x,y)$ 关于 y 满足李氏条件时，即有李氏常数 L，使

$$|f(x,y)-f(x,z)|\leqslant L|y-z|$$

从而增量函数 φ 满足

$$\begin{aligned}&|\varphi(x,y,h)-\varphi(x,z,h)|\\&=\left|\frac{1}{2}[f(x,y)+f(x+h,y+hf(x,y))]-\frac{1}{2}[f(x,z)+f(x+h,z+hf(x,z))]\right|\\&\leqslant\frac{L}{2}|y-z|+\frac{L}{2}|y-z+h(f(x,y)-f(x,z))|\leqslant\frac{L}{2}|y-z|+\frac{L}{2}|y-z|+\frac{L^2h}{2}|y-z|\\&=\frac{1}{2}(L+L(1+Lh))|y-z|\leqslant\frac{1}{2}(L+L(1+Lh_0))|y-z|\end{aligned}$$

其中 $h\in[0,h_0]$，而取李氏常数为 $\frac{1}{2}(L+L(1+Lh_0)$，则 $\varphi(x,y,h)$ 满足李氏条件，根据本章定理 1 可知，二阶 R－K 公式是收敛的.

8.4.2 数值稳定性

前面关于单步法收敛性的讨论是在没有舍入误差的情形下进行的，实际计算中，每步都产生舍入误差. 从收敛性看，取步长 h 越小，结果越准确；但从舍入误差方面看，计算步数的增多，有可能使舍入误差积累，最终导致计算结果失真，这种情形称为数值方法计算的不稳定. 因此，进行数值计算必须研究算法的数值稳定性. 实际计算时选择收敛快且数值稳定的方法.

定义 3 设节点 x_k 处的函数值为 y_k^*，计算值为 y_k，称 $\delta_k=y_k^*-y_k$ 为节点 x_k 上的积累舍入误差. 如果第 k 步有积累舍入误差，此后的计算舍入误差的积累不再增长，即

$$|\delta_i|\leqslant|\delta_k|\qquad(i=k+1,k+2,\cdots)$$

则称求 y_k 的数值方法是绝对稳定的.

本章数值方法的前提是求解好条件问题，其中 $\lambda=f_y(x,y)<\alpha$（正的小量）. 坏条件问题的解本身有固有的不稳定性，不在讨论之列. 我们也不去讨论 $h\to0$ 时差分方法的渐进稳定性，因为实际计算时只能取有限的步长. 为了简化讨论，通常是用试验方程

$$y'=\lambda y\ （\lambda\ 为复常数）\tag{8-19}$$

来检验数值方法的稳定性. 选择此方程的理由主要是它比较简单，若某数值方法对式（8－19）不稳定，其数值方法对更复杂的问题也是不可靠的.

将式（8－16）用于式（8－19），得

$$y_{k+1}=y_k+h\varphi(x_k,y_k,h)=E(\lambda h)y_k$$

则有舍入误差关系式 $|\delta_{k+1}|=|E(\lambda h)|\cdot|\delta_k|$. 根据绝对稳定的定义 3，数值方法的稳定条件为 $|E(\lambda h)|<1$.

定义 4 将式（8－16）用于解式（8－19），若得到解 $y_{k+1}=E(\lambda h)y_k$，满足 $|E(\lambda h)|<1$，则称式（8－16）是绝对稳定的. 将 λh 作为一个复数，在 λh 的左半平面上，使式（8－16）绝对稳定的点的集合称为绝对稳定区域，它与实轴的交集称为绝对稳定区间.

显然，数值方法的绝对稳定区域越大，该方法的适应性就越强.

（1）对于欧拉方法，因为 $y_{k+1}=y_k+hf(x_k,y_k)=y_k+\lambda h y_k$，所以 $y_{k+1}=(1+\lambda h)y_k$，即 $E(\lambda h)=1+\lambda h$. 因此，欧拉方法的绝对稳定区域为 $|1+\lambda h|<1$. 当 λ 为负实数时，欧拉方法的绝对稳定区间为 $-2<\lambda h<0$，即为 $0<h<-2/\lambda$.

（2）对于二阶 R－K 方法，由 $y_{k+1}=\left(1+\lambda h+\dfrac{(\lambda h)^2}{2}\right)y_k$，得 $E(\lambda h)=1+\lambda h+\dfrac{(\lambda h)^2}{2}$. 因此，欧拉方法的绝对稳定区域为 $\left|1+\lambda h+\dfrac{(\lambda h)^2}{2}\right|<1$. 当 λ 为负实数时，欧拉方法的绝对稳定区间为 $-2<\lambda h<0$，即为 $0<h<-2/\lambda$.

（3）对于三阶与四阶 R－K 方法，绝对稳定区域分别为

$$|E(\lambda h)|=\left|1+\lambda h+\frac{(\lambda h)^2}{2}+\frac{(\lambda h)^3}{6}\right|<1$$

$$|E(\lambda h)|=\left|1+\lambda h+\frac{(\lambda h)^2}{2}+\frac{(\lambda h)^3}{6}+\frac{(\lambda h)^4}{24}\right|<1$$

当 λ 为负实数时，绝对稳定区间分别为 $-2.51<\lambda h<0$ 和 $-2.785<\lambda h<0$，即分别为 $0<h<-2.51/\lambda$ 和 $0<h<-2.785/\lambda$.

由上面讨论可知，如果方法的绝对稳定区域或区间是有限的，那么步长 h 的选取要受绝对稳定性的约束. 实际计算时，必须按稳定条件确定步长 h，选择合适的方法.

（4）对隐式单步法，可以同样讨论方法的绝对稳定性，例如对于梯形公式. 因为

$$y_{k+1}=y_k+\frac{h}{2}[f(x_k,y_k)+f(x_{k+1},y_{k+1})]=y_k+\frac{h}{2}[\lambda y_k+\lambda y_{k+1}]$$

所以 $y_{k+1}=\dfrac{2+\lambda h}{2-\lambda h}y_k$，即 $E(\lambda h)=\dfrac{2+\lambda h}{2-\lambda h}$. 梯形公式的绝对稳定区域为 $\left|\dfrac{2+\lambda h}{2-\lambda h}\right|<1$. 对于 $\lambda h=\alpha+\mathrm{i}\beta(\alpha<0)$ 都满足上式，因此称梯形公式是 A 稳定的（在整个 λh 的左半平面都稳定时称为 A 稳定）. 当 λ 为负实数时，梯形公式的绝对稳定区间为 $0<h<+\infty$.

同理，后退的欧拉方法的绝对稳定区域为 $|E(\lambda h)|=\left|\dfrac{1}{1-\lambda h}\right|<1$，即 $-\infty<\lambda h<0$，所以后退的欧拉方法是 A 稳定的. 当 λ 为负实数时，后退的欧拉方法的绝对稳定区间为 $0<h<+\infty$.

例 8－4 分别取 $h=0.25$ 和 $h=0.05$，用欧拉方法及后退的欧拉方法考察一阶初值问题

$$\begin{cases}y'=-10y, & 0\leqslant x\leqslant 1\\ y(0)=1\end{cases}$$

的计算稳定性.

解 此问题的准确解 $y(x)=\mathrm{e}^{-10x}$ 是一个负指数函数，很快衰减为 0，如图 8－4 所示.

（1）由于 $\lambda=-10$，欧拉方法的绝对稳定区间为 $0<h<-2/\lambda$，即为 $0<h<0.2$. 所以取 $h=0.25$ 时不稳定，当取 $h=0.05$ 时是稳定的.

用欧拉方法求解，公式为 $y_{n+1}=(1-10h)y_n$；若取 $h=0.25$，则公式为 $y_{n+1}=-1.5y_n$.

计算结果如图8-4所示（用“◦”标出），欧拉方法的解 y_n 在准确值 $y(x_n)$ 的上下波动，计算过程不稳定．但若取 $h=0.05$，则公式为 $y_{n+1}=0.5y_n$．计算结果如图8-4所示（用“*”标出），计算过程稳定．

（2）后退的欧拉方法是A稳定的．取 $h=0.25$ 时，后退的欧拉方法的公式为 $y_{n+1}=y_n/3.5$．计算结果如图8-5所示（用“*”标出），计算过程稳定．

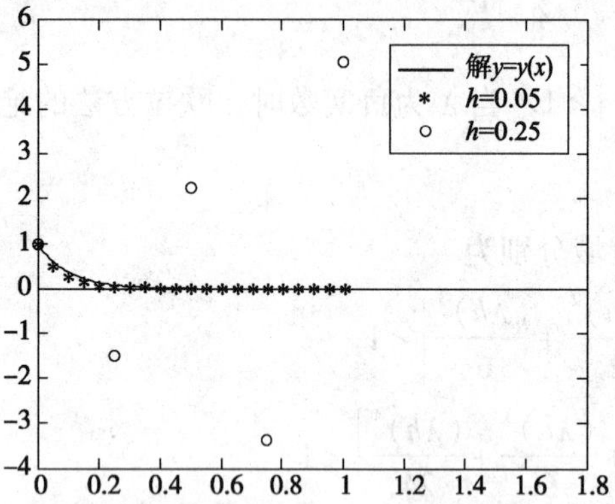

图8-4　欧拉方法的稳定性示意

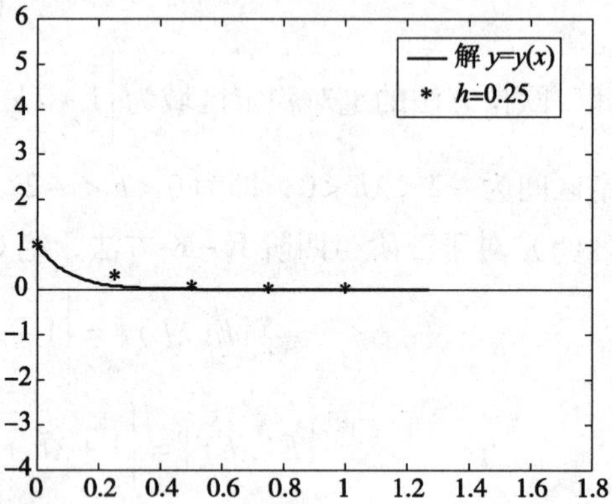

图8-5　后退的欧拉方法的稳定性示意

例8-5　用欧拉方法求解

$$\begin{cases} y' = -5y + x & x_0 \leqslant x \leqslant T \\ y(x_0) = y_0 \end{cases}$$

对步长如何限制，才能保证方法的稳定性？

解　欧拉方法的绝对稳定区间为 $0<h<-2/\lambda$．由于 $\lambda=-5$，所以必须限制步长 h，使 $0<h<0.4$，才能保证欧拉方法稳定性．

注　对一般的初值问题，选取合适的步长，使单步法数值稳定．此时近似地取 $\lambda = -\left|f_y(x,y)\right|_{(x_k,y_k)}$．

8.5　线性多步法

MOOC 8.5
线性多步法

前面介绍的单步法是从 x_0 出发，按公式顺序递推求出 $y_1,y_2,\cdots,y_n$．计算 y_{k+1} 只用到 x_k 和 y_k 的值，而已求出的 $y_0,y_1,\cdots,y_{k-1}$ 并没有充分利用．

计算 y_{k+1} 时如果把 $y_{k-i}, i=0,1,\cdots$ 都利用起来，能否期待获得高精度的差分方程呢？从数值积分的角度来分析，这一问题能得到肯定的答案．因为

$$y(x_{k+1}) = y(x_k) + \int_{x_k}^{x_{k+1}} f(x,y(x))\,\mathrm{d}x \tag{8-20}$$

若用较多的节点求数值积分，截断误差的阶显然就高些，因而数值求解的截断误差阶数也高．这就是构造线性多步法的基本思想．构造线性多步法的主要途径是基于数值积分方法和基于泰勒展开方法．

8.5.1 Adams 方法

在式（8－20）中，数值积分的被积函数为 $F(x)=f(x,y(x))$，取 $x_{k-2},x_{k-1},x_k,x_{k+1}$ 为插值节点，则 $F(x)$ 的插值函数为

$$L_3(x)=\frac{(x-x_k)(x-x_{k-1})(x-x_{k-2})F(x_{k+1})}{(x_{k+1}-x_k)(x_{k+1}-x_{k-1})(x_{k+1}-x_{k-2})}+\frac{(x-x_{k+1})(x-x_{k-1})(x-x_{k-2})F(x_k)}{(x_k-x_{k+1})(x_k-x_{k-1})(x_k-x_{k-2})}+$$
$$\frac{(x-x_{k+1})(x-x_k)(x-x_{k-2})F(x_{k-1})}{(x_{k-1}-x_{k+1})(x_{k-1}-x_k)(x_{k-1}-x_{k-2})}+\frac{(x-x_{k+1})(x-x_k)(x-x_{k-1})F(x_{k-2})}{(x_{k-2}-x_{k+1})(x_{k-2}-x_k)(x_{k-2}-x_{k-1})}$$

余项为

$$R_3(x)=\frac{F^{(4)}(\xi)}{4!}(x-x_{k+1})(x-x_k)(x-x_{k-1})(x-x_{k-2})$$

式中，$x_{k-2}<\xi<x_{k+1}$；$F(x)=L_3(x)+R_3(x)$.

1） Adams **内插公式**

考虑等距节点情形，将 $L_3(x)$ 代入式（8－20）并略去余项，经整理，得到 Adams 内插公式，即

$$y_{k+1}=y_k+\frac{h}{6}f(x_{k+1},y_{k+1})\int_0^1 t(t+1)(t+2)\,\mathrm{d}t-\frac{h}{2}f(x_k,y_k)\int_0^1(t-1)(t+1)(t+2)\,\mathrm{d}t+$$
$$\frac{h}{2}f(x_{k-1},y_{k-1})\int_0^1(t-1)t(t+2)\,\mathrm{d}t-\frac{h}{6}f(x_{k-2},y_{k-2})\int_0^1(t-1)t(t+1)\,\mathrm{d}t$$
$$=y_k+\frac{h}{24}[9f(x_{k+1},y_{k+1})+19f(x_k,y_k)-5f(x_{k-1},y_{k-1})+f(x_{k-2},y_{k-2})] \tag{8-21}$$

注 (1)式(8－21)计算 y_{k+1} 时用到前面三点的值 y_k,y_{k-1},y_{k-2}，并且右端含有 y_{k+1}，所以称为三步隐式方法.

(2) 式（8－21）是四阶公式. 由 $y(x_{k+1})$ 的泰勒展开式与 y_{k+1} 比较可得局部截断误差主项为 $y(x_{k+1})-y_{k+1}=-\frac{19}{720}y^{(5)}(x_k)h^5$，即 $T_{k+1}=O(h^5)$.

2） Adams **外推公式**

如果以等距节点 $x_{k-3},x_{k-2},x_{k-1},x_k$ 为插值节点，构造出 $F(x)$ 的插值函数 $L_3(x)$，推导得到四阶显式的 Adams 外推公式

$$y_{k+1}=y_k+\frac{h}{24}[55f(x_k,y_k)-59f(x_{k-1},y_{k-1})+37f(x_{k-2},y_{k-2})-9f(x_{k-3},y_{k-3})] \tag{8-22}$$

局部截断误差主项为 $y(x_{k+1})-y_{k+1}=\frac{251}{720}y^{(5)}(x_k)h^5$，即 $T_{k+1}=O(h^5)$. 式（8－22）称为 Adams 外推公式，是因为积分区间为 $[x_k,x_{k+1}]$，而 $L_3(x)$ 定义在 $[x_{k-3},x_k]$ 上.

注 用 Adams 外推公式计算 y_{k+1} 时，必须已知 $y_{k-3},y_{k-2},y_{k-1},y_k$ 等 4 个值.

Adams 方法显式与隐式的比较如下：

（1）同一阶数下，隐式的局部截断误差的系数的绝对值比显式小，即隐式误差较小；

（2）显式的计算工作量比隐式小；

（3）隐式的稳定区域比显式大.

3）Adams 预测－校正公式

由插值理论可知，一般说，外推算法不如内插算法准确. 比较截断误差可知 Adams 内插公式比外推公式精度高. 因此实践中，常将两个公式结合使用，即用式（8－22）进行预测，再用式（8－21）校正，形成四阶 Adams 预测－校正公式

$$\begin{cases} y_{k+1}^{(0)}=y_k+\dfrac{h}{24}(55f_k-59f_{k-1}+37f_{k-2}-9f_{k-3}) \\ y_{k+1}=y_k+\dfrac{h}{24}(9f(x_{k+1},y_{k+1}^{(0)})+19f_k-5f_{k-1}+f_{k-2}) \end{cases} \quad (k=0,1,2,\cdots) \qquad (8-23)$$

式中，y_0 由初始条件给定；$f_i=f(x_i,y_i)\,(i=k-3,k-2,k-1,k)$；而 $y_i\,(i=1,2,3)$ 需要用四阶单步法提供值，如利用四阶经典 R－K 公式计算初值.

4）修正的预测－校正公式

考虑四阶 Adams 公式的截断误差，对于预测步有 $y(x_{k+1})-y_{k+1}^{(0)}\approx\frac{251}{720}y^{(5)}(x_k)h^5$，对校正步有 $y(x_{k+1})-y_{k+1}\approx-\frac{19}{720}y^{(5)}(x_k)h^5$. 两式相减得 $y^{(5)}(x_k)h^5\approx-\frac{720}{270}(y_{k+1}^{(0)}-y_{k+1})$，于是有事后误差估计

$$y(x_{k+1})-y_{k+1}^{(0)}\approx-\frac{251}{270}(y_{k+1}^{(0)}-y_{k+1}),\quad y(x_{k+1})-y_{k+1}\approx\frac{19}{270}(y_{k+1}^{(0)}-y_{k+1})$$

因此

$$y_{k+1}^{(00)}=y_{k+1}^{(0)}+\frac{251}{270}(y_{k+1}-y_{k+1}^{(0)}),\quad \bar{y}_{k+1}=y_{k+1}-\frac{19}{270}(y_{k+1}-y_{k+1}^{(0)})$$

比 $y_{k+1}^{(0)},y_{k+1}$ 更好. 但在 $y_{k+1}^{(00)}$ 的表达式中 y_{k+1} 是未知的，因此计算时用上一步代替. 这样，将 Adams 预测－校正公式再组合，提高预测精度，便得到修正的预测－校正公式

预测值 $\qquad y_{k+1}^{(0)}=y_k+\dfrac{h}{24}(55f_k-59f_{k-1}+37f_{k-2}-9f_{k-3})$

修改预测值 $y_{k+1}^{(00)}=y_{k+1}^{(0)}+\frac{251}{270}(y_k^c-y_k^{(0)})$

校正值 $y_{k+1}^c=y_k+\frac{h}{24}(9f(x_{k+1},y_{k+1}^{(00)})+19f_k-5f_{k-1}+f_{k-2})$

修改校正值 $y_{k+1}=y_{k+1}^c-\frac{19}{270}(y_{k+1}^c-y_{k+1}^{(0)})$ (8-24)

8.5.2 一般线性多步法

一般的 l 步线性多步法可以写成

$$\begin{aligned}y_{k+1}&=\sum_{i=0}^{l-1}\alpha_i y_{k-i}+\sum_{i=-1}^{l-1}\beta_i f_{k-i}\\&=\alpha_0 y_k+\alpha_1 y_{k-1}+\cdots+\alpha_{l-1}y_{k-l+1}+h(\beta_{-1}f_{k+1}+\beta_0 f_k+\cdots+\beta_{l-1}f_{k-l+1})\end{aligned}\tag{8-25}$$

式中，$f_p=f(x_p,y_p)$. 当 $\beta_{-1}=0$ 时，式（8-25）就是显式公式，$l=1$ 时为单步法.

1）数值积分方法

数值积分方法是构造线性多步法的一种途径. Adams 方法就是利用插值多项式进行积分得出来的. 又如，由辛普森求积公式有

$$y(x_{k+1})-y(x_{k-1})=\frac{h}{3}(f(x_{k-1})+4f(x_k)+f(x_{k+1}))-\frac{1}{90}h^5y^{(5)}(\xi_k)$$

式中，$h=x_{k+1}-x_k=x_k-x_{k-1}$. 对应的数值公式为

$$y_{k+1}=y_{k-1}+\frac{h}{3}(f_{k-1}+4f_k+f_{k+1})\tag{8-26}$$

上式称为辛普森方法. 辛普森方法是四阶方法，其局部截断误差为 $T_{k+1}=\frac{1}{90}h^5y^{(5)}(\xi_k)$.

2）Taylor 展开方法

构造线性多步法的另一重要途径是利用泰勒展开方法. 例如确定式（8-25）中的$2l+1$个参数 $\alpha_0,\alpha_1,\cdots,\alpha_{l-1}$，$\beta_{-1},\beta_0,\beta_1,\cdots,\beta_{l-1}$，方法是将 f_{k-i} 写成 $y'(x_{k-i})$，并将所有项在 $x=x_k$ 进行泰勒展开，比较两边 h 相同幂次前的系数，若

$$\begin{aligned}&1=\sum_{i=0}^{l-1}\alpha_i,\quad \frac{1}{j!}=\frac{1}{j!}\sum_{i=0}^{l-1}\alpha_i(-i)^s+\frac{1}{(j-1)!}\sum_{i=-1}^{l-1}\beta_i(-i)^{j-1}\quad(j=1,2,\cdots,m)\\&\frac{1}{(m+1)!}\neq\frac{1}{(m+1)!}\sum_{i=0}^{l-1}\alpha_i(-i)^{m+1}+\frac{1}{m!}\sum_{i=-1}^{l-1}\beta_i(-i)^m\end{aligned}\tag{8-27}$$

则式（8－25）是 m 阶方法，局部截断误差主项为 $T_{k+1}=C_{m+1}h^{m+1}y^{(m+1)}(x_k)$，其中

$$C_{m+1}=\frac{1}{(m+1)!}\left\{1-\sum_{i=0}^{l-1}\alpha_i(-i)^{m+1}-(m+1)\sum_{i=-1}^{l-1}\beta_i(-i)^m\right\}.$$

一般应用的线性多步方法都是大于或等于一阶的方法，这样的方法亦称为与式（8－3）相容的方法．p 阶方法的构造是选择参数 $\alpha_0,\alpha_1,\cdots,\alpha_{l-1}$，$\beta_{-1},\beta_0,\beta_1,\cdots,\beta_{l-1}$，使式（8－27）中的 m 为 p.

例 8－6　推导最高阶的二步线性多步法.

解　(1) 二步显式线性多步法为

$$y_{k+1}=\alpha_0y_k+\alpha_1y_{k-1}+h(\beta_0f_k+\beta_1f_{k-1})$$

共 4 个待确定参数．由式（8－27），令

$$1=\alpha_0+\alpha_1,\quad 1=-\alpha_1+\beta_0+\beta_1,\quad \frac{1}{2}=\frac{1}{2}\alpha_1-\beta_1,\quad \frac{1}{6}=-\frac{1}{6}\alpha_1+\frac{1}{2}\beta_1$$

解得 $\alpha_0=-4,\alpha_1=5,\beta_0=4,\beta_1=2$．又因为 $\frac{1}{24}-\frac{\alpha_1}{24}+\frac{\beta_1}{6}=\frac{1}{6}\neq0$，则得阶数最高的二步显式线性多步法为

$$y_{k+1}=-4y_k+5y_{k-1}+h(4f_k+2f_{k-1})$$

其局部截断误差主项为 $T_{k+1}=\frac{1}{6}h^4y^{(4)}(x_k)$，是三阶方法.

(2) 二步隐式线性多步法为

$$y_{k+1}=\alpha_0y_k+\alpha_1y_{k-1}+h(\beta_{-1}f_{k+1}+\beta_0f_k+\beta_1f_{k-1})$$

共 5 个待确定参数．由式（8－27），令

$$1=\alpha_0+\alpha_1,\quad 1=-\alpha_1+\beta_{-1}+\beta_0+\beta_1,\quad \frac{1}{2}=\frac{1}{2}\alpha_1+\beta_{-1}-\beta_1$$

$$\frac{1}{6}=-\frac{1}{6}\alpha_1+\frac{1}{2}\beta_{-1}+\frac{1}{2}\beta_1,\quad \frac{1}{24}=\frac{1}{24}\alpha_1+\frac{1}{6}\beta_{-1}-\frac{1}{6}\beta_1$$

解得 $\alpha_0=0,\alpha_1=1,\beta_0=4/3,\beta_{-1}=\beta_1=1/3$．则得辛普森方法

$$y_{k+1}=y_{k-1}+\frac{h}{3}(f_{k-1}+4f_k+f_{k+1})$$

注　两种多步法的构造公式中，数值积分方法是有局限的，它只对能将式（8－3）转化为等价的积分方程的情形适用，而用泰勒展开方法则可构造任意多步法公式.

3) 几个常用的线性多步法的预测－校正公式

线性多步法程序实现示例

(1) Milne 预测－校正法：

预测公式　　$y_{k+1}^{(0)}=y_{k-3}+\frac{4}{3}h(2f_{k-2}-f_{k-1}+2f_k)$

校正公式 $$y_{k+1}=y_{k-1}+\frac{h}{3}(f_{k-1}+4f_k+f_{k+1}^{(0)})$$

式中，$f_p=f(x_p,y_p)$；$f_{k+1}^{(0)}=f(x_{k+1},y_{k+1}^{(0)})$.

（2）Hamming 预测 - 校正法

预测公式 $$y_{k+1}^{(0)}=y_{k-3}+\frac{4}{3}h(2f_k-f_{k-1}+2f_{k-2})$$

校正公式 $$y_{k+1}=\frac{1}{8}(9y_k-y_{k-2})+\frac{3}{8}h(f_{k+1}^{(0)}+2f_k-f_{k-1})$$

Hamming 预测 - 校正法被认为是效果更好的四阶预测 - 校正法. 如果将预测 - 校正公式再组合，提高预测精度，还可得到修正的预测 - 校正公式：

预测值 $$y_{k+1}^{(0)}=y_{k-3}+\frac{4}{3}h(2f_k-f_{k-1}+2f_{k-2})$$

修改预测值 $$y_{k+1}^{(00)}=y_{k+1}^{(0)}-\frac{112}{121}(y_k^{(0)}-y_k)$$

校正值 $$y_{k+1}^{c}=\frac{1}{8}[9y_k-y_{k-2}+3h(y_{k+1}^{(00)}+2f_k-f_{k-1})]$$

修改校正值 $$y_{k+1}=y_{k+1}^{c}+\frac{9}{121}(y_{k+1}^{(0)}-y_{k+1}^{c})$$

四阶 Adams 预测 - 校正公式的 Matlab 计算程序（Adams. m）如下：

```
function [x,y] =Adams(fun,a,b,n,y0)
% 四阶 Adams 预测 -校正公式,其中,
% fun 为一阶微分方程的函数;
% a,b 为求解区间的左、右端点;
% n 为等分区间数;
% y0 为初始条件.
x=zeros(1,n+1);y=zeros(1,n+1);
h=(b-a)/n;x(1)=a;y(1)=y0;
for k=1:n
     x(k+1)=x(k)+h;
     if k<4
     K1 =feval(fun,x(k),y(k));  K2 =feval(fun,x(k)+h/2,y(k)+
h/2*K1);  K3 =feval(fun,x(k)+h/2,y(k)+h/2*K2);
   K4 =feval(fun,x(k)+h,y(k)+h*K3);  y(k+1)=y(k)+h/6*(K1+2*
K2+2*K3+K4);
     else
        K1 =feval(fun,x(k),y(k));
```

```
            K2 = feval(fun,x(k-1),y(k-1));
            K3 = feval(fun,x(k-2),y(k-2));
            K4 = feval(fun,x(k-3),y(k-3));  y0 = y(k) + h/24 * (55 * K1 -
59 * K2 +37 * K3 -9 * K4);
            y0 = feval(fun,x(k+1),y0);  y(k+1) = y(k) + h/24 * (9 * y0 +
19 * K1 -5 * K2 + K3);
        end
    end
```

修正的四阶 Adams 预测 - 校正公式的 Matlab 计算程序（Adams_Extra. m）如下：

```
    function [x,y] = Adams_Extra(fun,a,b,n,y0)
    % 修正的四阶 Adams 预测 - 校正公式,其中,
    %  fun 为一阶微分方程的函数;
    %  a,b 为求解区间的左、右端点;
    %  n 为等分区间数;
    %  y0 为初始条件.
    x = zeros(1,n+1);y = zeros(1,n+1);
    h = (b-a)/n;x(1) = a;y(1) = y0;
    y0 = zeros(1,n+1);yc = zeros(1,n+1);
    for k = 1:n
        x(k+1) = x(k) + h;
        if k<4
            K1 = feval(fun,x(k),y(k));  K2 = feval(fun,x(k) + h/2,y(k) +
h/2 * K1);  K3 = feval(fun,x(k) + h/2,y(k) + h/2 * K2);
            K4 = feval(fun,x(k) + h,y(k) + h * K3);  y(k+1) = y(k) + h/6 *
(K1 +2 * K2 +2 * K3 + K4);
        else
            K1 = feval(fun,x(k),y(k));
            K2 = feval(fun,x(k-1),y(k-1));
            K3 = feval(fun,x(k-2),y(k-2));
            K4 = feval(fun,x(k-3),y(k-3));
            y0(k+1) = y(k) + h/24 * (55 * K1 -59 * K2 +37 * K3 -9 * K4);
        ypre = y0(k+1) +251/270 * (yc(k) - y0(k));
            ypre = feval(fun,x(k+1),ypre);  yc(k+1) = y(k) + h/24 * (9 *
ypre +19 * K1 -5 * K2 + K3);  y(k+1) = yc(k+1) -19/270 * (yc(k+1) - y0(k+1));
        end
    end
```

例 8-7 用 Adams 方法求解

$$\begin{cases} y' = -y + x - e^{-1} \\ y(1) = 0 \end{cases}$$

解 此问题的精确解为 $y(x) = e^{-x} + x - 1 - e^{-1}$，分别取 $h = 0.2$ 和 $h = 1$，用四阶 Adams 显式公式、四阶 Adams 隐式公式、四阶 Adams 预测 - 校正公式及修正的四阶 Adams 预测 - 校正公式计算，由四阶经典 R - K 公式为其提供初值，每种方法的部分计算结果及精确值分别列于表 8 - 4 和表 8 - 5 中.

表 8 - 4 $h = 0.2$ 的 Adams 方法计算值比较

		x					
		2.0	2.2	2.4	2.6	2.8	3.0
y	四阶 Adams 显式公式	0.767 495 25	0.942 977 84	1.122 893 6	1.306 453 2	1.492 986 3	1.681 962 3
	四阶 Adams 隐式公式	0.767 454 41	0.942 921 45	1.122 835 8	1.306 391 1	1.492 927 6	1.681 904 6
	四阶 Adams 预测 - 校正公式	0.767 450 77	0.942 917 04	1.122 831 0	1.306 386 2	1.492 922 7	1.681900 0
	修正的四阶 Adams 预测 - 校正公式	0.767 456 51	0.942 924 68	1.122 839 6	1.306 395 3	1.492 931 8	1.681 908 8
	精确值	0.767 455 84	0.942 923 72	1.122 838 5	1.306 394 1	1.492 930 6	1.681 907 6

表 8 - 5 $h = 1$ 的 Adams 方法计算值比较

		x					
		15	16	17	18	19	20
y	四阶 Adams 显式公式	-134.425 70	373.497 10	-851.606 73	2 114.409 5	-5 055.302 8	12 287.047
	四阶 Adams 隐式公式	13.632 121 0	14.632 121 0	15.632 121 0	16.632 121	17.632 121	18.632 121
	精确值	13.632 121 0	14.632 121 0	15.632 121 0	16.632 121	17.632 121	18.632 121

注 由表 8 - 4 与表 8 - 5 可知如下结论.

(1) 计算精度排列次序是：修正的四阶 Adams 预测 - 校正公式的精度最好，其次是四阶 Adams 隐式公式，再次是四阶 Adams 预测 - 校正公式，最后是四阶 Adams 显式公式. 计算结果表明预测 - 校正技术和外推技巧的效果很好.

(2) 当计算步长变大后，Adams 显式公式的计算结果出现了振荡，不稳定了，而 Adams 隐式公式的计算结果仍然是稳定的，这说明隐式公式的稳定性比同阶的显式公式好.

(3) 四阶经典 R - K 方法和线性多步法都是四阶精度，但每前进一步，前者要计算 4 次微分方程的右端函数，而后者只要计算 1 次新的右端函数值，计算量减少了.

8.6 高阶方程与一阶方程组初值问题

实际问题和科学技术中提出的模型，大量是高阶方程和一阶方程组问题. 对于高阶方程和一阶方程组的初值问题，把单步法和多步法的思想方法和理论推广，应用于这些问题之中. 具体的处理方法为：(1) 对于高阶方程初值问题，首先将其化为一阶方程组，再解一阶方程组；(2) 对于一阶方程组初值问题，可以将解微分方程的数值方法推广到向量方程情形.

8.6.1 高阶方程初值问题

以三阶方程初值问题为例将高阶方程化为一阶方程组，设三阶常微分方程初值问题为

$$\begin{cases} y^{(3)}=f(x,\ y,\ y',\ y'') \\ y(x_0)=y_0,\ y'(x_0)=y_0',\ y''(x_0)=y_0'' \end{cases}$$

引进新变量 $y_1=y, y_2=y', y_3=y''$，代入上式，则问题化为

$$\begin{cases} y_1'=y_2 \\ y_2'=y_3 \\ y_3'=f(x,\ y_1,\ y_2,\ y_3) \\ y_1(x_0)=y_0,\ y_2(x_0)=y_0',\ y_3(x_0)=y_0'' \end{cases}$$

若记 $\boldsymbol{Y}=(y_1,y_2,y_3)^{\mathrm{T}}$，则上式写成

$$\begin{cases} \boldsymbol{Y}'=\boldsymbol{F}(x,\ \boldsymbol{Y}) \\ \boldsymbol{Y}(x_0)=\boldsymbol{Y}_0 \end{cases} \tag{8-28}$$

式中，$\boldsymbol{F}=(f_1,f_2,f_3)^{\mathrm{T}}$；$f_1=y_2, f_2=y_3, f_3=f(x,\boldsymbol{Y})$；$\boldsymbol{Y}_0=(y_0,y_0',y_0'')^{\mathrm{T}}$.

注 对于一般的高阶问题，用同样的变换化为形如式 (8-28) 的问题.

8.6.2 一阶方程组初值问题

设一阶向量方程（一阶方程组）的初值问题为

$$\begin{cases} \boldsymbol{Y}'=\boldsymbol{F}(x,\ \boldsymbol{Y}), & x>x_0 \\ \boldsymbol{Y}(x_0)=\boldsymbol{Y}_0 \end{cases} \tag{8-29}$$

式中，$\boldsymbol{Y}=(y_1,y_2,\cdots,y_n)^{\mathrm{T}}$；$\boldsymbol{F}=(f_1,f_2,\cdots,f_n)^{\mathrm{T}}$；$\boldsymbol{Y}_0=(y_{10},y_{20},\cdots,y_{n0})^{\mathrm{T}}$.

可以将解一阶初值问题的各种数值方法用于解式 (8-29). 例如将四阶经典R-K公式用于解式 (8-29)，此时公式为

$$\begin{cases} Y_{k+1}=Y_k+\dfrac{h}{6}(K_1+2K_2+2K_3+K_4) \\ K_1=F(x_k,\ Y_k),\ K_2=F\left(x_k+\dfrac{h}{2},\ Y_k+\dfrac{h}{2}K_1\right) \\ K_3=F(x_k+h/2,\ Y_k+hK_2/2),\ K_4=F(x_k+h,\ Y_k+hK_3) \end{cases} \quad (k=0,\ 1,\ 2,\ \cdots)$$

实际计算中，采用分量形式，即对 $i=1,2,\cdots,n$，有

$$\begin{cases}y_{ik+1}=y_{ik}+\dfrac{h}{6}(K_{1i}+2K_{2i}+2K_{3i}+K_{4i})\\K_{1i}=f_i(x_k,y_{1k},y_{2k},\cdots,y_{nk})\\K_{2i}=f_i\left(x_k+h/2,y_{1k}+\dfrac{h}{2}K_{11},y_{2k}+\dfrac{h}{2}K_{12},\cdots,y_{nk}+\dfrac{h}{2}K_{1n}\right)\\K_{3i}=f_i\left(x_k+h/2,y_{1k}+\dfrac{h}{2}K_{21},y_{2k}+\dfrac{h}{2}K_{22},\cdots,y_{nk}+\dfrac{h}{2}K_{2n}\right)\\K_{4i}=f_i(x_k+h,y_{1k}+hK_{31},y_{2k}+hK_{32},\cdots,y_{nk}+hK_{3n})\end{cases}$$

例 8-8 求下列初值问题的数值解，取 $h=0.1$.

$$\begin{cases}y''-2y'+2y=e^{2x}\sin x,\quad 0\leqslant x\leqslant 1\\y(0)=-0.4\\y'(0)=-0.6\end{cases}$$

解 先将二阶初值问题化为方程组，令 $y_1=y,y_2=y'$，则得到

$$\begin{cases}y_1'=y_2\\y_2'=e^{2x}\sin x-2y_1+2y_2\\y_1(0)=-0.4,\ y_2(0)=-0.6\end{cases}$$

采用四阶经典 R-K 公式求解，公式为

$$y_{1k+1}=y_{1k}+\frac{h}{6}(K_{11}+2K_{21}+2K_{31}+K_{41}),\qquad y_{2k+1}=y_{2k}+\frac{h}{6}(K_{12}+2K_{22}+2K_{32}+K_{42})$$

$$K_{11}=y_{2k},\ K_{12}=e^{2x_k}\cdot\sin x_k-2y_{1k}+2y_{2k}$$

$$K_{21}=y_{2k}+\frac{h}{2}K_{12},\ K_{22}=e^{2\left(x_k+\frac{h}{2}\right)}\cdot\sin\left(x_k+\frac{h}{2}\right)-2\left(y_{1k}+\frac{h}{2}K_{11}\right)+2\left(y_{2k}+\frac{h}{2}K_{12}\right)$$

$$K_{31}=y_{2k}+\frac{h}{2}K_{22}$$

$$K_{32}=e^{2\left(x_k+\frac{h}{2}\right)}\cdot\sin\left(x_k+\frac{h}{2}\right)-2\left(y_{1k}+\frac{h}{2}K_{21}\right)+2\left(y_{2k}+\frac{h}{2}K_{22}\right)$$

$$K_{41}=y_{2k}+hK_{32},\ K_{42}=e^{2(x_k+h)}\cdot\sin(x_k+h)-2(y_{1k}+hK_{31})+2(y_{2k}+hK_{32})$$

由初始条件 $y_{10}=-0.4,y_{20}=-0.6$，将其代入上式，得到 $K_{11}=-0.06,K_{12}=-0.04$, $K_{21}=-0.062,K_{22}=-0.032\ 476\ 447,K_{31}=-0.061\ 623\ 822,K_{32}=-0.031\ 524\ 092,K_{41}=-0.063\ 152\ 409,K_{42}=-0.021\ 786\ 372$，所以 $y_{11}=0.461\ 733\ 342,y_{21}=-0.631\ 631\ 242$.

对于 $k=1,2,\cdots,9$，继续计算，结果如表 8-6 所示.

表 8-6　例 8-8 的数值解

x_k	0.1	0.2	0.3	0.4	0.5
y_{1k}	-0.461 733 342	-0.525 559 883	-0.588 601 436	-0.646 612 306	-0.693 566 655
y_{2k}	-0.631 631 242	-0.640 148 948	-0.613 663 806	-0.536 582 029	-0.388 738 097
x_k	0.6	0.7	0.8	0.9	1.0
y_{1k}	-0.721 151 899	-0.718 152 952	-0.669 711 327	-0.556 442 903	-0.353 398 860
y_{2k}	-0.144 380 867	0.228 997 018	0.771 991 796	1.534 781 48	2.578 766 34

解方程组的四阶经典 R-K 公式的 Matlab 计算程序（Runge_kutta4s.m）如下：

```
function [x,y] =Runge_kutta4s(fun,a,b,n,y0)
% 解方程组的四阶经典 R-K 公式,其中,
% fun 为一阶微分方程的函数;
% a,b 为求解区间的左右、端点;
% n 为等分区间数;
% y0 为初始列向量.
x=zeros(1,n+1);
y=zeros((length(y0),n+1);
h=(b-a)/n;x(1)=a;y(:,1)=y0;
for k=1:n
    x(k+1)=x(k)+h;
    K1=feval(fun,x(k),y(:,k));
    K2=feval(fun,x(k)+h/2,y(:,k)+h/2*K1);
    K3=feval(fun,x(k)+h/2,y(:,k)+h/2*K2);
    K4=feval(fun,x(k)+h,y(:,k)+h*K3);  y(:,k+1)=y(:,k)+
h/6*(K1+2*K2+2*K3+K4);
end
```

对于例 8-8，利用函数 Runge_kutta4s 递推求解：

```
fun=inline('[y(2);exp(2*x)*sin(x)-2*y(1)+2*y(2)]','x','y');
a=0;b=1;n=10;y0=[-0.4;-0.6];[x,y]=Runge_kutta4s(fun,a,b,n,y0)
```

计算得

```
x=0.1000 0.2000 0.3000 0.4000 0.5000 0.6000 0.7000 0.8000 0.9000 1.0000
y=-0.4617 -0.5256 -0.5886 -0.6466 -0.6936 -0.7212 -0.7182 -0.6697
    -0.5564 -0.3534 -0.6316 -0.6401 -0.6137 -0.5366 -0.3887 -0.1444
     0.2290 0.7720 1.5348 2.5788
```

8.7 刚性问题

在化学反应、电子网络和自动控制等领域中常见这样的常微分方程（组），方程（组）解的分量数量级差别很大，给数值求解带来很大困难，这种问题称为刚性问题.

例 8-9 求解一阶初值问题

$$\begin{cases} y' = -50y + \dfrac{49}{50}e^{-x} + x + \dfrac{1}{50}, & 0 < x \leqslant 3 \\ y(0) = \dfrac{51}{50} \end{cases}$$

解 利用 Matlab 的符号求解，输入

```
y=dsolve('Dy=-50*y+49/50*exp(-x)+x+1/50','y(0)=51/50','x')
```

得到

```
y=1/50*exp(-x)+1/50*x+exp(-50*x)
```

则解析解为 $y(x)=e^{-50x}+\dfrac{1}{50}(e^{-x}+x)$.

解析解中包含的两项 e^{-x} 和 e^{-50x} 性质很不相同，当 x 增加时，e^{-50x} 下降迅速，在 $x=0.2$ 时就下降到 $e^{-10}\approx 0$，而 e^{-x} 则下降缓慢. 如果用四阶经典 R-K 公式求解，考虑到方法的绝对稳定性，步长的选取应满足 $h<-2.785/\lambda$，即 $h<2.785/50=0.055\ 7$. 因此，当 $h<0.055\ 7$ 时，计算稳定. 所用的步长、初始条件和在 $x=3$ 处的计算结果如表 8-7 所示.

表 8-7 例 8-9 的数值解

h	0.05	0.06	0.1	准确解
(x_0, y_0)	(0, 51/50)	(0, 51/50)	(0.2, 0.020 4)	
$x=3$	0.061 0	$8.225\ 4\times 10^{6}$	$4.223\ 3\times 10^{27}$	0.061 0

由表 8-7 可知，当步长 $h=0.05$ 时在稳定域内，结果准确. 若将步长放大，取 $h=0.06$ 时计算结果猛增，到 $x=3$ 时为 $8.225\ 4\times 10^{6}$. 实际上，当 $x=0.2$ 时 e^{-50x} 就下降到 $e^{-10}\approx 0$，完全可以忽略. 我们试图在 $x=0.2$ 处开始放大计算步长为 $h=0.1$（比 $\lambda=-1$ 时的步长 $h=2.785$ 小得多），计算结果仍然出现猛增现象，到 $x=3$ 时为 $4.223\ 3\times 10^{27}$. 计算失败的原因是：在整个计算区间上必须保持小步长. 方程解的分量数量级差别很大，引起数值计算上的困难，这是系统本身病态性质引起的，这种问题称为刚性问题.

例 8-10 求解方程组

$$\begin{cases} \dfrac{du}{dt} = -1\ 000.25u + 999.75v + 0.5 \\ \dfrac{dv}{dt} = 999.75u - 1\ 000.25v + 0.5 \\ u(0) = 1, \quad v(0) = -1 \end{cases}$$

解 利用Matlab的符号求解，输入

```
S = dsolve ('Du = - 1000.25 * u + 999.75 * v + 0.5 ','Dv = 999.75 * u - 1000.25 * v +0.5','u(0) =1','v(0) = -1');u =S.u,v =S.v
```

得到

```
u = -exp(-1/2 * t) +exp(-2000 * t) +1, v = -exp(-1/2 * t) -exp(-2000 * t) +1
```

方程组右端系数 $\boldsymbol{A}=\begin{pmatrix}-1\,000.25 & 999.75\\ 999.75 & -1\,000.25\end{pmatrix}$，其特征值为 $\lambda_1=-0.5,\lambda_2=-2\,000$，方程的准确解为 $\begin{cases}u(t)=-\mathrm{e}^{-0.5t}+\mathrm{e}^{-2\,000t}+1\\ v(t)=-\mathrm{e}^{-0.5t}-\mathrm{e}^{-2\,000t}+1\end{cases}$.

注意到上述解中包含的两项 $\mathrm{e}^{-0.5t}$ 和 $\mathrm{e}^{-2\,000t}$ 性质很不相同，当 t 增加时，$\mathrm{e}^{-2\,000t}$ 下降迅速，在 $t=0.005$ 时就下降到 $\mathrm{e}^{-10}\approx0$，而 $\mathrm{e}^{-0.5t}$ 则下降缓慢，以至于约在 $t=20$ 处才能使解接近稳定值 $\mathrm{e}^{-10}\approx0$. 这就是说，方程的解必须计算到 $t=20$ 才能达到稳态解，因此方程解的分量数量级差别很大，是一个刚性方程组. 如果用四阶经典 R－K 公式求解，考虑到方法的绝对稳定性，步长的选取应满足 $h<-2.785/\lambda$，即 $h<-2.785/\lambda_2\approx0.001\,4$. 一旦计算到 $t=0.005$，快速变化部分就没有影响了，以后的计算我们希望使用大步长，但由于稳定性的要求，仍要用小步长. 这样计算到稳态解至少需要计算到 $t=20$，大约需要计算 14 286 步，这无疑会耗费很多时间，从而引起数值计算上的困难. 用小步长计算长区间，这是刚性方程组典型的刚性现象. 该例说明数量级差别很大的两个稳态解完全依赖于常微分方程组右端系数矩阵的特征值.

对一般的线性常微分方程组 $\dfrac{\mathrm{d}\boldsymbol{y}}{\mathrm{d}x}=\boldsymbol{A}\boldsymbol{y}+\boldsymbol{g}(x)$，如果系数矩阵 $\boldsymbol{A}\in\boldsymbol{R}^{n\times n}$ 的特征值 $\lambda_j(j=1,2,\cdots,n)$ 满足：①特征值的实部 $\mathrm{Re}\lambda_j<0$，$j=1,2,\cdots,n$；② $s=\dfrac{\max\limits_j|\mathrm{Re}\lambda_j|}{\min\limits_j|\mathrm{Re}\lambda_j|}\gg1$，则称此方程组为刚性方程组，并称 s 称为刚性比.

刚性比 $s\gg1$ 时，$\boldsymbol{A}$ 为病态矩阵，刚性方程称为病态方程. 通常 $s\geqslant10$ 就认为方程组是刚性的. s 越大病态越严重. 例 8－10 中方程组的刚性比 $s=4\,000$，故它是刚性的.

对一般非线性常微分方程组 $\dfrac{\mathrm{d}\boldsymbol{y}}{\mathrm{d}x}=\boldsymbol{f}(x,y)$，也存在同样的问题. 此时的 λ_j 表示如下雅可比矩阵的第 j 个特征值

$$\frac{\partial\boldsymbol{f}}{\partial\boldsymbol{y}}=\begin{pmatrix}\dfrac{\partial f_1}{\partial y_1} & \dfrac{\partial f_1}{\partial y_2} & \cdots & \dfrac{\partial f_1}{\partial y_n}\\ \dfrac{\partial f_2}{\partial y_1} & \dfrac{\partial f_2}{\partial y_2} & \cdots & \dfrac{\partial f_2}{\partial y_n}\\ \vdots & \vdots & & \vdots\\ \dfrac{\partial f_n}{\partial y_1} & \dfrac{\partial f_n}{\partial y_2} & \cdots & \dfrac{\partial f_n}{\partial y_n}\end{pmatrix}$$

求刚性方程组的数值解时，若用步长受限制的方法就将出现小步长计算大区间的问题，因此最好使用对步长不加限制的方法，如梯形公式等 A 稳定的方法. A 稳定的方法很少，Dahlquist 指出：

（1）任何显式线性多步法和显式 R－K 方法都不可能是 A 稳定的；

（2）A 稳定的隐式线性多步法不能超过二阶，其中具有最小误差常数的公式是梯形公式.

下面是常用的 3 个隐式 R－K 方法，分别为一级二阶公式、二级二阶公式以及二级四阶公式

$$\begin{cases} y_{k+1} = y_k + hK_1 \\ K_1 = f\left(x_k + \dfrac{h}{2},\ y_k + \dfrac{h}{2}K_1\right) \end{cases},\quad \begin{cases} y_{k+1} = y_k + \dfrac{h}{2}(K_1 + K_2) \\ K_1 = f(x_k,\ y_k) \\ K_2 = f\left(x_k + h,\ y_k + \dfrac{h}{2}(K_1 + K_2)\right) \end{cases}$$

$$\begin{cases} y_{k+1} = y_k + \dfrac{h}{2}(K_1 + K_2) \\ K_1 = f\left(x_k + \left(\dfrac{1}{2} + \dfrac{\sqrt{3}}{6}\right)h,\ y_k + \dfrac{1}{4}hK_1 + \left(\dfrac{1}{4} + \dfrac{\sqrt{3}}{6}\right)hK_2\right) \\ K_2 = f\left(x_k + \left(\dfrac{1}{2} - \dfrac{\sqrt{3}}{6}\right)h,\ y_k + \left(\dfrac{1}{4} - \dfrac{\sqrt{3}}{6}\right)hK_1 + \dfrac{1}{4}hK_2\right) \end{cases}$$

例如，对于例 8－10 的刚性方程组，分别利用后退的欧拉方法、梯形公式、二级四阶 R－K方法和四阶经典 R－K 方法求解. 因为该方程组是线性的，所以 3 种隐式方法都可以显式计算，计算公式省略. 分别用 4 种方法递推计算到 $t=0.2$，精确解 $u(0.2)=v(0.2)=0.095\,163$，计算结果列于表 8－8 中.

表 8－8　刚性方程组的隐式和显式方法计算结果比较

方法		$h=0.001$	$h=0.004$	$h=0.008$	$h=0.01$	$h=0.1$
后退的欧拉方法	u	0.095 14	0.095 072	0.094 982	0.094 937	0.092 995
	v	0.095 14	0.095 072	0.094 982	0.094 937	0.092 995
梯形公式	u	0.095 163	0.095 163	0.093 295	0.113 23	1.056 00
	v	0.095 163	0.095 163	0.097 031	0.077 091	－0.865 61
二级四阶 R－K 方法	u	0.095 163	0.095 163	0.095 163	0.095 169	0.982 08
	v	0.095 163	0.095 163	0.095 163	0.095 156	－0.791 76
四阶经典 R－K 方法	u	0.095 163	1.4×10^{102}	2.3×10^{83}	6.7×10^{74}	4.3×10^{15}
	v	0.095 163	-1.4×10^{102}	-2.3×10^{83}	-6.7×10^{74}	-4.3×10^{15}

由表 8－8 可知，显式四阶经典 R－K 方法在稳定域内取小步长，计算稳定. 而三种隐式方法都是无条件稳定的，对计算步长无限制，但局部截断误差对步长有严格要求，

当 $h=0.004$ 时隐式方法的计算结果均保持高的精度．但是，当 $h=0.008$ 直到 $h=0.01$ 时，仅仅二级四阶 R－K 方法得到满意的结果．随着 h 增大，后退的欧拉方法精度虽不高，但结果很平稳．高阶隐式方法的计算结果出现伪振荡，这是它们截断误差中高的奇阶导数所致，但隐式方法不会出现猛增现象．

8.8 边值问题

常微分方程的边值问题是指定解条件给出方程解 $y(x)$ 在求解区间两个端点的性态，二阶微分方程边值问题的一般形式为

$$y''=f(x,y,y') \qquad a<x<b$$

其边值条件主要有以下 3 种形式：

第一边值条件，$y(a)=\alpha, y(b)=\beta$；

第二边值条件，$y'(a)=\alpha, y'(b)=\beta$；

第三边值条件，$y'(a)-\alpha_0 y(a)=\alpha, y'(b)+\beta_0 y(b)=\beta$，其中 $\alpha,\beta,\alpha_0,\beta_0$ 均为已知常数，α_0,β_0 非负且不全为零．

本节讨论常微分方程边值问题的数值解法，主要介绍打靶法和有限差分法．

8.8.1 打靶法

打靶法的基本思想是将边值问题化为相应的初值问题，从而利用初值问题的数值解法求得边值问题的数值解．

1） 线性打靶法

考虑线性边值问题

$$\begin{cases}-y''+p(x)y'+q(x)y=r(x),\ a<x<b\\ y(a)=\alpha,\ y(b)=\beta\end{cases} \tag{8-30}$$

式中，$p(x),q(x),r(x)$ 为区间 $[a,b]$ 上已知的连续函数，且 $q(x)\geqslant 0$．与式（8－30）相对应，引进两个初值问题：

$$\begin{cases}-u''+p(x)u'+q(x)u=r(x),\ a\leqslant x\leqslant b\\ u(a)=\alpha,\ u'(a)=0\end{cases}. \tag{8-31}$$

$$\begin{cases}-v''+p(x)v'+q(x)v=0,\ a\leqslant x\leqslant b\\ v(a)=0,\ v'(a)=1\end{cases} \tag{8-32}$$

不难验证，当 $v(b)\neq 0$ 时，式（8－30）的解 $y=y(x)$ 可表示为

$$y(x)=u(x)+\frac{\beta-u(b)}{v(b)}v(x)$$

因此，通过求出式（8－31）和式（8－32）的数值解 $u_k\approx u(x_k), v_k\approx v(x_k), k=1,2,\cdots,n$，就可以得到式（8－30）的数值解 $y_k=u_k+\dfrac{(\beta-u_n)v_k}{v_n}$．

对于更一般的线性边值问题：

$$\begin{cases} -y''+p(x)y'+q(x)y=r(x),\ a<x<b \\ \alpha_0 y(a)-\alpha_1 y'(a)=\alpha \\ \beta_0 y(b)+\beta_1 y'(b)=\beta \end{cases} \tag{8-33}$$

式中，$\alpha_0\alpha_1\geqslant 0,\beta_0\beta_1\geqslant 0,\alpha_0+\alpha_1\neq 0,\beta_0+\beta_1\neq 0$. 可将其转化为两个初值问题：

$$\begin{cases} -u''+p(x)u'+q(x)u=r(x),\ a\leqslant x\leqslant b \\ u(a)=-C_1\alpha,\ u'(a)=-C_0\alpha \end{cases} \tag{8-34}$$

$$\begin{cases} -v''+p(x)v'+q(x)v=0,\ a\leqslant x\leqslant b \\ v(a)=\alpha_1,\ v'(a)=\alpha_0 \end{cases} \tag{8-35}$$

式中，C_0 和 C_1 是任意选取的两个常量，但应满足条件 $C_0\alpha_1-C_1\alpha_0=1$.

设 $u(x)$ 和 $v(x)$ 分别为式（8-34）和式（8-35）的解，则由 $y(x)=u(x)+sv(x)$ 所确定的函数为式（8-32）的解，其中 $s=\dfrac{\beta-[\beta_0 u(b)+\beta_1 u'(b)]}{\beta_0 v(b)+\beta_1 v'(b)}$.

2）非线性打靶法

考虑非线性边值问题

$$\begin{cases} y''=f(x,y,y'),\ a<x<b \\ y(a)=\alpha,\ y(b)=\beta \end{cases} \tag{8-36}$$

引进初值问题

$$\begin{cases} y''=f(x,y,y') \\ y(a)=\alpha,\ y'(a)=S \end{cases} \tag{8-37}$$

式中，S 为适当选定的值. 设 $y(x)$ 为式（8-37）的解，如果 S 选取得当，使 $y(b)$ 恰好等于 β，那么这个 $y(x)$ 也就是式（8-36）的解，为寻找这样的 S，可求解一系列初值问题

$$\begin{cases} y''=f(x,y,y'),\ a\leqslant x\leqslant b \\ y(a)=\alpha, y'(a)=S_j\quad (j=0,1,\cdots) \end{cases} \tag{8-38}$$

式中，S_j 为适当选择的参数. 记式（8-38）解为 $y(x,S_j)$，则数列 $\{S_j\}$ 的选取应满足

$$\lim_{k\to\infty} y(b,S_j)=y(b,S)=\beta$$

设 $y_{k,j}(k=1,2,\cdots,n)$ 是式（8-38）与参数 S_j 相应的数值解 $y_{n,j}\approx y(b,S_j)$. 对 $j=0$，求得 $\{y_{n,0}\}$，若 $|y_{n,0}-\beta|<\varepsilon$，$\varepsilon$ 为取定的精度，则可取 $\{y_{n,0}\}$ 作为式（8-36）的数值解，否则，将 S_0 改为 S_1，再求出数值解 $\{y_{k,j}\}$ 作为式（8-36）的数值解.

考虑数列 $\{S_j\}$ 的合理选择，在式（8-37）中，参数 S 的理想值应满足 $y(b,S)-\beta=0$，通常这是一个非线性方程，可采用插值法或牛顿迭代法求解，从而产生收敛于 S 的序列 S_0，$S_1,S_2,\cdots$. 例如，利用 $y(b,S)$ 在 S_j 和 S_{j+1} 两点的线性插值，可导出计算 $\{S_j\}$ 的公式

$$S_{j+2}=S_j+\frac{S_{j+1}-S_j}{y_{n,j+1}-y_{n,j}}(\beta-y_{n,j}),\ j=0,1,\cdots$$

式中，起始值 S_0,S_1 需取定，并求出相应的数值解 $y_{n,0}$ 和 $y_{n,1}$.

例 8－11 用线性打靶法求解边值问题

$$\begin{cases} y''+xy'-4y=12x^2-3x, & 0<x<1 \\ y(0)=0, y(1)=2 \end{cases}$$

解 (1) 将边值问题转化为两个初值问题

$$\begin{cases} u''+xu'-4u=12x^2-3x, & 0<x<1 \\ u(0)=0, u'(0)=0 \end{cases}, \begin{cases} v''+xv'-4v=0, & 0<x<1 \\ v(0)=0, v'(0)=1 \end{cases}$$

因为右端边界 $y(1)=2$，则边值问题的解为 $y(x)=u(x)+\dfrac{2-u(1)}{v(1)}v(x)$.

(2) 令 $u_1=u, u_2=u', v_1=v, v_2=v'$，将两个初值问题分别降为一阶方程组初值问题：

$$\begin{cases} u_1'=u_2 \\ u_2'=-xu_2+4u_1+12x^2-3x \\ u_1(0)=0 \\ u_2(0)=0 \end{cases}, \begin{cases} v_1'=v_2 \\ v_2'=-xv_2+4v_1 \\ v_1(0)=0 \\ v_2(0)=1 \end{cases}$$

取步长 $h=0.1$，用四阶经典 R－K 方法分别求解，得到精确值 $y(x)$ 的打靶法计算值，节点上的计算值、精确值和误差列于表 8－9 中．此边值问题的精确解为 $y(x)=x^4+x$.

表 8－9 例 8－11 的计算结果

x_n	u_n	v_n	y_n	$y(x_n)$	$y(x_n)-y_n$
0.1	−0.000 399 5	0.100 499 4	0.100 101 7	0.100 100	0.17×10^{-5}
0.2	−0.002 407	0.204 006 2	0.201 602 9	0.201 600	0.29×10^{-5}
0.3	−0.005 459 8	0.313 557 9	0.308 103 7	0.308 100	0.37×10^{-5}
0.4	−0.006 654 8	0.432 251 3	0.425 604 2	0.425 600	0.42×10^{-5}
0.5	−0.000 777 3	0.563 271 6	0.562 504 4	0.562 500	0.44×10^{-5}
0.6	0.019 670 52	0.709 921 1	0.729 604 2	0.729 600	0.42×10^{-5}
0.7	0.064 442 78	0.875 645 4	0.940 103 7	0.940 100	0.37×10^{-5}
0.8	0.145 524 1	1.064 060	1.209 603	1.209 600	0.3×10^{-5}
0.9	0.277 105 3	1.278 974	1.556 102	1.556 100	0.2×10^{-5}
1.0	0.475 560 7	1.524 412	2.000 000	2	0

由表 8－9 可知，线性打靶法很有效．线性打靶法的精确度取决于所选取的初值问题数值方法的阶及步长的大小.

8.8.2 有限差分法

考虑二阶线性常微分方程

$$-y''+p(x)y'+q(x)y=f(x) \quad a<x<b \tag{8-39}$$

式中，$p(x),q(x)$ 和 $f(x)$ 为 $[a,b]$ 上已知的连续函数，且 $q(x)\geqslant0$，边值条件为 3 种边值条件之一.

将连续问题离散化，划分区间 $[a,b]: a=x_0<x_1<\cdots<x_n=b$，节点 $x_k=a+kh, k=0,$

$1,\cdots,n,h=\dfrac{b-a}{n}$为步长，利用数值微分公式有

$$y''(x_k)=\frac{y(x_{k+1})-2y(x_k)+y(x_{k-1})}{h^2}-\frac{h^2}{12}y^{(4)}(\xi_k)$$

$$y'(x_k)=\frac{y(x_{k+1})-y(x_{k-1})}{2h}-\frac{h^2}{6}y^{(3)}(\eta_k)$$

可将式（8-39）在内节点 x_k 处离散为

$$-\frac{y(x_{k+1})-2y(x_k)+y(x_{k-1})}{h^2}+p(x_k)\frac{y(x_{k+1})-y(x_{k-1})}{2h}+q(x_k)y(x_k)$$

$$=f(x_k)-\frac{h^2}{12}y^{(4)}(\xi_k)+\frac{h^2}{6}p(x_k)y^{(3)}(\eta_k)$$

当 h 充分小时，略去高阶项，就得到节点近似值 $y_k\approx y(x_k)$ 所满足的差分方程

$$-\frac{y_{k+1}-2y_k+y_{k-1}}{h^2}+p_k\frac{y_{k+1}-y_{k-1}}{2h}+q_ky_k=f_k \qquad (k=1,2,\cdots,n-1) \tag{8-40}$$

式中，$p_k=p(x_k)$；$q_k=q(x_k)$；$f_k=f(x_k)$. 截断误差为

$$R_k=-\frac{h^2}{12}y^{(4)}(\xi_k)+\frac{h^2}{6}p(x_k)y^{(3)}(\eta_k)=O(h^2)$$

式（8-40）是关于 $n+1$ 个未知量 $y_0,y_1,\cdots,y_n$ 的线性方程组，方程个数为 $n-1$，因此，还需利用相应的边值条件补充两个方程.

对于第一边值条件，可直接取 $y_0=\alpha,y_n=\beta$，从而得到求解式（8-39）第一边值问题的差分方程组

$$\begin{cases}-\left(1+\dfrac{h}{2}p_k\right)y_{k-1}+(2+q_kh^2)y_k-\left(1-\dfrac{h}{2}p_k\right)y_{k+1}=h^2f_k \qquad (k=1,2,\cdots,n-1)\\ y_0=\alpha,\ y_n=\beta\end{cases} \tag{8-41}$$

对于第二、三边值条件，可用数值微分公式离散，最简单的近似公式为

$$y'(a)\approx\frac{y(x_1)-y(x_0)}{h},\ y'(b)\approx\frac{y(x_n)-y(x_{n-1})}{h}$$

也可采用精度较高的近似公式

$$y'(a)\approx\frac{-y(x_2)+4y(x_1)-3y(x_0)}{2h},\ y'(b)\approx\frac{3y(x_n)-4y(x_{n-1})+y(x_{n-2})}{2h}$$

代入相应的边值条件中，得到两个边界方程. 例如，对于第三边值条件可导出相应的差分方程组，即

$$\begin{cases}-\left(1+\dfrac{h}{2}p_k\right)y_{k-1}+(2+q_kh^2)y_k-\left(1-\dfrac{h}{2}p_k\right)y_{k+1}=h^2f_k\\ -y_2+4y_1-3y_0-2h\alpha_0y_0=2h\alpha\\ 3y_k-4y_{k-1}+y_{k-2}+2h\beta_0y_k=2h\beta\end{cases} \quad (k=1,2,\cdots,n-1) \tag{8-42}$$

我们建立了求解式（8－39）的第一和第三边值问题（$\alpha_0=\beta_0=0$ 时对应第二边值问题）的两个差分方程组，即式（8－41）和式（8－42），在一定条件下，这些方程组的解是唯一存在的.

下面考虑式（8－41）的求解，将其写成矩阵形式，即

$$\begin{pmatrix} 2+q_1h^2 & -1+\frac{h}{2}p_1 & & & \\ -1-\frac{h}{2}p_2 & 2+q_2h^2 & -1+\frac{h}{2}p_2 & & \\ \ddots & \ddots & \ddots & & \\ & -1-\frac{h}{2}p_{n-2} & 2+q_{n-2}h^2 & -1+\frac{h}{2}p_{n-2} \\ & & -1-\frac{h}{2}p_{n-1} & 2+q_{n-1}h^2 \end{pmatrix}\begin{pmatrix} y_1 \\ y_2 \\ \vdots \\ y_{n-2} \\ -y_{n-1} \end{pmatrix}$$

$$=\begin{pmatrix} h^2f_1+\left(1+\frac{h}{2}p_1\right)\alpha \\ h^2f_2 \\ \vdots \\ h^2f_{n-2} \\ h^2f_{n-1}+\left(1-\frac{h}{2}p_{n-1}\right)\beta \end{pmatrix}$$

这是一个三对角方程组，当$\frac{1}{2}hp_{\max}<1\,(p_{\max}=\max\limits_{a\leqslant x\leqslant b}|p(x)|)$时，系数矩阵是严格对角占优的(或不可约对角占优的)，因此它的解唯一存在，可利用追赶法求解此方程组，从而得到第一边值问题的解 $y(x)$ 在节点 x_k 处的近似值 y_k，$k=1,2,\cdots,n$.

例 8－12 用差分方法求解边值问题

$$\begin{cases} -y''+y=-x,\ 0<x<1 \\ y(0)=0,\ y(1)=1 \end{cases}$$

解 取步长 $h=0.1$，节点 $x_k=kh$，式（8－41）中相应的数据为 $p_k=0,q_k=1,f_k=-x_k$，$\alpha=0,\beta=1$．利用追赶法求解，计算结果如表 8－10 所示，此边值问题的精确解为

$$y(x)=\frac{2\mathrm{sh}(x)}{\mathrm{sh}(1)}-x=\frac{2(\mathrm{e}^x-\mathrm{e}^{-x})}{\mathrm{e}-\mathrm{e}^{-1}}-x$$

表 8－10 例 8－12 的计算结果

x_n	y_n	$y(x_n)$	$y(x_n)-y_n$
0.1	0.070 489 4	0.070 467 3	-0.221×10^{-4}
0.2	0.142 683 6	0.142 640 9	-0.427×10^{-4}
0.3	0.218 304 8	0.218 243 6	-0.612×10^{-4}
0.4	0.299 108 9	0.299 033 2	-0.757×10^{-4}

续表

x_n	y_n	$y(x_n)$	$y(x_n)-y_n$
0.5	0.386 904 2	0.386 818 9	-0.853×10^{-4}
0.6	0.483 568 4	0.483 480 1	-0.883×10^{-4}
0.7	0.591 068 4	0.590 985 2	-0.832×10^{-4}
0.8	0.711 479 1	0.711 410 9	-0.682×10^{-4}
0.9	0.847 004 5	0.846 963 3	-0.412×10^{-4}

同理，对于二阶非线性常微分方程的边值问题

$$\begin{cases} y''=F(x,y,y'),\ a<x<b \\ y(a)=\alpha,\ y(b)=\beta \end{cases}$$

将其离散化，可建立如下差分方程组

$$\begin{cases} \dfrac{y_{k+1}-2y_k+y_{k-1}}{h^2}=F\left(x_k,\ y_k,\ \dfrac{y_{k+1}-y_{k-1}}{2h}\right) & (k=1,2,\cdots,n-1) \\ y_0=\alpha,\ y_n=\beta \end{cases}$$

解边值问题的线性打靶法的 Matlab 计算程序（Linsht. m）如下：

```
function [x,y] =Linsht(fun1,fun2,a,b,alpha,beta,n)
% 解边值问题的线性打靶法公式,其中,
% fun1,fun2 为一阶初值问题的函数;
% a,b 为求解区间的左、右端点;
% n 为等分区间数;
% alpha,beta 为边界条件.
% 求解第一个一阶初值问题 fun1
y0 =[alpha;0];
[x,y] =Runge_kutta4s(fun1,a,b,n,y0);
U =y(1,:);
% 求解第二个一阶初值问题 fun2
y0 =[0;1];
[x,y] =Runge_kutta4s(fun2,a,b,n,y0);
V =y(1,:);
% 计算边值问题的解
y =U +(beta -U(n +1)) *V/V(n +1);
```

对于例 8 -11，利用函数 Linsht 求解：

```
fun1 =inline('[y(2); -x *y(2) +4 *y(1) +12 *x *x -3 *x]','x','y');
fun2 =inline('[y(2); -x *y(2) +4 *y(1)]','x','y');
h =0.1; a =0;b =1;n =(b -a)/h;
```

```
alpha=0;beta=2;[x,y]=Linsht(fun1,fun2,a,b,alpha,beta,n)
```

计算得

```
x = 0  0.1000  0.2000  0.3000  0.4000  0.5000  0.6000  0.7000  0.8000
0.9000 1.0000
y = 0  0.1001  0.2016  0.3081  0.4256  0.5625  0.7296  0.9401  1.2096
1.5561 2.0000
```

8.9 求解常微分方程的 Matlab 函数

表 8-11 列出了常微分方程初值问题的 Matlab 函数，其命令格式为

```
[x,y]=solver(odefun,xspan,y0)
```

其中，odefun 为微分方程（组）函数 f（x,y）；xspan 用来求微分方程（组）解的区间，是二维向量，即 xspan=［x0,xfinal］，x0 是自变量的初始点，xfinal 是自变量的终点；y0 为初值（向量），即 y0=y(x0)；输出项 x 是向量，即 $\boldsymbol{x}=(x_0,x_1,\cdots,x_n)^{\mathrm{T}}$；输出项 y 是向量，即 $\boldsymbol{y}=(y_0,y_1,\cdots,y_n)^{\mathrm{T}}$，$y_i$ 是 $y(x_i)$ 的近似值.

微分方程计算函数 solver 包括：

（1）非刚性问题的求解函数 ode45、ode23、ode113；

（2）刚性问题的求解函数 ode15s、ode23s、ode23t、ode23tb.

表 8-11　常微分方程初值问题的 Matlab 函数

函数名	问题类型	阶的精确度	如何使用
ode45	非刚性问题	中等	首先尝试此函数
ode23	非刚性问题	低	低精度容差或适度刚性问题
ode113	非刚性问题	从低至高	高精度容差
ode15s	刚性问题	从低至中	如果 ode45 求解很慢
ode23s	刚性问题	低	低精度容差的线性刚性系统
ode23t	适度刚性问题	低	问题是适度刚性的
ode23tb	刚性问题	低	用低精度容差求解刚性系统

1）非刚性方程（组）的计算

ode45、ode23、ode113 函数用于求解非刚性方程（组）. 其中，ode45 函数是 Matlab 中经常使用的计算函数，它采用四、五阶 R-K 方法，可以很好地求解非刚性问题；ode23 函数采用二、三阶 R-K 方法；ode113 函数采用 Adams 方法，计算精度由低至高.

（1）利用 ode45 函数求解例 8-1，输入

```
fun=inline('y+3*x','x','y');
[x,y_ode45]=ode45(fun,[0 1],1);[x';y_ode45']
```

计算得到 41 个节点数据（只列出最后 10 对数据）第一行是节点，第二行对应其数值解：

0.7750　0.8000　0.8250　0.8500　0.8750　0.9000　0.9250　0.9500
0.9750　1.0000

3.3574　3.5022　3.6525　3.8086　3.9705　4.1384　4.3125　4.4928
4.6797　4.8731

（2）分别用 ode45、ode23、ode113 函数求解例 8－1，作计算量与精度对比，输入

```
[x,y_ode45] =ode45(fun,[0 1],1);n1 =length(x);
[x,y_ode23] =ode23(fun,[0 1],1);n2 =length(x);
[x,y_ode113] =ode113(fun,[0 1],1);n3 =length(x);
```

计算得到 ode45 函数将 [0,1] 区间划分得到 41 个节点，ode23 函数 12 个节点，ode113 函数 14 个节点，ode45 函数计算量最大，ode23 函数计算量最小.

再比较精度，取 $x=1$ 处的数值解：

```
vpa(y_ode45(n1),9), vpa(y_ode23(n2),9), vpa(y_ode113(n3),9)
```

ode45、ode23、ode113 函数分别计算得到 4. 873 127 34、4. 872 733 40、4. 873 123 89.

由解析解 $y=-3x-3+4e^x$ 计算出 $x=1$ 处的函数值为 4. 873 127 31，显然 ode45 函数的计算精度最高，ode23 函数的计算精度最低.

注　由上文可知，ode45 函数的计算精度最高，但计算量最大；ode23 函数的计算精度最低，但计算量最小；ode113 函数的计算精度与计算量都适中. 因此在使用时，应根据实际问题的精度、计算量的大小来确定用哪个函数来求解.

（3）利用 ode45 函数求解例 8－8，输入

```
fun =inline('[y(2);exp(2*x)*sin(x) -2*y(1) +2*y(2)]','x','y');
y0 =[ -0.4; -0.6];[x,y] =ode45(fun,[0 1],y0);
plot(x,y(:,1),'-',x,y(:,2),'-.')% 画状态变量曲线,实线为曲线 y1(x)
plot(y(:,1),y(:,2))% 画相平面二维曲线
```

运行程序后得到状态变量曲线和相平面二维曲线，分别如图 8－6 和图 8－7 所示.

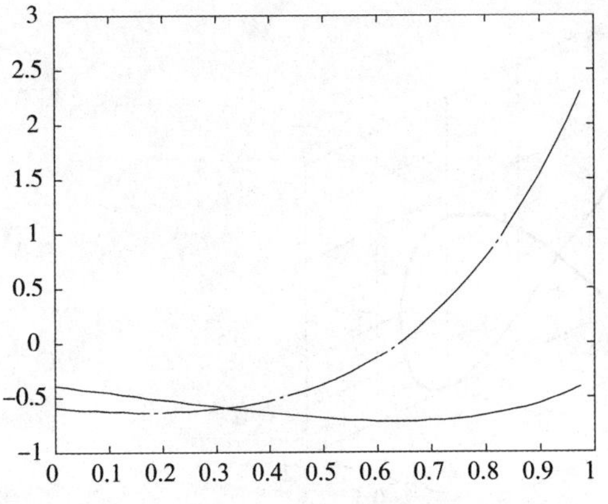

图 8－6　状态变量曲线

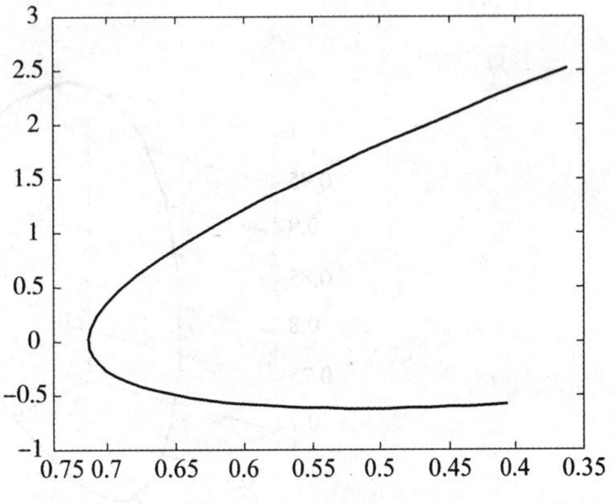

图 8－7　相平面二维曲线

又如，利用 ode45 函数求解微分方程组

$$\begin{cases} y_1' = y_2 y_3, & y_1(0) = 0 \\ y_2' = -y_1 y_3, & y_2(0) = 1 \\ y_3' = -0.51 y_1 y_2, & y_3(0) = 1 \end{cases}$$

编写 Matlab 计算函数 rigid. m，输入

```
function dy=rigid(t,y)
dy=zeros(3,1);
dy(1)=y(2)* y(3); dy(2)=-y(1)* y(3); dy(3)=-0.51 * y(1)* y(2);
```

利用 ode45 函数求解，输入

```
[T,Y]=ode45(@ rigid,[0 12],[0 1 1]); % 画状态变量时间响应曲线,实线为曲线 Y1(t)
plot(T,Y(:,1),'-',T,Y(:,2),'-.',T,Y(:,3),'.')
plot3(Y(:,1),Y(:,2),Y(:,3))% 画相空间三维曲线
```

运行程序得到状态变量时间响应曲线和相空间三维曲线，分别如图 8 – 8 和图 8 – 9 所示.

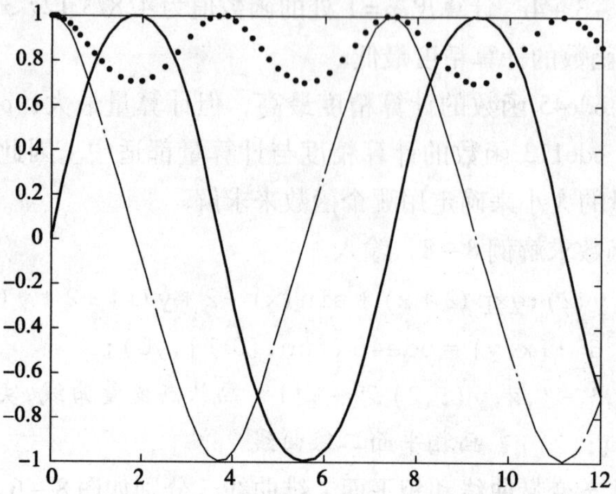

图 8 – 8 状态变量时间响应曲线

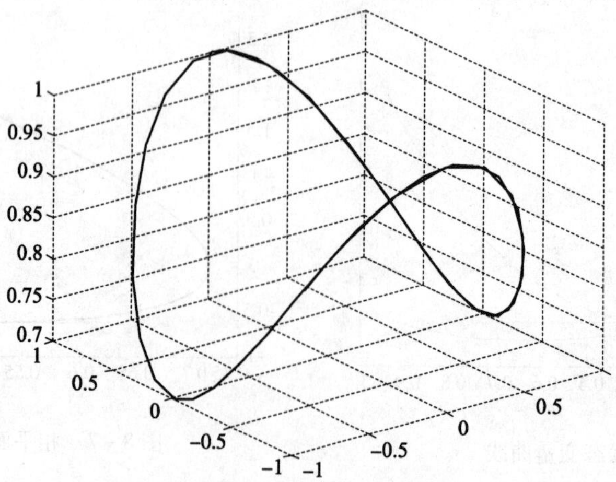

图 8 – 9 相空间三维曲线

2）刚性方程（组）的计算

对于刚性方程（组），用ode45函数计算会出现计算很慢的现象，因此需要选用适合刚性问题的计算函数ode15s、ode23s、ode23t、ode23tb.

例8－13 求解微分方程组$\begin{cases} u' = -u + 0.999v \\ v' = -0.001v \\ u(0) = 2,\ v(0) = 0 \end{cases}$.

解 计算刚性比，输入

```
a=[-1 0.999;0 -0.001];r=abs(eig(a));s=max(r)/min(r)
```

得刚性比$s=1\,000$，显然，这是一个刚性方程组，分别用ode45和ode15s函数求解.

（1）首先编写计算函数，输入

```
function dy=fun(x,y)
dy=zeros(2,1);  % 列向量
dy(1)=-y(1)+0.999*y(2);dy(2)=-0.001*y(2);
```

（2）利用ode45函数求解，输入

```
[T,Y]=ode45(@fun,[0 3000],[2 0]);
plot(T,Y(:,1),'-o')
title('\fontsize{18} Stiff differential equation-ode45')
```

画出数值解，如图8－10所示，ode45函数求解需要作3 669次计算，计算很慢．ode45函数对非刚性问题计算精度高，但它并不适合求解刚性问题．对于刚性问题，一定要采用刚性问题计算函数.

（3）利用ode15s函数求解，输入

```
[T,Y]=ode15s(@fun,[0 3000],[2 0]);
plot(T,Y(:,1),'-o')
title('\fontsize{18} Stiff differential equation-ode15s')
```

画出数值解，如图8－11所示，ode15s函数求解需要作84次计算.

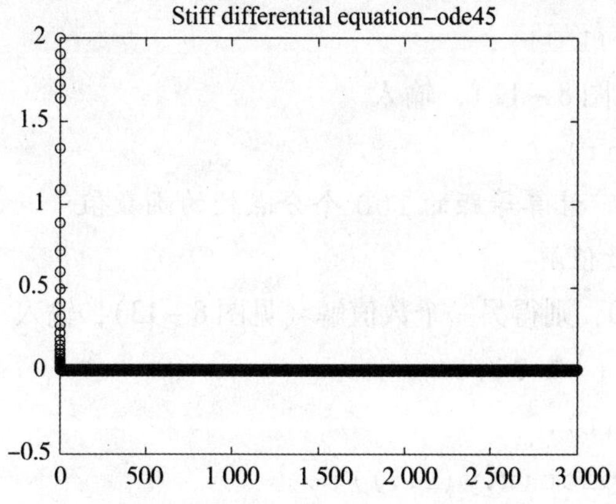

图8－10 用ode45函数求解刚性问题

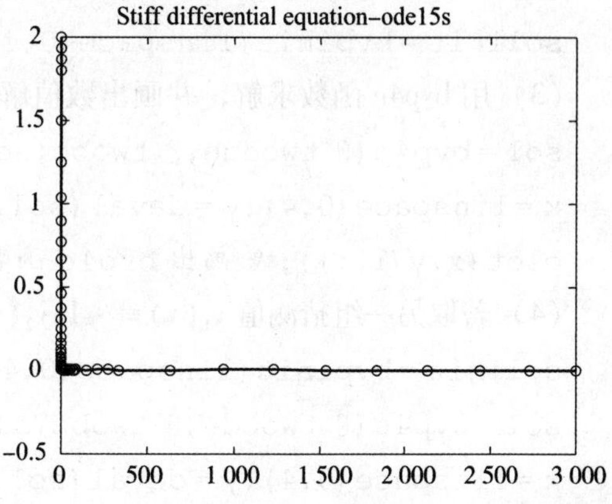

图8－11 用ode15s函数求解刚性问题

注 ode15s 函数采用 Gear 多步法，适用于求解刚性问题. Matlab 刚性问题的计算函数 ode15s、ode23s、ode23t、ode23tb 用法相同，只是计算精度与计算量不同，使用时需要根据具体情况进行选择. 一般地，精度高的函数计算量也高，而精度低的函数计算量也低. 在选择函数时，要兼顾两者，选择合适的函数计算.

3）**边值问题的 Matlab 函数**

对于常微分方程边值问题，使用 bvp4c 函数，其命令格式为

```
sol =bvp4c(odefun,bcfun,solinit)
```

其中，odefun 是微分方程（组）函数 f(x,y)；bcfun 是边界条件函数；solinit 给出 bvp4c 函数计算的初始结构，即 solinit = bvpinit（x，yinit），yinit 是向量 x 的初始猜测值；sol 是输出项. 输出项 sol 包括：向量 x，即 $\boldsymbol{x}=(x_0,x_1,\cdots,x_n)^{\mathrm{T}}$；向量 y，即 $\boldsymbol{y}=(y_0,y_1,\cdots,y_n)^{\mathrm{T}}$；$y_i$ 是 $y(x_i)$ 的近似值；近似导数 $y'=(y_0',y_1',\cdots,y_n')^{\mathrm{T}}$ 等.

例 8-14 求解微分方程边值问题$\begin{cases}y''+|y|=0\\y(0)=0,\ y(4)=-2\end{cases}$.

解 首先将微分方程转化为一阶方程组，令 $y_1=y$，$y_2=y_1'$，则有$\begin{cases}y_1'=y_2\\y_2'=-|y|\end{cases}$.

这样，原问题化为一阶方程边值问题$\begin{cases}y'=f\ (x,\ y)\\bc(y(a),y(b))=0\end{cases}$. 利用 bvp4c 函数求解.

（1）编写微分方程函数程序 twoode. m、边界条件函数程序 twobc. m，输入

```
function dydx =twoode(x,y)
dydx =[ y(2)
     -abs(y(1))];
function res =twobc(ya,yb)
res =[ ya(1)
     yb(1) +2];
```

（2）在［0,4］上取等距的 5 个点和猜测值 $y_1(x)\equiv 1, y_2(x)\equiv 0$，形成初始结构，输入

```
solinit =bvpinit(linspace(0,4,5),[1 0]);
```

（3）用 bvp4c 函数求解，并画出数值解（见图 8-12），输入

```
sol =bvp4c(@ twoode,@ twobc,solinit);
x =linspace(0,4);y =deval(sol,x);% 计算等距的100 个分点处的函数值
plot(x,y(1,:)); % 画出 bvp4c 函数的数值解
```

（4）若取另一组猜测值 $y_1(x)\equiv -1, y_2(x)\equiv 0$，则得另一个数值解（见图 8-13），输入

```
solinit =bvpinit(linspace(0,4,5),[ -1 0]);
sol =bvp4c(@ twoode,@ twobc,solinit);
x =linspace(0,4);y =deval(sol,x);plot(x,y(1,:));
```

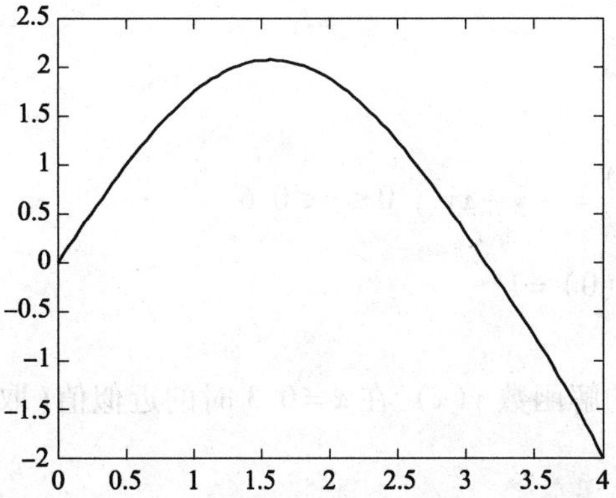

图 8－12　初值为［1 0］的数值解

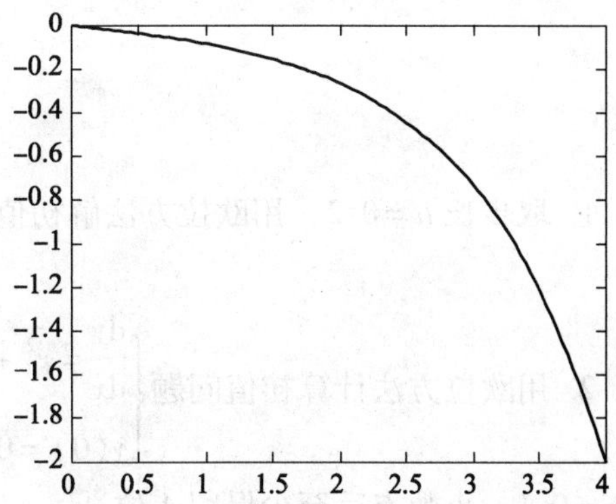

图 8－13　初值为［－1 0］的数值解

本章小结

评　注

本章介绍求解常微分方程（组）初值问题的数值方法，构造数值方法主要有两条途径：基于数值积分的构造方法和基于泰勒展开的构造方法．后一种方法更灵活，也更具有一般性，泰勒展开方法还有一个优点，它在构造差分公式的同时可以得到关于截断误差的估计，基于泰勒展开构造出的四阶经典 R－K 方法就是计算机上的常用算法．

对于一个常微分方程（组）初值问题，首先判别其性态，是刚性的还是非刚性的．对于非刚性问题，用显式方法计算简单．如果被积函数接近于线性，那么可以采用显式欧拉公式和改进的欧拉公式计算．对于一般的常微分方程问题，广泛采用二阶方法．如果工程实际问题的被积函数非常光滑，计算精度要求高，那么四阶经典 R－K 方法是首选方法．相比之下，同阶的多步法能节省计算时间，但要同阶的单步法为它提供初值．无论采用哪种方法，选取步长的原则是使 λh 落在绝对稳定区间，保证计算是稳定的，而且步长应尽可能地大，使计算机花费最少的时间达到预定计算精度．当然，步长不能太大，否则影响计算精度．比较理想的算法是自适应 R－K 方法，它根据函数变化陡缓自动选取步长．一般地，自适应、预测－校正和外推方法都是普遍适用的提高计算精度的好技巧．要求误差小于 10^{-10} 的高精度计算，必须选用更高阶的方法，如在空间问题的应用中，已采用 16 阶方法．

对于刚性问题，在非刚性阶段，适合选用四阶经典 R－K 方法；在刚性阶段，选用梯形公式等隐式 R－K 方法，其中对非线性刚性问题，常用的是 A 稳定的隐式方法，如梯形公式与牛顿迭代法相结合的方法．刚性问题是高科技领域常常遇到的问题，如偏微分方程初值问题关于空间离散化而转化为大规模常微分方程组常常是产生刚性的一个源泉．

边值问题比初值问题复杂得多，有时它有多个解，有时甚至无解．本章在假定边值问题存在唯一解的前提下，介绍了打靶法、有限差分法．

习　题

1. 取步长 $h=0.2$，用欧拉方法解初值问题 $\begin{cases}\dfrac{dy}{dx}=-y-xy^2,\ 0\leqslant x\leqslant 0.6\\ y(0)=1\end{cases}$.

2. 用欧拉方法计算初值问题 $\begin{cases}\dfrac{dy}{dx}=x^2+100y^2\\ y(0)=0\end{cases}$ 的解函数 $y(x)$ 在 $x=0.3$ 时的近似值（取步长 $h=0.1$，小数点后至少保留 4 位）.

3. 利用欧拉方法计算积分 $y(x)=\int_0^x e^{-t^2}dt$ 在 $x=0.5,1.0,1.5,2.0$ 处的近似值.

4. 用梯形公式解初值问题 $\begin{cases}y'=8-3y,\ 1\leqslant x\leqslant 2\\ y(1)=2\end{cases}$，取步长 $h=0.2$，小数点后至少保留 5 位.

5. 对初值问题 $dy/dx+y=0, y(0)=1$.

（1）证明：用梯形公式求得的近似解为 $y_k=\left(\dfrac{2-h}{2+h}\right)^k$；

（2）证明：当固定 $x=kh$ 时，$\lim\limits_{k\to\infty}y_k=e^{-x}$，即收敛到准确解；

（3）若用改进的欧拉方法求解本题，结论又如何？

6. 用改进的欧拉方法解初值问题 $\begin{cases}\dfrac{dy}{dx}=10x\ (1-y),\ 0\leqslant x\leqslant 1\\ y(0)=0\end{cases}$，取 $h=0.1$，保留 6 位有效数字，并与精确解 $y(x)=1-e^{-5x^2}$ 相比较.

7. 写出用四阶经典 R－K 方法求解初值问题 $\begin{cases}y'=8-3y\\ y(0)=2\end{cases}$ 的计算公式，并取步长 $h=0.2$，计算 $y(0.4)$ 的近似值，小数点后至少保留 4 位.

8. 取步长 $h=0.2$，用四阶经典 R－K 方法求解初值问题 $\begin{cases}\dfrac{dy}{dx}=x+y,\ 0\leqslant x\leqslant 1\\ y(0)=1\end{cases}$，并将计算结果与精确解比较.

9.（1）叙述解常微分方程初值问题 $\begin{cases}\dfrac{dy}{dx}=f(x,y)\\ y(a)=y_0\end{cases}$ 的单步法按步长 h 绝对稳定的概念；

（2）求二阶 R－K 方法 $\begin{cases}y_{n+1}=y_n+h\left(\dfrac{1}{2}k_1+\dfrac{1}{2}k_2\right)\\ k_1=f(x_n,y_n)\\ k_2=f(x_n+h,y_n+hk_1)\end{cases}$ 的绝对稳定性区域；

（3）证明上述方法的局部截断误差是 $O(h^3)$.

10. 用欧拉方法和四阶经典 R－K 方法求解初值问题 $\begin{cases}\dfrac{dy}{dx}=-10y+\ln(x-1)\\ y(0)=y_0\end{cases}$，为保证数值稳定，步长 h 应该限制在什么范围.

11. 分别用四阶 Adams 显式和隐式公式求初值问题 $\begin{cases}\dfrac{dy}{dx}=-y+x+1,\ 0\leqslant x\leqslant 1\\ y(0)=1\end{cases}$ 的数值解，取步长 $h=0.1$.

12. 推导下列常微分方程的初值问题 $\begin{cases}\dfrac{dy}{dx}=f(x,y)\\ y(a)=y_0\end{cases}$ 的数值解公式，并证明它是四阶的.

$$y_{n+1}=y_{n-1}+\frac{h}{3}(y'_{n-1}+4y_n+y'_{n+1})$$

13. 求系数 a,b，使求解常微分方程初值问题的数值解公式 $y_{n+1}=y_n+h(ay'_n+by'_{n-1})$ 的局部截断误差为 $y(x_{n+1})-y_{n+1}=O(h^3)$.

14. 用欧拉方法和四阶经典 R－K 方法求解初值问题 $\begin{cases}\dfrac{dx}{dt}=998x+1\,998y\\ \dfrac{dy}{dt}=-999x-1\,999y\end{cases}$，为保证数值稳定，步长 h 应该限制在什么范围，并求其刚性比.

15. 用差分方法解线性方程的边值问题 $\begin{cases}-y''-\dfrac{2}{x}y'+\dfrac{2}{x^2}y=-\dfrac{\sin(\ln x)}{x^2} & x\in[1,2]\\ y(1)=1\quad y(2)=2\end{cases}$.

实验题

1. 实验目的：数值求解单摆运动.

实验内容：对于本章开始描述的单摆运动规律微分方程（令 $g=9.8, l=25$）

$$ml\theta''=-mg\sin\theta,\theta(0)=\theta_0,\theta'(0)=0$$

（1）取初始偏离角度为 $\theta_0=10°=0.174\,5$，利用 Matlab 数值求解，并画出解曲线.

（2）取初始偏离角度为 $\theta_0=30°=0.523\,6$，利用 Matlab 数值求解，并画出解曲线.

（3）将（1）与（2）的数值解与解析解 $\theta(t)=\theta_0\cos\omega t,\omega=\sqrt{g/l}$ 比较，说明你得到的结论.

2. 实验目的：理解常微分方程的数值解法.

实验内容：对于初值问题 $\begin{cases}y'=\dfrac{1}{x^2}-\dfrac{y}{x}, & 1\leqslant x\leqslant 2\\ y(1)=1\end{cases}$，

（1）用改进的欧拉方法（取 $h=0.05$）及四阶经典 R－K 方法（取 $h=0.1$）求解，并输出 $x_i=1+0.1i, i=0,1,\cdots,10$ 的数值解 y_i.

（2）利用 Matlab 中数值解法“ode45”与符号解法“dsolve”求解，并用图形表示各种方法的精度.

3. 实验目的：观察欧拉显式方法的收敛性.

实验内容：分别取 $h=0.1, 0.05, 0.01$，用欧拉显式方法求解 $\begin{cases} y'=xy^{1/3} \\ y(1)=1 \end{cases}$，计算到 $y(2)$ 并与精确解 $y(x)=[(x^2+2)/3]^{3/2}$ 比较.

4. 实验目的：观察欧拉显式方法的数值不稳定性.

实验内容：分别取 $h=0.05, 0.04, 0.03$，用欧拉显式方法求解 $\begin{cases} y'=-50y \\ y(0)=100 \end{cases}$，并画出曲线. 同样用欧拉隐式方法求解上述问题.

5. 实验目的：初步认识刚性微分方程.

实验内容：对于初值问题 $\begin{cases} \mathrm{d}u/\mathrm{d}t=-2\,000u+999.75v+1\,000.25 \\ \mathrm{d}v/\mathrm{d}t=u-v \\ u(0)=0,\ v(0)=-2 \end{cases}$：

（1）取不同步长，用欧拉显式方法或改进的欧拉方法或四阶经典 R－K 方法求解，由计算结果得出你的结论.

（2）用 A 稳定的算法（如后退的欧拉方法）计算，得出你的结论.

6. 实验目的：比较同阶精度的单步法和预测－校正多步法的计算精度和计算量.

实验内容：对于初值问题（精确解为 $y(x)=x^2\mathrm{e}^{-x}+\cos(2x)$）

$$\begin{cases} y'=-y+\cos 2x-4\sin 2x+2x\mathrm{e}^{-x}, & 0\leqslant x\leqslant 2 \\ y(0)=1 \end{cases}$$

（1）选择一个步长 h 使四阶修正的 Adams 预测－校正方法［式（8－24）］和四阶经典 R－K 方法均稳定，分别用这两种方法计算初值问题，以表格形式列出 10 个等距节点上的计算值和精确值，并比较它们的计算精确度. 其中多步法需要的初值由四阶经典 R－K 方法提供. 运算时，取足以表示计算精度的有效位.

（2）取 $h=0.001$，仍然用这两种方法计算（不必保留中间结果，只需显示最后一步的计算值），比较两种方法计算机所花的时间.（注：编写多步法计算程序时，要避免重复计算微分方程的右端函数值）

7. 实验目的：理解边值问题的数值解法.

实验内容：对于边值问题（精确解为 $y(x)=x^3+x$）$\begin{cases} y''+xy'-3y=4x, & 0<x<1 \\ y(0)=0,\ y(1)=2 \end{cases}$：

（1）将边值问题转化为初值问题，用线性打靶法求解，列出计算结果并与精确解比较；

（2）分别取 $h=0.2$ 和 $h=0.1$，用差分法计算，列出计算结果并与精确解比较.

第 9 章 矩阵特征问题的数值计算

9.1 引 言

在物理学、力学、经济学、应用数学等科学和工程技术中，矩阵求特征值和特征向量的问题普遍存在. 如，动力学系统和结构系统中的振动问题、物理学中某些临界值的确定等. 用数值方法计算特征值的问题，是数值代数的基本问题之一.

设矩阵 $\boldsymbol{A}=(a_{ij})_{n\times n}$，若数 λ 使方程组 $\boldsymbol{Au}=\lambda\boldsymbol{u}$ 存在非零解，则 λ 称为 $\boldsymbol{A}$ 的**特征值**，$\boldsymbol{u}$ 为 $\boldsymbol{A}$ 的对应于 λ 的**特征向量**.

使方程组 $\boldsymbol{Au}=\lambda\boldsymbol{u}$ 有非零解的 λ 必满足：$p(\lambda)=\det(\boldsymbol{A}-\lambda\boldsymbol{I})=0$，即

$$\begin{vmatrix} a_{11}-\lambda & a_{12} & \cdots & a_{1n} \\ a_{21} & a_{22}-\lambda & \cdots & a_{2n} \\ \vdots & \vdots & & \vdots \\ a_{n1} & a_{n2} & \cdots & a_{nn}-\lambda \end{vmatrix}=0$$

称 $p(\lambda)$ 是矩阵 $\boldsymbol{A}$ 的特征多项式，特征方程为

$$p(\lambda)=\lambda^n+c_1\lambda^{n-1}+\cdots+c_{n-1}\lambda+c_n=0 \tag{9-1}$$

通过计算行列式 $\det(\boldsymbol{A}-\lambda\boldsymbol{I})$，再求式（9-1）的 n 个根，即可求得 $\boldsymbol{A}$ 的 n 个特征值. 解方程组 $\boldsymbol{Au}=\lambda\boldsymbol{u}$，即可求得对应于 λ 的特征向量. 因此，特征值和特征向量的计算，可归结为代数方程求根问题和线性方程组求解问题.

当 n 较大时，准确求出式（9-1）的各系数，以及多项式求根、方程组求解都是困难的事情. 因此，必须寻找便于数值计算和程序实现的方法. 本章介绍求矩阵特征值和特征向量的数值方法，包括幂法、反幂法和 QR 方法.

对于给定的矩阵，如果能估计其特征值的分布，往往有助于特征值的计算，著名的圆盘定理是估计特征值的简单方法.

定理 1 （圆盘定理）设矩阵 $\boldsymbol{A}=(a_{ij})_{n\times n}$，记复平面上以 a_{ii}为圆心，以 $r_i=\sum_{\substack{j=1\\j\neq i}}^{n}|a_{ij}|$ 为半径的 n 个圆盘为 $R_i=\{\lambda:|\lambda-a_{ii}|\leqslant r_i\}$，$i=1,2,\cdots,n$，则：

（1）矩阵 $\boldsymbol{A}$ 的任一特征值至少位于其中一个圆盘内；

（2）在 m 个相互连通（而与其余 $n-m$ 个圆盘互不连通）的圆盘内，恰有矩阵 $\boldsymbol{A}$ 的 m 个特征值（重特征值按重数记）.

特别地，如果矩阵 $\boldsymbol{A}$ 的一个圆盘 R_i 是与其他圆盘分离的（即孤立圆盘），则圆盘 R_i 中精确地包含矩阵 $\boldsymbol{A}$ 的一个特征值.

例 9-1 设矩阵

$$A=\begin{pmatrix}4 & 1 & 0\\ 1 & 0 & 1\\ 1 & 1 & -4\end{pmatrix}$$

试讨论 $\boldsymbol{A}$ 的特征值的分布.

解 由 $\boldsymbol{A}$ 确定的三个圆盘分别为

$$R_1=\{\lambda:|\lambda-4|\leqslant 1\},R_2=\{\lambda:|\lambda|\leqslant 2\},R_4=\{\lambda:|\lambda+4|\leqslant 2\}$$

由于 R_1 是孤立的，所以 R_1 中仅有 $\boldsymbol{A}$ 的一个特征值. 而复特征值必成对共轭出现，于是区间 [3,5] 内有 $\boldsymbol{A}$ 的一个实特征值，即 $3\leqslant\lambda_1\leqslant 5$. 又因为 R_2,R_3 只有 $\lambda=-2$ 一个公共点，而 $\lambda=-2$ 又不是 $\boldsymbol{A}$ 的特征值，所以 R_2,R_3 中分别有 $\boldsymbol{A}$ 的一个实特征值，即 $-2<\lambda_2\leqslant 2$，$-6\leqslant\lambda_3<-2$.

实际上，$\boldsymbol{A}$ 的 3 个特征值分别为 $\lambda_1=4.203\ 08,\lambda_2=-0.442\ 931,\lambda_3=-3.760\ 10$.

为了提高某个估计值的精度，可设法缩小该圆盘的半径，适当选取非奇异对角矩阵 $\boldsymbol{D}=\mathrm{diag}(d_1,d_2,\cdots,d_n)$，则矩阵 $\boldsymbol{D}^{-1}\boldsymbol{AD}=\left(\dfrac{a_{ij}d_j}{d_i}\right)_{n\times n}$ 与 $\boldsymbol{A}$ 有相同的特征值，且对角元素相同，将圆盘定理用于矩阵 $\boldsymbol{D}^{-1}\boldsymbol{AD}$，可得到强化形式的圆盘

$$R'_i=\left\{\lambda:|\lambda-a_{ii}|\leqslant\sum_{\substack{j=1\\ j\neq i}}^{n}\left|\frac{a_{ij}d_j}{d_i}\right|\right\}\qquad(i=1,2,\cdots,n)$$

应用于例 9-1，取 $\boldsymbol{D}=\mathrm{diag}(2,1,1)$，则对应的 3 个圆盘为

$$R'_1=\left\{\lambda:|\lambda-4|\leqslant\frac{1}{2}\right\},R'_2=\{\lambda:|\lambda|\leqslant 3\},R'_3=\{\lambda:|\lambda+4|\leqslant 3\}$$

由于 R'_1 是独立的，所以可得 $3.5\leqslant\lambda_1\leqslant 4.5$.

9.2 幂法

幂法是通过求矩阵特征向量，来求特征值的一种迭代法，特别适用于大型稀疏矩阵. 幂法主要用来计算实矩阵 $\boldsymbol{A}$ 的主特征值（即绝对值或模最大的特征值）及相应的特征向量.

幂法的基本思想：任取一个初始向量 $\boldsymbol{u}^{(0)}$，构造如下序列

$$\boldsymbol{u}^{(0)},\boldsymbol{u}^{(1)}=\boldsymbol{A}\boldsymbol{u}^{(0)},\boldsymbol{u}^{(2)}=\boldsymbol{A}\boldsymbol{u}^{(1)},\cdots,\boldsymbol{u}^{(k)}=\boldsymbol{A}\boldsymbol{u}^{(k-1)},\cdots$$

当 k 充分大时，由此序列求出主特征值及其特征向量.

9.2.1 幂法算法

设 $\boldsymbol{A}$ 有 n 个线性无关的特征向量 $\boldsymbol{x}_1,\boldsymbol{x}_2,\cdots,\boldsymbol{x}_n$，及对应的特征值 $\lambda_1,\lambda_2,\cdots,\lambda_n$，将特征值按绝对值由大至小排列，取

$$|\lambda_1|>|\lambda_2|\geqslant\cdots\geqslant|\lambda_n|$$

任取初始向量 $\boldsymbol{u}^{(0)}$，有

$$\boldsymbol{u}^{(0)}=c_1\boldsymbol{x}_1+c_2\boldsymbol{x}_2+\cdots+c_n\boldsymbol{x}_n$$

用 $\boldsymbol{A}$ 左乘上式两端，并记 $\boldsymbol{u}^{(1)}=\boldsymbol{A}\boldsymbol{u}^{(0)}$，则

$$\boldsymbol{u}^{(1)}=c_1\boldsymbol{A}\boldsymbol{x}_1+c_2\boldsymbol{A}\boldsymbol{x}_2+\cdots+c_n\boldsymbol{A}\boldsymbol{x}_n=c_1\lambda_1\boldsymbol{x}_1+c_2\lambda_2\boldsymbol{x}_2+\cdots+c_n\lambda_n\boldsymbol{x}_n$$

重复左乘 k 次矩阵 $\boldsymbol{A}$ 后，对于 $k=1,2,\cdots$，得

$$\begin{aligned}\boldsymbol{u}^{(k)}&=\boldsymbol{A}\boldsymbol{u}^{(k-1)}=\boldsymbol{A}^k\boldsymbol{u}^{(0)}=c_1\lambda_1^k\boldsymbol{x}_1+c_2\lambda_2^k\boldsymbol{x}_2+\cdots+c_n\lambda_n^k\boldsymbol{x}_n\\&=\lambda_1^k\left[c_1\boldsymbol{x}_1+c_2\left(\frac{\lambda_2}{\lambda_1}\right)^k\boldsymbol{x}_2+\cdots+c_n\left(\frac{\lambda_n}{\lambda_1}\right)^k\boldsymbol{x}_n\right]\end{aligned}\tag{9-2}$$

当 $|\lambda_1|>|\lambda_2|$ 时，则有 $\left|\dfrac{\lambda_i}{\lambda_1}\right|<1(i=2,3,\cdots,n)$. 当 k 充分大时，必有 $\left(\dfrac{\lambda_i}{\lambda_1}\right)^k\approx0(i=2,3,\cdots,n)$，从而

$$\boldsymbol{u}^{(k)}\approx\lambda_1^kc_1\boldsymbol{x}_1\qquad(k\to\infty)$$

$$\boldsymbol{u}^{(k+1)}\approx\lambda_1^{k+1}c_1\boldsymbol{x}_1\approx\lambda_1\boldsymbol{u}^{(k)}$$

如果迭代收敛，则 $\boldsymbol{u}^{(k+1)}$ 和 $\boldsymbol{u}^{(k)}$ 近似地线性相关，矩阵 $\boldsymbol{A}$ 的主特征值为 $\lambda_1\approx\dfrac{\boldsymbol{u}_i^{(k+1)}}{\boldsymbol{u}_i^{(k)}}$，其中 $\boldsymbol{u}_i^{(k)}$ 是 $\boldsymbol{u}^{(k)}$ 的第 i 个分量. λ_1 对应的特征向量为 $\boldsymbol{u}^{(k)}$ 或 $\boldsymbol{u}^{(k+1)}$（因为 $\boldsymbol{u}^{(k)}$ 和 $\boldsymbol{u}^{(k+1)}$ 只相差一个常数）.

注 （1）这个计算方法的实质是：反复用 $\boldsymbol{A}$ 左乘初始向量，亦即 $\boldsymbol{A}^k\boldsymbol{u}^{(0)}=\boldsymbol{u}^{(k)}$，因此称此法为幂法（或乘幂法）.

（2）幂法的收敛速度取决于 $\left|\dfrac{\lambda_2}{\lambda_1}\right|$，$\left|\dfrac{\lambda_2}{\lambda_1}\right|$ 越小，收敛速度越快.

（3）在迭代过程中，$\boldsymbol{u}^{(k)}$ 分量的绝对值有可能过大（趋于∞）或过小（趋于零），造成计算过程产生" 溢出"（或0）. 为此，需作规范化处理（即在每次迭代之前，将 $\boldsymbol{u}^{(k)}$ 规范化），由此得到改进的幂法.

9.2.2 改进的幂法

改进的幂法迭代公式为

$$\begin{cases}\boldsymbol{y}^{(k)}=\dfrac{\boldsymbol{u}^{(k)}}{u_\mu^{(k)}}\\\boldsymbol{u}^{(k+1)}=\boldsymbol{A}\boldsymbol{y}^{(k)}\end{cases}\quad(k=0,1,2,\cdots)\tag{9-3}$$

式中，$u_\mu^{(k)}=\max\limits_i|\boldsymbol{u}_i^{(k)}|$ 是 $\boldsymbol{u}^{(k)}$ 绝对值最大的分量.

由式（9－3），有：

（1）在迭代过程中，向量 $\boldsymbol{y}^{(k)}$ 的分量中，绝对值最大者 $y_\mu^{(k)}\equiv1$；

（2）$u_\mu^{(k)}\approx\lambda_1$，对应的特征向量为 $\boldsymbol{y}^{(k)}$ 或 $\boldsymbol{u}^{(k)}$.

例9－2 求三阶矩阵

$$\boldsymbol{A}=\begin{pmatrix}-4&14&0\\-5&13&0\\-1&0&2\end{pmatrix}$$

的主特征值及对应的特征向量.

解 取初始向量 $\boldsymbol{u}^{(0)}=(1,1,1)^{\mathrm{T}}$，利用改进的幂法迭代公式计算，则有

$$u_{\mu}^{(0)}=1,\ \boldsymbol{y}^{(0)}=\boldsymbol{u}^{(0)}/u_{\mu}^{(0)}=(1,1,1)^{\mathrm{T}}$$

$$\boldsymbol{u}^{(1)}=A\boldsymbol{y}^{(0)}=(10,8,1)^{\mathrm{T}},\ \boldsymbol{u}_{\mu}^{(1)}=10,\ \boldsymbol{y}^{(1)}=\boldsymbol{u}^{(1)}/u_{\mu}^{(1)}=(1,0.8,0.1)^{\mathrm{T}}$$

继续计算下去，迭代结果如表 9-1 所示.

表 9-1 例 9-2 的计算结果

k	$u_{\mu}^{(k)}$	$(\boldsymbol{y}^{(k)})^{\mathrm{T}}$
0	1	(1,1,1)
1	10	(1.000 0,0.800 0, 0.100 0)
2	7.200 0	(1.000 0,0.750 0, −0.111 1)
3	6.500 0	(1.000 0,0.730 8, −0.188 0)
4	6.230 8	(1.000 0,0.722 2, −0.220 9)
5	6.111 1	(1.000 0,0.718 2, −0.235 9)
6	6.054 5	(1.000 0,0.716 2, −0.243 1)
7	6.027 0	(1.000 0,0.715 2, −0.246 6)
8	6.013 5	(1.000 0,0.714 8, −0.248 3)
9	6.006 7	(1.000 0,0.714 5, −0.249 2)
10	6.003 4	(1.000 0,0.714 4, −0.249 6)
11	6.001 7	(1.000 0,0.714 3, −0.249 8)
12	6.000 8	(1.000 0,0.714 3, −0.249 9)

由表 9-1 可知，矩阵 $\boldsymbol{A}$ 的主特征值为 $\lambda_1=6.000\,8$，对应的特征向量为

$$y^{(12)}=(1.000\,0,0.714\,3,-0.249\,9)^{\mathrm{T}}$$

改进的幂法的 Matlab 计算程序（Power. m）如下：

```
function [m,u,index] = Power(A,ep,it_max)
% 求矩阵主特征值的幂法,其中,
% A 为 nxn 矩阵;
%  ep 为精度要求,缺省为 1e-5;
%  it_max 为最大迭代次数,缺省为 100;
%  m 为主特征值;
%  u 为主特征值对应的特征向量;
% index 为指标变量,
% index =1 时,表明迭代成功,
% index =0 时,表明迭代失败.
if nargin <3 it_max =100;end
if nargin <2 ep =1e-5;end
n = length(A);u = ones(n,1);
```

```
index=0;k=0;m1=0;
while k<=it_max
  [u_max,i]=max(abs(u));
  m=u(i);u=u/m;
  if abs(m-m1)<ep
       index=1;break;
  end
  u=A*u;m1=m;k=k+1;
end
```

利用函数 Power 求解例 9-2，精度为 0.001，输入

```
A=[-4 14 0;-5 13 0;-1 0 2];ep=0.001;[m,u,index]=Power(A,ep)
```

计算得到

```
m=6.0008
u=1.0000  0.7143  -0.2499
index=1
```

计算结果表明改进的幂法迭代成功，即达到精度要求，共迭代计算 12 次.

求矩阵全部特征值及对应特征向量的 Matlab 函数为 eig，输入

```
A=[-4 14 0;-5 13 0;-1 0 2];[v,d]=eig(A)
```

计算得到，特征向量和特征值分别为

```
v=  0         0.7974   0.6667
    0         0.5696   0.3333
    1.0000   -0.1994  -0.6667
d=  2.0000    0        0
    0         6.0000   0
    0         0        3.0000
```

其中，对角矩阵 d 的元素分别为矩阵 A 的三个特征值，矩阵 v 的三个列向量分别为三个特征值对应的特征向量.

注 用幂法求主特征值，收敛速度由$|\lambda_2/\lambda_1|$决定，当比值接近 1 时，收敛速度可能很慢. 幂法的优点：算法简单，便于程序的实现. 幂法的缺点：收敛速度可能很慢，且算法的有效性依赖于矩阵特征值的分布情况.

9.2.3 加速技巧

幂法的收敛速度取决于比值$|\lambda_2/\lambda_1|$的大小. 当$|\lambda_2/\lambda_1|\approx 1$时，收敛速度很慢. 在实际计算时，常采用加速技术，以提高收敛速度，减少计算量，这里简单介绍两种可行的加速方法.

1) *原点位移法*

由给定矩阵$\boldsymbol{A}$，选择某个参数p（位移量），构造矩阵$\boldsymbol{B}=\boldsymbol{A}-p\boldsymbol{I}$. 则$\boldsymbol{B}$的特征值为$m_i=\lambda_i-p(i=1,2,\cdots,n)$，而且对应的特征向量与$\boldsymbol{A}$相同，称$\boldsymbol{B}$是$\boldsymbol{A}$的原点位移矩阵，$p$为位移

量，如果适当选取 p，使 m_i 仍然是 $\boldsymbol{B}$ 的按模最大特征值（主特征值），且满足

$$\left|\frac{m_2}{m_1}\right| = \left|\frac{\lambda_2 - p}{\lambda_1 - p}\right| < \left|\frac{\lambda_2}{\lambda_1}\right|$$

此时，对 $\boldsymbol{B}$ 应用幂法可达到加速收敛的目的，求得 $\boldsymbol{B}=\boldsymbol{A}-p\boldsymbol{I}$ 的主特征值 m_1 后，对应 $\boldsymbol{A}$ 的主特征值为 $\lambda_1 = m_1 + p$.

注 当 $\boldsymbol{A}$ 的特征值都是实数，而且 λ_2 和 λ_n 可以粗略估计时，选取 $p=\frac{1}{2}(\lambda_2+\lambda_n)$.

这是因为：如果设 $\boldsymbol{A}$ 的特征值满足 $\lambda_1 > \lambda_2 \geqslant \cdots \geqslant \lambda_n$，显然，不管 p 如何选取，$\lambda_1 - p$ 或 $\lambda_n - p$ 都是 $\boldsymbol{B}$ 的主特征值. 当计算主特征值 λ_1 及其特征向量时，应选取 p，使 $|\lambda_1 - p| > |\lambda_n - p|$，且使

$$\omega = \max\left\{\frac{|\lambda_2 - p|}{|\lambda_1 - p|}, \frac{|\lambda_n - p|}{|\lambda_1 - p|}\right\} = \min$$

即求极值问题

$$\min_p \max\left\{\frac{|\lambda_2 - p|}{|\lambda_1 - p|}, \frac{|\lambda_n - p|}{|\lambda_1 - p|}\right\}$$

显然，当 $\frac{\lambda_2 - p}{\lambda_1 - p} = -\frac{\lambda_n - p}{\lambda_1 - p}$ 时，即 $p=\frac{1}{2}(\lambda_2+\lambda_n)$ 时，ω 值达最小.

例 9-3 用原点位移法求例 9-2 中矩阵 $\boldsymbol{A}$ 的主特征值及其对应的特征向量.

解 取 $p=2.5$，则

$$\boldsymbol{B} = \boldsymbol{A} - 2.5\boldsymbol{I} = \begin{pmatrix} -6.5 & 14 & 0 \\ -5 & 10.5 & 0 \\ -1 & 0 & -0.5 \end{pmatrix}$$

取初始向量 $\boldsymbol{u}^{(0)} = (1,1,1)^{\mathrm{T}}$，利用改进的幂法迭代公式，有

$$\begin{cases} |\boldsymbol{u}_\mu^{(k)}| = \max\limits_i |\boldsymbol{u}_i^{(k)}|, \ \boldsymbol{y}^{(k)} = \dfrac{\boldsymbol{u}^{(k)}}{u_\mu^{(k)}} \\ \boldsymbol{u}^{(k+1)} = \boldsymbol{B}\boldsymbol{y}^{(k)} \end{cases} \quad (k=0, 1, 2, \cdots)$$

进行迭代计算，计算结果如表 9-2 所示.

表 9-2 例 9-3 的计算结果

k	$u_\mu^{(k)}$	$(\boldsymbol{y}^{(k)})^{\mathrm{T}}$
0		(1, 1, 1)
1	7.5	(1, 0.733 333, -0.2)
2	3.766 62	(1, 0.716 814, -0.238 938)
3	3.535 396	(1, 0.714 643, -0.249 061)
4	3.505 002	(1, 0.714 337, -0.249 777)
5	3.500 718	(1, 0.714 293, -0.249 981)
6	3.500 102	(1, 0.714 287, -0.249 995)

由表 9－2 可知，矩阵 $\boldsymbol{A}$ 的主特征值为：$\lambda_1 \approx u_\mu^{(6)} + 2.5 = 6.000\ 102$，对应的特征向量：$\boldsymbol{y}^{(6)} = (1, 0.714\ 287, -0.249\ 995)^{\mathrm{T}}$，迭代 6 步就已经达到例 9－2 迭代 12 步的结果，这是由于对于此例可有 $\dfrac{\lambda_2}{\lambda_1} = \dfrac{1}{2}$，而 $\left|\dfrac{m_2}{m_1}\right| = \dfrac{1}{7}$，故对 $\boldsymbol{B}$ 应用幂法远比对 $\boldsymbol{A}$ 应用幂法收敛得快.

注 原点位移法是一个矩阵变换方法，这种变换容易计算，又不破坏矩阵 $\boldsymbol{A}$ 的稀疏性，但位移量 p 的选择，有赖于对 $\boldsymbol{A}$ 的特征值分布有一定的了解，否则计算将只具有试探性. 因此，很难设计自动选择位移量 p 的方法，尽管如此，原点位移法还是一种非常有效的方法，后面我们将结合反幂法进一步讨论原点位移法的应用.

2）埃特金加速法

由式（9－2），有 $|u_\mu^{(k)}| = \max\limits_i |u_i^{(k)}| = |\lambda_1| + O\left(\left|\dfrac{\lambda_2}{\lambda_1}\right|^k\right)$，所以

$$\lim_{k\to\infty} \frac{u_\mu^{(k+1)} - \lambda_1}{u_\mu^{(k)} - \lambda_1} = \frac{\lambda_2}{\lambda_1} \neq 0$$

因此，序列 $\{u_\mu^{(k)}\}$ 线性收敛于 λ_1，为了提高 $\{u_\mu^{(k)}\}$ 的收敛速度，可将埃特金加速法用于序列 $\{u_\mu^{(k)}\}$，得到收敛更快的序列 $\{\tilde{u}_\mu^{(k)}\}$，加速公式为

$$\tilde{u}_\mu^{(k)} = u_\mu^{(k)} - \frac{(u_\mu^{(k+1)} - u_\mu^{(k)})^2}{u_\mu^{(k+2)} - 2u_\mu^{(k+1)} + u_\mu^{(k)}} \qquad (k = 0, 1, 2, \cdots) \tag{9-4}$$

例如，可将埃特金加速法用于例 9－2，计算结果如表 9－3 所示.

表 9－3 计算结果

k	$u_\mu^{(k)}$	$(\boldsymbol{y}^{(k)})^{\mathrm{T}}$	$\tilde{u}_\mu^{(k)}$
0		(1,1,1)	
1	10	(1,0.8,0.1)	
2	7.2	(1,0.75,－0.111 111)	
3	6.5	(1,0.730 769,－0.188 034)	6.266 667
⋮	⋮	⋮	⋮
10	6.003 352	(1，0.714 405，－0.249 580)	6.000 017
11	6.001 675	(1，0.714 345，－0.249 790)	6.000 003
12	6.000 837	(1，0.714 315，－0.249 895)	6.000 000

由表 9－3 可知，$\tilde{u}_\mu^{(12)} = 6.000\ 000$ 为特征值 λ_1 的具有 7 位有效数字的近似值，埃特金加速法确实起到了加速的作用.

9.3 反幂法

反幂法用于计算矩阵 $\boldsymbol{A}$ 的绝对值最小或按模最小特征值及其特征向量，也可用于计算对应于一个给定近似特征值的特征向量.

设 n 阶非奇异方阵 $\boldsymbol{A}$ 的特征值有下列次序：

$$|\lambda_1|\geqslant|\lambda_2|\geqslant\cdots\geqslant|\lambda_n|$$

对应的特征向量为 $\boldsymbol{x}_1,\boldsymbol{x}_2,\cdots,\boldsymbol{x}_n$.

由于 $\boldsymbol{A}^{-1}$存在，而且 $\boldsymbol{A}\boldsymbol{x}_i=\lambda_i\boldsymbol{x}_i$，可知 $\boldsymbol{A}^{-1}\boldsymbol{x}_i=\dfrac{1}{\lambda_i}\boldsymbol{x}_i$，即 $\boldsymbol{A}^{-1}$的特征值是 $\boldsymbol{A}$ 的特征值的倒数，特征向量不变.

因此，求 $\boldsymbol{A}$ 的绝对值最小特征值 λ_n 的问题，就是求 $\boldsymbol{A}^{-1}$的绝对值最大特征值问题. 用 $\boldsymbol{A}^{-1}$代替 $\boldsymbol{A}$，作幂法计算，该方法称为**反迭代法**，即**反幂法**.

反幂法迭代公式：取初始向量 $\boldsymbol{x}^{(0)}$，迭代公式为

$$\boldsymbol{x}^{(k+1)}=\boldsymbol{A}^{-1}\boldsymbol{x}^{(k)}\quad(k=0,1,2,\cdots)$$

为避免逆矩阵的计算，将上式写成反迭代形式，即

$$\boldsymbol{A}\boldsymbol{x}^{(k+1)}=\boldsymbol{x}^{(k)}\quad(k=0,1,\cdots)$$

为避免“溢出”，进行规范化处理，将上式修改为

$$\begin{cases}\boldsymbol{A}\boldsymbol{x}^{(k+1)}=\boldsymbol{y}^{(k)}\\ x_\mu^{(k+1)}=\max\limits_i|x_i^{(k+1)}|,\ \boldsymbol{y}^{(k+1)}=\boldsymbol{x}^{(k+1)}/x_\mu^{(k+1)}\end{cases}(k=0,1,\cdots)\tag{9-5}$$

注 (1) $\boldsymbol{y}^{(0)}$是初始向量；

(2) 线性方程组 $\boldsymbol{A}\boldsymbol{x}^{(k+1)}=\boldsymbol{y}^{(k)}$的求解可采用 LU 分解；

(3) 迭代的收敛速度取决于$|\lambda_n/\lambda_{n-1}|$的大小.

反幂法的 Matlab 计算程序（Power_inv. m）如下：

```
function [m,y,index] = Power_inv(A,ep,it_max)
% 求按模最小特征值的反幂法,其中,
% A 为 nxn 矩阵;
%  ep 为精度要求,缺省值为 1e-5;
%  it_max 为最大迭代次数,缺省值为 100;
%  m 为按模最小的特征值;
%  y 为 m 对应的特征向量;
% index 为指标变量,
% index =1 时,表明迭代成功,
% index =0 时,表明迭代失败.
if nargin <3 it_max =100;end
if nargin <2 ep =1e-5;end
n = length(A);y = ones(n,1);
```

```
index = 0; k = 0; m1 = 0;
invA = inv(A); % invA 为矩阵 A 的逆矩阵
while k < = it_max
    x = invA * y; [x_max, i] = max(abs(x));
    m = x(i); y = x/m;
    if abs(m - m1) < ep
        index = 1; break;
    end
    m1 = m; k = k + 1;
end
m = 1/m; k
```

利用函数 Power_inv 求解例 9-2，精度为 0.001，输入

```
A = [-4 14 0; -5 13 0; -1 0 2]; ep = 0.001; [m, y, index] = Power_inv(A, ep)
```

计算得到

```
m = 2.0081
y = -0.0081 -0.0040 1.0000
index = 1
```

矩阵 $\boldsymbol{A}$ 的 3 个特征值分别为 6、3、2，其中最小特征值为 2. 函数 Power_inv 的运行结果表明迭代成功，即达到精度要求，共迭代计算 15 次.

应该注意，反幂法计算量大大超过幂法，因为反幂法每一步计算 $\boldsymbol{x}^{(k+1)}$ 时，需要求解线性方程组 $\boldsymbol{A}\boldsymbol{x}^{(k+1)}=\boldsymbol{y}^{(k)}$. 由于这些方程组都是同系数矩阵的线性方程组，实际计算时可采用 LU 分解求解. 每一步迭代只需解两个三角方程组 $\boldsymbol{L}\boldsymbol{v}=\boldsymbol{y}^{(k)}$，$\boldsymbol{U}\boldsymbol{x}^{(k+1)}=\boldsymbol{v}$，这样可以节省计算量.

反幂法还可与原点位移法相结合（带原点位移的反幂法）提高计算精度或求某个特定的特征值. 设已求得矩阵 $\boldsymbol{A}$ 的特征值 λ_i 的某个近似值 $\tilde{\lambda}_i$，取 $p=\tilde{\lambda}_i$，作原点位移，令 $\boldsymbol{B}=\boldsymbol{A}-\tilde{\lambda}_i\boldsymbol{I}$，则 $\boldsymbol{B}$ 的特征值为 $\lambda_1-\tilde{\lambda}_i,\lambda_2-\tilde{\lambda}_i,\cdots,\lambda_i-\tilde{\lambda}_i,\cdots,\lambda_n-\tilde{\lambda}_i$，且有 $|\lambda_i-\tilde{\lambda}_i|<|\lambda_j-\tilde{\lambda}_i|,j\neq i$，即 $\lambda_i-\tilde{\lambda}_i$ 是 $\boldsymbol{B}$ 的按模最小的特征值，对 $\boldsymbol{B}$ 应用反幂法可求出精度更高的 λ_i 和 $\tilde{\lambda}_i$.

例 9-4 设已求得例 9-2 中矩阵 $\boldsymbol{A}$ 的特征值的近似值 $\lambda_1\approx 6.003$，及对应的特征向量 $\boldsymbol{x}_1\approx(1,0.714\,405,-0.249\,597)^{\mathrm{T}}$，试用带原点位移的反幂法求 λ_1 和 x_1 的更精确的近似值.

解 取 $p=6.003$，令矩阵 $\boldsymbol{B}=\boldsymbol{A}-6.003\boldsymbol{I}$，则

$$\boldsymbol{B}=\begin{pmatrix}-10.003 & 14 & 0\\ -5 & 6.997 & 0\\ -1 & 0 & -4.003\end{pmatrix}$$

取初始向量 $\boldsymbol{u}^{(0)}=(1,0.714\,405,-0.249\,579)^{\mathrm{T}}$，对 $\boldsymbol{B}$ 应用反幂法，即

$$\begin{cases} \boldsymbol{B}\boldsymbol{x}^{(k+1)} = \boldsymbol{y}^{(k)} \\ x_\mu^{(k+1)} = \max\limits_i |x_i^{(k+1)}|, \ \boldsymbol{y}^{(k+1)} = \boldsymbol{x}^{(k+1)}/x_\mu^{(k+1)} \end{cases} \quad (k=0,1,\cdots)$$

并且有 $\lambda_1 \approx \dfrac{1}{y_\mu^{(k)}} + 6.003, x_1 \approx \boldsymbol{y}^{(k)}$，计算得到

$$\frac{1}{y_\mu^{(1)}} + 6.003 = 6.000\,001\,67, \ \boldsymbol{y}^{(1)} = (1, 0.714\,286, -0.250\,000)^{\mathrm{T}}$$

$$\frac{1}{y_\mu^{(2)}} + 6.003 = 6.000\,000\,007, \ \boldsymbol{y}^{(2)} = (1, 0.714\,286, -0.250\,000)^{\mathrm{T}}$$

可见收敛速度非常快，仅迭代两步就得到很好的结果，这是由于此例中 $\left|\dfrac{m_3}{m_2}\right| \approx 0.000\,999$ 很小，故对 $\boldsymbol{B}$ 应用反幂法收敛得很快.

9.4 QR 方法

QR 方法是目前计算一个矩阵全部特征值和相应特征向量的很有效并且广泛应用的方法之一，该方法自 J. G. F. Francis 于 1961 年发表以来，已成为矩阵特征计算的热门研究课题. 这里先介绍矩阵的两种正交变换.

9.4.1 矩阵的两种正交变换

1）平面反射矩阵

设 $\boldsymbol{w} = (w_1, w_2, \cdots, w_n)^{\mathrm{T}}$ 且 $\|\boldsymbol{w}\|_2^2 = \boldsymbol{w}^{\mathrm{T}}\boldsymbol{w} = 1$，称矩阵

$$\boldsymbol{H} = \boldsymbol{I} - 2\boldsymbol{w}\boldsymbol{w}^{\mathrm{T}} \tag{9-6}$$

为**平面反射矩阵**或豪斯霍尔德变换.

（1）平面反射矩阵的几何意义：豪斯霍尔德变换在几何上是关于平面 S 的平面反射变换（见图 9－1）.

设 $\boldsymbol{H} = \boldsymbol{I} - 2\boldsymbol{w}\boldsymbol{w}^{\mathrm{T}}$，其中 $\|\boldsymbol{w}\|_2^2 = \boldsymbol{w}^{\mathrm{T}}\boldsymbol{w} = 1$，过原点以 $\boldsymbol{w}$ 为法向量的超平面方程为 $S: (\boldsymbol{w}, \boldsymbol{x}) = 0$.

设 $\boldsymbol{v} \in \mathbf{R}^n$ 为任意向量，于是由线性代数理论可知 $\boldsymbol{v} = \boldsymbol{x} + \boldsymbol{y}$，其中 $\boldsymbol{x} \in S, \boldsymbol{y} \in S^{\perp}$（$S^{\perp}$ 为 S 的正交补空间），下面考察 $\boldsymbol{H}\boldsymbol{v} = \boldsymbol{H}\boldsymbol{x} + \boldsymbol{H}\boldsymbol{y}$.

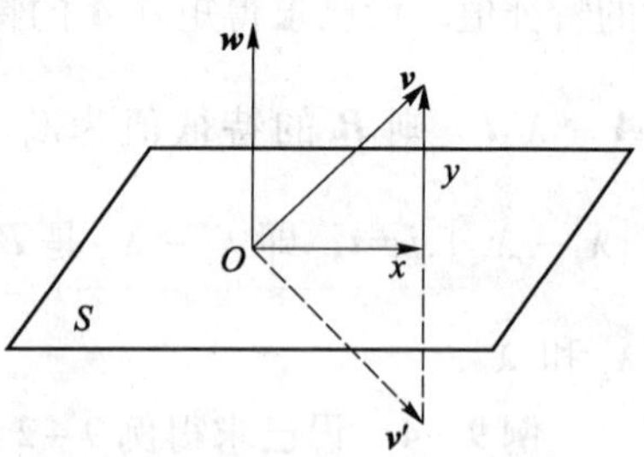

图 9－1　平面反射变换几何示意

①$\boldsymbol{H}\boldsymbol{x} = (\boldsymbol{I} - 2\boldsymbol{w}\boldsymbol{w}^{\mathrm{T}})\boldsymbol{x} = \boldsymbol{x} - 2\boldsymbol{w}(\boldsymbol{w}^{\mathrm{T}}\boldsymbol{x}) = \boldsymbol{x}$（因为 $\boldsymbol{x} \in S$，所以 $\boldsymbol{w}^{\mathrm{T}}\boldsymbol{x} = 0$）；

②$\boldsymbol{H}\boldsymbol{y} = (\boldsymbol{I} - 2\boldsymbol{w}\boldsymbol{w}^{\mathrm{T}})\boldsymbol{y} = \boldsymbol{y} - 2\boldsymbol{w}(\boldsymbol{w}^{\mathrm{T}}\boldsymbol{y}) = c\boldsymbol{w} - 2c\boldsymbol{w}(\boldsymbol{w}^{\mathrm{T}}\boldsymbol{w}) = -c\boldsymbol{w} = -\boldsymbol{y}$（因为 $\boldsymbol{y} \in S^{\perp}$，所以 $\boldsymbol{y} = c\boldsymbol{w}$）.

于是，$\boldsymbol{H}\boldsymbol{v} = \boldsymbol{x} - \boldsymbol{y} = \boldsymbol{v}'$，其中 $\boldsymbol{v}'$ 为 $\boldsymbol{v}$ 关于平面 S 的镜面反射（见图 9－1）.

（2）平面反射矩阵有以下 3 点性质.

①$\boldsymbol{H}$ 是对称正交矩阵，即 $\boldsymbol{H}^{\mathrm{T}}=\boldsymbol{H}^{-1}=\boldsymbol{H}$.

②对任意非零向量 $\boldsymbol{u}\in\mathbf{R}^n$，若取 $\boldsymbol{w}=\dfrac{\boldsymbol{u}}{\|\boldsymbol{u}\|_2}$，则有

$$\boldsymbol{H}=\boldsymbol{I}-2\frac{\boldsymbol{u}\boldsymbol{u}^{\mathrm{T}}}{\|\boldsymbol{u}\|_2^2}=\boldsymbol{I}-\beta^{-1}\boldsymbol{u}\boldsymbol{u}^{\mathrm{T}} \tag{9-7}$$

式中，$\beta=\dfrac{1}{2}\|\boldsymbol{u}\|_2^2$. 通常取 $\boldsymbol{u}$ 的前 k 个分量为零，即 $\boldsymbol{u}=(0,0,\cdots,0,u_{k+1},u_{k+2},\cdots,u_n)^{\mathrm{T}}=(\boldsymbol{0}_k^{\mathrm{T}},\hat{\boldsymbol{u}}^{\mathrm{T}})^{\mathrm{T}}$，其中 $\hat{\boldsymbol{u}}\in\mathbf{R}^{n-k}$，于是

$$\boldsymbol{H}=\begin{pmatrix}\boldsymbol{I}_k & \boldsymbol{O}\\ \boldsymbol{O} & \boldsymbol{I}_{n-k}-\beta^{-1}\hat{\boldsymbol{u}}\hat{\boldsymbol{u}}^{\mathrm{T}}\end{pmatrix} \tag{9-8}$$

③对于任一非零向量 $\boldsymbol{\alpha}=(x_1,x_2,\cdots,x_n)^{\mathrm{T}}$，可选择平面反射矩阵 $\boldsymbol{H}$，使得

$$\boldsymbol{H}\boldsymbol{\alpha}=\sigma\boldsymbol{e}_1,\boldsymbol{e}_1=(1,0,0,\cdots,0)^{\mathrm{T}},\sigma=\pm\|\boldsymbol{\alpha}\|_2 \tag{9-9}$$

事实上，只要取 $\boldsymbol{u}=\boldsymbol{\alpha}-\sigma\boldsymbol{e}_1$，由式（9－7）得

$$\boldsymbol{H}\boldsymbol{\alpha}=\boldsymbol{\alpha}-2\frac{(\boldsymbol{\alpha}-\sigma\boldsymbol{e}_1)(\boldsymbol{\alpha}^{\mathrm{T}}-\sigma\boldsymbol{e}_1^{\mathrm{T}})}{(\boldsymbol{\alpha}^{\mathrm{T}}-\sigma\boldsymbol{e}_1^{\mathrm{T}})(\boldsymbol{\alpha}-\sigma\boldsymbol{e}_1)}\boldsymbol{\alpha}=\boldsymbol{\alpha}-2\frac{(\boldsymbol{\alpha}-\sigma\boldsymbol{e}_1)(\boldsymbol{\alpha}^{\mathrm{T}}\boldsymbol{\alpha}-\sigma\boldsymbol{e}_1^{\mathrm{T}}\boldsymbol{\alpha})}{2(\boldsymbol{\alpha}^{\mathrm{T}}\boldsymbol{\alpha}-\sigma\boldsymbol{e}_1^{\mathrm{T}}\boldsymbol{\alpha})}=\sigma\boldsymbol{e}_1$$

为了避免计算 $\boldsymbol{u}=\boldsymbol{\alpha}-\sigma\boldsymbol{e}_1$ 时有效数字损失，通常取 σ 与分量 x_1 具有相反的符号，即取 $\sigma=-\mathrm{sgn}(x_1)\|\boldsymbol{\alpha}\|_2$，而 $\beta=\dfrac{1}{2}\|\boldsymbol{\alpha}-\sigma\boldsymbol{e}_1\|_2^2=\sigma(\sigma-x_1)$.

注　平面反射矩阵在计算上的意义：它能把矩阵或向量中指定元素化为零（即可用初等反射矩阵来约化矩阵或向量为简单形式）.

（3）平面反射矩阵的计算步骤如下：

①计算 $\sigma=-\mathrm{sgn}(x_1)\sqrt{\sum_{i=1}^{n}x_i^2}$；

②计算向量 $\boldsymbol{u}=(x_1-\sigma,x_2,\cdots,x_n)^{\mathrm{T}}$；

③计算系数 $\beta=\sigma(\sigma-x_1)$；

④$\boldsymbol{H}=\boldsymbol{I}-\beta^{-1}\boldsymbol{u}\boldsymbol{u}^{\mathrm{T}}$，且 $\boldsymbol{H}\boldsymbol{\alpha}=\sigma\boldsymbol{e}_1$.

例 9－5　给定向量 $\boldsymbol{\alpha}=(-1,2,-2)^{\mathrm{T}}$，试确定一平面反射矩阵 $\boldsymbol{H}$，使得 $\boldsymbol{H}\boldsymbol{\alpha}$ 的后两个分量为零.

解　$\sigma=-\mathrm{sgn}(-1)\sqrt{1+4+4}=3,\boldsymbol{u}=(-4,2,-2)^{\mathrm{T}},\beta=12$，于是有

$$\boldsymbol{H}=\boldsymbol{I}-\beta^{-1}\boldsymbol{u}\boldsymbol{u}^{\mathrm{T}}=\begin{pmatrix}-\frac{1}{3} & \frac{2}{3} & -\frac{2}{3}\\ \frac{2}{3} & \frac{2}{3} & \frac{1}{3}\\ -\frac{2}{3} & \frac{1}{3} & \frac{2}{3}\end{pmatrix}$$

且有 $\boldsymbol{H\alpha}=(3,0,0)^{\mathrm{T}}$.

2）**平面旋转矩阵**

在许多计算中需要有选择地消去一些元素，平面旋转矩阵（吉文斯矩阵）是解决这个问题的工具.

设 $\boldsymbol{x},\boldsymbol{y}\in\mathbf{R}^2$，则变换 $\begin{pmatrix}\cos\theta & \sin\theta\\ -\sin\theta & \cos\theta\end{pmatrix}\begin{pmatrix}x_1\\ x_2\end{pmatrix}=\begin{pmatrix}y_1\\ y_2\end{pmatrix}$，即 $\boldsymbol{Px}=\boldsymbol{y}$ 是平面上向量的一个旋转变换,其中 $\boldsymbol{P}=\begin{pmatrix}\cos\theta & \sin\theta\\ -\sin\theta & \cos\theta\end{pmatrix}$ 为正交矩阵，即平面旋转矩阵.

设 $\mathbf{R}^n$ 中变换

$$\begin{pmatrix}1 & & & & & & \\ & \ddots & & & & & \\ & & \cos\theta & \cdots & \sin\theta & & \\ & & \vdots & \ddots & \vdots & & \\ & & \sin\theta & \cdots & \cos\theta & & \\ & & & & & \ddots & \\ & & & & & & 1\end{pmatrix}\begin{pmatrix}x_1\\ \vdots\\ x_i\\ \vdots\\ x_j\\ \vdots\\ x_n\end{pmatrix}=\begin{pmatrix}y_1\\ \vdots\\ y_i\\ \vdots\\ y_j\\ \vdots\\ y_n\end{pmatrix}$$

即 $\boldsymbol{Px}=\boldsymbol{y}$ 称为平面 $\{x_i,x_j\}$ 上的平面旋转变换（或吉文斯变换），$\boldsymbol{P}\equiv\boldsymbol{P}(i,j,\theta)\equiv\boldsymbol{P}(i,j)$ 称为**平面旋转矩阵**.

注（1）$\boldsymbol{P}$ 与单位矩阵 $\boldsymbol{I}$ 只是在 $(i,i),(i,j),(j,i),(j,j)$ 位置的元素不一样，其他相同，且 $\boldsymbol{P}$ 为正交矩阵（即 $\boldsymbol{P}^{-1}=\boldsymbol{P}^{\mathrm{T}}$）.

（2）利用平面旋转变换，可使向量 $\boldsymbol{x}$ 中的指定元素变成零.

吉文斯约化：设 $\boldsymbol{x}=(x_1,x_2,\cdots,x_i,\cdots,x_j,\cdots,x_n)^{\mathrm{T}}$，其中 x_i,x_j 不全为零，则可选择平面旋转矩阵 $\boldsymbol{P}(i,j)$，使

$$\boldsymbol{P}(i,j)\boldsymbol{x}=(x_1,x_2,\cdots,x_i',\cdots,0,x_{j+1},\cdots,x_n)^{\mathrm{T}}$$

式中，$x_i'=\sqrt{x_i^2+x_j^2}\,;x_j'=0$.

证明 事实上，由

$$\boldsymbol{P}(i,j)\boldsymbol{x}=\begin{pmatrix}1 & & & & & & \\ & \ddots & & & & & \\ & & c & & s & & \\ & & & \ddots & & & \\ & & -s & & c & & \\ & & & & & 1 & \\ & & & & & & \ddots & \\ & & & & & & & 1\end{pmatrix}\begin{pmatrix}x_1\\ \vdots\\ x_i\\ \vdots\\ x_j\\ \vdots\\ x_n\end{pmatrix}=\begin{pmatrix}x_1'\\ \vdots\\ x_i'\\ \vdots\\ x_j'\\ \vdots\\ x_n'\end{pmatrix}$$

显然有$\begin{cases}x_i'=cx_i+sx_j\\x_j'=-sx_i+cx_j\\x_k'=x_k(k\neq i,\ j).\end{cases}$ 于是可选择$P(i,\ j)$，使$x_j'=-sx_i+cx_j=0$，即选取

$$c=\cos\theta=x_i/\sqrt{x_i^2+x_j^2},s=\sin\theta=x_j/\sqrt{x_i^2+x_j^2}$$

例9-6 给定向量$x=(-6,4,1,3)^{\mathrm{T}}$，试确定一平面旋转矩阵$P(2,4)$，使得$y=P(2,4)x$的分量$y_4=0$.

解 这里$i=2,j=4$，令$c=\cos\theta=4/\sqrt{4^2+3^2}=4/5,s=\sin\theta=3/\sqrt{4^2+3^2}=3/5$，则

$$P(2,4)=\begin{pmatrix}1&&&\\&4/5&&3/5\\&&1&\\&-3/5&&4/5\end{pmatrix}$$

因为$y_2=\sqrt{4^2+3^2}=5,y_4=0$，所以$y=P(2,4)x=(-6,5,1,0)^{\mathrm{T}}$.

（3）化矩阵为上海森伯格矩阵

所谓上海森伯格矩阵是指一个n阶矩阵B，当$i>j+1$时，$b_{ij}=0$，称B为上海森伯格矩阵，它的形状为

$$B=\begin{pmatrix}*&*&\cdots&*&*\\ *&*&\cdots&*&*\\ &*&\ddots&&\vdots\\ &&\ddots&\ddots&\vdots\\ &&&*&*\end{pmatrix}$$

这时，如果有次对角元如$b_{i+1,i}=0(1\leqslant i\leqslant n-1)$，则称$B$是可约的，否则是不可约的.

可约的上海森伯格矩阵B，可以划分为分块上三角形式，使得对角块都是不可约的上海森伯格形. 如

$$B=\left(\begin{array}{cc|ccc}*&*&*&*&*\\ *&*&*&*&*\\ \hline &0&*&*&*\\ &&*&*&*\\ &&&*&*\end{array}\right)=\begin{pmatrix}B_1&C\\&B_2\end{pmatrix}$$

式中，$B_1\in\mathbf{R}^{2\times2}$和$B_2\in\mathbf{R}^{3\times3}$都是不可约的上海森伯格形. 我们知道，分块三角形矩阵的全部特征值，是各对角块特征值的和集. 因此，如果把$A\in\mathbf{R}^{n\times n}$变换为上海森伯格形，那么就有可能把求解$A$的特征值问题，约简成求解较小的矩阵的特征值问题.

将一般的n阶实矩阵约化为上海森伯格形的算法可以应用豪斯霍尔德矩阵（或吉文斯矩阵）来实现. 算法的基本思想是构造$n-2$个豪斯霍尔德矩阵$H_1,H_2,\cdots,H_{n-2}$，依次对A进行相似变换，将A约化为上海森伯格矩阵.

例9-7 设$A=\begin{pmatrix}1&3&4\\3&2&5\\4&5&6\end{pmatrix}$，利用豪斯霍尔德变换将$A$约化为上海森伯格矩阵.

解 记 $\boldsymbol{A}$ 的第 1 列对角线以下的向量为 $\boldsymbol{x}=(3,4)^{\mathrm{T}}$，利用平面反射矩阵的计算方法构造 $\boldsymbol{H}=\begin{pmatrix}-0.6 & -0.8\\ -0.8 & 0.6\end{pmatrix}$，使得 $\boldsymbol{Hx}=(-5,\ 0)^{\mathrm{T}}$. 令 $\boldsymbol{Q}=\begin{pmatrix}1 & \\ & \boldsymbol{H}\end{pmatrix}=\begin{pmatrix}1 & & \\ & -0.6 & -0.8\\ & -0.8 & 0.6\end{pmatrix}$，则有

$$\boldsymbol{B}=\boldsymbol{Q}^{\mathrm{T}}\boldsymbol{AQ}=\begin{pmatrix}1 & -5 & 0\\ -5 & 9.36 & -0.52\\ 0 & -0.52 & -1.36\end{pmatrix}$$

类似例 9－7，利用豪斯霍尔德变换（或吉文斯变换）可以构造性地证明如下结论.

（1）对于任何矩阵 $\boldsymbol{A}\in\mathbf{R}^{n\times n}$，存在正交矩阵 $\boldsymbol{Q}$，使得 $\boldsymbol{B}=\boldsymbol{Q}^{\mathrm{T}}\boldsymbol{AQ}$ 为上海森伯格形. 即任何实方阵都可通过正交相似变换化为上海森伯格矩阵.

（2）对于任何对称矩阵 $\boldsymbol{A}\in\mathbf{R}^{n\times n}$，存在正交矩阵 $\boldsymbol{Q}$，使得 $\boldsymbol{B}=\boldsymbol{Q}^{\mathrm{T}}\boldsymbol{AQ}$ 为对称三对角矩阵.

9.4.2 QR 算法

1）矩阵的正交三角分解

如果实矩阵 $\boldsymbol{A}$ 非奇异，则可实现 $\boldsymbol{A}$ 的正交三角分解.

定理 2 设实矩阵 $\boldsymbol{A}=(a_{ij})_{n\times n}$ 非奇异，则存在正交三角分解

$$\boldsymbol{A}=\boldsymbol{QR} \tag{9-10}$$

式中，$\boldsymbol{Q}$ 是 n 阶正交矩阵；$\boldsymbol{R}$ 是非奇异的 n 阶上三角矩阵. 且当限定 $\boldsymbol{R}$ 的对角元素为正数时，这种分解是唯一的.

证明 （1）分解的存在性可利用豪斯霍尔德变换（或吉文斯变换）构造性地证明.

由已知，存在平面反射矩阵 $\boldsymbol{H}_1,\boldsymbol{H}_2,\cdots,\boldsymbol{H}_{n-1}$，使

$$\boldsymbol{H}_{n-1}\cdots\boldsymbol{H}_2\boldsymbol{H}_1\boldsymbol{A}=\begin{pmatrix}r_{11} & \cdots & r_{1n}\\ & \ddots & \\ & & r_{nn}\end{pmatrix}=\boldsymbol{R}$$

设 $\boldsymbol{Q}^{\mathrm{T}}=\boldsymbol{H}_{n-1}\cdots\boldsymbol{H}_2\boldsymbol{H}_1$，则有 $\boldsymbol{A}=\boldsymbol{QR}$.

（2）分解的唯一性. 设 $\boldsymbol{A}$ 有两种分解，即

$$\boldsymbol{A}=\boldsymbol{Q}_1\boldsymbol{R}_1=\boldsymbol{Q}_2\boldsymbol{R}_2$$

式中，$\boldsymbol{R}_1,\boldsymbol{R}_2$ 为上三角矩阵且对角元素都为正数，$\boldsymbol{Q}_1,\boldsymbol{Q}_2$ 为正交矩阵. 于是

$$\boldsymbol{Q}_2^{\mathrm{T}}\boldsymbol{Q}_1=\boldsymbol{R}_2\boldsymbol{R}_1^{-1} \tag{9-11}$$

这说明上三角矩阵 $\boldsymbol{R}_2\boldsymbol{R}_1^{-1}$ 为正交矩阵，因此必为对角矩阵，且 $\boldsymbol{R}_2\boldsymbol{R}_1^{-1}$ 的对角元素仍大于零.

由 $\boldsymbol{R}_2\boldsymbol{R}_1^{-1}$ 的正交性和对角元素的非负性，有 $\boldsymbol{R}_2\boldsymbol{R}_1^{-1}=\boldsymbol{E}$，即 $\boldsymbol{R}_1=\boldsymbol{R}_2$. 又根据式（9－11），得 $\boldsymbol{Q}_1=\boldsymbol{Q}_2$，因此唯一性得证.

2）QR 方法的步骤

如果实矩阵 $\boldsymbol{A}$ 非奇异，则有如下的 QR 方法步骤.

（1）令 $A_1 = A$，对 A_1 进行 QR 分解，即 $A_1 = Q_1 R_1$，交换乘积矩阵因子的次序，得$A_2 = R_1 Q_1$.

（2）对 A_2 重复上述步骤，即 $A_2 = Q_2 R_2$，交换乘积矩阵因子的次序，得 $A_3 = R_2 Q_2$.

（3）重复上述步骤，有 QR 方法递推公式，即

$$\begin{cases} A_k = Q_k R_k \\ A_{k+1} = R_k Q_k \end{cases} \quad (k = 1, 2, \cdots) \tag{9-12}$$

由 QR 方法得到的矩阵序列$\{A_k\}$有如下基本性质.

性质1 对一切 k，A_{k+1}与 A 相似.

证明 对一切 k，用 Q_k^{T} 左乘式（9－12）第一个方程，有 $R_k = Q_k^{\mathrm{T}} A_k$，代入式（9－12）第二个方程，得到

$$A_{k+1} = Q_k^{\mathrm{T}} A_k Q_k \quad (k = 1, 2, \cdots) \tag{9-13}$$

即有

$$A_{k+1} = Q_k^{\mathrm{T}} Q_{k-1} \cdots Q_1^{\mathrm{T}} A Q_1 Q_2 \cdots Q_k$$

记 $\tilde{Q}_k = Q_1 Q_2 \cdots Q_k$，则有 $A_{k+1} = \tilde{Q}_k^{\mathrm{T}} A \tilde{Q}_k$. 因此，$A_1, A_2, \cdots, A_k, A_{k+1}$彼此相似，从而有完全相同的特征值.

性质2 $A^k = Q_1 Q_2 \cdots Q_k R_k R_{k-1} \cdots R_1$.

证明 由式（9－13）可知，$A_{k-1} Q_{k-1} = Q_{k-1} A_k$，$k = 2, 3, \cdots$，所以

$$\begin{aligned} Q_1 Q_2 \cdots Q_{k-1} Q_k R_k R_{k-1} \cdots R_1 &= Q_1 \cdots Q_{k-1} A_k R_{k-1} \cdots R_1 \\ &= A_1 Q_1 \cdots Q_{k-1} R_{k-1} \cdots R_1 = A_1^2 Q_1 \cdots Q_{k-2} R_{k-2} \cdots R_1 \\ &= A_1^k = A^k \end{aligned}$$

注 （1）$A^k = E_k H_k$，其中 $E_k = Q_1 Q_2 \cdots Q_k$ 为正交矩阵，$H_k = R_k R_{k-1} \cdots R_1$ 为上三角矩阵.

（2）一般地，矩阵序列$\{A_k\}$线性收敛于块三角矩阵，且各对角线子块是一阶或二阶子矩阵，由以上性质1知，子矩阵的特征值就是 A 的特征值.

（3）QR 方法是一种矩阵变换方法，是计算一般矩阵（中小型矩阵）全部特征值的最有效方法之一. QR 方法主要用于：上海森伯格矩阵的全部特征值；对称三对角矩阵的全部特征值. QR 方法具有收敛快、算法稳定等特点.

对于一般矩阵 $A_{n\times n}$（或对称矩阵 A），先用豪斯霍尔德变换化 A 为上海森伯格矩阵（或对称三对角矩阵），再用 QR 方法（豪斯霍尔德变换或吉文斯变换）.

例9－8 用 QR 方法求上海森伯格矩阵 A 的特征值，其中

$$A = \begin{pmatrix} 5 & -2 & -5 & -1 \\ 1 & 0 & -3 & 2 \\ 0 & 2 & 2 & -3 \\ 0 & 0 & 1 & -2 \end{pmatrix}$$

解 利用 Matlab 的函数 eig，求出矩阵 A 的全部特征值为 $4, 1+2\mathrm{i}, 1-2\mathrm{i}, -1$. 再利用 Matlab 的 QR 分解函数计算，输入

```
A=[5 -2 -5 -1;1 0 -3 2;0 2 2 -3;0 0 1 -2];
```

```
for k=1:17
    [Q R]=qr(A);A=R*Q;
end
```

计算得到，第17次QR方法迭代的矩阵$\boldsymbol{A}$为

```
A=  4.0000   -0.3740    6.2221    0.8453
   -0.0000   -0.2812   -3.1005    3.7581
         0    1.8195    2.2811   -1.4493
         0         0   -0.0000   -1.0000
```

计算中间二阶子块的特征值为

```
a=[-0.2812 -3.1005;1.8195 2.2811];eig(a)
```

得到一对共轭特征值为

```
1.0000+2.0000i,1.0000-2.0000i
```

从而得到矩阵$\boldsymbol{A}$的全部特征值：$4,1+2\mathrm{i},1-2\mathrm{i},-1$.

例9-9 用QR方法求下列矩阵的特征值.

$$(1)\ \boldsymbol{A}=\begin{pmatrix}-3 & -5 & -1\\ 13 & 13 & 1\\ -5 & -5 & 1\end{pmatrix};(2)\boldsymbol{A}=\begin{pmatrix}4 & -1 & 1\\ -1 & 3 & -2\\ 1 & -2 & 3\end{pmatrix}.$$

解 利用Matlab的函数eig，求出两个矩阵的特征值分别为：① $\lambda=6,3,2$；② $\lambda=6,3,1$. 现在利用QR方法求解. 首先用平面反射变换化矩阵$\boldsymbol{A}$为上海森伯格矩阵$\boldsymbol{A}_1$，然后用吉文斯变换作QR分解进行迭代，生成序列，计算过程的部分结果如下.

$$(1)\ \boldsymbol{A}_1=\begin{pmatrix}-3.0000 & 4.3077 & -2.7282\\ -13.9284 & 12.7938 & -5.5361\\ & 0.4639 & 1.2062\end{pmatrix},\ \boldsymbol{A}_2=\begin{pmatrix}10.1133 & 17.7711 & 0.8265\\ -1.5511 & -0.6362 & -0.9381\\ & 0.4656 & 1.5229\end{pmatrix},$$

$$\boldsymbol{A}_{16}=\begin{pmatrix}6.0001 & 16.9820 & -9.2165\\ 0.0000 & 3.0019 & -1.6317\\ & 0.0012 & 1.9980\end{pmatrix},\ \boldsymbol{A}_{23}=\begin{pmatrix}6.0000 & 16.9712 & -9.2364\\ 0.0000 & 3.0001 & -1.6329\\ & 0.0000 & 1.9999\end{pmatrix}.$$

因为该矩阵非对称，并且3个特征值都是实数，所以QR方法迭代收敛为上三角矩阵，三个对角元素收敛于特征值.

$$(2)\ \boldsymbol{A}_1=\begin{pmatrix}4.0000 & 1.4142 & \\ 1.4142 & 5.0000 & 0.0000\\ & 0.0000 & 1.0000\end{pmatrix},\ \boldsymbol{A}_2=\begin{pmatrix}5.0000 & 1.4142 & \\ 1.4142 & 4.0000 & 0.0000\\ & 0.0000 & 1.0000\end{pmatrix},$$

$$\boldsymbol{A}_{15}=\begin{pmatrix}6.0000 & 0.0003 & \\ 0.0003 & 3.0000 & 0.0000\\ & 0.0000 & 1.0000\end{pmatrix},\ \boldsymbol{A}_{16}=\begin{pmatrix}6.0000 & 0.0001 & \\ 0.0001 & 3.0000 & 0.0000\\ & 0.0000 & 1.0000\end{pmatrix}.$$

因为该矩阵对称，所以$\boldsymbol{A}_k$都是对称三对角矩阵，QR方法迭代收敛为对角矩阵，三个对角元素收敛于特征值.

3）QR 方法的改善

基本 QR 方法有两个缺陷：对于维数大的矩阵，每次迭代计算量很大；若收敛则是线性的. 因此，需要从两方面加以改善.

（1）划分和收缩.

在 QR 方法的迭代过程中，若发现某个 $\boldsymbol{A}_k$ 的一个或几个次对角元素为零（实际计算时是接近于零），那么就可立即把 $\boldsymbol{A}_k$ 划分成分块上三角矩阵，使得每个对角块为不可约上海森伯格矩阵. 这时，阶数小于等于 2 的对角块的特征值已经是 $\boldsymbol{A}$ 的所求特征值，因此只要对阶数大于 2 的对角块继续使用 QR 方法，就可以大幅度减少计算工作量. 这种策略称为划分和收缩. 例如，例 9－8 中第 17 次迭代的矩阵 $\boldsymbol{A}$ 可以划分成分块上三角矩阵，中间的二阶子矩阵很容易求出特征值，从而得到全部特征值，于是可立即终止迭代.

（2）带原点位移的 QR 方法.

为了加速 QR 方法的收敛，类似于幂法，也可采用带有原点位移的 QR 方法，即

$$\begin{cases}\boldsymbol{A}_k - p_k\boldsymbol{I} = \boldsymbol{Q}_k\boldsymbol{R}_k \\ \boldsymbol{A}_{k+1} = \boldsymbol{R}_k\boldsymbol{Q}_k + p_k\boldsymbol{I}\end{cases} \quad (k=1,2,\cdots) \tag{9-14}$$

带原点位移的 QR 序列 $\{\boldsymbol{A}_k\}$ 具有如下性质：

①$\boldsymbol{A}_{k+1}$ 相似于 $\boldsymbol{A}_k$；

②$\boldsymbol{A}_k$ 为上海森伯格矩阵时，$\boldsymbol{A}_{k+1}$ 也是上海森伯格矩阵；

③当位移量 p_k 选为 λ_n 的近似值时，可以证明 $\boldsymbol{A}_k$ 最后一行的非对角元素 $\boldsymbol{a}_{n,n-1}^{(k)}$ 以二阶速度收敛于零，而其余行的次对角元素以较慢的速度收敛于零，一旦 $|a_{n,n-1}^{(k)}|$ 为充分小，即可将它置为零，这时可取 $\lambda_n \approx a_{nn}^{(k)}$ 为 $\boldsymbol{A}$ 的近似特征值. 求得 λ_n 后，就可以删去 $\boldsymbol{A}_k$ 的第 n 行与第 n 列元素，收缩矩阵 $\boldsymbol{A}_k$ 为一个 $n-1$ 阶主子阵，对此降阶矩阵继续应用带原点位移的 QR 方法，至多经过 $n-1$ 步收缩就可得到 $\boldsymbol{A}$ 的全部近似特征值.

每次选取的位移值 p_k 可以在计算过程中估计出来，每算一步也可以换一个位移量 p_k，使其逐步逼近于 λ_n，还可以取 $\boldsymbol{A}_k$ 的二阶子矩阵

$$\begin{pmatrix} \boldsymbol{a}_{n-1,n-1}^{(k)} & \boldsymbol{a}_{n-1,n}^{(k)} \\ \boldsymbol{a}_{n,n-1}^{(k)} & \boldsymbol{a}_{n,n}^{(k)} \end{pmatrix}$$

的特征值中最接近 $a_{n,n}^{(k)}$ 的一个作为 p_k，有利于提高收敛速度.

如果 $\boldsymbol{A}$ 的特征值为复数，而计算过程限定在实数范围内，则需采用双步 QR 方法（略）.

例 9－10 用带原点位移的 QR 方法计算上海森伯格矩阵 $\boldsymbol{A}$ 的特征值，其中

$$\boldsymbol{A} = \begin{pmatrix} -2 & 1.625 & -1.9457 & -1 \\ -8 & 0.25 & -7.2403 & -14 \\ 0 & -4.0313 & -1.3895 & -11.25 \\ 0 & 0 & 0.7211 & 3.1395 \end{pmatrix}$$

解 利用带原点位移的 QR 方法（QR 分解利用豪斯霍尔德变换），位移量 p_k 取为右下

角 2×2 子矩阵的特征值中接近 $a_{44}^{(k)}$ 的特征值

$$A_1 = A, A_k - p_k I = Q_k R_k, A_{k+1} = R_k Q_k + p_k I \qquad (k = 1, 2, \cdots)$$

由于 A_1 右下角 2×2 子矩阵无实特征值，取 $p_1 = 0$，得

$$A_2 = \begin{pmatrix} -1.3824 & -4.1463 & 3.8909 & -16.7771 \\ -4.1782 & -1.5417 & 9.0249 & -6.9591 \\ 0 & -0.8854 & 2.4424 & -2.5105 \\ 0 & 0 & -0.5673 & 0.4816 \end{pmatrix}$$

依据 A_2 右下角 2×2 子矩阵的特征值，取 $p_2 = -0.0824$，得

$$A_3 = \begin{pmatrix} -4.1232 & -0.6246 & -13.0936 & -9.0263 \\ -3.2933 & 1.5194 & -4.4614 & -13.0121 \\ 0 & -0.5541 & 1.8971 & -1.3854 \\ 0 & 0 & 0.1679 & 0.7067 \end{pmatrix}$$

依据 A_3 右下角 2×2 子矩阵的特征值，取 $p_3 = 0.9532$，得

$$A_4 = \begin{pmatrix} -4.2406 & -10.1146 & 10.2397 & -14.0418 \\ -0.5364 & 0.3621 & 2.0738 & 4.3242 \\ 0 & -1.5113 & 2.8890 & 4.6577 \\ 0 & 0 & -0.0023 & 0.9895 \end{pmatrix}$$

依据 A_4 右下角 2×2 子矩阵的特征值，取 $p_3 = 0.9952$，得

$$A_5 = \begin{pmatrix} -5.2726 & 12.4960 & 6.5306 & -13.5382 \\ -0.1593 & 2.9106 & 1.1057 & 3.0299 \\ 0 & -1.4219 & 1.3620 & -6.7360 \\ 0 & 0 & 0 & 1.0000 \end{pmatrix}$$

由于 $a_{43}^{(5)} = 0$，从而得到 A 的特征值 $\lambda_4 = 1$；此外，由于 $|a_{21}^{(k)}|$ 逐渐变小，可以预示 $a_{11}^{(k)}$ 趋于 A 的特征值，而 $|a_{32}^{(k)}|$ 无规律变化，它预示 A_5 的中间二阶子矩阵具有 A 的一对共轭复数特征值，现从 A_5 中划去第四行和第四列得一个三阶子矩阵

$$\overline{A}_1 = \begin{pmatrix} -5.2726 & 12.4960 & 6.5306 \\ -0.1593 & 2.9106 & 1.1057 \\ 0 & -1.4219 & 1.3620 \end{pmatrix}$$

对 $\overline{A}_1$ 用不带位移的 QR 方法，得

$$\overline{A}_2 = \begin{pmatrix} -4.8923 & 7.8876 & -11.955 \\ 0.08769 & 2.4696 & -1.53 \\ 0 & 0.7992 & 1.4231 \end{pmatrix}, \quad \overline{A}_3 = \begin{pmatrix} -5.0324 & 3.9224 & 13.6717 \\ -0.0489 & 2.2438 & 1.995 \\ 0 & -0.5477 & 1.7892 \end{pmatrix}$$

$$\overline{A}_4 = \begin{pmatrix} -4.9940 & 0.5757 & -14.2788 \\ -0.02209 & 1.8739 & -1.883 \\ 0 & 0.5266 & 2.1207 \end{pmatrix}, \quad \overline{A}_5 = \begin{pmatrix} -4.9966 & -3.3228 & 13.8581 \\ -0.0086 & 1.525 & 1.7788 \\ 0 & -0.6938 & 2.4721 \end{pmatrix}$$

$$\overline{A}_6 = \begin{pmatrix} -5.0023 & -8.7381 & -11.2578 \\ 0.0029 & 1.2921 & -1.2201 \\ 0 & 1.2285 & 2.7105 \end{pmatrix}$$

由于 $\bar{a}_{21}^{(k)}$ 趋于零，从而得到 $\boldsymbol{A}$ 的另一个特征值；此外，由于 $|\bar{a}_{32}^{(k)}|$ 无规律变化，从 $\bar{\boldsymbol{A}}_6$ 中划去第一行和第一列得一个二阶子矩阵，从中得到 $\boldsymbol{A}$ 的一对共轭复特征值

$$\lambda_2 \approx 2.001\,3 + 0.997\,9\mathrm{i},\ \lambda_3 \approx 2.001\,3 - 0.997\,9\mathrm{i}$$

实际上，矩阵 $\boldsymbol{A}$ 的全部特征值为 $\lambda_1 = -5, \lambda_2 = 2 + \mathrm{i}, \lambda_3 = 2 - \mathrm{i}, \lambda_4 = 1$.

评 注

本章首先介绍了计算一般实矩阵主特征值及对应特征向量的迭代法，即幂法. 幂法在计算过程中原始矩阵 $\boldsymbol{A}$ 始终不变，所以适于求大型稀疏矩阵的特征值问题. 幂法的收敛是线性的，可用原点位移法、埃特金加速法等来改善. 反幂法用于计算矩阵 $\boldsymbol{A}$ 的绝对值最小或按模最小特征值及其特征向量，反幂法还可与原点位移法相结合计算对应于一个给定近似特征值的特征向量. 幂法以及它的这些变形显然适用于对称矩阵，因为这种矩阵的特征值都是实数并且可对角化，结合矩阵的收缩方法可求出它的全部特征值和特征向量.

在矩阵特征值问题的数值解法中，QR 方法是至今最有效的方法，它可求出全部特征值和特征向量，并且几乎适用于所有矩阵. Matlab 的函数 eig 用的就是这种方法. 本章介绍了吉文斯变换和豪斯霍尔德变换两种正交相似交换方法，它们是 QR 方法的基本工具. 基本 QR 方法与幂法一样收敛是线性的，为了提高计算效率，总是首先将矩阵正交相似变换为上海森伯格形，这种方法将破坏原始矩阵. 带原点位移的 QR 方法可以达到二次收敛性. 实数原点位移的单步 QR 方法主要用于特征值全为实数的矩阵，特别是对称矩阵. 如果 $\boldsymbol{A}$ 的特征值为复数，而计算过程限定在实数范围内，则需采用双步 QR 方法.

习 题

1. 用幂法计算下列矩阵的主特征值及对应的特征向量.

(1) $\boldsymbol{A} = \begin{pmatrix} 2 & 3 & 2 \\ 10 & 3 & 4 \\ 3 & 6 & 1 \end{pmatrix}$；(2) $\boldsymbol{A} = \begin{pmatrix} 1 & 2 & 3 \\ 2 & 3 & 4 \\ 3 & 4 & 5 \end{pmatrix}$.

2. 用原点位移法求矩阵 $\boldsymbol{A} = \begin{pmatrix} 3 & 1 & 0 \\ 1 & 2 & 1 \\ 0 & 1 & 1 \end{pmatrix}$ 的主特征值及其对应的特征向量.

3. 用带原点位移的反幂法求矩阵 $\boldsymbol{A} = \begin{pmatrix} -1 & 2 & 1 \\ 2 & -4 & 1 \\ 1 & 1 & -6 \end{pmatrix}$ 的近似于 -6.24 的特征值及其对应的特征向量.

4. 设 $\boldsymbol{A} = \begin{pmatrix} -4 & -3 & -7 \\ 2 & 3 & 2 \\ 4 & 2 & 7 \end{pmatrix}$，利用豪斯霍尔德变换将 $\boldsymbol{A}$ 约化为上海森伯格矩阵.

5. 用 QR 方法求矩阵 $\boldsymbol{A}=\begin{pmatrix}-4 & -3 & -7\\ 2 & 3 & 2\\ 4 & 2 & 7\end{pmatrix}$ 的特征值.

6. 用带原点位移的 QR 方法计算矩阵 $\boldsymbol{A}=\begin{pmatrix}5 & 1 & -4\\ -2 & 2 & 2\\ 0 & 2 & 1\end{pmatrix}$ 的特征值.

7. 设 $\boldsymbol{A}$ 为 n 阶实对称矩阵，其特征值为 $\lambda_1\geqslant\lambda_2\geqslant\cdots\geqslant\lambda_n$，相应的特征向量 $\boldsymbol{x}_1,\boldsymbol{x}_2,\cdots,\boldsymbol{x}_n$，且组成规范正交向量组，证明：（1）$\lambda_n\leqslant\dfrac{(\boldsymbol{Ax},\boldsymbol{x})}{(\boldsymbol{x},\boldsymbol{x})}\leqslant\lambda_1\,(\forall\boldsymbol{x}\in\mathbf{R}^n,\boldsymbol{x}\neq 0)$；（2）$\lambda_1=\max\limits_{x\neq 0}\dfrac{(\boldsymbol{Ax},\boldsymbol{x})}{(\boldsymbol{x},\boldsymbol{x})},\lambda_n=\min\limits_{x\neq 0}\dfrac{(\boldsymbol{Ax},\boldsymbol{x})}{(\boldsymbol{x},\boldsymbol{x})}$.

实 验 题

1. 实验目的：理解矩阵特征值的概念，掌握幂法.

实验内容：假设某种甲虫寿命期为 4 年，雌虫第一年的存活率为 1/2，第二年存活率为 1/4，第三年存活率为 1/8. 另外，假设一个雌虫在平均意义上第三年生两只新雌虫，第四年生 4 只新雌虫. 可用一个矩阵描述在概率意义下，一个雌虫对于种群中的雌虫数量作出的贡献，设矩阵 $\boldsymbol{A}=(a_{i,j})$ 中的 $a_{i,j}$ 表示年龄为 j 的一个雌虫对于下一年年龄为 i 的雌虫数量的贡献；即

$$\boldsymbol{A}=\begin{pmatrix}0 & 0 & 2 & 4\\ 1/2 & 0 & 0 & 0\\ 0 & 1/4 & 0 & 0\\ 0 & 0 & 1/8 & 0\end{pmatrix}$$

（1）利用圆盘定理在复平面内确定含有 $\boldsymbol{A}$ 的所有特征值的一个区域；

（2）利用幂法确定矩阵 $\boldsymbol{A}$ 的主特征值及相应的特征向量；

（3）利用 $\boldsymbol{A}$ 的特征多项式求全部特征值；

（4）对甲虫数量的长期预测是什么？

2. 实验目的：求矩阵的部分特征值.

（1）求矩阵的特征值问题具有重要实际意义，例如求矩阵谱半径 $\rho(\boldsymbol{A})=\max\limits_i|\lambda_i|$，稳定性问题也往往取决于矩阵的谱半径；

（2）掌握幂法、反幂法及原点位移法的程序设计方法；

（3）会利用原点位移法和反幂法求矩阵的任意特征值及其特征向量.

实验内容：利用幂法或反幂法，求方阵 $\boldsymbol{A}$ 的按模最大或最小特征值及其相应的特征向量. 设矩阵 $\boldsymbol{A}$ 的特征值分布为：$|\lambda_1|>\lambda_2\geqslant|\lambda_3|\geqslant\cdots\geqslant|\lambda_{n-1}|>|\lambda_n|,\boldsymbol{Ax}_j=\lambda_j\boldsymbol{x}_j$，考虑下列问题.

（1）$A=\begin{pmatrix}-1&2&1\\2&-4&1\\1&1&-6\end{pmatrix}$，求 λ_1 及 x_1.

取 $u^{(0)}=(1,1,1)^T$，精度要求 $\varepsilon=10^{-5}$，计算结果：$\lambda_1\approx-6.421\,06, x_1\approx(-0.046\,152, -0.374\,908, 1)^T$.

（2）$A=\begin{pmatrix}4&-2&7&3&-1&8\\-2&5&1&1&4&7\\7&1&7&2&3&5\\3&1&2&6&5&1\\-1&4&3&5&3&2\\8&7&5&1&2&4\end{pmatrix}$，求 λ_1,λ_6 及 x_1.

取 $u^{(0)}=(1,0,1,0,0,1)^T$，精度要求 $\varepsilon=10^{-5}$，计算结果：$\lambda_1\approx21.305\,25, \lambda_6=1.621\,39$，$x_1\approx(0.872\,4, 0.540\,1, 0.997\,3, 0.564\,4, 0.497\,2, 1)^T$.

（3）$A=\begin{pmatrix}2&1&3&4\\1&-3&1&5\\3&1&6&-2\\4&5&-2&-1\end{pmatrix}$，取 $u^{(0)}=(1,1,1,1)^T$，精度要求 $\varepsilon=10^{-2}$，这是一个收敛很慢的例子，迭代 1 200 次才达到 10^{-5} 精度，计算结果：$\lambda_1\approx-8.028\,578, x_1\approx(1, 2.501\,460, -0.757\,730, -2.564\,212)^T$.

（4）$A=\begin{pmatrix}-1&2&1\\2&-4&1\\1&1&-6\end{pmatrix}$，已知 A 的一个近似特征值为 -6.42，试用原点位移法和反幂法求改进的特征值和对应的特征向量，取 $u^{(0)}=(1,1,1)^T$，精度要求 $\varepsilon=10^{-4}$，计算结果：$\lambda\approx-6.421\,07, x\approx(-0.046\,146\,5, -0.379\,18, 1)^T$.

实验要求：

（1）掌握用幂法和反幂法求矩阵按模最大或者最小特征值的算法与程序编制；

（2）会用原点位移法加速收敛，对矩阵 $B=A-pI$ 取不同的 p 值，考察其效果；

（3）试取不同的初始向量 $u^{(0)}$，观察对计算结果的影响.

习题答案

第1章 绪论

1. x_1: 2.148; x_2: 3.147; x_3: 3.271; x_4: 0.000 678 1.

2. x_1: 5位; x_2: 6位; x_3: 4位; x_4: 6位; x_5: 2位; x_6: 2位.

3. 因为$|x-a|\leqslant 0.005$，所以x的绝对误差限为0.005.

4. 利用有效数字与相对误差的关系. 这里$n=3, a_1$是1~9之间的数字，则相对误差限为

$$\delta_r=\frac{1}{2a_1}\times 10^{-n+1}\leqslant\frac{1}{2\times 1}\times 10^{-2+1}=5\%$$

5. 由$\sqrt{65}=8.\cdots$，故$a_1=8$. $\delta_r=\frac{1}{2a_1}\times 10^{-n+1}\leqslant 0.1\%$. 取$n=3$即可满足要求.

6. 由$\cos 0.4=0.92\cdots$，故$a_1=9$. $\delta_r=\frac{1}{2a_1}\times 10^{-n+1}\leqslant 0.01\%$. 取$n=4$即可满足要求.

7. $|E(x_1)|\leqslant\frac{1}{2}\times 10^{-4}, |E(x_2)|\leqslant\frac{1}{2}\times 10^{-5}, |E(x_3)|\leqslant\frac{1}{2}\times 10^{-5}$.

(1) 由$E(x_1+x_2+x_3)\approx E(x_1)+E(x_2)+E(x_3)$得$|E(x_1+x_2+x_3)|\leqslant 6\times 10^{-5}$;

(2) 由$E(x_1x_2)\approx x_2E(x_1)+x_1E(x_2)$得$|E(x_1x_2)|\approx|x_2E(x_1)+x_1E(x_2)|\leqslant 2.669\ 71\times 10^{-4}$;

(3) 由$E\left(\frac{x_1}{x_2}\right)\approx\frac{1}{x_2}E(x_1)-\frac{x_1}{x_2^2}E(x_2)$得$\left|E\left(\frac{x_1}{x_2}\right)\right|\approx\left|\frac{1}{x_2}E(x_1)-\frac{x_1}{x_2^2}E(x_2)\right|\leqslant 1.025\ 1\times 10^{-5}$.

8. (1) $\ln x$的误差为$\delta(\ln x)=(\ln x)'\delta(x)=\frac{\delta(x)}{x}=1\%=0.01$;

(2) x^n的相对误差为$\delta_r(x^n)=n\delta_r(x)=0.01n$.

9. 由$y_n+100y_{n-1}=\frac{1}{n}$，得到算法：(1) $y_n=\frac{1}{n}-100y_{n-1}$以及$y_0=\ln\frac{101}{100}$; (2) $y_{n-1}=\frac{1}{100n}-\frac{y_n}{100}$以及假设$y_{20}=0$. 从而分析可得到算法 (2) 比算法 (1) 稳定.

10. $2^{11}\varepsilon<2^{11}\times\frac{1}{2}\times 10^{-1}=102.4$. 显然，误差积累很大，按递推公式$x_n=2x_{n-1}+5$，求$x_{11}$时，会把初始误差$\varepsilon$扩大$2^{11}$倍. 使计算精度受到严重影响，因此，这个计算过程不稳定.

11. 式 (1) 有1位有效数字，式 (2) 有2位有效数字，显然式 (2) 较好.

12. 用解二次代数方程$ax^2+bx+c=0$的两个求根公式，有

$x_1=\dfrac{-b-\mathrm{sgn}(b)\sqrt{b^2-4ac}}{2a}\approx 55.983,x_2=\dfrac{c}{ax_1}\approx 0.017\ 863.$

13. 应先把算式分别变形为$\dfrac{1-\cos x}{\sin x}=\dfrac{\sin x}{1+\cos x}$和$\sqrt{1+x}-\sqrt{x}=\dfrac{1}{\sqrt{1+x}+\sqrt{x}}$，然后再计算，这样就可以避免相近数相减造成的有效数字严重损失.

14. 这4个等式是恒等的，算式（4）最好. 具体计算可得（1）$\dfrac{1}{(\sqrt{2}+1)^6}\approx 5.2\times 10^{-3}$；（2）$99-70\sqrt{2}\approx 1.0$；（3）$(3-2\sqrt{2})^3\approx 8.0\times 10^{-3}$；（4）$\dfrac{1}{(3+2\sqrt{2})^3}\approx 5.1\times 10^{-3}$.

第2章　线性方程组的直接解法

1. $\begin{pmatrix}2&-1&3&1\\4&2&5&4\\1&2&0&7\end{pmatrix}\to\begin{pmatrix}2&-1&3&1\\0&4&-1&2\\0&0&-\dfrac{7}{8}&\dfrac{21}{4}\end{pmatrix}$，回代求得解为$x_3=-6,x_2=-1,x_1=9$.

2. $\begin{pmatrix}2&-1&3&1\\4&2&5&4\\1&2&0&7\end{pmatrix}\to\begin{pmatrix}4&2&5&4\\0&-2&1/2&-1\\0&0&-7/8&21/4\end{pmatrix}$，回代求得解为$x_3=-6,x_2=-1,x_1=9$.

3. $\begin{pmatrix}1&0&2&0\\0&1&1&1\\2&0&-1&1\\0&0&1&1\end{pmatrix}=\begin{pmatrix}1&0&0&0\\0&1&0&0\\2&0&1&0\\0&0&-\dfrac{1}{5}&1\end{pmatrix}\begin{pmatrix}1&0&2&0\\0&1&1&1\\0&0&-5&1\\0&0&0&\dfrac{6}{5}\end{pmatrix}$.

4. （1）$\boldsymbol{A}$的二阶主子式$\Delta_2=\begin{vmatrix}2&2\\1&1\end{vmatrix}=0$，所以，$\boldsymbol{A}$不能被分解为$\boldsymbol{LU}$.

（2）对$\boldsymbol{A}$作行交换，$\hat{\boldsymbol{A}}=\begin{pmatrix}3&2&1\\2&2&1\\1&1&1\end{pmatrix}=\begin{pmatrix}1&0&0\\2/3&1&0\\1/3&1/2&1\end{pmatrix}\begin{pmatrix}3&2&1\\0&2/3&1/3\\0&0&1/2\end{pmatrix}=\boldsymbol{LU}$.

（3）$\boldsymbol{x}=\left(\dfrac{1}{2},1,\dfrac{1}{2}\right)^{\mathrm{T}}$.

5. $\begin{pmatrix}5&7&9&10&1\\6&8&10&9&1\\7&10&8&7&1\\5&7&6&5&1\end{pmatrix}\to\begin{pmatrix}5&7&9&10&1\\\dfrac{6}{5}&-\dfrac{2}{5}&-\dfrac{4}{5}&-3&-\dfrac{1}{5}\\\dfrac{7}{5}&-\dfrac{1}{2}&-5&-\dfrac{17}{2}&-\dfrac{1}{2}\\1&0&\dfrac{3}{5}&\dfrac{1}{10}&\dfrac{3}{10}\end{pmatrix}$，得$\boldsymbol{x}=(20,-12,-5,3)^{\mathrm{T}}$.

6. $\overline{A}=\begin{pmatrix}-1 & 2 & -2 & -1\\ 3 & -1 & 4 & 7\\ 2 & -3 & -2 & 0\end{pmatrix}\to\begin{pmatrix}3 & -1 & 4 & 7\\ \frac{2}{3} & -\frac{7}{3} & -\frac{14}{3} & -\frac{14}{3}\\ -\frac{1}{3} & -\frac{5}{7} & -4 & -2\end{pmatrix}$，回代得 $x=(2,1,1/2)^{T}$.

7. $\begin{pmatrix}4 & -2 & -4 & 10\\ -2 & 17 & 10 & 3\\ -4 & 10 & 9 & -7\end{pmatrix}\to\begin{pmatrix}4 & -2 & -4 & 10\\ -\frac{1}{2} & 16 & 8 & 8\\ -1 & \frac{1}{2} & 1 & -1\end{pmatrix}$，回代得 $x_3=-1,x_2=1,x_1=2$.

8. 由追赶法分解得 $A=LU=\begin{pmatrix}1 & & \\ -1/4 & 1 & \\ 0 & -4/15 & 1\end{pmatrix}\begin{pmatrix}4 & -1 & 0\\ & 15/4 & -1\\ & & 56/15\end{pmatrix}$.

解 $Ly=(1,1,1)^{T}$，得 $y=(1,5/4,4/3)^{T}$. 解 $Ux=y$，得 $x=(0.357\,1,0.428\,6,0.357\,1)^{T}$.

9. $\|x\|_{\infty}=3$，$\|x\|_{1}=6$，$\|x\|_{2}=\sqrt{14}$.

10. $\|A\|_{\infty}=10$，$\|A\|_{1}=8$，$\|A\|_{2}\approx\sqrt{51.004\,3}=7.141\,73$.

11. $\|x\|_{\infty}=3$，$\|A\|_{\infty}=5$，$\|Ax\|_{\infty}=7$，$\|A\|_{\infty}\|x\|_{\infty}=15$，$\|Ax\|_{\infty}\leqslant\|A\|_{\infty}\|x\|_{\infty}$.

12. 由公式 $\dfrac{\|\delta x\|_{\infty}}{\|x\|_{\infty}}\leqslant\operatorname{cond}_{\infty}(A)\dfrac{\|\delta b\|_{\infty}}{\|b\|_{\infty}}$，有 $\dfrac{\|\delta x\|_{\infty}}{\|x\|_{\infty}}\leqslant1.687\,5\times10^{-5}$.

第3章　线性方程组的迭代解法

1. (1) 略；(2) 雅可比迭代法：$\rho(B_{J})=0$，收敛；高斯－赛德尔迭代法：$\rho(B_{G-S})=2+2\sqrt{2}>1$，发散；(3) 用雅可比迭代法计算得：$x_1^{*}=12,x_2^{*}=-46,x_3^{*}=-58$.

2. (1) 略；(2) 雅可比迭代法：$\rho(B_{J})>1$，发散；高斯－赛德尔迭代法：$\rho(B_{G-S})=\frac{1}{2}<1$，收敛；

(3) 用高斯－赛德尔迭代法计算得：$x^{(18)}\approx(-3.000,8.000,-2.000)^{T}$

3. (1) 因为 A 严格对角占优，所以高斯－赛德尔迭代法收敛；

(2) 取 $x^{(0)}=\begin{pmatrix}0\\0\end{pmatrix}$，得 $x^{(2)}=\begin{pmatrix}1/9\\4/9\end{pmatrix}$.

4. (1) 因为线性方程组的系数矩阵为严格对角占优阵，所以两个方法都收敛；

(2) 雅可比迭代法迭代 8 次，$x^{(18)}=(-3.999\,996\,4,2.999\,973\,9,1.999\,999\,9)^{T}$；高斯－赛德尔迭代法迭代 8 次，$x^{(8)}=(-4.000\,036,2.999\,985,2.000\,003)^{T}$.

5. 取 $\omega=1.03$ 时，$x^{(5)}=(0.500\,004\,3,0.100\,000\,1,-0.499\,999\,9)^{T}$；

取 $\omega=1$ 时，$x^{(6)}=(0.500\,003\,8,0.100\,000\,2,-0.499\,999\,5)^{T}$；

取 $\omega=1.1$ 时，$x^{(6)}=(0.500\,003\,5,0.999\,998\,9,-0.500\,000\,3)^{T}$.

6. (1) 因为 $\boldsymbol{A}$ 可逆，则 $\boldsymbol{A}^{\mathrm{T}}\boldsymbol{A}$ 正定，所以用高斯－赛德尔迭代法求解 $\boldsymbol{A}^{\mathrm{T}}\boldsymbol{A}\boldsymbol{x}=\boldsymbol{b}$ 时收敛；

(2) 因为 $\boldsymbol{B}=\boldsymbol{I}-\boldsymbol{A}$，所以 $\lambda(\boldsymbol{B})=1-\lambda(\boldsymbol{A})$. 又因为 $\lambda(\boldsymbol{A})>0,\lambda(\boldsymbol{B})>0$，所以 $0<\lambda(\boldsymbol{B})<1$，即 $\rho(\boldsymbol{B})<1$，该迭代公式收敛.

7. (1) 显然 $\boldsymbol{A}$ 为对称矩阵. 若 $\boldsymbol{A}$ 为正定矩阵，要求各阶顺序主子式大于零，解得 $-\dfrac{1}{2}<a<1$；(2) 由雅可比迭代矩阵的 $\rho(\boldsymbol{B}_{\mathrm{J}})<1$，得 $-\dfrac{1}{2}<a<\dfrac{1}{2}$.

8. (1) 迭代矩阵为 $\boldsymbol{G}=\boldsymbol{I}-\omega\boldsymbol{A}$，其特征值 $\lambda(\boldsymbol{G})=1-\omega\lambda(\boldsymbol{A})$，由 $\rho(\boldsymbol{G})<1$ 得 $0<\omega<\dfrac{2}{\beta}$；(2) 若收敛最快，即求 ω_{opt}，使 $\max\limits_{\alpha\leqslant\lambda(A)\leqslant\beta}|1-\omega\lambda(A)|=\min$. 所以 $\omega_{\mathrm{opt}}=\dfrac{2}{\alpha+\beta}$.

9. 因为 $\boldsymbol{G}$ 的特征值 $\lambda_i(\boldsymbol{G})=0(i=1,2,\cdots,n)$，得 $\boldsymbol{G}^n=\boldsymbol{0}$. 设 $\boldsymbol{x}^*$ 是方程的精确解，因为 $\boldsymbol{x}^{(k+1)}-\boldsymbol{x}^*=\boldsymbol{G}(\boldsymbol{x}^{(k)}-\boldsymbol{x}^*)=\cdots=\boldsymbol{G}^{k+1}(\boldsymbol{x}^{(0)}-\boldsymbol{x}^*)$，当 $k=n-1$ 时，$\boldsymbol{G}^n=\boldsymbol{0}$，所以最多进行 n 次迭代，必收敛于方程组的解.

第 4 章　非线性方程（组）的数值解法

1. 由 $|x_k-x^*|\leqslant\dfrac{1-0}{2^{k+1}}\leqslant\dfrac{1}{2}\times10^{-3}$ 知，需要二分 10 次，才能满足精度要求.

2. 二分 7 次即得满足精度的根，得 $x^*\approx\dfrac{1}{2}(0.0859375+0.09375)\approx0.09$.

3. (1) 记 $\varphi(x)=\sqrt[3]{0.8+x^2}$，则 $\varphi'(1.5)=0.4755<1$，所以此迭代公式局部收敛；

(2) 记 $\varphi(x)=\sqrt{x^3-0.8}$，则 $\varphi'(1.5)=2.103>1$，所以此迭代公式发散.

取 $x_0=1.5$，利用迭代公式 (1) 计算，得 $x_8=1.4054$. 所以 $x^*\approx1.405$.

4. (1) 迭代公式 $x_{k+1}=1+\dfrac{1}{x_k^2}$，记 $\varphi_1(x)=1+\dfrac{1}{x^2}$，则 $|\varphi_1'(1.5)|=0.5926$，局部收敛；

(2) 迭代公式 $x_{k+1}=\sqrt[3]{1+x_k^2}$，记 $\varphi_2(x)=\sqrt[3]{1+x^2}$，则 $|\varphi_2'(1.5)|=0.4558$，局部收敛；

(3) 迭代公式 $x_{k+1}=\sqrt{x_k^3-1}$，记 $\varphi_3(x)=\sqrt{x^3-1}$，则 $|\varphi_3'(1.5)|=2.120$，发散；

(4) 迭代公式 $x_{k+1}=\dfrac{1}{\sqrt{x_k-1}}$，记 $\varphi_4(x)=\dfrac{1}{\sqrt{x-1}}$，则 $|\varphi_4'(1.5)|=1.414$，发散.

利用迭代公式 (2) 计算得 $x_9=1.46560$. 因而 $x^*\approx1.466$.

5. 记 $f(x)=\mathrm{e}^x-4x$, $f(x)=0$ 有两个根 $x_1^*\in(0,1)$，$x_2^*\in(2,3)$.

(1) 求 x_1^*，迭代公式 $x_{k+1}=\dfrac{1}{4}\mathrm{e}^{x_k}$ 对任意 $x_0\in[0,1]$ 均收敛，取 $x_0=0.5$，得 $x_7=0.3575$，所以 $x_1^*=0.358$；

(2) 求 x_2^*，迭代公式 $x_{k+1}=\ln(4x_k)$ 对任意 $x_0\in[2,3]$ 均收敛，取 $x_0=2.5$，计算得 $x_7=2.155$，所以 $x_2^*=2.16$.

6. 由 $\varphi(x)=x-\lambda f(x)$，得 $\varphi'(x)=1-\lambda f'(x)$. 因为 $0<m\leqslant f'(x)\leqslant M$ 和 $|\varphi'(x)|<1$，所以 $0<\lambda<2/f'(x)$，即 $0<\lambda<2/M$.

7. 取 $\varphi(x)=px+q\dfrac{a}{x^2}+r\dfrac{a^2}{x^5}$. 由 $x^*=\varphi(x^*),\varphi'(x^*)=0,\varphi''(x^*)=0$，解得 $p=q=5/9$，$r=-1/9$. 又因为 $\varphi'''(x^*)\neq 0$，所以迭代法为三阶收敛.

8. (1) 当 $x\in[-1,1]$ 时，$\varphi(x)=\cos x\in[-1,1]$，$|\varphi'(x)|\leqslant|\varphi'(1)|=\sin 1<1$. 故对任意初值 $x_0\in[-1,1]$，由迭代公式产生的序列 $\{x_k\}_{k=1}^{\infty}$ 都收敛于方程 $x=\cos x$ 的根.

(2) 对任意初值 $x_0\in\mathbf{R}$，有 $x_1=\cos x_0\in[-1,1]$. 将此 x_1 看成新的迭代初值，则由 (1) 可知，由迭代公式产生的序列 $\{x_k\}_{k=1}^{\infty}$ 都收敛于方程 $x=\cos x$ 的根.

9. 记 $\varphi(x)=e^{-x}$，利用迭代公式 $x_{k+1}=\varphi(x_k)$，计算得 $x_{18}=0.567\ 14$，所以 $x^*\approx 1.567\ 14$.

埃特金加速迭代公式 $x_{k+1}=\dfrac{\bar{x}_k x_k-\tilde{x}_k^2}{\bar{x}_k-2\tilde{x}_k+x_k}$，其中 $\tilde{x}_k=\varphi(x_k),\bar{x}_k=\varphi(\tilde{x}_k)$，计算得 $x_2=0.567\ 14$.

10. (1) 牛顿迭代公式为 $x_{k+1}=x_k-\dfrac{x_k^3-3x_k-1}{3x_k^2-3}$，取 $x_0=2$，计算得 $x_3=1.879\ 4$；

(2) 割线法迭代公式为 $x_{k+1}=x_k-\dfrac{x_k^3-3x_k-1}{x_k^3-3x_k-x_{k-1}^3+3x_{k-1}}(x_k-x_{k-1})$，取 $x_0=2,x_1=1.9$，计算得 $x_4=1.879\ 39$.

11. (1) 求 $\sqrt[n]{a}$ 的牛顿迭代公式为 $x_{k+1}=\left(1-\dfrac{1}{n}\right)x_k+\dfrac{a}{nx_k^{n-1}},\lim\limits_{k\to\infty}\dfrac{e_{k+1}}{e_k^2}=\dfrac{1-n}{2\sqrt[n]{a}}$；

(2) 求 $\sqrt[n]{a}$ 的牛顿迭代公式为 $x_{k+1}=\left(1+\dfrac{1}{n}\right)x_k-\dfrac{x_k^{n+1}}{an},\lim\limits_{k\to\infty}\dfrac{e_{k+1}}{e_k^2}=\dfrac{n+1}{2\sqrt[n]{a}}$.

12. 考虑方程 $f(x)=\dfrac{1}{x}-a=0$，则牛顿迭代公式为 $x_{k+1}=x_k(2-ax_k)$.

由 $1-ax_{k+1}=(1-ax_k)^2$，递推可得 $1-ax_k=(1-ax_0)^{2^k}$，解得 $x_k=\dfrac{1}{a}[1-(1-ax_0)^{2^k}]$.

$$\lim_{k\to\infty}x_k=\frac{1}{a}\Leftrightarrow\lim_{k\to\infty}(1-ax_0)^{2^k}=0\Leftrightarrow -1<1-ax_0<1\Leftrightarrow 0<x_0<\frac{2}{a}$$

13. 牛顿迭代公式为 $x_{k+1}=\dfrac{3x_k}{2}-\dfrac{x_k^3}{2a}$. 因为 $\varphi'(x^*)=0$，所以迭代公式至少为二阶收敛.

取初值 $x_0=11$，迭代计算得 $x_1=10.713\ 0,x_2=10.723\ 8,x_3=10.723\ 8\approx\sqrt{115}$.

14. 由 $\varphi(x)=\dfrac{x(x^2+3a)}{3x^2+a}$，得 $\varphi(\sqrt{a})=\sqrt{a}$. $\varphi'(\sqrt{a})=0,\varphi''(\sqrt{a})=0,\varphi'''(\sqrt{a})\neq 0$，所以此迭代公式为三阶收敛.

15. $x^*=0$ 是 $f(x)=0$ 的三重根. 牛顿迭代公式计算得 $x_7=0.033\ 216$.

求重根的修正牛顿迭代公式为 $x_{k+1}=x_k-3\dfrac{f(x_k)}{f'(x_k)}$，计算得 $x_2=0.000\,326\,89$.

16. 牛顿迭代公式为：$\begin{cases}\boldsymbol{J}(\boldsymbol{x}^{(k)})\Delta\boldsymbol{x}^{(k)}=-\boldsymbol{F}(\boldsymbol{x}^{(k)})\\ \boldsymbol{x}^{(k+1)}=\boldsymbol{x}^{(k)}+\Delta\boldsymbol{x}^{(k)}\quad(k=0,1,2,\cdots)\end{cases}$，其中 $\boldsymbol{F}(\boldsymbol{x})=\begin{pmatrix}x^2+y^2-4\\x^2-y^2-1\end{pmatrix}$，

$\boldsymbol{J}(\boldsymbol{x})=\begin{pmatrix}2x & 2y\\2x & -2y\end{pmatrix}$，迭代计算得 $\boldsymbol{x}^{(1)}=(1.581\,25,1.225\,00)^{\mathrm{T}}$，$\boldsymbol{x}^{(2)}=(1.581\,14,1.224\,74)^{\mathrm{T}}$.

第5章　插值法

1. 一次插值多项式为 $L_1(x)=1+(\mathrm{e}^{-1}-1)x$；误差为 $\max\limits_{0\leqslant x\leqslant 1}|y(x)-L_1(x)|\leqslant 1/8$.

2. $\sqrt{115}\approx L_2(115)\approx 10.722\,7$；误差为 $|y(115)-L_2(115)|\leqslant 0.163\times 10^{-2}$.

3. （1）记 $\varphi_k(x)=x^k$，由插值余项 $\varphi_k(x)-\sum\limits_{i=0}^{n}\varphi_k(x_i)l_i(x)=\dfrac{\varphi^{(n+1)}(\xi)}{(n+1)!}\prod\limits_{i=0}^{n}(x-x_i)=0$，得 $\sum\limits_{i=0}^{n}x_i^k l_i(x)=x^k$，$k=0,1,\cdots,n$；

（2）与（1）的证明相同；

（3）由插值余项公式有 $p(x)-\sum\limits_{i=0}^{n}p(x_i)l_i(x)=\dfrac{p^{(n+1)}(\xi)}{(n+1)!}\prod\limits_{i=0}^{n}(x-x_i)=\prod\limits_{i=0}^{n}(x-x_i)$.

4. 因为 $f(a)=f(b)=0$，所以 $f(x)=R_1(x)=\dfrac{f''(\xi)}{2}(x-a)(x-b)$，因此，$\max\limits_{a\leqslant x\leqslant b}|f(x)|\leqslant\dfrac{1}{8}(b-a)^2\max\limits_{a\leqslant x\leqslant b}|f''(x)|$.

5. 由于 $f(x)=\cos x$ 是一个周期为 2π 的函数，只要给出一个周期内的数据即可. 设等距节点：$x_i=ih,0\leqslant i\leqslant M,h=\dfrac{2\pi}{M}$，则任给 $x\in[x_i,x_{i+1}]$. $f(x)$ 的线性插值的余项为

$f(x)-L_1(x)=\dfrac{1}{2}f''(\xi_i)(x-x_i)(x-x_{i+1}),\xi_i\in(x_i,x_{i+1})$. 所以 $|f(x)-L_1(x)|\leqslant\dfrac{1}{8}h^2$.

由 $\dfrac{1}{8}h^2\leqslant\dfrac{1}{2}\times 10^{-5}$，解得 $h\leqslant 2\sqrt{10}\times 10^{-3}$.

6. 4 次牛顿插值公式为 $N_4(x)=4-3(x-1)+\dfrac{5}{6}(x-1)(x-2)-\dfrac{7}{60}(x-1)(x-2)(x-4)+\dfrac{1}{180}(x-1)(x-2)(x-4)(x-6)$. 插值余项为

$f(x)-N_4(x)=\dfrac{f^{(5)}(\xi)}{5!}(x-1)(x-2)(x-4)(x-6)(x-7),\xi\in(\min\{x,1\},\max\{x,7\})$.

7. 3 次牛顿插值公式为 $N_3(x)=1+x-\dfrac{2}{3}x(x-2)+\dfrac{3}{10}x(x-2)(x-3)$. 增加 $x_4=6$，得 $N_4(x)=1+x-\dfrac{2}{3}x(x-2)+\dfrac{3}{10}x(x-2)(x-3)-\dfrac{11}{120}x(x-2)(x-3)(x-5)$.

8. $f[2^1,2^2]=8\ 268$, $f[2^0,2^1,2^2]=2\ 702$, $f[2^0,2^1,\cdots,2^7]=1$, $f[2^0,2^1,\cdots,2^8]=0$.

9. (1) $F[x_0,x_1,\cdots,x_n]=\sum_{j=0}^{n}\frac{F(x_j)}{(x_j-x_0)(x_j-x_1)\cdots(x_j-x_{j-1})(x_j-x_{j+1})\cdots(x_j-x_n)}$

$=\sum_{j=0}^{n}\frac{cf(x_j)}{(x_j-x_0)(x_j-x_1)\cdots(x_j-x_{j-1})(x_j-x_{j+1})\cdots(x_j-x_n)}=cf[x_0,x_1,\cdots,x_n]$;

(2) $F[x_0,x_1,\cdots,x_n]=\sum_{j=0}^{n}\frac{F(x_j)}{(x_j-x_0)(x_j-x_1)\cdots(x_j-x_{j-1})(x_j-x_{j+1})\cdots(x_j-x_n)}$

$=\sum_{j=0}^{n}\frac{f(x_j)+g(x_j)}{(x_j-x_0)\cdots(x_j-x_{j-1})(x_j-x_{j+1})\cdots(x_j-x_n)}=f[x_0,x_1,\cdots,x_n]+g[x_0,x_1,\cdots,x_n]$.

10. $\sum_{i=0}^{n-1}\Delta^2 y_i=\sum_{i=0}^{n-1}(\Delta y_{i+1}-\Delta y_i)=\Delta y_n-\Delta y_0$.

11. $N_4(x_0+th)=\sum_{k=0}^{4}\frac{\Delta^k f_0}{k!}\prod_{j=0}^{k}(t-j)=3+\frac{3}{1!}(t-0)+\frac{2}{2!}t(t-1)$.

12. 牛顿向后插值公式为

$N_4(x)=N_4(x_5+th)=N_4(0.5+0.1t)=3.00+0.48t+\frac{0.04}{2!}t(t+1)=3+0.5t+0.02t^2$.

当 $x=0.45$ 时，$t=(0.45-0.5)/0.1=-0.5$, $f(0.45)\approx N_4(0.45)=2.755$.

13. 由差商表 $N_2(x)=-\frac{1}{2}x^2+\frac{3}{2}x$. 设 $P(x)=-\frac{1}{2}x^2+\frac{3}{2}x+(ax+b)x(x-1)(x-2)$，

由$\begin{cases}P'(0)=0\\P'(1)=1\end{cases}$得$\begin{cases}a=1/4\\b=-3/4\end{cases}$. 因此 $P(x)=\frac{1}{4}x^2(x-3)^2$.

14. (1) 由插值条件 $P_3(0)=f(0)=0, P_3(1)=f(1)=1$，得线性插值 $N_1(x)=x$.

设 $P_3(x)=x+(ax+b)x(x-1)$，由$\begin{cases}P_3'(0)=-3\\P_3'(1)=9\end{cases}$得$\begin{cases}a=4\\b=4\end{cases}$. 因此 $P_3(x)=4x^3-3x$.

(2) 插值余项 $R(x)=f(x)-P_3(x)=\frac{f^{(4)}(\xi)}{4!}x^2(x-1)^2$，其中 $\xi\in(0,1)$，且依赖于 x.

15. $S(x)=\begin{cases}\frac{9}{4}x^3-\frac{27}{4}x^2+\frac{5}{2}x, & 0\leqslant x<1\\ \frac{1}{4}x^3-\frac{3}{4}x^2-\frac{7}{2}x+2, & 1\leqslant x<4\\ -\frac{3}{4}x^3+\frac{45}{4}x^2-\frac{103}{2}x+66, & 4\leqslant x\leqslant 5\end{cases}$

$S(0.5)=-0.156\ 25$, $S(3)=-8$, $S(5)=-191.5$.

第6章 函数逼近

1. (1) $\|f\|_\infty=\max_{0\leqslant x\leqslant 1}|f(x)|=1$, $\|f\|_1=\int_0^1|f(x)|\mathrm{d}x=1/3$, $\|f\|_2=\left[\int_0^1[f(x)]^2\mathrm{d}x\right]^{1/2}=1/$

$\sqrt{5}$；

（2）$\|f\|_\infty = 1/2$，$\|f\|_1 = 1/4$，$\|f\|_2 = \dfrac{1}{2\sqrt{3}}$.

2. （1）$p_0(x)=0$；(2) $p_1(x)=0$.

3. $p_1(x)=(\mathrm{e}-1)x+\dfrac{1}{2}[\mathrm{e}-(\mathrm{e}-1)\ln(\mathrm{e}-1)]$.

4. $a=\dfrac{3}{4}$.

5. $P^*(x)=5x^3-\dfrac{5}{4}x^2+\dfrac{1}{4}x-\dfrac{129}{128}$.

6. （1）取 $T_4(x)$ 的零点 $x_k=\cos\dfrac{(2k-1)}{2n}$，$n=4$，$k=1,2,3,4$ 作为插值节点，得牛顿插值公式 $N_3(x) = -0.290\ 90x^3+0.985\ 7x$；

（2）$n=4$，节点取为 $x_k=\dfrac{a+b}{2}+\dfrac{b-a}{2}\cos\dfrac{2k-1}{2n}\pi$，$k=1,2,3,4$，插值多项式为 $L_3(x)=0.999\ 77-0.992\ 90x+0.463\ 23x^2-0.102\ 40x^3$.

7. $a\approx 0.664\ 4$，$b\approx 0.114\ 8$.

8. $p_0(x)=\dfrac{1}{5}$，$p_1(x)=-\dfrac{1}{5}+\dfrac{4}{5}x$，$p_2(x)=\dfrac{3}{35}-\dfrac{32}{35}x+\dfrac{12}{7}x^2$.

9. $p(x)=\dfrac{15}{2\pi^2}-\dfrac{45}{2\pi^4}x^2$.

10. 一次最佳平方逼近多项式 $S_1(x)=a_0+a_1x=1.215\ 9x$.

11. 运动方程的拟合函数为 $f(t) = -0.617\ 0+11.158\ 6t+2.268\ 7t^2$.

12. 拟合函数为 $Y=-2.053\ 5+3.026\ 5x$ 或 $y=\dfrac{1}{-2.053\ 5+3.026\ 5x}$.

13. 拟合函数为 $Y=0.594\ 6-0.369\ 9x$ 或 $y=\mathrm{e}^Y=\mathrm{e}^{0.594\ 6-0.369\ 9x}=1.812\ 3\mathrm{e}^{-0.369\ 9x}$.

第 7 章　数值积分与数值微分

1. 用梯形公式计算得，$I\approx T=0.75$. 用辛普森公式计算得，$I\approx S\approx 0.694\ 444\ 44$. 用牛顿－柯特斯公式计算得，$I\approx C\approx 0.693\ 174\ 6$.

2. 梯形公式的截断误差 $R_T=I-T=-\dfrac{(b-a)^3}{12}f^{(2)}(\eta)$，$\eta\in[a,b]$. 因为 $f''(x)>0$，所以 $R_T=I-T<0$，即梯形公式计算结果比准确值 I 大. 几何意义可以画图说明.

3. （1）代数精度为 1；（2）代数精度为 1；（3）代数精度为 3.

4. （1）$A_0=\dfrac{1}{3}, A_1=\dfrac{4}{3}, A_2=\dfrac{1}{3}$，求积公式的代数精度为 3；

(2) $A_0=\frac{2}{3}(b-a), A_1=\frac{1}{3}(b-a), A_2=\frac{(b-a)^2}{6}$，求积公式的代数精度为2.

5. (1) 用复化梯形公式计算得，$I\approx T_8\approx 0.111\ 40$，用复化辛普森公式计算得，$I\approx S_4\approx 0.111\ 57$；

(2) $I\approx T_{10}\approx 1.035\ 712\ 8. I\approx S_5\approx 1.035\ 763\ 9.$

6. (1) $I\approx T\approx 1.859, S\approx 1.718\ 9, |I-T|\leqslant\frac{e}{12}\approx 0.226\ 5, |I-S|\leqslant\frac{e}{2\ 880}\approx 0.000\ 9.$

(2) 复化梯形公式：由 $|I-T_n|\leqslant\frac{e}{12n^2}\leqslant 0.5\times 10^{-5}$，则 $n\geqslant 213$.

复化辛普森公式：由 $|I-S_n|\leqslant\frac{e}{2\ 880n^4}\leqslant 0.5\times 10^{-5}$，则 $n\geqslant 4$.

7. 由复化辛普森公式的截断误差 $|I-S_n|\leqslant\frac{18}{2\ 880}h^4<\frac{1}{2}\times 10^{-5}$，则取 $n=6, h=1/6$，得 $I\approx S_6\approx 1.158\ 881\ 9$. 由 $I=\int_1^2 3\ln x\mathrm{d}x=1.158\ 883\ 08$ 得，误差估计为 $|I-S_n|\leqslant 1.02\times 10^{-6}$.

8. (1) 因为 $f(x)\in C^2[a,b]$，故 $f''(x)$ 在 $[a,b]$ 上可积，所以 $\lim\limits_{n\to\infty}\frac{R_T[f]}{h^2}$

$$=\lim_{n\to\infty}\frac{1}{h^2}\sum_{k=0}^{n-1}\left[-\frac{h^3}{12}f''(\eta_k)\right]=-\frac{1}{12}\lim_{n\to\infty}\sum_{k=0}^{n-1}f''(\eta_k)h=-\frac{1}{12}\int_a^b f''(x)\mathrm{d}x=-\frac{1}{12}[f'(b)-f'(a)];$$

(2) 因为 $f(x)\in C^4[a,b]$，所以 $\lim\limits_{n\to\infty}\frac{R_S[f]}{h^4}=\lim\limits_{n\to\infty}\frac{1}{h^4}\sum\limits_{k=0}^{n-1}\left[-\frac{h^5}{2\ 880}f^{(4)}(\eta_k)\right]$

$$=-\frac{1}{2\ 880}\lim_{n\to\infty}\sum_{k=0}^{n-1}f^{(4)}(\eta_k)h=-\frac{1}{2\ 880}\int_a^b f^{(4)}(x)\mathrm{d}x=-\frac{1}{12}[f^{(3)}(b)-f^{(3)}(a)].$$

9. (1) 因为 $|R_2-R_1|<10^{-5}$，故 $I\approx R_2=2.020\ 058\ 665$；

(2) 因为 $|C_2-R_1|<10^{-5}$，故取 $I\approx R_1=1.000\ 000\ 008\ 14$.

10. (1) 两个求积节点的梯形公式为 $\int_{-1}^1\sqrt{x+1.5}\mathrm{d}x\approx\frac{1+1}{2}[\sqrt{-1+1.5}+\sqrt{1+1.5}]\approx 2.288\ 245\ 6$，高斯－勒让德公式为 $\int_{-1}^1\sqrt{x+1.5}\mathrm{d}x\approx\sqrt{1.5-0.577\ 350}+\sqrt{1.5+0.577\ 350}\approx 2.401\ 848$.

(2) 三个求积节点的辛普森公式为 $\int_{-1}^1\sqrt{x+1.5}\mathrm{d}x\approx\frac{2}{6}\sqrt{1.5-1}+4\sqrt{1.5+0}+\sqrt{1.5+1}\approx 2.395\ 742$，

高斯－勒让德求积公式为 $\int_{-1}^1\sqrt{x+1.5}\mathrm{d}x\approx 0.555\ 556(\sqrt{1.5-0.774\ 596}+\sqrt{1.5+0.774\ 596})+0.888\ 889\sqrt{1.5+0}\approx 2.399\ 709$.

11. 令 $x=2+t$，则 $I=\int_{-1}^{1}e^{2+t}\sin(2+t)\,dt$. 被积函数 $f(t)=e^{2+t}\sin(2+t)$.

利用两点高斯－勒让德求积公式，$I\approx f\left(-\frac{1}{\sqrt{3}}\right)+f\left(\frac{1}{\sqrt{3}}\right)\approx 4.102\,7+7.038\,8\approx 11.141\,5$.

利用三点高斯－勒让德求积公式，$I\approx\frac{5}{9}f\left(-\frac{\sqrt{15}}{5}\right)+\frac{8}{9}f(0)+\frac{5}{9}f\left(\frac{\sqrt{15}}{5}\right)\approx 10.948\,4$.

12. 因为形如 $\int_a^b f(x)\,dx\approx\sum_{i=0}^{n}A_i f(x_i)$ 的高斯－勒让德求积公式具有最高代数精度 $2n+1$. 取 $f(x)=l_i(x)$，代入求积公式，则有 $\int_a^b l_i(x)\,dx=\sum_{j=0}^{n}A_j l_i(x_j)=A_i$. 又取 $f(x)=l_i^2(x)$，则 $\int_a^b l_i^2(x)\,dx=\sum_{j=0}^{n}A_j[l_i(x_j)]^2=A_i$.

13. 由一阶求导的三点公式及截断误差，则得各点处的导数值及误差：

$f'(1.0)=\frac{1}{0.2}[-3\times 0.25+4\times 0.226\,8-0.206\,6]=-0.247$，误差 $\leqslant\frac{0.1^2}{3}\times\frac{3}{4}=0.002\,5$；

$f'(1.1)=\frac{1}{0.2}[-0.25+0.206\,6]=-0.217$，误差 $\leqslant\frac{0.1^2}{6}\times\frac{3}{4}=0.001\,25$；

$f'(1.2)=\frac{1}{0.2}[0.25-4\times 0.226\,8+3\times 0.206\,6]=-0.187$，误差 $\leqslant\frac{0.1^2}{3}\times\frac{3}{4}=0.002\,5$.

14. 二阶导数的中心差商公式 $f''(x_i)=\frac{f(x_i+h)-2f(x_i)+f(x_i-h)}{h^2}-\frac{h^2}{12}f^{(4)}(\xi)$，由截断误差和舍入误差可得计算 $f''(x_i)$ 的误差上限为 $E(h)=\frac{h^2}{12}M+\frac{4\varepsilon}{h^2}$. 要使 $E(h)$ 最小，最优步长 h_{opt} 应为 $h_{opt}=\sqrt[4]{48\varepsilon/M}=\sqrt[4]{24\times 10^{-k}/M}$. 其中，$M\geqslant\max\limits_{|x-x_i|\leqslant h}|f^{(4)}(x)|$.

第 8 章　常微分方程数值解法

1. 欧拉公式为 $y_{n+1}=0.8y_n-0.2x_n y_n^2$. 由 $y_0=1$ 计算得 $y(0.2)\approx y_1=0.80$, $y(0.4)\approx y_2=0.614\,4$, $y(0.6)\approx y_3=0.461\,321$.

2. $y_{n+1}=y_n+h(x_n^2+100y_n^2)$. $h=0.1$，递推计算得 $y(0.3)\approx y_3=0.005\,0$.

3. 因为 $y(x)=\int_0^x e^{-t^2}\,dt$，所以 $\begin{cases}\frac{dy}{dx}=e^{-x^2}\\ y(0)=0\end{cases}$，欧拉公式为 $y_{n+1}=y_n+he^{-x_n^2}$, $n=0,1,2,3$. 取 $h=0.5$，得 $y(0.5)\approx y_1=0.5$, $y(1.0)\approx y_2=1.142\,0$, $y(1.5)\approx 2.501\,2$, $y(2.0)\approx 7.245\,0$.

4. 梯形公式整理得 $y_{n+1}=\frac{7}{13}y_n+\frac{16}{13}$. 故由 $y_0=2$ 计算得 $y(1.2)\approx y_1=2.307\,69$, $y(1.4)\approx y_2=2.473\,37$, $y(1.6)\approx y_3=2.562\,58$, $y(1.8)\approx 2.610\,62$, $y(2.0)\approx 2.636\,49$.

5. （1）梯形公式整理得 $y_{k+1}=\left(\frac{2-h}{2+h}\right)y_k=\left(\frac{2-h}{2+h}\right)^2y_{k-1}=\cdots=\left(\frac{2-h}{2+h}\right)^{k+1}y_0$，因 $y_0=1$，于是 $y_k=\left(\frac{2-h}{2+h}\right)^k$；

（2）当固定 $x=kh$ 时，即 $h=x/k$，则有

$$\lim_{k\to\infty}y_k=\lim_{k\to\infty}\left(\frac{2-h}{2+h}\right)^k=\lim_{k\to\infty}\left[\left(1+\frac{-2x}{2k+x}\right)^{\frac{2k+x}{-2x}}\right]^{\frac{-2x}{2k+x}k}=e^{\lim\limits_{k\to\infty}\frac{-2x}{2k+x}k}=e^{-x}$$

（3）用改进的欧拉方法同理可证，$y_{k+1}=\left(1-h+\frac{1}{2}h^2\right)y_k=\left(1-h+\frac{1}{2}h^2\right)^{k+1}$，而

$$\lim_{k\to\infty}\left(1-h+\frac{1}{2}h^2\right)^{k+1}=\lim_{k\to\infty}\left[\left(1-\frac{2kx-x^2}{2k^2}\right)^{\frac{-2k^2}{2kx-x^2}}\right]^{\frac{2kx-x^2}{-2k^2}(k+1)}=e^{\lim\limits_{k\to\infty}\frac{2kx-x^2}{-2k^2}(k+1)}=e^{-x}.$$

6.

n	x_n	y_n	$\bar{y}_{n+1}$	y_{n+1}	$y(x_n)$	$\lvert y(x_n)-y_n\rvert$
0	0	0	0	0.05	0	0
1	0.1	0.05	0.145	0.183	0.487 71	0.001 229
2	0.2	0.183	0.346 4	0.362 740	0.181 269	0.001 731
3	0.3	0.362 740	0.553 918	0.547 545	0.362 372	0.003 700
4	0.4	0.547 545	0.728 527	0.705 905	0.550 671	0.003 126
5	0.5	0.705 905	0.852 952	0.823 543	0.713 495	0.007 591
6	0.6	0.823 543	0.929 417	0.901 184	0.834 701	0.011 159
7	0.7	0.901 184	0.970 355	0.947 628	0.913 706	0.012 522
8	0.8	0.947 628	0.989 526	0.973 290	0.959 238	0.011 611
9	0.9	0.973 290	0.997 329	0.986 645	0.982 578	0.009 288
10	1.0	0.986 645			0.993 262	0.006 617

7. 四阶经典 R－K 方法整理得 $y_{n+1}=1.201\ 6+0.556\ 1y_n$.

由于 $y(0)=y_0=2$，因此 $y(0.2)\approx y_1=2.313\ 8, y(0.4)\approx y_2=2.488\ 3$.

8. 计算结果见下表.

n	0	1	2	3	4	5
x_n	0	0.2	0.4	0.6	0.8	1.0
y_n	1	1.242 8	1.583 635 9	2.044 212 9	2.651 041 7	3.436 502 3
$y(x_n)$	1	1.242 8	1.583 64	2.044 24	2.651 08	3.436 56

9. （1）略；（2）绝对稳定性区域是 $\left|1+h\lambda+\frac{1}{2}(h\lambda)^2\right|<1$；（3）局部截断误差是 $O(h^3)$.

10. 欧拉方法的稳定区域为 $-2<\lambda h<0$，其中 $\lambda=\frac{\partial f}{\partial y}$，解得 $0<h<0.2$.

四阶经典 R－K 方法要求 $-2.78<\lambda h<0$，解得 $0<h<0.278$.

11. 计算结果见下表.

x_n	四阶 Adams 显式公式		四阶 Adams 隐式公式	
	y_n	$\|y(x_n)-y_n\|$	y_n	$\|y(x_n)-y_n\|$
0.3	初值		1.040 818	2.146×10^{-7}
0.4	1.070 323	2.874×10^{-6}	1.070 320	3.846×10^{-7}
0.5	1.106 536	4.816×10^{-6}	1.065 30	5.213×10^{-7}
0.6	1.148 819	6.772×10^{-6}	1.148 811	6.285×10^{-7}
0.7	1.196 594	8.090×10^{-6}	1.196 585	7.106×10^{-7}
0.8	1.249 338	9.192×10^{-6}	1.249 328	7.714×10^{-7}
0.9	1.306 580	9.954×10^{-6}	1.306 569	8.141×10^{-7}
1.0	1.367 890	1.052×10^{-5}	1.367 879	8.418×10^{-7}

12. （1）用数值积分方法构造该数值解公式. 对方程 $\frac{dy}{dx}=f(x,y)$ 在区间 $[x_{n-1},x_{n+1}]$ 上积分，得 $y(x_{n+1})=y(x_{n-1})+\int_{x_{n-1}}^{x_{n+1}}f(x,y(x))dx$. 记步长为 h，用辛普森求积公式得

$$\int_{x_{n-1}}^{x_{n+1}}f(x,y(x))dx\approx\frac{2h}{6}[f(x_{n-1})+4f(x_n)+f(x_{n+1})]\approx\frac{h}{3}(y'_{n-1}+4y_n+y'_{n+1})$$

所以得数值解公式 $y_{n+1}=y_{n-1}+\frac{h}{3}(y'_{n-1}+4y_n+y'_{n+1})$.

（2）用泰勒展开方法构造该数值解公式.

13. $a=\frac{3}{2},b=-\frac{1}{2}$.

14. 微分方程的系数矩阵为 $\boldsymbol{A}=\begin{pmatrix}998 & 1\ 998\\-999 & -1\ 999\end{pmatrix}$，解得 $\lambda_1=-1$，$\lambda_2=-1\ 000$.

欧拉方法求解的稳定性要求 $-2<-1\ 000h<0$，解得 $0<h<0.002$.

四阶经典 R－K 方法的稳定性要求 $-2.78<-1\ 000h<0$，解得 $0<h<0.002\ 78$. 刚性比为 $s=\frac{|\mathrm{Re}(\lambda_2)|}{|\mathrm{Re}(\lambda_1)|}=1\ 000$.

第 9 章　矩阵特征问题的数值计算

1. （1）取初始向量 $\boldsymbol{u}^{(0)}=(0,0,1)^{\mathrm{T}}$，当 $k=8$ 时，矩阵 $\boldsymbol{A}$ 的主特征值为 $\lambda_1=11$，对应的特征向量为 $(0.5,1.0,0.750\ 0)^{\mathrm{T}}$；

（2）取初始向量 $\boldsymbol{u}^{(0)}=(1,1,1)^{\mathrm{T}}$，当 $k=7$ 时，$|u_\mu^{(7)}-u_\mu^{(6)}|<10^{-5}$，矩阵 $\boldsymbol{A}$ 的主特征值为 $\lambda_1=9.623\ 476$，对应的特征向量为 $(0.524\ 695,0.762\ 348,1.000\ 0)^{\mathrm{T}}$.

2. 取 $p=[2+(2-\sqrt{3})]/2\approx1.134$，则对 $\boldsymbol{B}=\boldsymbol{A}-p\boldsymbol{I}$ 取初始向量 $\boldsymbol{u}^{(0)}=(1,1,1)^{\mathrm{T}}$，迭代计算，得矩阵 $\boldsymbol{A}$ 的主特征值为 $\lambda_1\approx u_{\mu}^{(8)}+p=3.732\ 083\ 614$，对应的特征向量为 $(1,0.732\ 204\ 995,0.269\ 538\ 1)^{\mathrm{T}}$.

3. 取 $p=-6.42$，令矩阵 $\boldsymbol{B}=\boldsymbol{A}+6.42\boldsymbol{I}$. 取初始向量 $\boldsymbol{u}^{(0)}=(1,1,1)^{\mathrm{T}}$，对 $\boldsymbol{B}$ 应用反幂法，迭代计算得矩阵 $\boldsymbol{A}$ 的主特征值为 $\lambda_1\approx\dfrac{1}{u_{\mu}^{(3)}}-6.42\approx-6.421\ 066\ 661\ 4$，对应的特征向量为 $x_1\approx(-0.046\ 145\ 482\ 84,-0.374\ 921\ 131\ 7,1)^{\mathrm{T}}$.

4. $\boldsymbol{Q}=\begin{pmatrix}1&\\&\boldsymbol{H}\end{pmatrix}=\begin{pmatrix}1&&\\&-0.447\ 2&-0.894\ 4\\&-0.894\ 4&0.447\ 2\end{pmatrix}$, $\boldsymbol{B}=\boldsymbol{Q}^{\mathrm{T}}\boldsymbol{A}\boldsymbol{Q}=\begin{pmatrix}-4&7.602\ 6&-0.447\ 2\\-4.472\ 1&7.800\ 0&-0.400\ 0\\0&-0.400\ 0&2.200\ 0\end{pmatrix}$.

5. 首先用平面反射变换化矩阵 $\boldsymbol{A}$ 为上海森伯格矩阵 $\boldsymbol{H}$，然后用吉文斯变换作 QR 分解进行迭代，生成序列，计算过程的部分结果如下：

$$\boldsymbol{H}=\begin{pmatrix}-4&7.602\ 6&-0.447\ 2\\-4.472\ 1&7.800\ 0&-0.400\ 0\\0&-0.400\ 0&2.200\ 0\end{pmatrix},\ \boldsymbol{A}_1=\begin{pmatrix}4.111\ 1&8.515\ 7&8.084\ 5\\-0.458\ 1&0.653\ 6&-1.392\ 2\\&-1.058\ 8&1.235\ 3\end{pmatrix}$$

$$\boldsymbol{A}_{10}=\begin{pmatrix}2.995\ 6&-0.339\ 1&-11.594\ 4\\-0.012\ 9&2.006\ 6&-3.385\ 2\\&0.000\ 6&0.997\ 9\end{pmatrix},\ \boldsymbol{A}_{19}=\begin{pmatrix}2.999\ 9&-0.333\ 7&11.550\ 6\\-0.000\ 3&2.000\ 1&3.531\ 6\\&0.000\ 0&1.000\ 0\end{pmatrix}$$

迭代收敛为上三角矩阵，三个对角元表收敛于特征值 1.000 0,3.000 0,2.000 0.

6. $\boldsymbol{A}_1=\boldsymbol{A},\boldsymbol{A}_k-p_k\boldsymbol{I}=\boldsymbol{Q}_k\boldsymbol{R}_k,\boldsymbol{A}_{k+1}=\boldsymbol{R}_k\boldsymbol{Q}_k+p_k\boldsymbol{I},k=1,2,\cdots$. 位移量 $p_1=a_{33}=1$，分解矩阵得

$$\boldsymbol{A}_2=\begin{pmatrix}1.400\ 0&0.489\ 9&0\\0.489\ 9&3.266\ 7&0.745\ 4\\0&0.745\ 4&4.333\ 3\end{pmatrix},\ \boldsymbol{A}_3=\begin{pmatrix}1.291\ 5&0.201\ 7&0\\0.201\ 7&3.020\ 2&0.272\ 4\\0&0.272\ 4&4.688\ 4\end{pmatrix}$$

$$\boldsymbol{A}_4=\begin{pmatrix}1.273\ 7&0.099\ 3&0\\0.099\ 3&2.994\ 3&0.007\ 2\\0&0.007\ 2&4.732\ 0\end{pmatrix},\ \boldsymbol{A}_5=\begin{pmatrix}1.269\ 4&0.049\ 8&0\\0.049\ 8&2.998\ 6&0\\0&0&4.732\ 1\end{pmatrix}$$

收缩，继续对子矩阵 $\tilde{\boldsymbol{A}}_5=\begin{pmatrix}1.269\ 4&0.049\ 8\\0.049\ 8&2.998\ 6\end{pmatrix}$ 进行变换，得 $\tilde{\boldsymbol{A}}_6=\begin{pmatrix}1.268\ 0&-4\times10^{-5}\\-4\times10^{-5}&3.000\ 0\end{pmatrix}$.

得到 $\boldsymbol{A}$ 的近似特征值为 $\lambda_1\approx1.268\ 0,\lambda_2\approx3.000\ 0,\lambda_3\approx4.732\ 1$.

7. (1) 因为 $\boldsymbol{A}$ 为 n 阶实对称矩阵，所以所有特征值均为实数，且相应的特征向量 $\boldsymbol{x}_1,\boldsymbol{x}_2,\cdots,\boldsymbol{x}_n$ 线性无关，彼此正交. 对于任一 $\boldsymbol{x}\neq\boldsymbol{0}$，则有 $\boldsymbol{x}=c_1\boldsymbol{x}_1+c_2\boldsymbol{x}_2+\cdots+c_n\boldsymbol{x}_n$，于是

$$(\boldsymbol{x},\boldsymbol{x})=c_1^2+c_2^2+\cdots+c_n^2=\sum_{i=1}^{n}c_i^2,\ \boldsymbol{A}\boldsymbol{x}=c_1\lambda_1\boldsymbol{x}_1+c_2\lambda_2\boldsymbol{x}_2+\cdots+c_n\lambda_n\boldsymbol{x}_n$$

$$(\boldsymbol{A}\boldsymbol{x},\boldsymbol{x})=c_1^2\lambda_1+c_2^2\lambda_2+\cdots+c_n^2\lambda_n$$

因为 $\lambda_n\sum_{i=1}^{n}c_i^2\leqslant(\boldsymbol{A}\boldsymbol{x},\boldsymbol{x})\leqslant\lambda_1\sum_{i=1}^{n}c_i^2$，所以 $\lambda_n\leqslant\dfrac{(\boldsymbol{A}\boldsymbol{x},\boldsymbol{x})}{(\boldsymbol{x},\boldsymbol{x})}\leqslant\lambda_1$；

（2）取 $\boldsymbol{x}=\boldsymbol{x}_1$，则有$\frac{(\boldsymbol{Ax},\boldsymbol{x})}{(\boldsymbol{x},\boldsymbol{x})}=\frac{(\boldsymbol{Ax}_1,\boldsymbol{x}_1)}{(\boldsymbol{x}_1,\boldsymbol{x}_1)}=\frac{\lambda_1(\boldsymbol{x}_1,\boldsymbol{x}_1)}{(\boldsymbol{x}_1,\boldsymbol{x}_1)}=\lambda_1$. 由（1）知 $\boldsymbol{\lambda}_1=\max\limits_{x\neq 0}\frac{(\boldsymbol{Ax},\boldsymbol{x})}{(\boldsymbol{x},\boldsymbol{x})}$.
同理取 $\boldsymbol{x}=\boldsymbol{x}_n,\lambda_n=\min\limits_{x\neq 0}\frac{(\boldsymbol{Ax},\boldsymbol{x})}{(\boldsymbol{x},\boldsymbol{x})}$.

实 验 题

1（1）对所有特征值 λ，有 $|\lambda|\leqslant 6$；

（2）近似特征值为 $\lambda=0.697\,668\,54$，近似特征向量为

$$\boldsymbol{x}=(1,0.716\,672\,7,0.256\,809\,9,0.046\,012\,17)^{\mathrm{T}}$$

（3）特征多项式为 $\det(A-\lambda I)=\lambda^4-\frac{1}{4}\lambda-\frac{1}{16}$，特征值为

$$\lambda_1=0.697\,668\,497\,2,\ \lambda_2=-0.230\,177\,594\,2+0.569\,658\,84i$$

$$\lambda_3=-0.230\,177\,594\,2-0.569\,658\,84i,\ \lambda_4=-0.237\,313\,308$$

（4）因为 $\boldsymbol{A}$ 是收敛的，故甲虫数量趋近于零.

参考文献

[1] 李庆扬，王能超，易大义. 数值分析［M］. 5 版. 武汉：华中科技大学出版社，2018.

[2] 李庆扬，关治，白峰杉. 数值计算原理［M］. 北京：清华大学出版社，2000.

[3] 郑慧娆，陈绍林，莫忠息，等. 数值计算方法［M］. 2 版. 武汉：武汉大学出版社，2012.

[4] 施妙根，顾丽珍. 科学和工程计算基础［M］. 北京：清华大学出版社，1999.

[5] 蔡大用. 数值分析与实验学习指导［M］. 北京：清华大学出版社，2000.

[6] RICHARD L B，J DOUGLAS F. Numerical Analysis［M］. 10th ed. 北京：高等教育出版社，2015.

[7] DAVID K，WARD C. Numerical Analysis：Mathematics of Scientific Computing［M］. 3th ed. 北京：机械工业出版社，2005.

[8] CLEVE B M. Numerical Computing with MATLAB［M］. Rev. ed. 喻文健，译. 北京：机械工业出版社，2014.

[9] STEVEN C C，RAYMOND P C. Numerical Methods for Engineers［M］. sth ed. 唐玲艳，译. 北京：清华大学出版社，2007.

[10] MICHAEL T H. Scientific Computing：An Introductory Survey［M］，2th ed. 张威，译. 北京：清华大学出版社，2005.

[11] 薛毅. 数值分析与实验［M］. 北京：北京工业大学出版社，2005.

[12] 易大义，沈云宝，李有法. 计算方法［M］. 2 版. 杭州：浙江大学出版社，2019.

[13] 梁家荣，尹琦. 计算方法［M］. 重庆：重庆大学出版社，2001.

[14] 袁慰平，孙志忠，吴宏伟，等. 计算方法与实习［M］. 4 版. 南京：东南大学出版社，2005.

[15] 刘玲，崔隽. 数值计算方法学习指导［M］. 北京：科学出版社，2006.

[16] 郑继明，朱伟，刘勇，等. 数值分析［M］. 北京：清华大学出版社，2017.

[17] 喻文健. 数值分析与算法［M］. 3 版. 北京：清华大学出版社，2020.